编委会

主 编

江志国

参 编

张春芝·宁夏葡萄酒与防沙治沙职业技术学院

莫寅斌·宁夏葡萄酒与防沙治沙职业技术学院

葡萄酒标准与法规

江志国 主编

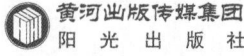

图书在版编目（CIP）数据

葡萄酒标准与法规 / 江志国主编. -- 银川：阳光出版社，2023.11
ISBN 978-7-5525-6607-9

Ⅰ.①葡… Ⅱ.①江… Ⅲ.①葡萄酒-标准体系-中国②葡萄酒-市场监管-法规-汇编-中国 Ⅳ.①TS262.61-65②D922.294.9

中国版本图书馆 CIP 数据核字（2022）第 224382 号

葡萄酒标准与法规

江志国　主编

责任编辑　徐文佳　李少敏
封面设计　晨　皓
责任印制　岳建宁

黄河出版传媒集团
阳光出版社　出版发行

出 版 人	薛文斌
地　　址	宁夏银川市北京东路 139 号出版大厦（750001）
网　　址	http://www.ygchbs.com
网上书店	http://shop129132959.taobao.com
电子信箱	yangguangchubanshe@163.com
邮购电话	0951-5047283
经　　销	全国新华书店
印刷装订	宁夏凤鸣彩印广告有限公司
印刷委托书号	（宁）0024886

开　本	787 mm×1092 mm　1/16
印　张	27.75
字　数	440 千字
版　次	2023 年 11 月第 1 版
印　次	2023 年 11 月第 1 次印刷
书　号	ISBN 978-7-5525-6607-9
定　价	58.00 元

版权所有　翻印必究

前 言

随着经济全球化的发展,我国已成为世界上重要的葡萄酒生产国与消费国。据国际葡萄与葡萄酒组织(OIV)统计,2022年全球葡萄园种植面积约为730万公顷,中国约为78.5万公顷,位列全球第三;全球葡萄酒产量258亿升,中国约为4.2亿升;全球葡萄酒消费量约为232亿升,中国约为8.8亿升。海关总署公开数据显示,2022年,我国葡萄酒出口量为2.94百万升,出口额为4.1千万美元;进口葡萄酒3.37亿升,进口金额为14.39亿美元。相较于世界其他国家,中国葡萄酒产业有着巨大的发展潜力和空间。

葡萄酒在我国有着数千年的悠久历史,与中华文明相伴而生,带有鲜明的中国文化烙印。河南贾湖遗址的研究结果以及河南罗山天湖商代古墓中出土的3 000年前的葡萄酒,不仅证明了中国在世界上最早用葡萄酿酒,还展现了从新石器时期到商代延续使用葡萄酿酒技术。我国关于葡萄的文字记载最早见于《诗经》。公元前138年,汉武帝派遣张骞出使西域,将欧亚种葡萄引进中原,促进了葡萄栽培和葡萄酒酿造技术的发展,可以把它看作中国葡萄酒产业的起点。1892年,张弼士在烟台创建张裕酿酒公司,我国葡萄酒开启了现代化、标准化和工业化酿造的序幕。1949年后,我国开始发展葡萄酒产业。改革开放以来,我国从开创多个第一,到规范行业发展,与世界接轨,中国葡萄酒高质量发展进入崭新阶段。

葡萄酒是以葡萄为原料酿造的一种果酒,其品质受酿酒葡萄的品种、气候、地理环境、栽培方式、采摘方法、酿酒师、酿造工艺及储存工艺等多重因素影响。随着我国一、二、三产业的融合发展，以"葡萄酒+"重塑产业发展优势，推动葡萄酒产业与文化旅游、休闲康养、商贸物流、电子商务等深度融合，通过资源利用与生态治理统筹协调、经济发展与环境保护共同促进、绿水青山与金山银山相互转化的葡萄与葡萄酒产业高质量发展之路，进一步推动全球葡萄酒产业发展。

葡萄酒标准与法规是规范市场经济秩序，实现葡萄酒产品质量安全监督与管理，确保消费者合法权益的重要保障，也是从事葡萄酒生产经营、产品质量监督必须遵守的行为准则，可以保障葡萄酒行业持续健康发展。作为服务葡萄酒产业的从业人员，学习、掌握和运用好葡萄酒标准与法规相关基础知识和基本技能具有重要的意义。

葡萄酒全产业链由葡萄种植者、葡萄酒生产者、消费者、资源回收者等一系列利益相关者组成，通过自种酿酒葡萄或者收购酿酒葡萄或葡萄原酒，对之进行加工，之后销售成品。它是以产区生态为条件，以葡萄种植为基础，以葡萄酒生产及其副产物资源利用为保证，涉及葡萄种植、葡萄酒酿造、葡萄酒包装、零售卖场、餐饮行业、消费者经济收入与消费偏好等众多环节。葡萄酒产品不仅要符合国家相关的标准和法规，而且要符合葡萄酒国际标准和法规以及进口国的相关规定，否则会在国际贸易中受挫。

改革开放以来，我国的葡萄与葡萄酒产业得到了迅速发展，在国家葡萄酒管理相关部门、行业企业和科研教育专家的共同努力下，各种法律、法规、部门规章以及其他规范性文件不断得到制定、颁布、修订与完善，以《中华人民共和国产品质量法》《中华人民共和国食品安全法》为核心，以《中华人民共和国计量法》《中华人民共和国标准化法》《中华人民共和国进出口商品检验法》《中华人民共和国消费者权益保护法》《中华人民共和国反不正当竞争法》等法律为补充的葡萄酒质量管理法律体系为我国葡萄酒行业的自律及监管提供了基本的法律依据和切实有效的标准化操作流程，对于促进葡萄酒行业结构调整和转型升级，保障质量安全，实现持续健康发展，为葡萄与葡萄酒生产、市场流通和消费保驾护航具有重要意义。

根据葡萄与葡萄酒产业发展现状，结合职业教育要适应"面向现代化、面向世界、面向未来"的要求，葡萄酒产业从业人员要具有良好的人文素养、职业道德和创新思维，熟练掌握与葡萄酿酒相关的法律法规、产品技术标准以及环境保护、安全生产等方面的基本知识，具有探究应用葡萄酒法规和标准去分析问题和解决问题的能力，树牢产品质量意识、安全生产意识、生态环保意识、科学消费意识以及创新意识，养成自觉遵守葡萄酒生产相关的法律法规、行业规范，履行道德准则和行为规范，做到依法生产、守法经营、诚实守信。为此，我们编写了本书。

本书主要讲述葡萄酒生产管理中的各种法律法规、技术标准以及认证管理等理论知识。其中重点介绍了酿酒葡萄种植、葡萄酒（酒庄酒）生产技术规范、葡萄酒包装储运、葡萄酒进出口管理、葡萄酒质量控制和安全管理体系等方面的法律法规、生产规范和技术标准；还介绍了国际食品法典委员会（CAC）、国际标准化组织（ISO）、国际葡萄与葡萄酒组织（OIV）、国际标准化组织（ISO）等国际组织部门的组织架构和监管体系，以及部分发达国家（地区）的葡萄酒法规和标准。作为葡萄酒标准和法规的参与者、执行者和维护者，葡萄酒生产领域中的从业人员必须高度树立良好的职业道德，强化责任意识和法律意识，掌握葡萄与葡萄酒生产过程中应遵循的基本原则，熟悉相关的标准和法规，了解国际先进的葡萄酒生产技术和发展趋势，依法生产经营，把一切行为规范在国家葡萄酒行业的法律法规和标准之内，以促进葡萄酒生产标准化、葡萄酒市场规范化。

由于编者能力和水平有限，加之葡萄酒相关标准和法规在不断更新完善，本书内容难免有疏漏和不妥之处，敬请同行专家和广大读者批评指正。

编者

2023 年 10 月

目 录
CONTENTS

第一章 绪论
第一节 标准与法规 / 001

第二节 标准、法规与市场经济 / 005

第三节 课程基本要求与学习方法 / 009

第二章 法律和法规基础知识
第一节 法律基础知识 / 011

第二节 食品法律法规的制定和实施 / 015

第三节 食品行政执法与监督管理 / 019

第三章 中国葡萄酒相关法律和法规体系
第一节 中华人民共和国食品安全法 / 028

第二节 食品召回管理办法 / 035

第三节 中华人民共和国产品质量法 / 038

第四节 中华人民共和国农产品质量安全法 / 044

第五节 中华人民共和国商标法 / 048

第六节 中华人民共和国消费者权益保护法 / 058

第七节　中华人民共和国反不正当竞争法 / 065
第八节　中华人民共和国计量法 / 070
第九节　中华人民共和国标准化法 / 073
第十节　中华人民共和国劳动法 / 076
第十一节　中华人民共和国进出口商品检验法 / 097
第十二节　葡萄酒计量检验和监督管理规范 / 101
第十三节　葡萄酒流通、储运和服务技术规范 / 106
第十四节　葡萄酒企业安全生产标准化基本规范 / 115

第四章　标准及标准化

第一节　标准化基础知识 / 126
第二节　标准分类 / 133
第三节　标准的编号 / 138
第四节　食品标准的制定 / 151
第五节　食品标准编写的具体要求 / 159
第六节　采用国际标准的原则和方法 / 165

第五章　酿酒葡萄种植与葡萄酒生产技术规范

第一节　酿酒葡萄原料控制与管理 / 172
第二节　葡萄酒生产过程的食品安全控制 / 179
第三节　葡萄酒生产追溯体系 / 183

第六章　中国葡萄酒标准体系

第一节　中国葡萄酒标准发展概况 / 191
第二节　中国葡萄酒标准体系 / 192

第七章　葡萄酒的标签标识和标注

第一节　食品标签标识与标注 / 215

第二节　预包装食品标签通则 / 218
第三节　葡萄酒标签与标识标注 / 224

第八章　国际和部分发达国家葡萄酒法律法规

第一节　国际食品管理机构与组织 / 226
第二节　部分发达国家和地区葡萄酒法律法规 / 235

第九章　葡萄酒生产经营许可与清洁生产管理

第一节　食品生产许可制度 / 254
第二节　葡萄酒及果酒生产许可证审查细则 / 259
第三节　食品经营许可和备案管理制度 / 264
第四节　食品生产经营监督检查管理 / 269
第五节　网络食品安全监督管理 / 273
第六节　产品质量监督抽查管理 / 276
第七节　葡萄酒、果酒等发酵产品安全监督抽查 / 283
第八节　葡萄酒与果酒制造业污染防治技术政策 / 289
第九节　HJ 452—2008《清洁生产标准　葡萄酒制造业》/ 291

第十章　葡萄酒进出口检验与管理

第一节　我国进出口食品安全管理体系 / 299
第二节　进出口食品安全管理 / 303
第三节　进口葡萄酒的工作流程 / 312
第四节　葡萄酒加工贸易单耗标准 / 315

第十一章　葡萄酒产品认证管理

第一节　绿色食品认证 / 320
第二节　绿色食品　葡萄酒 / 326
第三节　中国有机产品认证 / 327

第四节　地理标志产品认证 / 332

第五节　地理标志产品葡萄酒 / 339

第十二章　葡萄酒质量控制与安全管理体系

第一节　ISO 9001 质量管理体系认证 / 346

第二节　ISO 45001 职业健康安全管理体系认证 / 348

第三节　ISO 14001 环境管理体系认证 / 349

第四节　ISO 22000 食品安全管理体系认证 / 350

第五节　危害分析与关键控制点（HACCP）体系认证 / 352

第六节　食品工业企业诚信管理体系（CMS）认证 / 356

第七节　社会责任管理体系 / 361

第十三章　葡萄酒包装与储运管理

第一节　包装基础知识 / 365

第二节　货物运输包装通用技术要求 / 371

第三节　限制产品过度包装技术规范 / 377

第四节　葡萄酒酒瓶的技术规范 / 380

第五节　葡萄酒软木塞质量标准 / 385

第六节　葡萄酒储运管理技术规范 / 389

第七节　绿色包装 / 394

第十四章　葡萄酒质量安全与常见违法行为

第一节　葡萄酒安全危害与评价 / 397

第二节　葡萄酒生产企业常见的违法行为 / 402

第十五章　葡萄酒酒庄酒生产标准与法规

第一节　酒庄酒标识与申请使用条件 / 405

第二节　酒庄酒申请使用程序 / 406

第三节　酒庄酒证明商标（第5504363号）现场审核指南 / 407

第四节　酒庄酒生产规程 / 410

第五节　酒庄酒标识的使用和保护 / 416

第十六章　实训内容

第一节　法规、标准的相同和不同之处 / 419

第二节　法规、标准与葡萄酒安全体系 / 420

第三节　制定部门规章 / 421

第四节　葡萄酒安全法律法规与质量标准 / 421

第五节　葡萄酒违法案例分析 / 422

第六节　了解葡萄酒商标 / 423

第七节　为葡萄酒企业编制企业产品标准 / 424

第八节　查找国内外有关葡萄酒的技术规范和政策法规 / 425

第九节　食品安全方针与目标的制定 / 426

第十节　葡萄酒质量与安全体系认证 / 427

参考文献 / 428

第一章 绪 论

第一节 标准与法规

葡萄酒标准与法规能起到规范市场经济秩序，管理监督葡萄酒生产和产品质量，确保消费者合法权益的作用。同时，也是葡萄酒生产、贮存、营销、消费、产品质量监督、进行质量管理体系和合格评定认可必须遵守的行为规范和重要依据，是葡萄酒实现国际贸易的基础，是葡萄酒行业健康发展的根本保证，也是对葡萄酒产品质量认可和判定的重要依据。

作为将要从事葡萄酒生产、管理和服务的学生，要以葡萄酒法律法规为准绳，坚持以葡萄酒标准为支撑，贴近地方产业，积极主动与行业、企业合作，学习、掌握和运用葡萄酒标准与法规的相关知识和基本职业技能具有重要意义。

一、标准和标准化

（一）标准

标准是为了在一定的范围内获得最佳秩序，经协商一致制定并由公认机构批准，共同使用和重复使用的一种规范性文件。标准宜以科学、技术和经验的综合成果为基础，以促进最佳共同效益为目的。通过标准，对重复性事物作出统一规定，借以规范人们的工作、生活、生产行为。

关于标准的含义，概括起来有六大要素：

（1）目的：获得最佳秩序、促进最佳共同效益，这是制定标准的出发点。

(2) 对象：重复性的事物。当事物或概念具有重复出现的特性并处于相对稳定时才有制定标准的必要，使标准作为今后实践的依据，最大限度地减少不必要的重复劳动，同时扩大标准重复利用的范围。

(3) 内容：科学技术成果与生产经验的总结。标准既是科学技术的成果，又是实践经验的总结，这些成果和经验都是在经过分析、比较、综合和验证的基础上，加之规范化而制定出来的，因而具有科学性。这是标准产生的基础之一。

(4) 制定规则：各方协商一致。标准反映的不是局部片面的经验和局部利益，制定标准要发扬技术民主，与有关方面充分协商一致，考虑共同利益。这样制定出来的标准才具有权威性、科学性、民主性、公正性和适用性。这是标准产生的基础之二。

(5) 批准发布：公认的权威机构。标准是社会生活和经济技术活动的重要依据，是各相关方利益的体现，必须由能代表各方利益并为社会公认的权威机构批准发布。这是标准产生的基础之三。

(6) 适用范围：在一定的范围内共同实施。

(二) 标准化

标准化就是为了在一定范围内获得最佳秩序，对现实问题或潜在问题制定共同使用和重复使用条款的活动。该活动主要包括编制、发布和实施标准的过程。通过这一过程，可以达到有序组织生产和进行管理，提高产品质量，促进贸易公平和国际交流合作，合理利用资源，有效促进科技成果的推广和应用等目的。因此，标准化的主要作用在于为了其预期目的改进产品过程或服务的适用性，防止贸易壁垒，并促进技术合作。

标准化具有以下含义：

(1) 标准化是一个活动过程；

(2) 标准化是一项有目的的活动；

(3) 标准化是建立规范的活动。

(三) 标准与标准化的区别

标准是一种特殊的规范，本质上属于技术规范范畴，可以是文件或实物；标准化是制定、发布和实施标准的活动。

二、法规

(一) 法规

法规是指由国家权力机关制定的具有约束力的规范性法律文件，是法律、法令、条例、规则、章程等法定文件的总称。葡萄酒法规是指与葡萄酒相关的行政法规、技术法规和部门规章。

(二) 技术法规

1. 技术法规的定义。

技术法规是法规中的一种，世界贸易组织《技术性贸易壁垒协定》（简称WTO/TBT协定）在附录I中对技术法规给出了明确的定义。技术法规是指规定强制执行的产品特性或其相关工艺和生产方法，包括适用管理规定在内的文件。该文件还可包括或专门关于适用于产品、工艺或生产方法的专门术语、符号、包装、标志或标签要求。

技术法规是规定技术要求的法规，它或直接规定技术要求，或通过引用标准、技术规范或规程来规定技术要求，或将标准、技术规范或规程纳入法规中。技术法规可以附带技术指导，列出了符合法规要求可采取的某些途径，即权宜性条款。通常，国际上倾向于在技术法规中只规定与安全、卫生有关的基本要求，对于具体技术要求，则采用引用其他文件的形式，比如欧盟的新方法指令就具有典型性。

2. 技术法规的特点。

一是强制性。技术法规是由立法机构、政府部门或其授权的其他机构制定并强制执行的法规或其他形式的文件，技术法规管辖范围内的产品必须要符合技术法规的相关要求。二是对贸易的影响大而直接。虽然自愿性标准、经济手段、产品责任法、教育引导等方式都能对国际贸易进行调节，但技术法规对国际贸易的调节更直接、影响更大。三是约束范围广。技术法规既可以规定产品的特性，诸如产品的大小、形状、功效和性能，甚至包括对出售之前加贴标签、标志的样式和包装的方式等多方面的内容作出规定，还可以对使用于产品的相关工艺和生产方法，包括使用的管理规定进行约束。四是表现形式多样。根据技术法规的定义及实践，技术法规具有多种表现形式，包括国家法律、政府法令、部门规章条例以及其他强制性文件。

3. 技术法规的作用。

作为《TBT协定》的组成元素之一，技术法规与标准和合格评定程序相结合，可以实现以下作用：（1）提高生产效率，便于国际贸易；（2）保证各成员国家基本安全利益；（3）保证各成员出口产品的质量；（4）保护人类、动植物生命或健康及保护环境；（5）防止欺诈行为；（6）推动技术进步。

三、标准与法规的关系

市场经济条件下，对市场依法进行管理。法律法规是管人（法人、自然人）和管市场的行为主体；作为市场客体的商品，主要靠技术标准来规范。两者之间在一定的范围和领域内是相互渗透、相互交叉和相互支持的。

（一）标准与法规的相同之处

（1）一般性：标准和法规是现代社会和经济活动必不可少的统一规定，对任何人都适用，同样情况应该同样对待。

（2）公开性：在制定和实施过程中均公开透明；

（3）明确性和严肃性：均由权威机关按照法定的职权和程序制定、修改或废止，均用严谨的文字进行表述；

（4）权威性：推行的目标都是要为经济社会的发展创造良好的外部秩序；在调控社会方面发挥主导作用，享有威望，得到广泛的认同和普遍的遵守；

（5）约束性和强制性：要求社会各组织和个人服从法规和标准的规定，并将其作为行为的准则；

（6）稳定性：法规和标准都具有稳定性和连续性，不允许擅自改变和轻易修改。

（二）标准和法规的区别

（1）法规是由国家法制机构发布的规范性文件，标准是由公认机构发布的规范性文件，标准的发布机构没有立法权，仅以市场为主体，以企业为主导来制定。

（2）法规要按立法程序来制定，在一切领域内处于至高无上的地位，具有强制性、基础性和本源性的特点，所涉及的人员有义务执行法规的要求。标准必须有法律依据，要严格遵守有关法律法规，内容上不能与法律法规相抵触和冲突，标准的强制力来源于法规，由法规赋予，如果没有法律支持，无法强制执行。

(3) 法规涉及国家生活和社会生活的方方面面，调节一切政治、经济、社会、民事、刑事等关系；标准主要涉及技术层面。

(4) 法规一般较为宏观，标准则较为微观和具体。

(5) 法规较为稳定；标准会随科学技术和生产力的发展而补充修改，且标准比较注意民主性，强调多方参与、协商一致，尽可能照顾多方利益。

(6) 标准和法规虽然都是规范性的文件，但是标准在形式上有文字，也有实物。

（三）标准与法规的联系

标准所涉及的是技术问题，为了达到健康、安全等目的，法规中常常涉及技术问题，技术法规常常引用标准。标准反映的是"当今技术水平"，它是技术、市场的晴雨表，因而它的更新速度要比法规快，它能及时反映市场的变化。所以说，法规中涉及技术的内容时，需要充分利用标准资源。利用标准化的成果，既能节约资金，又能快速反映当今技术。

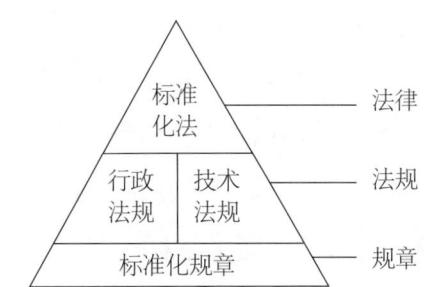

图 1-1 我国标准化法律法规体系构架示意图

标准是技术法规得以实施的基础，技术法规的实施又推动了标准的实施，制定标准时要先考虑法规的需要。法规中只规定基本要求或者通过在法规中直接引用现行标准来实现。

第二节 标准、法规与市场经济

一、标准与市场经济

标准是规范经济和社会发展的重要技术制度，是构成国家核心竞争力的基本要素。标准化是科技、经济和社会发展的基础，标准化工作对于推动技术进步、规范市场秩序、提高产品竞争力和促进国际贸易发挥着重要的技术基础作用。

(一) 规范生产流程，提高产品质量

标准是实践经验的总结，通过制定和采纳标准，企业可以对复杂的生产过程进行科学的组织和管理，促进新技术的应用和专业化水平的提高，改善生产工艺，优化生产流程，从而加快产品生产的节奏和速度。标准不仅可以对企业的最终产品提出严格的市场准入要求，而且能够对企业的中间产品层层把关，保证产品质量，为企业在激烈的市场竞争中胜出奠定基础。

从用户需求的角度来看，标准的制定和实施有利于创造规模需求，当标准的市场规模增大时，极易形成市场垄断，企业由此可以获得更大的利润；从企业管理的角度来看，企业按照一定的业务标准实施内部控制，可以加强员工之间的专业化协作，从而提高组织的整体运作效率。

(二) 规范市场运行秩序

标准有利于规范市场主体的行为和市场客体（市场中的产品和服务）的质量，它作为市场准入制度的补充，可以将那些不符合标准的、危害人类安全健康的产品排除在市场之外，保证商品流通环节的安全性，维护消费者和企业的利益。在商品交易的过程中，产品生产方可通过声明其产品符合某标准（如国家标准或国际标准）对产品质量进行承诺，标准成为向消费者传递有关产品或服务质量水平的信息，让消费者以此为依据，决定选择产品和服务，提高市场交易的成功率，减少欺诈和投机现象，引导公平竞争的市场秩序。标准和技术法规所包含的有关条款，可以成为解决市场纠纷和进行贸易仲裁的参照文本，一旦贸易双方发生质量争议，可以按合同所引标准中规定的质量要求、试验方法进行检验，由法院或有关部门进行仲裁，达到规范市场，公平、公正地解决贸易纠纷的作用。正是由于标准在不同的市场主体之间建立了一个顺畅的信息机制和可靠的信誉机制，因而促进了市场经济的公平有序进行。

(三) 为国际竞争提供手段

标准在国际上的作用是双重的。一方面，它是国际贸易规则的重要组成部分；另一方面，它是日益成为世界各国开展竞争的原因。在WTO/TBT协议中，国际标准的普遍约束力和国家标准间的差异性是并存的。WTO/TBT协议在赋予国际标准以基础性地位的同时，也指出任何国家都可以在其认为适当的程度内，以保护国家安全、保证出口产品质量、保障人类生命及健康、保护生态环境、防止欺诈为目的，采取的必要性技术措施，只要这些措施不构成歧视或对国际贸易进行变相限制。这意味着设置壁垒在一定程度上是合法的。

但是，世界各国为了各自的利益，围绕国际标准的制订和国际市场的占领展开激烈的竞争。发达国家把国际标准竞争、控制国际标准的主导权作为经济竞争追求的最高目标，发展中国家则把提高国家技术标准对国际标准的影响程度、追求国际标准和规则的公平合理作为国际经济竞争中的奋斗目标。在这种情况下，传统的非关税壁垒的活动空间日益缩小。以人类健康、生态环保、消费者权益保护面貌出现的"技术性"贸易保护主义逐渐抬头，它对进口商品及其生产过程有着苛刻的技术法规标准，以限制和禁止可能影响本国商业利益的商品进口。

（四）为提高人类的生活质量提供技术支撑

通过在标准中规定生产和操作流程以及对产品应符合的安全指标（比如：规定食品中的有害物质），可以使消费者得到基本安全保障。在标准中规定产品标志、标签、说明书等需要明示的内容，可以保护消费者的知情权。在标准中建立较高的效能标准，可以带动提高产品质量。通过对标准中所包括的各项指标加以细分，对标准本身进行模块化的内部组合，可以满足人们的多样化需求，实现以顾客为中心的定制服务。

（五）为社会可持续发展提供保障

通过标准的各项指标控制，既可以对企业生产的每个环节层层把关，防止超量排放污染物，还可以促进和规范资源的可持续利用。标准在资源的开采、能耗限定、产品节能等方面可以进行直接或间接的规定，通过调整相关要求、技术指标、淘汰能耗高、资源利用率和回收率低的工艺过程和相关设备，达到资源的可持续利用，从而规范和促进经济社会的可持续发展。

二、法规与市场经济

法的作用是指法对人们的行为、社会生活和社会关系发生的影响。法的作用可以分为规范作用和社会作用两类。规范作用是手段，社会作用是目的。

(一) 法的规范作用

法的规范作用是法自身表现出来的，对人们的行为或社会关系的可能的影响。

1. 明示作用。

法律作为一种行为规范，主要以法律条文的形式，为人们提供某种行为模式，明确告知人们，什么可以做，什么不可以做；哪些行为是合法的，哪些行为是违法的，以及违法者将受到什么制裁等等。法的明示作用通过制定法律和普及教育来实现，是实现学法、知法、守法的基本前提。

2. 评价作用。

法律对人们的行为是否合法或违法及其程度，具有判断、衡量的作用。

3. 预防作用。

人们可以根据法律规范事先估计到当事人双方将如何行为及行为的法律后果，从而达到有效避免违法和犯罪发生，在每个人心中建立起一道坚不可摧的思想行为防线。

4. 强制作用。

为保障法得以充分实现，运用国家强制力制裁、惩罚违法行为。

5. 教育作用。

法律的实施，对人们今后的行为发生直接或间接的诱导影响。理顺、改善和稳定人们之间的社会关系，提高整个社会的运行效率和文明程序，建立真正的法治社会，这也是法制的最终目的和根本作用。

(二) 法的社会作用

法的社会作用是法为实现一定的社会目的，尤其是维护一定阶级的社会关系和社会秩序而发挥的作用。根据马克思主义法学观点来看，在阶级对立的社会中，法的社会作用主要表现在以下两个方面。

1. 法在维护阶级统治方面的作用。

调整统治阶级与被统治阶级之间的关系；调整统治阶级的内部关系；调整统治阶级与其同盟者之间的关系。

2. 法在执行社会公共事务方面的作用。

社会公共事务是相对于纯粹的政治活动而言的社会活动。其特征是这些事务的直接目的并不表现为维护政治统治,而是在客观上对全社会的一切成员均有利,具有公益性。调整社会公共事务的法律,在主要方面体现着社会性(非政治性),按照马克思主义法学的观点,它在本质上与法在维护阶级统治方面的作用并不矛盾。因为,至少从统治阶级的角度看,调整和维护社会公共事务方面的法在根本上与维护政治统治是一致的。

第三节 课程基本要求与学习方法

一、课程基本要求

(一) 主要内容

1. 了解葡萄酒标准与法规的基本内容和作用。
2. 掌握葡萄酒产品标准的制定程序和方法,并能够在老师的指导下编制企业产品标准。
3. 掌握法律法规在葡萄酒生产和质量监督管理工作中的应用。
4. 掌握无公害食品、绿色食品、有机食品、地理标志产品的概念、标识、认证程序、认证内容及管理办法。
5. 了解国际和发达国家在葡萄酒酿造方面的标准与法规。
6. 掌握葡萄酒生产经营许可的程序与要求。

(二) 培养目标

1. 运用标准化方法进行企业管理的能力。
2. 独立编制企业产品标准的能力。
3. 培养处理葡萄酒产品质量与消费维权的能力。
4. 进行葡萄酒产品认证和质量管理体系认证的能力。
5. 了解葡萄酒生产违法的常见形式和责任追究。
6. 树立良好的职业道德、社会责任和守法意识。

二、学习方法

葡萄酒标准与法规贯穿于葡萄酒生产流通各个环节和全部过程,既包括标准与法规的制定出台和实施过程，又涵盖对葡萄酒产品的监督检验和评定认证体系等等。葡萄酒标准与法规是社会经济和科学技术发展到一定阶段的产物，会随着经济发展、社会进步、技术革新、市场变化等的变化而发生变化。因此，学习《葡萄酒标准与法规》具有复杂性、动态发展性和系统性等特点。不仅是对相关标准和法规知识的理解和记忆，更要注重正确运用相关标准与法规依法依规进行葡萄酒生产和管理。作为一名葡萄酒行业的准从业者，一定要做到理论联系实际，以科学发展和动态发展的理念，全面系统性地学习，不断关注我国葡萄酒标准与法规的发布、修订和废止。

第二章　法律和法规基础知识

第一节　法律基础知识

一、法的概念、特征和本质

（一）法的概念

法是由国家制定、认可并依靠国家强制力保证实施的，以权利和义务为主要内容，以人的行为及行为关系为调整对象，反映由特定物质生活条件所决定的统治阶级意志，以确认、保护和发展统治阶级所期望的社会关系和价值目标为目的的行为规范体系。

（二）法的特征

法作为一种特殊的社会规范，需要通过法的内容，也就是权利和义务的规定来体现、调整和维护一定的社会关系和社会秩序。它区别于其他社会规范的特征主要有以下几方面。

1. 规范性。

在一定的情况下，规定了人们可以做什么，应当做什么和不应当做什么，也就是为人的行为规定了模式、标准和方向。法是一种调整人与人之间社会关系的社会规范，其特点在于它所调整的是人们之间的相互关系或交互行为。它所适用的对象是不特定的，而且在生效时间上也是反复适用的。

2. 意志性。

法是由国家专门机关制定、认可和解释，并具有普遍约束力的社会规范，具有统一性和权威性。一个国家只能有一个总的法律体系，其各种社会规范不能相互矛盾。

3. 强制性。

法需要通过国家强制力保证实施。

4. 普遍性。

主要包括两个方面的内容，即法的效力对象具有广泛性和重复性，法对人们的行为具有反复适用的效力。

5. 程序性。

法要求实现程序化，而且其程序的独特性质和功能为保障法律的效率和权威性提供条件。

（三）法的本质

法是统治阶级意志的表现。法体现的是整个统治阶级的意志，而不是统治阶级中个别人或少数人的意志，同时也不是统治阶级每个成员个人意志的简单相加。

二、法律和法律关系

（一）法律

广义的法律是指法的整体，包括法律、有法律效力的解释及其行政机关为执行法律而制定的规范性文件。狭义的法律专指拥有立法权的国家机关依照立法程序制定的规范性文件。

法律是人类在社会层次的规则，以正义为其存在的基础，以国家的强制力为其实施的手段。法律分为基本法律和基本法律以外的法律。

1. 基本法律：《中华人民共和国宪法》（以下简称《宪法》）第62条规定，全国人民代表大会行使下列职权："（三）制定和修改刑事、民事、国家机构的和其他的基本法律"，内容涉及国家和社会生活某一方面的最基本的问题。《香港特别行政区基本法》和《澳门特别行政区基本法》均属于基本法律的层次。

2. 基本法律以外的法律，也叫一般法律，《宪法》第67条规定，全国人民代表大会常务委员会行使下列职权："（二）制定和修改除应当由全国人民代表大会制定的法律以外的其他法律"，与食品相关的法律，属于基本法律以外的法律。

3. 法律关系是法律调整在人们行为的过程中形成的权利、义务关系。法律关系由主体、客体和内容三个要素构成。

4. 法律规范属于社会规范的范畴，是一种特殊的社会规范。法律规范是组成法的基本单位，属于法的微观结构，可以称之为法的细胞。

5. 法律规范是以法律规范本身的性质为标准，可以将其分为授权性规范、义务性规范和禁止性规范；以法律规范对主体的约束程度为标准，可将其分为强制性规范和任意性规范；以法律规范内容的确定方式为标准，可将其分为确定性规范、准用性规范和委任性规范。

（二）法的渊源

法的渊源，也被称作法的各种具体表现形式，是指由不同国家机关制定的或认可的，具有不同法律效力和法律地位的各个类别的各种规范性法律文件的总称。根据《宪法》和《立法法》的规定，我国现行法律法规的渊源主要有以下七个方面。

1. 宪法。

宪法是我国的根本大法，是国家最高权力机关经由法定程序制定，具有最高法律效力的一种法。宪法规定和调整国家的社会制度和国家制度，公民权利和义务等具有根本性和全局性的问题，是国家一切立法的基础，也是制定法律法规的来源和基本依据。任何法律、法规都不得与宪法相抵触。

2. 法律。

法律是由全国人大和全国人大常委会制定、修改、补充、废止的。《立法法》第7条规定：全国人民代表大会和全国人民代表大会常务委员会行使国家立法权。全国人民代表大会制定和修改刑事、民事、国家机构的和其他的基本法律。全国人民代表大会常务委员会制定和修改除应当由全国人民代表大会制定的法律以外的其他法律；在全国人民代表大会闭会期间，对全国人民代表大会制定的法律进行部分补充和修改，但是不得同该法律的基本原则相抵触。

3. 行政法规。

行政法规是由国务院根据宪法和法律制定的，具有法律效力的文件。它是国家行政机关体系中最高的规范性文件。党中央和国务院联合发布的决议和指示，具有法的效力，也属于该范畴。

4. 地方性法规。

地方性法规是指法定的地方国家权力机关依照法定的权限，在不与宪法、法律和行政法规相抵触的前提下，制定和颁布的在本行政区域范围内实施的规范性文件。

5. 自治法规。

自治法规是民族区域自治地方，即自治区、自治州、自治县人大制定的与民族区域自治有关的规范性法律文件，包括自治条例和单行条例。自治条例和单行条例可以依照当地民族的特点，对法律和行政法规的规定作出变通规定，但不得违背法律或者行政法规的基本原则，不得对宪法和民族区域自治法的规定以及其他有关法律、行政法规专门就民族自治地方所作的规定作出变通规定。

6. 部门规章。

部门规章是指国务院各部、委员会、中国人民银行、审计署和具有行政管理职能的直属机构，可以根据法律和国务院的行政法规、决定、命令，在本部门的权限范围内制定的，具有一定法律效力的文件。

7. 国际条约。

国际条约是指我国与外国缔结的或者我国加入并生效的国际法规性文件，它可由国务院按照职权范围同外国缔结相应的条约和协定。

（三）规范性法律文件的效力等级

上述各种法的渊源都具有法的效力，但它们的效力等级又是有差别的。

1. 宪法具有最高的法律效力，一切法律、行政法规、地方性法规、自治条例和单行条例、规章都不得同宪法相抵触。

2. 法律的效力高于行政法规、地方性法规、规章。行政法规的效力高于地方性法规、规章。

3. 地方性法规的效力高于本级和下级地方政府规章，省、自治区人民政府制定的规章的效力高于本行政区域内的较大的市的人民政府制定的规章。

4. 自治条例和单行条例的优先适用效力，经济特区法规的优先适用效力。自治条例和单行条例依法对法律、行政法规、地方性法规作变通规定的，在本自治地方适用自治条例和单行条例的规定；经济特区法规根据授权对法律、行政法规、地方性法规作变通规定的,在本经济特区适用经济特区法规的规定。

5. 部门规章之间、部门规章与地方政府规章之间具有同等效力,在各自的权限范围内施行。

6. 同位法中特别规定优于一般规定,新的规定优于旧的规定。

第二节 食品法律法规的制定和实施

食品法律法规体系是指以法律或政令形式颁布的,对全社会有约束力的权威性规定。它既包括法律规范,也包含以技术规范为基础所形成的各种法规。具体的食品法规,往往偏重技术规范,同时也随着时代的发展而不断地发展和完善。

食品法律法规体系的建设是我国保证食品安全、提高人民生活质量、保障人民饮食卫生和公共健康的需要,也是我国食品工业发展和参与国际食品贸易的需要。

一、食品法律法规的制定

食品法律法规的制定,也称为食品立法活动,是指享有立法权的国家权力机关依照法定的权限和程序,制定、认可、修改、补充和废止规范性食品相关法律法规的活动。

食品法律是指与食品相关的法律。制定食品法律的目的是保证食品安全,保障公众身体健康和生命安全。食品法律是所有与食品相关的活动的法律依据,包括食品的生产、经营、检验和监督管理等。

食品法规是指与食品相关的行政法规、技术法规和部门规章。食品法规的制定具有权威性、职权性、程序性、综合性等特点。

(一)制定食品法律法规的基本原则

1. 遵循宪法的基本原则。
2. 依照法定的权限和程序的原则。
3. 从国家整体利益出发,维护社会主义法制的统一和尊严的原则。
4. 坚持民主立法的原则。

5. 从实际出发的原则。

6. 对人民健康高度负责的原则。

7. 预防为主的原则。

8. 遵循发挥中央和地方两方面的积极性原则。

(二) 制定食品法律法规的依据

1. 宪法是食品立法的法律依据，宪法是国家的根本大法，具有最高法律效力。

2. 保护人体健康是食品立法的思想依据，以食品生产经营和食品安全监督管理活动中产生的各种社会关系为调整对象的食品法律法规要把保护和增进人体健康作为其立法的思想依据、立法工作的出发点和落脚点。

3. 食品科学是食品立法的自然科学依据，食品行业是以生物学、化学、工程学、农学、畜牧学等为核心的科技密集型行业，因此食品立法工作在遵循法律科学的基础上，必须遵循食品工作的客观规律。

4. 社会经济条件是食品立法的物质依据。食品法律法规的制定必须着眼于我国的实际，正确处理好食品立法与现实条件、经济发展之间的关系，以适应社会主义市场经济的需要，达到满足人民群众不断增长的多层次的需求、保护人体健康、保障经济和社会可持续发展的目的。

5. 食品政策是食品立法的政策依据，食品立法以食品政策为指导，有助于使食品法律法规反映客观规律和社会发展要求，使食品法律法规能够在现实生活中得到普遍遵守和贯彻，最终形成良好的食品法律秩序。

6. 在食品立法过程中，应当体现和履行我国已参加的国际食品条约、惯例的有关规定。同时，对国际法律法规加以研究、分析和借鉴，以使有关法律法规适应国际交往的需要。

(三) 制定食品法律法规的程序

食品法律法规的制定程序是指有立法权的国家机关制定食品法律法规所必须遵循的方式、步骤、顺序等的总和。程序是立法质量的重要保证，是民主立法的保障。食品法规的制定必须依照法定程序进行。

1. 法律的制定程序。

立法准备——草案的提出和审议——草案的表决、通过与公布。

2. 行政法规的制定程序。

立项——起草——审查——通过——公布——备案。

3. 地方性法规、自治条例和单行条例的制定程序。

规划和计划的编制——草案的起草——草案的提出——草案的审议——草案的表决、通过、批准、公布与备案。

4. 规章的制定程序。

2002年1月1日起施行的《规章制定程序条例》，就国务院部门规章和地方政府规章的制定程序作出了集中系统的规定，其宗旨在于规范规章制定程序，保证规章质量。其根据是《立法法》的有关规定。规章的立项、起草、审查、决定、公布、解释，都适用本条例，违反本条例的规定而制定的规章均无效。

二、食品法律法规的实施

食品法律法规的实施是指通过一定的方式使食品法律规范在社会生活中得到贯彻和实现的活动。食品法律法规的实施过程，是把食品法律法规的相关规定转化为主体行为的过程，是食品法律法规作用于社会关系的特殊形式。食品法律法规的实施主要有食品法律法规的遵守和食品法律法规的适用两种方式。

（一）食品法律法规的遵守（食品守法）

食品守法是指一切国家机关和武装力量、各政党和各社会团体、各企业事业组织和全体公民都必须遵守食品法律法规的规定，严格依法办事。

食品守法的主体，既包括一切国家机关、社会组织和全体中国公民，也包括领域内活动的国际组织、外国组织、外国公民和无国籍人。

食品法律法规的遵守范围极其广泛。主要包括宪法、食品法律、食品行政法规等，也包括有关国家机关依法作出的、具有法律效力的决定书，如人民法院的判决书、调解书等。

食品法律法规的遵守内容，包括依法行使权利和履行义务两个方面。

（二）食品法律法规的适用

食品法律法规的适用是指国家机关和法律、法规授权的社会组织依照法定的职权和程序，行使国家权力，将食品法律法规创造性地运用到具体人或组织，用来解决具体问题的一种专门活动。它具有以下特点。

1. 权威性。

食品法律法规的适用是享有法定职权的国家机关以及法律、法规授权的组织，在其法定的或授予的权限范围内，依法实施食品法律法规的专门活动。

2. 特定性。

食品法律法规适用的根本目的是保护公民的生命健康权。

3. 合法性。

有关机关及授权组织对食品管理事务或案件的处理，应当有相应的法律依据。否则无效，甚至还须承担相应的法律责任。

4. 程序性。

食品法律法规的适用是有关机关及授权组织依照法定程序所进行的活动。

5. 国家强制性。

食品法律法规的适用是以国家强制力为后盾实施食品法律法规的活动，对有关机关及授权组织依法作出的决定，任何当事人都必须执行，不得违抗。

6. 要式性。

食品法律法规的适用必须有表明适用结果的法律文书，如食品卫生许可证、罚款决定书、判决书等。

（三）食品法律法规的解释

食品法律法规的解释是指有关国家机关、组织或个人，为适用或遵守食品法规，根据立法原意对食品法律法规的含义、内容、概念、术语以及适用的条件等所作的分析、说明和解答。食品法律法规的解释可以分为正式解释和非正式解释。

1. 正式解释是指有解释权的国家机关按照宪法和法律所赋予的权限对食品法律法规所作的具有法律效力的解释，包括立法解释、司法解释、行政解释。

（1）立法解释是指有食品立法权的国家机关对有关食品法律文件所作的解释，包括全国人大常委会对宪法和食品法律的解释；国务院对其制定的食品行政法规的解释；地方人大及其常委会对地方性食品法规的解释；国家授权其他国家机关的解释。

（2）司法解释是指最高人民法院和最高人民检察院在审判和检察工作中对具体

应用食品法律的问题所进行的解释，包括最高人民法院作出的审判解释；最高人民检察院作出的检察解释；最高人民法院和最高人民检察院联合作出的解释。

（3）行政解释是指有解释权的行政机关在依法处理食品行政管理事务时，对食品法律、法规的适用问题所作的解释。

2. 非正式解释又称作非法定解释、无权解释，分为学理解释和任意解释。非正式解释不具有法律效力。

学理解释一般是指宣传机构、文化教育机关、科研单位、社会组织、学者、专业工作者和报刊等对食品法律法规所进行的理论性、知识性和常识性解释。

任意解释是指一般公民、当事人、辩护人对食品法律法规所作的理解和说明。

第三节　食品行政执法与监督管理

食品行政执法是指国家行政机关、法律法规授权的组织依法执行适用法律，实现国家食品管理的活动，是食品行政机关进行食品管理，适用食品法律法规的最主要手段和途径。

一、行政执法的基本概念

行政行为是指国家行政机关行使职权、实施行政管理时依法所作出的直接或间接产生行政法律后果的行为。行政行为可以分为抽象行政行为和具体行政行为。

抽象行政行为是指国家行政机关针对不特定的行政相对人制定或发布的具有普遍约束力的规范性文件的行政行为。具体行政行为，指国家行政机关对特定的、具体的公民、法人或者其他组织，就特定的具体事项，作出有关该公民、法人或组织权利义务的单方行为。如食品行政执法。食品行政执法是指具体的食品行政行为。

二、食品行政执法的特征

1. 执法的主体是特定的：食品行政管理机关，法律、法规授权的组织。
2. 执法是一种职务性行为：执法主体只能在法律规定的职权范围内履行其责任，不得越权或者滥用职权。

3. 执法的对象是特定的：食品行政相对人（特定的、具体的公民、法人或其他组织）。

4. 执法行为的依据是法定的：是适用食品法律法规的过程。

5. 执法行为是单方法律行为：食品行政执法主体依自己一方的意思表示，无须征得相对人的同意就作出一定法律后果的行为。行为成立的唯一条件是其合法性。

6. 执法行为必然产生一定的法律后果：确定某种权利或义务，剥夺、限制其某种权利，拒绝或拖延其要求等。

三、食品行政执法的依据和有效条件

食品行政执法活动是食品行政机关依法对食品进行管理，贯彻落实法律、法规等规范性文件的具体方法和手段。

食品行政执法的有效条件即食品行政执法行为产生法律效力的必备条件，只有符合有效条件的食品行政执法行为才能产生法律效力。一般情况下食品行政执法行为产生法律效力，需要同时具备资格条件、职权要件、内容要件和程序要件四个要件。

四、食品行政执法主体

食品行政执法主体是指依法享有国家食品行政执法权力，以自己的名义实施食品行政执法活动并独立承担由此引起的法律责任的组织。食品行政执法的主体是组织而非个人。

（一）食品行政执法主体的分类

根据执法主体资格取得的法律依据不同，食品行政执法主体可以分为职权性执法主体和授权性执法主体。

职权性执法主体是指根据宪法和行政组织法的规定，在机关依法成立时就拥有相应行政职权并同时获得行政主体资格的行政组织。职权性执法主体只能是国家行政机关，包括各级人民政府及其职能部门以及县级以上地方政府的派出机关。

授权性执法主体是指根据宪法和行政组织法以外的单行法律、法规的授权规定而获得行政执法资格的组织。

(二) 我国主要的行政执法主体

1. 国家市场监督管理总局（官方网站：http://www.samr.gov.cn/）。

根据《国家市场监督管理总局职能配置、内设机构和人员编制规定》，国家市场监督管理总局的主要职责有以下这些方面。

(1) 负责市场综合监督管理。起草市场监督管理有关法律法规草案，制定有关规章、政策、标准，组织实施质量强国战略、食品安全战略和标准化战略，拟订并组织实施有关规划，规范和维护市场秩序，营造诚实守信、公平竞争的市场环境。

(2) 负责市场主体统一登记注册。指导各类企业、农民专业合作社和从事经营活动的单位、个体工商户以及外国（地区）企业常驻代表机构等市场主体的登记注册工作。建立市场主体信息公示和共享机制，依法公示和共享有关信息，加强信用监管，推动市场主体信用体系建设。

(3) 负责组织和指导市场监管综合执法工作。指导地方市场监管综合执法队伍整合和建设，推动实行统一的市场监管。组织查处重大违法案件。规范市场监管行政执法行为。

(4) 负责反垄断统一执法。统筹推进竞争政策实施，指导实施公平竞争审查制度。依法对经营者集中行为进行反垄断审查，负责垄断协议、滥用市场支配地位和滥用行政权力排除、限制竞争等反垄断执法工作。指导企业在国外的反垄断应诉工作。承担国务院反垄断委员会日常工作。

(5) 负责监督管理市场秩序。依法监督管理市场交易、网络商品交易及有关服务的行为。组织指导查处价格收费违法违规、不正当竞争、违法直销、传销、侵犯商标专利知识产权和制售假冒伪劣行为。指导广告业发展，监督管理广告活动。指导查处无照生产经营和相关无证生产经营行为。指导中国消费者协会开展消费维权工作。

(6) 负责宏观质量管理。拟订并实施质量发展的制度措施。统筹国家质量基础设施建设与应用，会同有关部门组织实施重大工程设备质量监理制度，组织重大质量事故调查，建立并统一实施缺陷产品召回制度，监督管理产品防伪工作。

(7) 负责产品质量安全监督管理。管理产品质量安全风险监控、国家监督抽查工作。建立并组织实施质量分级制度、质量安全追溯制度。指导工业产品生产许可管理。负责纤维质量监督工作。

（8）负责特种设备安全监督管理。综合管理特种设备安全监察、监督工作，监督检查高耗能特种设备节能标准和锅炉环境保护标准的执行情况。

（9）负责食品安全监督管理综合协调。组织制定食品安全重大政策并组织实施。负责食品安全应急体系建设，组织指导重大食品安全事件应急处置和调查处理工作。建立健全食品安全重要信息直报制度。承担国务院食品安全委员会日常工作。

（10）负责食品安全监督管理。建立覆盖食品生产、流通、消费全过程的监督检查制度和隐患排查治理机制并组织实施，防范区域性、系统性食品安全风险。推动建立食品生产经营者落实主体责任的机制，健全食品安全追溯体系。组织开展食品安全监督抽检、风险监测、核查处置和风险预警、风险交流工作。组织实施特殊食品注册、备案和监督管理。

（11）负责统一管理计量工作。推行法定计量单位和国家计量制度，管理计量器具及量值传递和比对工作。规范、监督商品量和市场计量行为。

（12）负责统一管理标准化工作。依法承担强制性国家标准的立项、编号、对外通报和授权批准发布工作。制定推荐性国家标准。依法协调指导和监督行业标准、地方标准、团体标准制定工作。组织开展标准化国际合作和参与制定、采用国际标准工作。

（13）负责统一管理检验检测工作。推进检验检测机构改革，规范检验检测市场，完善检验检测体系，指导协调检验检测行业发展。

（14）负责统一管理、监督和综合协调全国认证认可工作。建立并组织实施国家统一的认证认可和合格评定监督管理制度。

（15）负责市场监督管理科技和信息化建设、新闻宣传、国际交流与合作。按规定承担技术性贸易措施有关工作。

（16）管理国家药品监督管理局、国家知识产权局。

（17）完成党中央、国务院交办的其他任务。

2. 中华人民共和国海关总署（官方网站：http://www.customs.gov.cn/）。

负责全国海关工作、组织推动口岸"大通关"建设、海关监管工作、进出口关税及其他税费征收管理、出入境卫生检疫和出入境动植物及其产品检验检疫、进出口商品法定检验、海关风险管理、国家进出口货物贸易等海关统计、全国打击走私综合治理工作、制定并组织实施海关科技发展规划以及实验室建设和技术保障规划、海关领域国际合作与交流、垂直管理全国海关、完成党中央、国务院交办的其他任务。与食品安全管理有关的内设机构有：

(1) 进出口食品安全局（官方网站：http://jckspj.customs.gov.cn）。

拟订进出口食品、化妆品安全和检验检疫的工作制度，依法承担进口食品企业备案注册和进口食品、化妆品的检验检疫、监督管理工作，按分工组织实施风险分析和紧急预防措施工作。依据多双边协议承担出口食品相关工作。

(2) 商品检验司（官方网站 http://sjs.customs.gov.cn）。

拟订进出口商品法定检验和监督管理的工作制度，承担进口商品安全风险评估、风险预警和快速反应工作。承担国家实行许可制度的进口商品验证工作，监督管理法定检验商品的数量、重量鉴定。依据多双边协议承担出口商品检验相关工作。

(3) 动植物检疫司（官方网站：http://dzs.customs.gov.cn）。

拟订出入境动植物及其产品检验检疫的工作制度，承担出入境动植物及其产品的检验检疫、监督管理工作，按分工组织实施风险分析和紧急预防措施，承担出入境转基因生物及其产品、生物物种资源的检验检疫工作。

3. 法律、法规授权的其他组织。

法律、法规授权的组织是指以法律、法规授权而行使特定行政职能的非国家机关组织。在具体的行政管理活动中，有时会有某个非行政机关的组织行使行政职能的情况，他们是基于特定法律、法规授权而进行管理的。

被授权组织在行使法律、法规所授职权时，享有与行政机关相同的行政主体地位，他们可以自己的名义行使所授职权，并对外承担法律责任。这些组织包括：行政机构及其内部机构、派出机构和临时机构；企业组织；事业单位；社会团体；其他组织。

4. 联合执法主体。

联合执法是指两个或两个以上不同职能的行政主体分别派出一定数量的工作人员组成联合执法队伍或机构，共同进行行政管理或行政处罚的活动，也有人称之为综合执法。

其主要特征有：(1) 有两个或两个以上不同职能的行政主体在一起执法；(2) 各执法主体在执法活动中地位平等；(3) 组建有跨部门的执法组织；(4) 以联合署名的方式或联合执法队伍或机构的名义进行执法；(5) 目的是行政管理或行政处罚。

五、食品行政执法监督

食品行政执法监督是指有权机关、社会团体和公民个人等，依法对食品行政机关及其执法人员的行政执法活动是否合法、合理进行监督的法律制度。

（一）食品行政执法监督的特征

1. 监督主体的广泛性。

广义上的执法监督是指全社会的监督，包括特定的国家权力机关、行政机关、司法机关等直接产生法律效力的监督，也包括社会团体和公民个人等不直接产生法律效力的民主监督。

2. 监督的对象是确定的。

监督的对象是食品行政执法机关和执法人员。

3. 监督的内容完整、法定。

监督主体对食品执法主体及执法人员行使职权、履行职责的一切执法活动都实行监督；对执法行为的合法性、合理性、公正性等也都进行监督。

（二）食品行政执法监督的种类

食品行政执法监督有权力机关的监督、司法机关的监督、食品行政机关的监督、非国家监督，其中前三种一般称为国家监督。

1. 权力机关的监督：称为代表机构的监督或立法监督，即人民代表大会的监督。

2. 司法机关的监督：人民检察院和人民法院。

3. 食品行政机关的监督：上级行政机关对下级行政机关的监督。

4. 非国家监督：除国家监督以外的监督。

（三）食品行政执法监督的内容

对实施宪法、法律和行政法规等情况进行监督。监督主体对各级食品行政执法机关的执法活动是否合法、适当进行监督。

对执法人员的执法活动等情况进行监督。监督主体对食品行政执法人员在执法过程中是否行政失职、行政越权和滥用职权等进行监督。

六、食品安全行政执法和监督

食品安全监管主体根据食品安全法律法规，对食品及有关产品生产、销售、餐饮服务等领域进行监督管理活动的总称。

《中华人民共和国食品安全法》及其实施条例进一步明确细化了相关法律责任，细化、补充、增设了相应罚责，使法规更具操作性、执行性和权威性。违法行为情节严重的应当加重处罚。增设了双重处罚条款，除了对企业进行处罚以外，还要对单位的法定代表人、主要负责人、直接负责的主管人员和其他直接责任人员处以其上一年度收入的1倍以上10倍以下罚款。强化了食品安全行政监管部门同公安司法机关的协作、衔接和相互配合，行政监管、行政执法同公安执法之间，不但要各司其职、依法行政、依法执法，而且要彼此相互衔接、相互支持、协调配合，才能实现经济社会健康有序发展，提高食品安全的整体水平。

（一）食品生产经营许可

《中华人民共和国食品安全法》第三十五条第一款规定：国家对食品生产经营实行许可制度。从事食品生产、食品销售、餐饮服务，应当依法取得许可。但是，销售食用农产品和仅销售预包装食品的，不需要取得许可。仅销售预包装食品的，应当报所在地县级以上地方人民政府食品安全监督管理部门备案。

为规范食品、食品添加剂生产许可活动，加强食品生产监督管理，保障食品安全，根据《中华人民共和国行政许可法》《中华人民共和国食品安全法》及其实施条例等法律法规，在中华人民共和国境内，从事食品生产活动，应当依法取得食品生产许可；从事食品销售和餐饮服务活动，应当依法取得食品经营许可。

（二）食品生产经营监督检查

为加强和规范对食品生产经营活动的监督检查，督促食品生产经营者落实主体责任，保障食品安全，根据《中华人民共和国食品安全法》及其实施条例等法律法规，市场监督管理部门对依法取得食品生产、经营许可的食品生产经营者（含食品添加剂生产者）的生产经营活动实施食品安全监督检查，即市场监督管理部门为督促食品生产经营者持续合规生产经营，对其执行食品安全法律、法规、规章和食品安全标准等情况所实施的检查。

表 2-1　食品生产和销售环节监督检查的主要内容

类型	主要内容
食品生产环节	食品生产者资质、食品安全自查、生产许可条件保持情况、前次监督检查结果和整改情况、生产环境条件、进货查验、生产过程食品安全控制、检验能力和产品检验、贮存及交付控制、不合格品管理和食品召回、产品标签及说明书、从业人员管理、食品安全事故处置及相关信息记录等情况。
食品销售环节	食品安全自查情况、食品经营许可条件维持情况、经营场所环境卫生情况、从业人员管理情况、食品安全管理制度及要求落实情况、进货查验情况、食品贮存、运输及销售过程食品安全控制情况、温度控制及记录情况、过期及其他不符合食品安全标准食品管理和处置情况等。对从事对温度、湿度有特殊要求的食品贮存业务的非食品生产经营者的监督检查内容包括相关备案情况、相关信息记录情况、食品安全责任明确及落实情况等。

（三）食品检验强化检查

强化食品抽样检验的标准、方法要求。对食品抽样检验，必须按照相关标准技术要求以及检验方法进行。特殊情况如可能掺杂掺假的食品、案件调查、事故处理等，可由国务院食品安全部门制定相应检验项目和方法。检验方法的规定，对于确保检验数据的精准性、一致性、科学性具有重要价值。

强调食品检验机构的资质合法性。出具食品检验信息的机构，必须依法取得资质认定，否则检验结果无效，并受到相应处罚。食品安全不仅要靠法律约束、政府监管、企业自律，还要靠标准、计量、检验检测、实验室、数据报告方面的技术支持。检验机构的公信力、检验报告的科学性、准确性和权威性，在某种程度上是食品安全的生命线。因此，加强对检验机构的法律规范，有效破解检验机构市场"小、散、多、重、乱"的现象，对保障食品安全至关重要。

（四）进出口食品监管

进出口食品安全是我国食品安全整体状况的重要内容。随着我国对外开放的发展，进出口食品规模逐年扩大。我国立足国情，借鉴国际经验，设立了进口食品的进口商、代理商备案、境外食品生产企业注册、口岸查验、风险预警、标准、标签、认证等一系列制度。《中华人民共和国食品安全法实施条例》进一步细化流程，明确主体责任，更具操作性。特别要求进口商要建立境外出口商、境外生产企业的审核制度，重点审查其执行相关法规、标准、质量安全保障及食品安全风险防控措施等情况，履行主体责任。对通过相关认证的境外企业，认证机构要持续跟踪调查，发现问题及时处置。同时，还专门强调出入境检验检疫部门要严格执行风险预警制度，发现严重食品安全问题的，及时发出警报，并可以对相关的食品、食品添加剂、食品相关产品作出退货、销毁、有条件地限制进口、暂停或禁止进口的决定。

第三章 中国葡萄酒相关法律和法规体系

第一节 中华人民共和国食品安全法

《中华人民共和国食品安全法》（以下简称《食品安全法》）于 2009 年 2 月 28 日第十一届全国人民代表大会常务委员会第七次会议通过，2015 年 4 月 24 日进行修订，自 2015 年 10 月 1 日起施行。2018 年 12 月 29 日、2021 年 4 月 29 日分别进行修正。

作为《食品安全法》的配套法规，2019 年 3 月 26 日国务院第 42 次常务会议修订通过《中华人民共和国食品安全法实施条例》（以下简称实施条例），自 2019 年 12 月 1 日起施行。

一、《食品安全法》的基本术语

1. 食品是指各种供人食用或者饮用的成品和原料以及按照传统既是食品又是中药材的物品，但是不包括以治疗为目的的物品。

2. 食品安全是指食品无毒、无害，符合应当有的营养要求，对人体健康不造成任何急性、亚急性或者慢性危害。

3. 预包装食品是指预先定量包装或者制作在包装材料、容器中的食品。

4. 食品添加剂是指为改善食品品质和色、香、味以及为防腐、保鲜和加工工艺的需要而加入食品中的人工合成或者天然物质，包括营养强化剂。

5. 用于食品的包装材料和容器是指包装、盛放食品或者食品添加剂用的纸、竹、木、金属、搪瓷、陶瓷、塑料、橡胶、天然纤维、化学纤维、玻璃等制品和直接接触食品或者食品添加剂的涂料。

6. 用于食品生产经营的工具、设备是指在食品或者食品添加剂生产、销售、使用过程中直接接触食品或者食品添加剂的机械、管道、传送带、容器、用具、餐具等。

7. 用于食品的洗涤剂、消毒剂是指直接用于洗涤或者消毒食品、餐具、饮具以及直接接触食品的工具、设备或者食品包装材料和容器的物质。

8. 食品保质期是指食品在标明的贮存条件下保持品质的期限。

9. 食源性疾病是指食品中致病因素进入人体引起的感染性、中毒性等疾病,包括食物中毒。

10. 食品安全事故是指食源性疾病、食品污染等源于食品,对人体健康有危害或者可能有危害的事故。

二、《食品安全法》的适用范围

为了保证食品安全,保障公众身体健康和生命安全,《食品安全法》明确规定,在中华人民共和国境内从事下列活动,应当遵守本法。

1. 食品生产和加工（以下称食品生产）,食品销售和餐饮服务（以下称食品经营）。

2. 食品添加剂的生产经营。

3. 用于食品的包装材料、容器、洗涤剂、消毒剂和用于食品生产经营的工具、设备（以下称食品相关产品）的生产经营。

4. 食品生产经营者使用食品添加剂、食品相关产品。

5. 食品的贮存和运输。

6. 对食品、食品添加剂、食品相关产品的安全管理。

供食用的源于农业的初级产品（以下简称食用农产品）的质量安全管理,遵守《中华人民共和国农产品质量安全法》的规定。但是,食用农产品的市场销售、有关质量安全标准的制定、有关安全信息的公布和本法对农业投入品作出规定的,应当遵守本法的规定。

三、食品安全监督管理职责分工

食品安全工作实行预防为主、风险管理、全程控制、社会共治,建立科学、严格的监督管理制度。《食品安全法》第五条、第六条有如下规定。

1. 国务院设立食品安全委员会,其职责由国务院规定。

2. 国务院食品安全监督管理部门依照本法和国务院规定的职责,对食品生产经营活动实施监督管理。

3. 国务院卫生行政部门依照本法和国务院规定的职责,组织开展食品安全风险监测和风险评估,会同国务院食品安全监督管理部门制定并公布食品安全国家标准。

4. 国务院其他有关部门依照本法和国务院规定的职责,承担有关食品安全工作。

5. 县级以上地方人民政府对本行政区域的食品安全监督管理工作负责,统一领导、组织、协调本行政区域的食品安全监督管理工作以及食品安全突发事件应对工作,建立健全食品安全全程监督管理工作机制和信息共享机制。

6. 县级以上地方人民政府依照本法和国务院的规定,确定本级食品安全监督管理、卫生行政部门和其他有关部门的职责。有关部门在各自职责范围内负责本行政区域的食品安全监督管理工作。

7. 县级人民政府食品安全监督管理部门可以在乡镇或者特定区域设立派出机构。

四、食品安全工作制度

(一)明确食品安全的第一责任人

食品生产经营者是食品安全的第一责任人,对其生产经营食品的安全负责。食品生产经营者应当依照法律、法规和食品安全标准从事生产经营活动,保证食品安全,诚信自律,对社会和公众负责,接受社会监督,承担社会责任。

(二)明确其他社会组织的相关职责

食品行业协会应当加强行业自律,按照章程建立健全行业规范和奖惩机制,提供食品安全信息、技术等服务,引导和督促食品生产经营者依法生产经营,推动行业诚信建设,宣传、普及食品安全知识。

消费者协会和其他消费者组织对违反《食品安全法》规定,损害消费者合法权益的行为，依法进行社会监督。

各级人民政府应当加强食品安全的宣传教育，普及食品安全知识，鼓励社会组织、基层群众性自治组织、食品生产经营者开展食品安全法律、法规以及食品安全标准和知识的普及工作，倡导健康的饮食方式，增强消费者食品安全意识和自我保护能力。

新闻媒体应当开展食品安全法律、法规以及食品安全标准和知识的公益宣传，并对食品安全违法行为进行舆论监督。有关食品安全的宣传报道应当真实、公正。任何组织或者个人有权举报食品安全违法行为，依法向有关部门了解食品安全信息，对食品安全监督管理工作提出意见和建议。

（三）制定食品安全标准

食品安全标准是强制执行的标准。除食品安全标准外，不得制定其他食品强制性标准。制定食品安全标准，应当以保障公众身体健康为宗旨，做到科学合理、安全可靠。食品安全标准应当包括下列内容：

1. 食品、食品添加剂、食品相关产品中的致病性微生物，农药残留、兽药残留、生物毒素、重金属等污染物质以及其他危害人体健康物质的限量规定。

2. 食品添加剂的品种、使用范围、用量。

3. 专供婴幼儿和其他特定人群的主辅食品的营养成分要求。

4. 对与卫生、营养等食品安全要求有关的标签、标志、说明书的要求。

5. 食品生产经营过程的卫生要求。

6. 与食品安全有关的质量要求。

7. 与食品安全有关的食品检验方法与规程。

8. 其他需要制定为食品安全标准的内容。

（四）建立食品安全风险评估和监测制度

国家建立食品安全风险评估制度，运用科学方法，根据食品安全风险监测信息、科学数据以及有关信息，对食品、食品添加剂、食品相关产品中生物性、化学性和物理性危害因素进行风险评估。

国家建立食品安全风险监测制度，对食源性疾病、食品污染以及食品中的有害因素进行监测。

(五) 建立食品安全信息统一发布制度

国家建立统一的食品安全信息平台，实行食品安全信息统一公布制度。国家食品安全总体情况、食品安全风险警示信息、重大食品安全事故及其调查处理信息和国务院确定需要统一公布的其他信息由国务院食品安全监督管理部门统一公布。食品安全风险警示信息和重大食品安全事故及其调查处理信息的影响限于特定区域的，也可以由有关省、自治区、直辖市人民政府食品安全监督管理部门公布。未经授权不得发布上述信息。

县级以上人民政府食品安全监督管理、农业行政部门依据各自职责公布食品安全日常监督管理信息。

公布食品安全信息，应当做到准确、及时，并进行必要的解释说明，避免误导消费者和社会舆论。

(六) 实行食品生产经营许可制度

国家对食品生产经营实行许可制度。从事食品生产、食品销售、餐饮服务，应当依法取得许可。但是，销售食用农产品和仅销售预包装食品的，不需要取得许可。仅销售预包装食品的，应当报所在地县级以上地方人民政府食品安全监督管理部门备案。

(七) 实行食品添加剂生产和使用管理

国家对食品添加剂生产实行许可制度。从事食品添加剂生产，应当具有与所生产食品添加剂品种相适应的场所、生产设备或者设施、专业技术人员和管理制度，并依照《食品安全法》规定的程序，取得食品添加剂生产许可。

生产食品添加剂应当符合法律、法规和食品安全国家标准。

食品添加剂应当在技术上确有必要且经过风险评估证明安全可靠，方可列入允许使用的范围；有关食品安全国家标准应当根据技术必要性和食品安全风险评估结果及时修订。

食品生产经营者应当按照食品安全国家标准使用食品添加剂。

(八) 建立食品召回制度

国家建立食品召回制度。食品生产者发现其生产的食品不符合食品安全标准或者有证据证明可能危害人体健康的，应当立即停止生产，召回已经上市销售的食品，通知相关生产经营者和消费者，并记录召回和通知情况。

食品经营者发现其经营的食品有前款规定情形的，应当立即停止经营，通知相关生产经营者和消费者，并记录停止经营和通知情况。食品生产者认为应当召回的，应当立即召回。由于食品经营者的原因造成其经营的食品有前款规定情形的，食品经营者应当召回。

食品生产经营者应当对召回的食品采取无害化处理、销毁等措施，防止其再次流入市场。但是，对因标签、标志或者说明书不符合食品安全标准而被召回的食品，食品生产者在采取补救措施且能保证食品安全的情况下可以继续销售；销售时应当向消费者明示补救措施。

食品生产经营者应当将食品召回和处理情况向所在地县级人民政府食品安全监督管理部门报告；需要对召回的食品进行无害化处理、销毁的，应当提前报告时间、地点。食品安全监督管理部门认为必要的，可以实施现场监督。

食品生产经营者未依照本条规定召回或者停止经营的，县级以上人民政府食品安全监督管理部门可以责令其召回或者停止经营。

（九）加强食品广告管理

食品广告的内容应当真实合法，不得含有虚假内容，不得涉及疾病预防、治疗功能。食品生产经营者对食品广告内容的真实性、合法性负责。

县级以上人民政府食品安全监督管理部门和其他有关部门以及食品检验机构、食品行业协会不得以广告或者其他形式向消费者推荐食品。消费者组织不得以收取费用或者其他谋取利益的方式向消费者推荐食品。

保健食品广告除应当符合前款的规定外，还应当声明"本品不能代替药物"；其内容应当经生产企业所在地省、自治区、直辖市人民政府食品安全监督管理部门审查批准，取得保健食品广告批准文件。省、自治区、直辖市人民政府食品安全监督管理部门应当公布并及时更新已经批准的保健食品广告目录以及批准的广告内容。

特殊医学用途配方食品广告适用《中华人民共和国广告法》和其他法律、行政法规关于药品广告管理的规定。

五、食品安全事故处置

国务院组织制定国家食品安全事故应急预案。

县级以上地方人民政府应当根据有关法律、法规的规定和上级人民政府的食品安全事故应急预案以及本行政区域的实际情况，制定本行政区域的食品安全事故应急预案，并报上一级人民政府备案。

食品安全事故应急预案应当对食品安全事故分级、事故处置组织指挥体系与职责、预防预警机制、处置程序、应急保障措施等作出规定。

食品生产经营企业应当制定食品安全事故处置方案，定期检查本企业各项食品安全防范措施的落实情况，及时消除事故隐患。

发生食品安全事故的单位应当立即采取措施，防止事故扩大。事故单位和接收病人进行治疗的单位应当及时向事故发生地县级人民政府食品安全监督管理、卫生行政部门报告。

发生食品安全事故，接到报告的县级人民政府食品安全监督管理部门应当按照应急预案的规定向本级人民政府和上级人民政府食品安全监督管理部门报告。县级人民政府和上级人民政府食品安全监督管理部门应当按照应急预案的规定上报。

任何单位和个人不得对食品安全事故隐瞒、谎报、缓报，不得隐匿、伪造、毁灭有关证据。

六、法律责任

违反《食品安全法》及其实施条例相关规定的，由县级以上人民政府食品安全监督管理部门责令停止违法行为、没收违法所得、没收用于违法生产经营的工具设备原料等物品、罚款，情节严重的，责令停产停业，直至吊销许可证。造成人身、财产或者其他损害的，依法承担赔偿责任。

具有构成违反治安管理行为的，由公安机关依法给予治安管理处罚；构成犯罪的，依法追究刑事责任。

违反《食品安全法》及其实施条例相关规定的，对于相关责任人给予记大过、降级或者撤职处分；情节严重的，给予开除处分。有执业资格的，由授予其资格的主管部门吊销执业证书。

第二节　食品召回管理办法

为加强食品生产经营管理，减少和避免不安全食品的危害，保障公众身体健康和生命安全，根据《中华人民共和国食品安全法》及其实施条例等法律法规的规定，制定《食品召回管理办法》。2015年3月11日国家食品药品监督管理总局令第12号公布，根据2020年10月23日国家市场监督管理总局令第31号修订。

一、不安全食品的定义

不安全食品是指食品安全法律法规规定禁止生产经营的食品以及其他有证据证明可能危害人体健康的食品。

二、适用范围与基本原则

在中华人民共和国境内，不安全食品的停止生产经营、召回和处置及其监督管理，适用本办法。

食品生产经营者应当依法承担食品安全第一责任人的义务，建立健全相关管理制度，收集、分析食品安全信息，依法履行不安全食品的停止生产经营、召回和处置义务。

国家市场监督管理总局负责指导全国不安全食品停止生产经营、召回和处置的监督管理工作。县级以上地方市场监督管理部门负责本行政区域的不安全食品停止生产经营、召回和处置的监督管理工作。

鼓励和支持食品行业协会加强行业自律，制定行业规范，引导和促进食品生产经营者依法履行不安全食品的停止生产经营、召回和处置义务。鼓励和支持公众对不安全食品的停止生产经营、召回和处置等活动进行社会监督。

三、食品召回

食品生产者通过自检自查、公众投诉举报、经营者和监督管理部门告知等方式知悉其生产经营的食品属于不安全食品的，应当主动召回。食品生产者应当主动召回不安全食品而没有主动召回的，县级以上市场监督管理部门可以责令其召回。

根据食品安全风险的严重和紧急程度，食品召回分为三级。

1. 一级召回：食用后已经或者可能导致严重健康损害甚至死亡的，食品生产者应当在知悉食品安全风险后 24 小时内启动召回，并向县级以上地方市场监督管理部门报告召回计划。实施一级召回的，食品生产者应当自公告发布之日起 10 个工作日内完成召回工作。

2. 二级召回：食用后已经或者可能导致一般健康损害，食品生产者应当在知悉食品安全风险后 48 小时内启动召回，并向县级以上地方市场监督管理部门报告召回计划。实施二级召回的，食品生产者应当自公告发布之日起 20 个工作日内完成召回工作。

3. 三级召回：标签、标识存在虚假标注的食品，食品生产者应当在知悉食品安全风险后 72 小时内启动召回，并向县级以上地方市场监督管理部门报告召回计划。标签、标识存在瑕疵，食用后不会造成健康损害的食品，食品生产者应当改正，可以自愿召回。

实施三级召回的，食品生产者应当自公告发布之日起 30 个工作日内完成召回工作。

情况复杂的，经县级以上地方市场监督管理部门同意，食品生产者可以适当延长召回时间并公布。

食品生产者应当按照召回计划召回不安全食品。县级以上地方市场监督管理部门收到食品生产者的召回计划后，必要时可以组织专家对召回计划进行评估。评估结论认为召回计划应当修改的，食品生产者应当立即修改，并按照修改后的召回计划实施召回。

食品召回计划应当包括下列内容：（1）食品生产者的名称、住所、法定代表人、具体负责人、联系方式等基本情况；（2）食品名称、商标、规格、生产日期、批次、数量以及召回的区域范围；（3）召回原因及危害后果；（4）召回等级、流程及时限；（5）召回通知或者公告的内容及发布方式；（6）相关食品生产经营者的义务和责任；（7）召回食品的处置措施、费用承担情况；（8）召回的预期效果。

食品召回公告应当包括下列内容：（1）食品生产者的名称、住所、法定代表人、具体负责人、联系电话、电子邮箱等；（2）食品名称、商标、规格、生产日期、批次等；(3) 召回原因、等级、起止日期、区域范围；(4) 相关食品生产经营者的义务和消费者退货及赔偿的流程。

食品经营者知悉食品生产者召回不安全食品后，应当立即采取停止购进、销售，封存不安全食品，在经营场所醒目位置张贴生产者发布的召回公告等措施，配合食品生产者开展召回工作。

食品经营者对因自身原因所导致的不安全食品，应当根据法律法规的规定在其经营的范围内主动召回。食品经营者召回不安全食品应当告知供货商。供货商应当及时告知生产者。食品经营者在召回通知或者公告中应当特别注明系因其自身的原因导致食品出现不安全问题。因生产者无法确定、破产等原因无法召回不安全食品的，食品经营者应当在其经营的范围内主动召回不安全食品。食品经营者召回不安全食品的程序，参照食品生产者召回不安全食品的相关规定处理。

四、召回产品处置

食品生产经营者应当依法对因停止生产经营、召回等原因退出市场的不安全食品，采取补救、无害化处理、销毁等处置措施。并向市场监督管理部门报告召回和处置情况。

当发现生产的产品不符合食品安全标准或存在其他不适于食用的情况时，应当立即停止生产，召回已经上市销售的产品，通知相关生产经营者和消费者，并应当如实记录停止生产经营、召回和处置不安全食品的名称、商标、规格、生产日期、批次、数量等内容。记录保存期限不得少于2年。

对被召回的不安全食品，应当立即进行无害化处理或者根据实际情况报市场监督管理部门进行合法合规处置。对违法添加非食用物质、腐败变质、病死畜禽等严重危害人体健康和生命安全的不安全食品，食品生产经营者应当立即就地销毁。

对因标签、标识等不符合食品安全标准而被召回的食品，食品生产者可以在采取补救措施且能保证食品安全的情况下继续销售，销售时应当向消费者明示补救措施。

食品生产经营者未依法处置不安全食品的，县级以上地方市场监督管理部门可以责令其依法处置不安全食品。

五、信息记录管理

企业应建立完善的记录和管理制度,准确记录并保存生产环节中的原辅料采购、生产加工、贮存、运输、销售等信息,保存消费者投诉、食源性疾病、食品污染事故记录和食品危害纠纷信息等档案,便于产品追溯。应建立可追溯性系统,以确保能够识别产品批次及其与原料批次、生产和交付记录的关系。应建立产品撤回程序,以保证完全、及时地撤回被确定为不安全批次的终产品。撤回的产品在处置之前,应被封存或在监督下予以保留。撤回的原因、范围和结果应予以记录。在产品撤回时,也应按规定的期限保留记录。应通过应用适宜技术验证并记录撤回方案的有效性(如模拟撤回或实际撤回)。

第三节 中华人民共和国产品质量法

《中华人民共和国产品质量法》(以下简称《产品质量法》)1993年2月22日第七届全国人民代表大会常务委员会第三十次会议通过,自1993年9月1日起施行,历经2000年、2009年、2018年三次修正。

一、《产品质量法》的立法目的

为了加强对产品质量的监督管理,提高产品质量水平,明确产品质量责任,保护消费者的合法权益,维护社会经济秩序。主要体现在以下几方面:

1. 加强国家对产品质量的监督管理,促使生产者、销售者保证产品质量;
2. 明确产品质量责任,严惩生产、销售假冒伪劣产品的违法行为;
3. 切实保护用户、消费者的合法权益,完善我国产品质量民事赔偿制度;
4. 遏制假冒伪劣产品的生产和流通,维护正常社会经济秩序。

二、《产品质量法》的含义及调整对象

《产品质量法》是调整在产品生产、销售活动中发生的权利、义务、责任关系,即调整产品质量监督管理关系和产品质量责任关系的法律规范的总称。《产品质量法》的调整对象为产品质量监督管理关系和产品质量责任关系。产品质量监督管理

关系是发生在行政机关在履行产品监督管理职能的过程中与生产经营者之间的关系，是管理、监督与被管理、被监督的关系；产品质量责任关系是发生在生产经营者与消费者，用户及其相关第三人之间的、因产品质量问题引发的损害赔偿责任关系，是在商品交易关系中发生的平等主体间的经济关系。

三、《产品质量法》的适用范围

在中华人民共和国境内从事产品生产、销售活动，必须遵守《产品质量法》。

（一）《产品质量法》的主体适用范围

适用主体为在中华人民共和国境内的公民，企业、事业单位，国家机关，社会组织以及个体工商业经营者等。

1. 产品质量监督管理部门：

国务院市场监督管理部门主管全国产品质量监督工作；国务院有关部门在各自的职责范围内负责产品质量监督工作。

县级以上地方市场监督管理部门主管本行政区域内的产品质量监督工作；县级以上地方人民政府有关部门在各自的职责范围内负责产品质量监督工作。

法律对产品质量的监督部门另有规定的，依照有关法律的规定执行。

2. 保护消费者权益的社会组织：可以就消费者反映的产品质量问题建议有关部门负责处理，支持消费者对因产品质量造成的损害向人民法院起诉。

3. 用户：将产品用于社会集团消费和生产消费的企业、事业单位，社会组织等。

4. 消费者：将产品用于个人生活消费的公民。

5. 受害者：因产品存在缺陷而遭致人身、财产损害，从而有权要求获得损害赔偿的人。包括自然人、法人与社会组织。

6. 产品责任主体：产品责任的承担者。

（二）《产品质量法》的客体适用范围

《产品质量法》的适用客体为产品及其质量。

1. 产品的含义。

《产品质量法》明确规定：产品是指经过加工、制作，用于销售的产品。建设工程不适用本法规定；但是，建设工程使用的建筑材料、建筑构配件和设备，属于前款规定的产品范围的，适用本法规定。军工产品质量监督管理办法，由国务院、中央军事委员会另行制定。

由此可见，未经加工的天然形成的产品，如原矿、原煤、石油、天然气等；农副产品，建筑工程，农、林、牧、渔等初级农产品，人体的器官及其组织体等，不适用《产品质量法》。

2. 产品质量的含义与分类。

产品质量是指产品满足需要的适用性、安全性、可用性、可靠性、维修性、经济性和环境等所具有的特征和特性的总和。

《产品质量法》规定：产品质量应当检验合格，不得以不合格产品冒充合格产品。产品质量合格是指产品出厂时应当经过检验，质量应当符合相应要求。

"不合格产品"主要包括以下四类。

（1）瑕疵。瑕疵是指产品质量不符合用户、消费者所需的某些要求，但不存在危及人身、财产安全的不合理危险，或者未丧失原有的使用价值。产品瑕疵可分为表面瑕疵和隐蔽瑕疵两种。

（2）缺陷。缺陷是指产品存在危及人体健康、人身、财产安全的不合理的危险。包括设计上的缺陷、制造上的缺陷和未预先通知的缺陷。

（3）劣质。劣质是指其标明的成分的含量与法律规定的标准不符，或已超过有效使用期限的产品。

（4）假冒。假冒是指该产品根本未含法律规定的标准的内容，以及非法生产、已经变质的而根本不能作为某产品使用的产品。

（三）产品质量责任

产品质量责任是指产品的生产者、销售者违反《产品质量法》的相关规定，不履行法律规定的义务，应当依法承担的法律后果。

1. 承担产品质量责任包括承担相应的行政责任、民事责任和刑事责任。

承担民事责任包括承担产品的合同责任（瑕疵担保责任）和产品侵权损害赔偿责任。

2. 判定承担产品的质量责任的依据是产品的默示担保条件、明示担保条件或者是产品缺陷。

(1) 产品的默示担保条件是指国家法律、法规对产品质量规定的必须满足的要求。

(2) 产品的明示担保条件是指生产者、销售者通过标明采用的标准、产品标识、使用说明、实物样品等方式，对产品质量作出的明示承诺和保证。

(3) 产品缺陷是指产品存在危及人身、财产安全的不合理的危险。

四、产品质量的监督管理

加强对产品质量的监督管理是指国家对产品质量采取必要的宏观管理和激励引导措施，促使企业保证产品质量，并且通过加强对生产和流通领域的产品质量监督检查，建立运用市场公平竞争、优胜劣汰制约假冒伪劣产品的机制，维护社会经济秩序。

（一）产品质量鼓励政策

国家鼓励推行科学的质量管理方法，采用先进的科学技术，鼓励企业产品质量达到并且超过行业标准、国家标准和国际标准。

对产品质量管理先进和产品质量达到国际先进水平、成绩显著的单位和个人，给予奖励。

（二）企业认证和产品认证制度

国家根据国际通用的质量管理标准，推行企业质量体系认证制度。国家参照国际先进的产品标准和技术要求，推行产品质量认证制度。

企业根据自愿原则可以向国务院市场监督管理部门认可的或者国务院市场监督管理部门授权的部门认可的认证机构申请企业质量体系认证、产品质量认证。经认证合格的，由认证机构颁发企业质量体系认证证书、产品质量认证证书，准许企业在产品或者其包装上使用产品质量认证标志。

（三）质量监督检查制度

国家对产品质量实行以抽查为主要方式的监督检查制度，对可能危及人体健康和人身、财产安全的产品，影响国计民生的重要工业产品以及消费者、有关组织反映有质量问题的产品进行抽查。

五、生产者、销售者的产品质量义务

（一）生产者的产品质量义务

1. 作为的义务：

（1）产品应该符合内在质量的要求；

（2）包装上的标识应当符合要求；

（3）特殊产品的包装必须符合要求。

2. 不作为的义务：

生产者不得生产国家明令淘汰的产品；不得伪造产地，伪造或者冒用他人的厂名、厂址；不得伪造或者冒用认证标志、名优标志等质量标志；生产产品，不得掺杂、以假充真、以次充好，以不合格产品冒充合格产品。

（二）销售者的产品质量义务

1. 作为的义务：

总的来说，销售者应当对其销售的产品质量负责。具体要求有：在进货之前，销售者应当执行进货检查验收制度，验明产品合格证明和其他标识；在进货之后，销售者应当采取措施，保证销售产品的质量；销售产品的标识应当符合有关规定。

2. 不作为的义务：

销售者不得销售失效、变质的产品；不得伪造产地，伪造或者冒用他人的厂名厂址；不得伪造或者冒用认证标识、名优标志等质量标志；销售产品，不得掺杂、掺假，以假充真、以次充好，以不合格产品冒充合格产品。

《产品质量法》将以上作为、不作为的要求，统称之为"产品的生产者、销售者质量责任和义务"。规定并要求生产者、销售者履行产品质量义务，是为了实现用户、消费者的产品质量权利。

六、产品质量的法律责任

（一）含义

产品质量的法律责任指生产者、销售者以及对产品质量负有直接责任的责任者，因违反产品质量法规定的产品质量义务所应承担的法律责任。

（二）合同责任

产品质量的合同责任，亦称瑕疵责任或瑕疵担保责任。它是指产品不具备应有的使用性能，不符合明示采用的质量标准，或不符合产品说明，实物样品等方式表明的质量状况而产生的法律责任。

产品合同责任的具体责任形式：负责修理、更换；给消费者、用户造成损害的，还应负责赔偿；销售者未按该规定给予修理、更换、退货或赔偿损失的，由产品质量监督部门或工商行政管理部门责令改正。

（三）产品责任

产品责任是基于产品存在缺陷并导致消费者、用户和相关第三人人身、财产遭受损害的前提而发生的，而且特指民事赔偿责任。

1. 产品责任的归责原则。

我国《产品质量法》规定，产品责任适用无过错责任原则。

2. 产品责任的构成要件。

产品责任一般构成要件由以下四个条件构成，它们之间互为联系、互为作用，缺一不可。

（1）有损害事实发生：损害事实，就是违法行为对法律所保护的社会关系和社会秩序造成的侵害；具有客观性，即已经存在，没有存在损害事实，则不构成法律责任；损害事实不同于损害结果；损害结果是违法行为对行为指向的对象所造成的实际损害。

（2）存在违法行为：法律规范中规定法律责任的目的就在于让国家的政治生活和社会生活符合统治阶级的意志，以国家强制力来树立法律的威严，制裁违法，减少犯罪。如果没有违法行为，就无需承担法律责任，而且合法的行为还要受到法律的保护。行为如果没有违法，尽管造成了一定的损害结果，也不承担法律责任。

（3）违法行为与损害事实之间有因果关系：违法行为与损害事实之间的因果关系，是违法行为与损害事实之间存在着客观的、必然的因果关系。就是说，一定损害事实是该违法行为所引起的必然结果，该违法行为正是引起损害事实的原因。

（4）违法者主观上有过错：所谓过错是指行为人对其行为及由此引起的损害事实所抱的主观态度，包括故意和过失。如果行为在主观上既没有故意也没有过失，则行为人对损害结果不必承担法律责任。

3. 产品责任的免除。

生产者能够证明有下列情形之一的，不承担赔偿责任：未将产品投入流通；产品投入流通时，引起损害的缺陷尚不存在；将产品投入流通时的科学技术水平尚不能发现缺陷的存在的。

4. 产品责任的诉讼时效。

因产品存在缺陷造成损害要求赔偿的诉讼时效期为两年，自当事人知道或者应当知道其权益受到损害时计算；因产品存在缺陷造成损害要求赔偿的请求权，在造成损害的产品交付最初用户，消费者满10年丧失。尚未超过明示的安全使用期的除外。

七、产品质量争议处理

《产品质量法》第四十七条规定：因产品质量发生民事纠纷时，当事人可以通过协商或者调解解决。当事人不愿通过协商、调解解决或者协商、调解不成的，可以根据当事人各方的协议向仲裁机构申请仲裁；当事人各方没有达成仲裁协议或者仲裁协议无效的，可以直接向人民法院起诉。

当事人可以自由选择处理产品质量民事纠纷，有四种途径：协商、调解、协议仲裁和起诉。

第四节 中华人民共和国农产品质量安全法

为了保障农产品质量安全，维护公众健康，促进农业和农村经济发展，制定《中华人民共和国农产品质量安全法》（以下简称《农产品质量安全法》），2006年4月29日第十届全国人民代表大会常务委员会第二十一次会议通过，2018年10月26日第十三届全国人民代表大会常务委员会第六次会议修正，2022年9月2日第十三届全国人民代表大会常务委员会第三十六次会议修订，自2023年1月1日起施行。

一、《农产品质量安全法》的意义

《农产品质量安全法》自2006年颁布施行以来，为保障农产品质量安全、保障人民群众"舌尖上的安全"、促进农业和农村经济发展发挥了重要作用。2022年新修订的《农产品质量安全法》，贯彻落实党中央决策部署，坚持全面体现最严谨的标准、最严格的监管、最严厉的处罚和最严肃的问责"四个最严"要求，从生产环节到加工、消费环节，做好与食品安全法的衔接，实现农产品从田间地头到百姓餐桌的全过程监管，为顺应新时代农产品质量安全监管需要，保障农产品质量安全，提升农产品质量安全治理水平，维护公众健康，以及提满足人民对美好生活的需要，助推农业农村高质量发展具有重大而深远的意义。

二、《农产品质量安全法》的基本内容

《农产品质量安全法》共八章八十一条，分为总则、农产品质量安全风险管理和标准制定、农产品产地、农产品生产、农产品销售、监督管理、法律责任和附则。

1. 农产品是指来源于种植业、林业、畜牧业和渔业等的初级产品，即在农业活动中获得的植物、动物、微生物及其产品。

2. 农产品质量安全是指农产品质量达到农产品质量安全标准，符合保障人的健康、安全的要求。

3. 产品质量安全标准是强制执行的标准，包括：农业投入品、农产品产地环境、农产品生产储运过程、农产品关键成分指标、与屠宰畜禽有关的检验规程、农产品质量安全有关的强制性要求。

4. 与农产品质量安全有关的农产品生产经营及其监督管理活动，适用本法。

三、《农产品质量安全法》的主要特点

（一）明确了十个方面的基本制度

国家加强农产品质量安全工作，实行源头治理、风险管理、全程控制，建立科学、严格的监督管理制度，构建协同、高效的社会共治体系。

1. 农产品生产企业、农民专业合作社、农业社会化服务组织应当加强农产品质量安全管理，建立农产品质量安全管理制度。鼓励建立和实施危害分析和关键控制点体系，实施良好农业规范。

2. 建立农产品生产经营者信用记录制度。农产品生产企业、农民专业合作社、农业社会化服务组织应当建立农产品生产记录，如实记载下列事项：(1) 使用农业投入品的名称、来源、用法、用量和使用、停用的日期；(2) 动物疫病、农作物病虫害的发生和防治情况；(3) 收获、屠宰或者捕捞的日期。

3. 国家建立农产品质量安全风险监测与评估制度。国务院农业农村主管部门应当制定国家农产品质量安全风险监测计划并组织实施专项风险监测。各地按照计划组织制定监测方案并报备，结合本行政区域农产品生产经营实际情况。同时设立农产品质量安全风险评估专家委员会，对可能影响农产品质量安全的潜在危害进行风险分析和评估。

4. 国家建立健全农产品产地监测制度。农产品生产所用的水、肥、药、具等均应合理使用。

5. 对可能影响农产品质量安全的农药、兽药、饲料和饲料添加剂、肥料、兽医器械，依照有关法律、行政法规的规定实行许可制度。

6. 县级以上人民政府农业农村主管部门应当建立健全农业投入品的安全使用制度和农产品质量安全投诉举报制度。

7. 农产品销售企业应当建立健全进货检查验收制度。

8. 建立农产品承诺达标合格证制度。农产品批发市场应当建立健全农产品承诺达标合格证查验等制度。农产品生产企业、农民专业合作社、从事农产品收购的单位或者个人按照规定开具承诺达标合格证，承诺不使用禁用的农药、兽药及其他化合物且使用的常规农药、兽药残留不超标等。

9. 基层群众性自治组织建立农产品质量安全信息员工作制度，协助开展有关工作。

10. 县级以上人民政府农业农村主管部门应当建立健全随机抽查机制，按照监督抽查计划，组织开展农产品质量安全监督抽查。

11. 对列入农产品质量安全追溯名录的农产品实施追溯管理。

(二) 明令七个方面的"禁止"行为

1. 禁止生产、销售不符合国家规定的农产品质量安全标准的农产品。

2. 任何单位和个人不得在特定农产品禁止生产区域种植、养殖、捕捞、采集特定农产品和建立特定农产品生产基地。

3. 禁止伪造、变造农产品生产记录。

4. 禁止在农产品生产经营过程中使用国家禁止使用的农业投入品以及其他有毒有害物质。

5. 禁止将农产品与有毒有害物质一同储存、运输，防止污染农产品。

6. 禁止冒用农产品质量标志。

7. 禁止出具虚假检测报告。

（三）强调十三个方面的"不得"行为

1. 任何单位和个人不得在特定农产品禁止生产区域种植、养殖、捕捞、采集特定农产品和建立特定农产品生产基地。

2. 任何单位和个人不得违反有关环境保护法律、法规的规定向农产品产地排放或者倾倒废水、废气、固体废物或者其他有毒有害物质。

3. 不得超范围、超剂量使用农业投入品危及农产品质量安全。

4. 经检测不符合农产品质量安全标准的农产品，应当及时采取管控措施，且不得销售。

5. 有下列情形之一的农产品，不得销售：（1）含有国家禁止使用的农药、兽药或者其他化合物；（2）农药、兽药等化学物质残留或者含有的重金属等有毒有害物质不符合农产品质量安全标准；（3）含有的致病性寄生虫、微生物或者生物毒素不符合农产品质量安全标准；（4）未按照国家有关强制性标准以及其他农产品质量安全规定使用保鲜剂、防腐剂、添加剂、包装材料等，或者使用的保鲜剂、防腐剂、添加剂、包装材料等不符合国家有关强制性标准以及其他质量安全规定；（5）病死、毒死或者死因不明的动物及其产品；（6）其他不符合农产品质量安全标准的情形。

6. 农产品销售企业对其销售的农产品，经查验不符合农产品质量安全标准的，不得销售。

7. 农产品质量安全监督抽查不得向被抽查人收取费用，抽取的样品应当按照市场价格支付费用，并不得超过国务院农业农村主管部门规定的数量。

8. 上级农业农村主管部门监督抽查的同批次农产品，下级农业农村主管部门不得另行重复抽查。

9. 农产品生产经营者对监督抽查检测结果有异议的，可以申请复检。复检机构与初检机构不得为同一机构。复检不得采用快速检测方法。

10. 农产品生产经营者应当协助、配合农产品质量安全监督检查，不得拒绝、阻挠。

11. 县级以上地方人民政府农业农村主管部门应当加强对农产品质量安全执法人员的专业技术培训并组织考核。不具备相应知识和能力的，不得从事农产品质量安全执法工作。

12. 任何单位和个人不得隐瞒、谎报、缓报农产品质量安全事故，不得隐匿、伪造、毁灭有关证据。

13. 因农产品质量安全违法行为受到刑事处罚或者因出具虚假检测报告导致发生重大农产品质量安全事故的检测人员，终身不得从事农产品质量安全检测工作。农产品质量安全检测机构不得聘用上述人员。

第五节　中华人民共和国商标法

《中华人民共和国商标法》（以下简称《商标法》），1982年8月23日第五届全国人民代表大会常务委员会第二十四次会议通过，自1983年3月1日起施行。分别于1993年2月22日、2001年10月27日、2013年8月30日、2019年4月23日经过四次修正。

一、商标与《商标法》的概念

（一）商标的概念和特征

商标是商品生产者或经营者在其生产、制造、加工、拣选、经销的商品上，以文字、图形或它们的组合所表示的一种特殊标志。对于商品的生产者或经营者来说，商标具有排他性、标记性、地域性和竞争性的特征。

（二）《商标法》的概念

《商标法》是确认商标专用权，规定商标注册、使用、转让、保护和管理的法律规范的总称。它的作用主要是加强商标管理，保护商标专用权，促进商品的生产者和经营者保证商品和服务的质量，维护商标的信誉，以保证消费者的利益，促进社会主义市场经济的发展。

二、商标注册的规定

（一）商标注册的概念

商标注册是指商标使用人将其使用的商标按照法律规定的条件和程序，向商标管理机关提出注册申请，以取得商标专用权的行为。

《商标法》第三条规定：经商标局核准注册的商标为注册商标，包括商品商标、服务商标和集体商标、证明商标；商标注册人享有商标专用权，受法律保护。本法所称集体商标，是指以团体、协会或者其他组织名义注册，供该组织成员在商事活动中使用，以表明使用者在该组织中的成员资格的标志。

《商标法》所称的证明商标，是指由对某种商品或者服务具有监督能力的组织所控制，而由该组织以外的单位或者个人使用其商品或者服务，用以证明该商品或者服务的原产地、原料、制造方法、质量或者其他特定品质的标志。

商标注册是保护商标专用权的基本法律制度。

我国《商标法》第四条规定：自然人、法人或者其他组织在生产经营活动中，对其商品或者服务需要取得商标专用权的，应当向商标局申请商标注册。不以使用为目的的恶意商标注册申请，应当予以驳回。第五条规定：两个以上的自然人、法人或者其他组织可以共同向商标局申请注册同一商标，共同享有和行使该商标专用权。

我国《商标法》第六条规定：法律、行政和法规规定必须使用注册商标的商品，必须申请商标注册，未经核准注册的，不得在市场销售。所谓必须注册的商品，是指与人民生活关系比较密切，直接涉及人民健康的极少数商品，即人用药品和烟草制品，以及由国家市场监督管理总局公布的必须使用注册商标的其他商品。在我国，商标注册采用自愿注册和强制注册相结合，以自愿注册为主的制度。未经注册的商标虽然也可以使用，但使用人不享有专用权。

（二）商标注册的条件

1. 申请人必须具备合法资格。

根据《商标法》及其实施条例的规定，自然人、法人或者其他组织对其生产、制造、加工、拣选或者经销的商品，需要取得商标使用权的，应当向商标局申请注册。其中，申请人用药品的商标注册，应当附送卫生行政部门发放的药品经营企业许可证；申请卷烟、雪茄烟和有包装烟丝的商标注册，应当附送国家烟草主管机关批准生产的证明文件；申请国家规定必须使用注册商标的其他商品的商标，应当附送有关主管部门的批准证明文件。

外国人和外国企业也可以在我国申请商标注册，但必须按其所属国同我国签订的协议或者共同参加的国际条约办理，或者按对等原则办理。

2. 商标构成的条件。

（1）商标必须具备法律规定的构成要素。《商标法》规定：任何能够将自然人、法人或者其他组织的商品与他人的商品区别开的标志，包括文字、图形、字母、数字、三维标志、颜色组合和声音等，以及上述要素的组合，均可以作为商标申请注册。

（2）申请注册的商标"应当有显著特征，便于识别，并不得与他人在先取得的合法权利相冲突。"一般来讲，商标设计只要立意新颖，独具特色，文字、图形或其组合鲜明简洁就具备了显著特征。只有具备了显著特征，才能便于被人们识别，借以和其他同类商品相区别。

3. 商标构成的禁止条件。

《商标法》第十条明确规定了不得作为商标使用的标志，具体包括：（1）同中华人民共和国的国家名称、国旗、国徽、国歌、军旗、军徽、军歌、勋章等相同或者近似的，以及同中央国家机关的名称、标志、所在地特定地点的名称或者标志性建筑物的名称、图形相同的；（2）同外国的国家名称、国旗、国徽、军旗等相同或者近似的，但经该国政府同意的除外；（3）同政府间国际组织的名称、旗帜、徽记等相同或者近似的，但经该组织同意或者不易误导公众的除外；（4）与表明实施控制、予以保证的官方标志、检验印记相同或者近似的，但经授权的除外；（5）同"红十字"、"红新月"的名称、标志相同或者近似的；（6）带有民族歧视性的；（7）带有欺骗性，容易使公众对商品的质量等特点或者产地产生误认的；(8)有害于社会主义道德风尚或者有其他不良影响的。

县级以上行政区划的地名或者公众知晓的外国地名，不得作为商标。但是，地名具有其他含义或者作为集体商标、证明商标组成部分的除外；已经注册的使用地名的商标继续有效。

《商标法》第十一条明确规定了不得作为商标注册的标志，具体包括：(1)仅有本商品的通用名称、图形、型号的；(2)仅直接表示商品的质量、主要原料、功能、用途、重量、数量及其他特点的；(3)其他缺乏显著特征的。前款所列标志经过使用取得显著特征，并便于识别的，可以作为商标注册。

三、商标注册的程序

(一)申请商标注册的原则

《商标法》第二十二条规定：商标注册申请人应当按规定的商品分类表填报使用商标的商品类别和商品名称，提出注册申请。商标注册申请人可以通过一份申请就多个类别的商品申请注册同一商标。商标注册申请等有关文件，可以以书面方式或者数据电文方式提出。

《中华人民共和国商标法实施条例》明确规定了申请商标注册的基本要求。

申请商标注册，应当按照公布的商品和服务分类表填报。每一件商标注册申请应当向商标局提交商标注册申请书1份、商标图样1份；以颜色组合或者着色图样申请商标注册的，应当提交着色图样，并提交黑白稿1份；不指定颜色的，应当提交黑白图样。

商标图样应当清晰，便于粘贴，用光洁耐用的纸张印制或者用照片代替，长和宽应当不大于10厘米，不小于5厘米。

以三维标志申请商标注册的，应当在申请书中予以声明，说明商标的使用方式，并提交能够确定三维形状的图样，提交的商标图样应当至少包含三面视图。

以颜色组合申请商标注册的，应当在申请书中予以声明，说明商标的使用方式。

以声音标志申请商标注册的，应当在申请书中予以声明，提交符合要求的声音样本，对申请注册的声音商标进行描述，说明商标的使用方式。对声音商标进行描述，应当以五线谱或者简谱对申请用作商标的声音加以描述并附加文字说明；无法以五线谱或者简谱描述的，应当以文字加以描述；商标描述与声音样本应当一致。

申请注册集体商标、证明商标的，应当在申请书中予以声明，并提交主体资格证明文件和使用管理规则。

商标为外文或者包含外文的，应当说明含义。

自2003年6月1日起施行的《集体商标、证明商标注册和管理办法》（国家工商行政管理总局令第6号）第九条规定：多个葡萄酒地理标志构成同音字或者同形字的，在这些地理标志能够彼此区分且不误导公众的情况下，每个地理标志都可以作为集体商标或者证明商标申请注册。

《集体商标、证明商标注册和管理办法》第十二条规定：使用他人作为集体商标、证明商标注册的葡萄酒、烈性酒地理标志标示并非来源于该地理标志所标示地区的葡萄酒、烈性酒，即使同时标出了商品的真正来源地，或者使用的是翻译文字，或者伴有诸如某某"种"、某某"型"、某某"式"、某某"类"等表述的，适用《商标法》第十六条的规定。

外国人或者外国企业申请商标注册、转让注册和续展注册，除交送申请文件和费用外，还应交送代理人委托书一份。代理人委托书应载明代理权限和委托人的国籍。代理人委托书和有关证明应当办理公证手续。

（二）商标注册的审查和核准

对申请注册的商标，商标局应当自收到商标注册申请文件之日起九个月内审查完毕，符合《商标法》有关规定的，予以初步审定公告。

在审查过程中，商标局认为商标注册申请内容需要说明或者修正的，可以要求申请人作出说明或者修正。申请人未作出说明或者修正的，不影响商标局作出审查决定。

申请注册的商标，凡不符合本法有关规定或者同他人在同一种商品或者类似商品上已经注册的或者初步审定的商标相同或者近似的，由商标局驳回申请，不予公告。

两个或者两个以上的商标注册申请人，在同一种商品或者类似商品上，以相同或者近似的商标申请注册的，初步审定并公告申请在先的商标；同一天申请的，初步审定并公告使用在先的商标，驳回其他人的申请，不予公告。

申请商标注册不得损害他人现有的在先权利，也不得以不正当手段抢先注册他人已经使用并有一定影响的商标。

对初步审定公告的商标，自公告之日起3个月内，在先权利人、利害关系人认为违反《商标法》有关规定的，可以向商标局提出异议。公告期满无异议的，予以核准注册，发给商标注册证，并予公告。

对驳回申请、不予公告的商标，商标局应当书面通知商标注册申请人。商标注册申请人不服的，可以自收到通知之日起15日内向商标评审委员会申请复审。商标评审委员会应当自收到申请之日起9个月内作出决定，并书面通知申请人。有特殊情况需要延长的，经国务院工商行政管理部门批准，可以延长3个月。当事人对商标评审委员会的决定不服的，可以自收到通知之日起30日内向人民法院起诉。

对初步审定公告的商标提出异议的，商标局应当听取异议人和被异议人陈述事实和理由，经调查核实后，自公告期满之日起12个月内作出是否准予注册的决定，并书面通知异议人和被异议人。有特殊情况需要延长的，经国务院工商行政管理部门批准，可以延长6个月。

商标局作出准予注册决定的，发给商标注册证，并予公告。异议人不服的，可以依照《商标法》第四十四条、第四十五条的规定向商标评审委员会请求宣告该注册商标无效。

商标局作出不予注册决定，被异议人不服的，可以自收到通知之日起15日内向商标评审委员会申请复审。商标评审委员会应当自收到申请之日起12个月内作出复审决定，并书面通知异议人和被异议人。有特殊情况需要延长的，经国务院工商行政管理部门批准，可以延长6个月。被异议人对商标评审委员会的决定不服的，可以自收到通知之日起30日内向人民法院起诉。人民法院应当通知异议人作为第三人参加诉讼。

商标评审委员会在依照前款规定进行复审的过程中，所涉及的在先权利的确定必须以人民法院正在审理或者行政机关正在处理的另一案件的结果为依据的，可以中止审查。中止原因消除后，应当恢复审查程序。

法定期限届满，当事人对商标局作出的驳回申请决定、不予注册决定不申请复审或者对商标评审委员会作出的复审决定不向人民法院起诉的，驳回申请决定、不予注册决定或者复审决定生效。

经审查异议不成立而准予注册的商标，商标注册申请人取得商标专用权的时间自初步审定公告3个月期满之日起计算。自该商标公告期满之日起至准予注册决定作出前，对他人在同一种或者类似商品上使用与该商标相同或者近似的标志的行为不具有追溯力；但是，因该使用人的恶意给商标注册人造成的损失，应当给予赔偿。

对商标注册申请和商标复审申请应当及时进行审查。

商标注册申请人或者注册人发现商标申请文件或者注册文件有明显错误的，可以申请更正（更正错误不涉及商标申请文件或者注册文件的实质性内容）。商标局依法在其职权范围内作出更正，并通知当事人。

四、商标注册的期限和续展

注册商标的期限是指注册商标具有法律效力的持续期间。

注册商标专用权具有时间性。《商标法》第三十九条规定：注册商标有效期为10年，从商标核准注册之日起计算。这是指商标专用权的有效期限，在有效期限内商标专用权受到法律保护，超过期限，又未申请续展的，即注销其注册商标。

商标专有权的续展，每次的续展期为10年。从可以续展的含义上来讲，商标专有权人可以经续展永远享有该商标专用权。

（一）注册商标的转让

注册商标的转让是指注册商标的专有权人将其注册商标依法定程序，按一定的条件，转为他人所有的行为。

《商标法》规定：转让注册商标的，转让人与受让人共同向商标局提出申请，提交转让申请书，并交回原注册证，经商标局确认申请手续完备后，予以受理。经商标局核准后，将原注册证发给受让人，并予以公告。自公告之日起有效。

注册商标的转让有两种形式：一是企业之间、企业与个体工商业者之间以及个体工商业者之间通过签订合同转让，这是注册商标转让的主要形式；二是个体工商业者因死亡其注册商标专用权由其继承人接受继承，从而使注册商标专用权发生转移。继承人应将依法继承的事实向商标局报告，经商标局认可后生效。注册商标专用权转让后，受让人或继承人必须保证商品质量，维护商标的信誉，保护消费者的利益。

（二）注册商标的使用许可

注册商标的使用许可是指商标专用权人将其注册商标通过签订许可使用合同，许可他人使用其注册商标的法律行为。

经许可使用他人注册商标的，必须在使用该注册商标的商品上标明被许可人的名称和商品产地。许可人应监督被许可人的商品质量。被许可人也应保证使用该注册商标的商品质量。商标使用许可合同，应当报商标局备案。

1. 对注册商标使用的管理。

根据《商标法》的规定，使用注册商标有下列行为之一的，由商标局责令其限期改正或撤销其注册商标并根据情况予以罚款：

（1）自行改变注册商标的文字、图形或者其组合的；

（2）自行改变注册商标的注册人名义、地址或者其他注册事项的；

（3）自行转让注册商标的；

（4）连续3年停止使用的。

使用注册商标，其商品粗制滥造，以次充好，欺骗消费者的，由各级工商行政管理部门分别不同情况，责令限期改正，并可以予以通报或者处以罚款，或者由商标局撤销其注册商标。

2. 对未注册商标使用的管理。

我国《商标法》规定，使用未注册商标，有下列行为之一的，由地方工商行政管理部门予以制止，限期改正，并可予以通报或者处以罚款：

（1）冒充注册商标的；

（2）违反《商标法》第十条规定的；

（3）粗制滥造，以次充好，欺骗消费者的。

3. 对商标标识的管理。

《商标法实施条例》规定：任何人不得非法印制或者买卖商标标识。对违反上述规定的，由工商行政管理机关予以制止，收缴其商标标识，并可根据情节处以非法经营额20%以下的罚款；销售自己商标标识的，商标局可以撤销其注册商标，属于侵犯注册商标专用权的,则按照侵权的有关规定处理。

对商标局撤销注册商标的决定,当事人不服的,可以在收到通知 15 日内申请复审,由商标评审委员会作出终局决定,并书面通知申请人。对工商行政管理机关作出的罚款决定,当事人不服的,可以在收到通知 15 日内,向人民法院起诉,期满不起诉又不履行的,由有关工商行政管理部门申请人民法院强制执行。

4. 对注册商标使用许可的管理。

商标注册人许可他人使用其注册商标,必须签订注册商标使用许可合同。许可人应当在规定期限内,将许可合同副本送交行政管理机关报送商标局备案。违反上述规定的,由工商行政管理机关责令限期改正,拒不改正的由许可人所在地工商行政管理机关报请商标局撤销该注册商标,并收缴被许可人的商标标识。

五、注册商标专用权

注册商标专用权是指企业、事业单位和个体工商业者在商标注册后,受国家法律保护的一项财产权利。这种财产权,其他单位和个人,未经注册商标专用权人许可不得使用该注册商标。注册商标的专用权,以核准注册的商标和核定使用的商品为限。注册商标专用权包括以下几项。

(一)商标使用权

注册商标专用权人有权在其注册商标所核定的商品、包装及包装装潢上使用该商标,有权利用注册商标做商品广告,有权使用商标取得合法收益。

(二)禁止权

注册商标专用权具有排他性。注册商标专用权人有权排除其他单位或者个人擅自使用其注册商标。

(三)商标转让权

注册商标专用权人在商标有效期限内,有权依法将其注册商标转让给他人,注册商标一经转让,商标转让权人即丧失其专用权,而受让人则取得了该注册商标的专用权。商标转让权是财产所有权的转移,不是财产使用权的转移。

(四)许可使用权

注册商标专用权人可以通过签订商标许可合同,许可他人使用其注册商标。许可使用权仅属商标使用权的转移,而非商标专用权的转移,商标专用权仍归注册商标专用权人拥有。

六、商标侵权行为

商标侵权是指他人出于商业目的,没有经商标专用权人的许可而擅自使用其已经注册的商标的行为。

(一)侵犯注册商标专用权的行为

《商标法》第五十七条规定,有下列行为之一的,均属侵犯注册商标专用权。

(1)未经商标注册人的许可,在同一种商品上使用与其注册商标相同的商标的;

(2)未经商标注册人的许可,在同一种商品上使用与其注册商标近似的商标,或者在类似商品上使用与其注册商标相同或者近似的商标,容易导致混淆的;

(3)销售侵犯注册商标专用权的商品的;

(4)伪造、擅自制造他人注册商标标识或者销售伪造、擅自制造的注册商标标识的;

(5)未经商标注册人同意,更换其注册商标并将该更换商标的商品又投入市场的;

(6)故意为侵犯他人商标专用权行为提供便利条件,帮助他人实施侵犯商标专用权行为的;

(7)给他人的注册商标专用权造成其他损害的。

(二)注册商标侵权的法律责任

侵犯注册商标专用权行为引起纠纷的,由当事人协商解决;不愿协商或者协商不成的,商标注册人或者利害关系人可以向人民法院起诉,也可以请求工商行政管理部门处理。

工商行政管理部门处理时,认定侵权行为成立的,责令立即停止侵权行为,没收、销毁侵权商品和主要用于制造侵权商品、伪造注册商标标识的工具,违法经营额5万元以上的,可以处违法经营额五倍以下的罚款,没有违法经营额或者违法经营额不足5万元的,可以处25万元以下的罚款。对五年内实施两次以上商标侵权行为或者有其他严重情节的,应当从重处罚。销售不知道是侵犯注册商标专用权的商品，能证明该商品是自己合法取得并说明提供者的，由工商行政管理部门责令停止销售。

对侵犯商标专用权的赔偿数额的争议，当事人可以请求进行处理的工商行政管理部门调解，也可以依照《中华人民共和国民事诉讼法》向人民法院起诉。经工商行政管理部门调解，当事人未达成协议或者调解书生效后不履行的，当事人可以依照《中华人民共和国民事诉讼法》向人民法院起诉。

未经商标注册人许可，在同一种商品上使用与其注册商标相同的商标；伪造、擅自制造他人注册商标标识或者销售伪造、擅自制造的注册商标标识；销售明知是假冒注册商标的商品，构成犯罪的，除赔偿被侵权人的损失外，依法追究刑事责任。

第六节 中华人民共和国消费者权益保护法

《中华人民共和国消费者权益保护法》（以下简称《消费者权益保护法》），于1993年10月31日第八届全国人民代表大会常务委员会第四次会议通过，自1994年1月1日起施行。分别于2009年8月27日、2013年10月25日经过两次修正。

一、《消费者权益保护法》的立法目的和意义

为保护消费者的合法权益，维护社会经济秩序，促进社会主义市场经济健康发展。

二、消费者

《消费者权益保护法》第二条规定：消费者为生活消费需要购买、使用商品或者接受服务，其权益受本法保护；本法未作规定的受其他有关法律、法规保护。《消费者权益保护法》第六十二条规定：农民购买、使用直接用于农业生产的生产资料，参照本法执行。

1. 生活消费是一个广义、开放的概念，既包括生存性消费，也包括发展性消费，还包括精神或者休闲消费。

2. 消费者既包括商品的购买者，也包括商品的使用者，还包括服务的接受者，

不限于与经营者达成合意的相对方，购买商品一方的家庭成员、受赠人等使用商品的主体都是消费者。

3. 从性质上说，农民购买、使用农资产品是生产消费，但为了体现对农民权益的特别保护，对于农民的上述消费行为参照《消费者权益保护法》执行。

三、经营者

经营者是指为消费者提供商品或者服务的单位或者个人，其在处理与消费者的关系时，应当遵守《消费者权益保护法》的有关规定。《消费者权益保护法》第三条规定：经营者为消费者提供其生产、销售的商品或者提供服务，应当遵守本法；本法未作规定的，应当遵守其他有关法律、法规。

四、消费者权益保护的基本原则

1. 经营者与消费者进行交易，应当遵循自愿、平等、公平、诚实信用的原则。经营者与消费者进行交易，双方法律地位平等；要充分尊重消费者的意愿；应当符合等价交换的商业规则；应善意、实事求是、恪守信用，不得欺诈、胁迫、乘人之危。

2. 国家保护消费者的合法权益不受侵害。国家采取措施，保障消费者依法行使权利，维护消费者的合法权益。国家倡导文明、健康、节约资源和保护环境的消费方式，反对浪费。

3. 保护消费者的合法权益是全社会的共同责任。国家鼓励、支持一切组织和个人对损害消费者合法权益的行为进行社会监督。大众传播媒介应当做好维护消费者合法权益的宣传，对损害消费者合法权益的行为进行舆论监督。

五、消费者的权利

1. 消费者在购买、使用商品和接受服务时享有人身、财产安全不受损害的权利。消费者有权要求经营者提供的商品和服务，符合保障人身、财产安全的要求。

2. 消费者享有知悉其购买、使用的商品或者接受的服务的真实情况的权利。消费者有权根据商品或者服务的不同情况，要求经营者提供商品的价格、产地、生产者、用途、性能、规格、等级、主要成分、生产日期、有效期限、检验合格证明、使用方法说明书、售后服务，或者服务的内容、规格、费用等有关情况。

3. 消费者享有自主选择商品或者服务的权利。消费者有权自主选择提供商品或者服务的经营者，自主选择商品品种或者服务方式，自主决定购买或者不购买任何一种商品、接受或者不接受任何一项服务。消费者在自主选择商品或者服务时，有权进行比较、鉴别和挑选。

4. 消费者享有公平交易的权利。消费者在购买商品或者接受服务时，有权获得质量保障、价格合理、计量正确等公平交易条件，有权拒绝经营者的强制交易行为。

5. 消费者因购买、使用商品或者接受服务受到人身、财产损害的，享有依法获得赔偿的权利。

6. 消费者享有依法成立维护自身合法权益的社会组织的权利。

7. 消费者享有获得有关消费和消费者权益保护方面的知识的权利。消费者应当努力掌握所需商品或者服务的知识和使用技能，正确使用商品，提高自我保护意识。

8. 消费者在购买、使用商品和接受服务时，享有人格尊严、民族风俗习惯得到尊重的权利，享有个人信息依法得到保护的权利。

9. 消费者享有对商品和服务以及保护消费者权益工作进行监督的权利。消费者有权检举、控告侵害消费者权益的行为和国家机关及其工作人员在保护消费者权益工作中的违法失职行为，有权对保护消费者权益工作提出批评、建议。

六、经营者的义务

1. 经营者向消费者提供商品或者服务，应当依照本法和其他有关法律、法规的规定履行义务。经营者和消费者有约定的，应当按照约定履行义务，但双方的约定不得违背法律、法规的规定。经营者向消费者提供商品或者服务，应当恪守社会公德，诚信经营，保障消费者的合法权益；不得设定不公平、不合理的交易条件，不得强制交易。

2. 经营者应当听取消费者对其提供的商品或者服务的意见，接受消费者的监督。

3. 经营者应当保证其提供的商品或者服务符合保障人身、财产安全的要求。对可能危及人身、财产安全的商品和服务，应当向消费者作出真实的说明和明确的警示，并说明和标明正确使用商品或者接受服务的方法以及防止危害发生的方法。宾馆、商场、餐馆、银行、机场、车站、港口、影剧院等经营场所的经营者，应当对消费者尽到安全保障义务。

4. 经营者发现其提供的商品或者服务存在缺陷，有危及人身、财产安全危险的，应当立即向有关行政部门报告和告知消费者，并采取停止销售、警示、召回、无害化处理、销毁、停止生产或者服务等措施。采取召回措施的，经营者应当承担消费者因商品被召回支出的必要费用。

5. 经营者向消费者提供有关商品或者服务的质量、性能、用途、有效期限等信息，应当真实、全面，不得作虚假或者引人误解的宣传。经营者对消费者就其提供的商品或者服务的质量和使用方法等问题提出的询问，应当作出真实、明确的答复。经营者提供商品或者服务应当明码标价。

6. 经营者应当标明其真实名称和标记。租赁他人柜台或者场地的经营者，应当标明其真实名称和标记。

7. 经营者提供商品或者服务，应当按照国家有关规定或者商业惯例向消费者出具发票等购货凭证或者服务单据；消费者索要发票等购货凭证或者服务单据的，经营者必须出具。

8. 经营者应当保证在正常使用商品或者接受服务的情况下其提供的商品或者服务应当具有的质量、性能、用途和有效期限；但消费者在购买该商品或者接受该服务前已经知道其存在瑕疵，且存在该瑕疵不违反法律强制性规定的除外。经营者以广告、产品说明、实物样品或者其他方式表明商品或者服务的质量状况的，应当保证其提供的商品或者服务的实际质量与表明的质量状况相符。经营者提供的机动车、计算机、电视机、电冰箱、空调器、洗衣机等耐用商品或者装饰装修等服务，消费者自接受商品或者服务之日起 6 个月内发现瑕疵，发生争议的，由经营者承担有关瑕疵的举证责任。

9. 经营者提供的商品或者服务不符合质量要求的，消费者可以依照国家规定、当事人约定退货，或者要求经营者履行更换、修理等义务。没有国家规定和当事人约定的，消费者可以自收到商品之日起 7 日内退货；7 日后符合法定解除合同条件的，消费者可以及时退货；不符合法定解除合同条件的，可以要求经营者履行更换、修理等义务。依照前款规定进行退货、更换、修理的，经营者应当承担运输等必要费用。

10. 经营者采用网络、电视、电话、邮购等方式销售商品，消费者有权自收到商品之日起七日内退货，且无需说明理由，但下列商品除外：（1）消费者定做的；（2）鲜活易腐的；（3）在线下载或者消费者拆封的音像制品、计算机软件等数字化商品；（4）交付的报纸、期刊。除前款所列商品外，其他根据商品性质并经消费者在购买时确认不宜退货的商品，不适用无理由退货。

消费者退货的商品应当完好。经营者应当自收到退回商品之日起七日内返还消费者支付的商品价款。退回商品的运费由消费者承担；经营者和消费者另有约定的，按照约定。

11. 经营者在经营活动中使用格式条款的，应当以显著方式提请消费者注意商品或者服务的数量和质量、价款或者费用、履行期限和方式、安全注意事项和风险警示、售后服务、民事责任等与消费者有重大利害关系的内容，并按照消费者的要求予以说明。经营者不得以格式条款、通知、声明、店堂告示等方式，作出排除或者限制消费者权利、减轻或者免除经营者责任、加重消费者责任等对消费者不公平、不合理的规定，不得利用格式条款并借助技术手段强制交易。格式条款、通知、声明、店堂告示等含有前款所列内容的，其内容无效。

12. 经营者不得对消费者进行侮辱、诽谤，不得搜查消费者的身体及其携带的物品，不得侵犯消费者的人身自由。

13. 采用网络、电视、电话、邮购等方式提供商品或者服务的经营者，以及提供证券、保险、银行等金融服务的经营者，应当向消费者提供经营地址、联系方式、商品或者服务的数量和质量、价款或者费用、履行期限和方式、安全注意事项和风险警示、售后服务、民事责任等信息。

14. 经营者收集、使用消费者个人信息，应当遵循合法、正当、必要的原则，明示收集、使用信息的目的、方式和范围，并经消费者同意。经营者收集、使用消费者个人信息，应当公开其收集、使用规则，不得违反法律、法规的规定和双方的约定收集、使用信息。经营者及其工作人员对收集的消费者个人信息必须严格保密，不得泄露、出售或者非法向他人提供。经营者应当采取技术措施和其他必要措施,确保信息安全,防止消费者个人信息泄露、丢失。在发生或者可能发生信息泄露、丢失的情况时,应当立即采取补救措施。经营者未经消费者同意或者请求,或者消费者明确表示拒绝的,不得向其发送商业性信息。

七、国家对消费者合法权益的保护

1. 国家制定有关消费者权益的法律、法规、规章和强制性标准,应当听取消费者和消费者协会等组织的意见。

2. 各级人民政府应当加强领导,组织、协调、督促有关行政部门做好保护消费者合法权益的工作,落实保护消费者合法权益的职责。各级人民政府应当加强监督,预防危害消费者人身、财产安全行为的发生,及时制止危害消费者人身、财产安全的行为。

3. 各级人民政府工商行政管理部门和其他有关行政部门应当依照法律、法规的规定,在各自的职责范围内,采取措施,保护消费者的合法权益。有关行政部门应当听取消费者和消费者协会等组织对经营者交易行为、商品和服务质量问题的意见,及时调查处理。

4. 有关行政部门在各自的职责范围内,应当定期或者不定期对经营者提供的商品和服务进行抽查检验,并及时向社会公布抽查检验结果。有关行政部门发现并认定经营者提供的商品或者服务存在缺陷,有危及人身、财产安全危险的,应当立即责令经营者采取停止销售、警示、召回、无害化处理、销毁、停止生产或者服务等措施。

5. 有关国家机关应当依照法律、法规的规定,惩处经营者在提供商品和服务中侵害消费者合法权益的违法犯罪行为。

6. 人民法院应当采取措施,方便消费者提起诉讼。对符合《中华人民共和国民事诉讼法》起诉条件的消费者权益争议,必须受理,及时审理。

八、争议的解决

1. 消费者和经营者发生消费者权益争议的,可以通过下列途径解决:(1)与经营者协商和解;(2)请求消费者协会或者依法成立的其他调解组织调解;(3)向有关行政部门投诉;(4)根据与经营者达成的仲裁协议提请仲裁机构仲裁;(5)向人民法院提起诉讼。

2. 消费者在购买、使用商品时,其合法权益受到损害的,可以向销售者要求赔偿。销售者赔偿后,属于生产者的责任或者属于向销售者提供商品的其他销售者的责任的,销售者有权向生产者或者其他销售者追偿。消费者或者其他受害人因商品缺陷造成人身、财产损害的,可以向销售者要求赔偿,也可以向生产者要求赔偿。属于生产者责任的,销售者赔偿后,有权向生产者追偿。属于销售者责任的,生产者赔偿后,有权向销售者追偿。消费者在接受服务时,其合法权益受到损害的,可以向服务者要求赔偿。

九、法律责任

1. 经营者提供商品或者服务有下列情形之一的,除本法另有规定外,应当依照其他有关法律、法规的规定,承担民事责任:(1)商品或者服务存在缺陷的;(2)不具备商品应当具备的使用性能而出售时未作说明的;(3)不符合在商品或者其包装上注明采用的商品标准的;(4)不符合商品说明、实物样品等方式表明的质量状况的;(5)生产国家明令淘汰的商品或者销售失效、变质的商品的;(6)销售的商品数量不足的;(7)服务的内容和费用违反约定的;(8)对消费者提出的修理、重作、更换、退货、补足商品数量、退还货款和服务费用或者赔偿损失的要求,故意拖延或者无理拒绝的;(9)法律、法规规定的其他损害消费者权益的情形。

经营者对消费者未尽到安全保障义务,造成消费者损害的,应当承担侵权责任。

2. 经营者提供商品或者服务有欺诈行为的,应当按照消费者的要求增加赔偿其受到的损失,增加赔偿的金额为消费者购买商品的价款或者接受服务的费用的3倍;增加赔偿的金额不足500元的,为500元。法律另有规定的,依照其规定。

经营者明知商品或者服务存在缺陷,仍然向消费者提供,造成消费者或者其他受害人死亡或者健康严重损害的,受害人有权要求经营者依照本法第四十九条、第五十一条等法律规定赔偿损失,并有权要求所受损失两倍以下的惩罚性赔偿。

3. 以暴力、威胁等方法阻碍有关行政部门工作人员依法执行职务的,依法追究刑事责任；拒绝、阻碍有关行政部门工作人员依法执行职务，未使用暴力、威胁方法的，由公安机关依照《中华人民共和国治安管理处罚法》的规定处罚。

4. 国家机关工作人员玩忽职守或者包庇经营者侵害消费者合法权益的行为的，由其所在单位或者上级机关给予行政处分；情节严重，构成犯罪的，依法追究刑事责任。

第七节　中华人民共和国反不正当竞争法

为了促进社会主义市场经济健康发展，鼓励和保护公平竞争，制止不正当竞争行为，保护经营者和消费者的合法权益，1993年9月2日第八届全国人民代表大会常务委员会第三次会议通过《中华人民共和国反不正当竞争法》（以下简称《反不正当竞争法》），2017年11月4日修订，自2018年1月1日起施行。

一、不正当竞争行为的基本概念

1. 竞争是指经营者在生产经营活动中，为了实现自己的利益最大化，以其他经营者为对手而进行的争取交易机会和占有市场优势的行为。

2. 不正当竞争行为是指经营者在生产经营活动中，违反《反不正当竞争法》规定，扰乱市场竞争秩序，损害其他经营者或者消费者的合法权益的行为。

3. 不正当竞争行为有以下特征：

（1）不正当竞争行为的主体是经营者。所谓经营者，是指从事商品生产、经营或者提供服务（以下所称商品包括服务）的自然人、法人和非法人组织。

（2）不正当竞争行为是违法行为。《反不正当经营法》明确要求"经营者在生产经营活动中，应当遵循自愿、平等、公平、诚信的原则，遵守法律和商业道德。"否则，都可以认定为不正当竞争行为。

（3）不正当竞争行为是一种侵权行为。主要是指不正当竞争行为损害了或者可能损害其他经营者、消费者的合法权益。

（4）不正当竞争行为具有严重的社会危害性。主要是指不正当竞争行为不仅直接或者间接地损害了其他经营者、消费者的合法利益，还扰乱了正常的市场秩序，给社会经济发展造成了危害。

二、不正当竞争行为的类型

（一）混淆行为

混淆行为，是指经营者在经营活动中，采用虚假手段，对自己的商品或服务作虚假的标示、说明或承诺，引人误认为是他人商品或者与他人存在特定联系，从而获得交易机会，损害其他经营者利益及消费者利益的行为。具体规定为以下几方面：

1. 擅自使用与他人有一定影响的商品名称、包装、装潢等相同或者近似的标识；

2. 擅自使用他人有一定影响的企业名称（包括简称、字号等）、社会组织名称（包括简称等）、姓名（包括笔名、艺名、译名等）；

3. 擅自使用他人有一定影响的域名主体部分、网站名称、网页等；

4. 其他足以引人误认为是他人商品或者与他人存在特定联系的混淆行为。

（二）贿赂行为

贿赂行为是指经营者采用财物或其他手段对交易相对方的工作人员、受交易相对方委托办理相关事务的单位或者个人以及利用职权或者影响力影响交易的单位或者个人进行贿赂，以谋取交易机会或者竞争优势的行为。具体规定如下：

1. 交易相对方的工作人员；

2. 受交易相对方委托办理相关事务的单位或者个人；

3. 利用职权或者影响力影响交易的单位或者个人。

"经营者在交易活动中，可以以明示方式向交易相对方支付折扣，或者向中间人支付佣金。经营者向交易相对方支付折扣、向中间人支付佣金的，应当如实入账。接受折扣、佣金的经营者也应当如实入账。"

"经营者的工作人员进行贿赂的，应当认定为经营者的行为；但是，经营者有证据证明该工作人员的行为与为经营者谋取交易机会或者竞争优势无关的除外。"

（三）虚假宣传行为

虚假宣传行为是指经营者对其商品的性能、功能、质量、销售状况、用户评价、曾获荣誉等作虚假或者引人误解的商业宣传，欺骗、误导消费者。经营者不得通过组织虚假交易等方式，帮助其他经营者进行虚假或者引人误解的商业宣传。

（四）侵犯商业秘密行为

商业秘密是指"不为公众所知悉、具有商业价值并经权利人采取相应保密措施的技术信息和经营信息等商业信息。"侵犯商业秘密行为是指经营者采用非法手段获取、披露或使用以及允许他人使用其他经营者商业秘密的行为。

《反不正当竞争法》明确规定经营者不得实施下列侵犯商业秘密的行为：

1. 以盗窃、贿赂、欺诈、胁迫、电子侵入或者其他不正当手段获取权利人的商业秘密；

2. 披露、使用或者允许他人使用以前项手段获取的权利人的商业秘密；

3. 违反保密义务或者违反权利人有关保守商业秘密的要求，披露、使用或允许他人使用其所掌握的商业秘密。

4. 教唆、引诱、帮助他人违反保密义务或者违反权利人有关保守商业秘密的要求，获取、披露、使用或者允许他人使用权利人的商业秘密。经营者以外的其他自然人、法人和非法人组织实施前款所列违法行为的，视为侵犯商业秘密。

第三人明知或者应知商业秘密权利人的员工、前员工或者其他单位、个人实施前款所列违法行为，仍获取、披露、使用或者允许他人使用该商业秘密的，视为侵犯商业秘密。

（五）不正当有奖销售行为

不正当有奖销售行为是指经营者违反法律规定，利用物质、金钱或者其他经济利益引诱用户和消费者购买其商品，排挤竞争对手的不正当竞争行为。

经营者进行有奖销售不得存在下列情形：

1. 所设奖的种类、兑奖条件、奖金金额或者奖品等有奖销售信息不明确，影响兑奖；

2. 采用谎称有奖或者故意让内定人员中奖的欺骗方式进行有奖销售；

3. 抽奖式的有奖销售，最高奖的金额超过5万元。

（六）诋毁他人商业信誉行为

诋毁他人商业信誉行为是指经营者编造、传播虚假信息或者误导性信息，损害竞争对手的商业信誉、商品声誉的行为。

（七）不正当网络经营行为

不正当网络经营行为是指使用互联网从事生产经营的经营者，利用技术手段，通过影响用户选择或者其他方式，实施下列妨碍、破坏其他经营者合法提供的网络产品或者服务正常运行的行为：

1. 未经其他经营者同意，在其合法提供的网络产品或者服务中，插入链接、强制进行目标跳转；

2. 误导、欺骗、强迫用户修改、关闭、卸载其他经营者合法提供的网络产品或者服务；

3. 恶意对其他经营者合法提供的网络产品或者服务实施不兼容；

4. 其他妨碍、破坏其他经营者合法提供的网络产品或者服务正常运行的行为。

三、对涉嫌不正当竞争行为的调查

1. 国务院建立反不正当竞争工作协调机制，研究决定反不正当竞争重大政策，协调处理维护市场竞争秩序的重大问题。

各级人民政府应当采取措施，制止不正当竞争行为，为公平竞争创造良好的环境和条件。

2. 县级以上人民政府履行市场监督管理职责的部门对不正当竞争行为进行查处。

（1）监督检查部门调查涉嫌不正当竞争行为，可以采取下列措施：①进入涉嫌不正当竞争行为的经营场所进行检查；②询问被调查的经营者、利害关系人及其他有关单位、个人，要求其说明有关情况或者提供与被调查行为有关的其他资料；③查询、复制与涉嫌不正当竞争行为有关的协议、账簿、单据、文件、记录、业务函电和其他资料；④查封、扣押与涉嫌不正当竞争行为有关的财物；⑤查询涉嫌不正当竞争行为的经营者的银行账户。

采取以上措施，应当向监督检查部门主要负责人书面报告并获得批准；其中采取查封扣押有关财物、查询经营者银行账户，应当向设区的市级以上人民政府监督检查部门主要负责人书面报告并获得批准。

（2）监督检查部门调查涉嫌不正当竞争行为，应当遵守《中华人民共和国行政强制法》和其他有关法律、行政法规的规定，并应当将查处结果及时向社会公开。

（3）监督检查部门调查涉嫌不正当竞争行为，被调查的经营者、利害关系人及其他有关单位、个人应当如实提供有关资料或者情况。

（4）监督检查部门及其工作人员对调查过程中知悉的商业秘密负有保密义务。

3. 国家鼓励、支持和保护一切组织和个人对不正当竞争行为进行社会监督。

对涉嫌不正当竞争行为，任何单位和个人有权向监督检查部门举报，监督检查部门接到举报后应当依法及时处理。监督检查部门应当向社会公开受理举报的电话、信箱或者电子邮件地址，并为举报人保密。对实名举报并提供相关事实和证据的，监督检查部门应当将处理结果告知举报人。

4. 国家机关及其工作人员不得支持、包庇不正当竞争行为。

5. 行业组织应当加强行业自律，引导、规范会员依法竞争，维护市场竞争秩序。

四、法律责任

1. 经营者违反《反不正当竞争法》有关规定，给他人造成损害的，应当依法承担民事责任。

经营者的合法权益受到不正当竞争行为损害的，可以向人民法院提起诉讼。因不正当竞争行为受到损害的经营者的赔偿数额，按照其因被侵权所受到的实际损失确定；实际损失难以计算的，按照侵权人因侵权所获得的利益确定。赔偿数额还应当包括经营者为制止侵权行为所支付的合理开支。

2. 经营者违反《反不正当竞争法》有关规定，权利人根据不正当竞争行为情形情节，可以由监督检查部门责令停止违法行为、消除影响，没收违法商品或没收违法所得；并处罚款；情节严重的，吊销营业执照。

3. 经营者违反《反不正当竞争法》有关规定，从事不正当竞争，有主动消除或者减轻违法行为危害后果等法定情形的，依法从轻或者减轻行政处罚；违法行为轻微并及时纠正，没有造成危害后果的，不予行政处罚。受到行政处罚的，由监督检查部门记入信用记录，并依照有关法律、行政法规的规定予以公示。

4. 妨害监督检查部门依法履行职责，拒绝、阻碍调查的，由监督检查部门责令改正，对个人可以处五千元以下的罚款，对单位可以处五万元以下的罚款，并可以由公安机关依法给予治安管理处罚。

5. 监督检查部门的工作人员滥用职权、玩忽职守、徇私舞弊或者泄露调查过程中知悉的商业秘密的，依法给予处分。

6. 违反《反不正当竞争法》有关规定，构成犯罪的，依法追究刑事责任。

7. 经营者违反《反不正当竞争法》规定，应当承担民事责任、行政责任和刑事责任，其财产不足以支付的，优先用于承担民事责任。

8. 当事人对监督检查部门作出的决定不服的，可以依法申请行政复议或者提起行政诉讼。

第八节　中华人民共和国计量法

计量工作是经济建设中一项重要的技术基础，包括的内容相当广泛，涉及工农业生产、国防建设、科学实验、国内外贸易以及人民的生活、健康、安全等各个方面。为了加强计量监督管理，保障国家计量单位制的统一和量值的准确可靠，有利于生产、贸易和科学技术的发展，适应社会主义现代化建设的需要，维护国家、人民的利益，《中华人民共和国计量法》（以下简称《计量法》）于1985年9月6日由第六届全国人民代表大会常务委员会第十二次会议通过，自1986年7月1日起施行，历经2009年、2013年、2015年、2017年、2018年五次修正。

一、《计量法》的适用范围

在中华人民共和国境内，建立计量基准器具、计量标准器具，进行计量检定，制造、修理、销售、使用计量器具，必须遵守《计量法》。

二、《计量法》的基本要求

《计量法》是指调整计量关系的法律规范的总和。《计量法》实施细则第三条明确提出：国家有计划地发展计量事业，用现代计量技术装备各级计量检定机构，为社会主义现代化建设服务，为工农业生产、国防建设、科学实验、国内外贸易以及人民的健康、安全提供计量保证，维护国家和人民的利益。

国家实行法定计量单位制度，国际单位制计量单位和国家选定的其他计量单位，为国家法定计量单位。国家法定计量单位的名称、符号由国务院公布。

国务院计量行政部门对全国计量工作实施统一监督管理。县级以上地方人民政府计量行政部门对本行政区域内的计量工作实施监督管理。

三、计量器具

计量器具是指能用以直接或间接测出被测对象量值的装置、仪器仪表、量具和用于统一量值的标准物质，包括计量基准、计量标准、工作计量器具。主要分为计量基准器具和计量标准器具。

（一）计量基准器具

计量基准器具（简称计量基准）是指用以复现和保存计量单位量值，经国务院计量行政部门批准作为统一全国量值最高依据的计量器具。计量基准器具的使用，必须具备下列条件：(1) 经国家鉴定合格；(2) 具有正常工作所需要的环境条件；(3) 具有称职的保存、维护、使用人员；(4) 具有完善的管理制度。符合上述条件的，经国务院计量行政部门审批并颁发计量基准证书后，方可使用。

（二）计量标准器具

计量标准器具（简称计量标准）是指准确度低于计量基准的，用于检定其他计量标准或工作计量器具的计量器具。计量标准器具的使用，必须具备下列条件：(1) 经计量检定合格；(2) 具有正常工作所需要的环境条件；(3) 具有称职的保存、维护、使用人员；(4) 具有完善的管理制度。

四、计量检定与监督管理

（一）计量检定的种类

1. 强制检定。

使用实行强制检定的计量标准的单位和个人，应当向主持考核该项计量标准的有关人民政府计量行政部门申请周期检定。

使用实行强制检定的工作计量器具的单位和个人，应当向当地县（市）级人民政府计量行政部门指定的计量检定机构申请周期检定。当地不能检定的，向上一级人民政府计量行政部门指定的计量检定机构申请周期检定。

2. 非强制检定。

企业、事业单位应当配备与生产、科研、经营管理相适应的计量检测设施，制定具体的检定管理办法和规章制度，规定本单位管理的计量器具明细目录及相应的检定周期，保证使用的非强制检定的计量器具定期检定。

3. 计量检定工作的原则。

计量检定必须按照国家计量检定系统表进行，必须按照计量检定规程执行。计量检定工作应当按照经济合理的原则，就地就近进行。

（二）计量监督

1. 国务院计量行政部门和县级以上地方人民政府计量行政部门监督和贯彻实施计量监督，具体有以下几方面：

（1）贯彻执行国家计量工作的方针、政策和规章制度，推行国家法定计量单位；

（2）制定和协调计量事业的发展规划，建立计量基准和社会公用计量标准，组织量值传递；

（3）对制造、修理、销售、使用计量器具实施监督；

（4）进行计量认证，组织仲裁检定，调解计量纠纷；

（5）监督检查计量法律、法规的实施情况，对违反计量法律、法规的行为，按照《计量法》实施细则的有关规定进行处理。

2. 县级以上人民政府计量行政部门的计量管理人员，负责执行计量监督、管理任务；计量监督员负责在规定的区域、场所巡回检查，并可根据不同情况在规定的权限内对违反计量法律、法规的行为，进行现场处理，执行行政处罚。

计量监督员必须经考核合格后，由县级以上人民政府计量行政部门任命并颁发监督员证件。

3. 县级以上人民政府计量行政部门依法设置的计量检定机构，为国家法定计量检定机构。其职责是：负责研究建立计量基准、社会公用计量标准，进行量值传递，执行强制检定和法律规定的其他检定、测试任务，起草技术规范，为实施计量监督提供技术保证，并承办有关计量监督工作。

国家法定计量检定机构的计量检定人员，必须经考核合格。

计量检定人员的技术职务系列,由国务院计量行政部门会同有关主管部门制定。

第九节　中华人民共和国标准化法

《中华人民共和国标准化法》(以下简称《标准化法》),由中华人民共和国第七届全国人民代表大会常务委员会第五次会议于 1988 年 12 月 29 日通过,2017 年 11 月 4 日修订,自 2018 年 1 月 1 日起施行。

一、《标准化法》的立法目的和意义

加强标准化工作,提升产品和服务质量,促进科学技术进步,保障人身健康和生命财产安全,维护国家安全、生态环境安全,提高经济社会发展水平。

二、《标准化法》的内容体系

《标准化法》共六章四十五条,包括总则、标准的制定、标准的实施、监督管理、法律责任、附则等内容。

1. 相关标准的概念。

标准(含标准样品)是指农业、工业、服务业以及社会事业等领域需要统一的技术要求。标准包括国家标准、行业标准、地方标准和团体标准、企业标准。

国家标准分为强制性标准、推荐性标准,行业标准、地方标准是推荐性标准。

强制性国家标准:对保障人身健康和生命财产安全、国家安全、生态环境安全以及满足经济社会管理基本需要的技术要求,应当制定强制性国家标准。强制性国家标准由国务院批准发布或者授权批准发布。

推荐性国家标准:对满足基础通用、与强制性国家标准配套、对各有关行业起引领作用等需要的技术要求,可以制定推荐性国家标准。推荐性国家标准由国务院标准化行政主管部门制定。

行业标准:对没有推荐性国家标准、需要在全国某个行业范围内统一的技术要求,可以制定行业标准。行业标准由国务院有关行政主管部门制定,报国务院标准化行政主管部门备案。

地方标准：为满足地方自然条件、风俗习惯等特殊技术要求，可以制定地方标准。地方标准由省、自治区、直辖市人民政府标准化行政主管部门制定，并报国务院标准化行政主管部门备案，由国务院标准化行政主管部门通报国务院有关行政主管部门。

团体标准：国家鼓励学会、协会、商会、联合会、产业技术联盟等社会团体协调相关市场主体共同制定满足市场和创新需要的团体标准，由本团体成员约定采用或者按照本团体的规定供社会自愿采用。制定团体标准，应当遵循开放、透明、公平的原则，保证各参与主体获取相关信息，反映各参与主体的共同需求，并应当组织对标准相关事项进行调查分析、实验、论证。国务院标准化行政主管部门会同国务院有关行政主管部门对团体标准的制定进行规范、引导和监督。

企业标准：企业可以根据需要自行制定企业标准，或者与其他企业联合制定企业标准。国家支持在重要行业、战略性新兴产业、关键共性技术等领域利用自主创新技术制定团体标准、企业标准。

2. 标准化工作的任务。

标准化工作的任务是制定标准、组织实施标准以及对标准的制定、实施进行监督。

国家积极推动参与国际标准化活动，开展标准化对外合作与交流，参与制定国际标准，结合国情采用国际标准，推进中国标准与国外标准之间的转化运用。

国家鼓励企业、社会团体和教育、科研机构等开展或者参与标准化工作、参与国际标准化活动。

3. 制定标准的基本原则。

（1）应当在科学技术研究成果和社会实践经验的基础上，深入调查论证，广泛征求意见，保证标准的科学性、规范性、时效性，提高标准质量。

（2）应当有利于科学合理利用资源，推广科学技术成果，增强产品的安全性、通用性、可替换性，提高经济效益、社会效益、生态效益，做到技术上先进、经济上合理。

（3）禁止利用标准实施妨碍商品、服务自由流通等排除、限制市场竞争的行为。

4. 标准化工作的管理。

国务院标准化行政主管部门统一管理全国标准化工作。国务院建立标准化协调机制，统筹推进标准化重大改革，研究标准化重大政策，对跨部门跨领域、存在重大争议标准的制定和实施进行协调。国务院有关行政主管部门分工管理本部门、本行业的标准化工作。

县级以上地方人民政府标准化行政主管部门统一管理本行政区域内的标准化工作。设区的市级以上地方人民政府可以根据工作需要建立标准化协调机制，统筹协调本行政区域内标准化工作重大事项。县级以上地方人民政府有关行政主管部门分工管理本行政区域内本部门、本行业的标准化工作。

5. 标准的实施。

不符合强制性标准的产品、服务，不得生产、销售、进口或者提供。出口产品、服务的技术要求，按照合同的约定执行。

国家实行团体标准、企业标准自我声明公开和监督制度。企业应当公开其执行的强制性标准、推荐性标准、团体标准或者企业标准的编号和名称；企业执行自行制定的企业标准的，还应当公开产品、服务的功能指标和产品的性能指标。国家鼓励团体标准、企业标准通过标准信息公共服务平台向社会公开。企业应当按照标准组织生产经营活动，其生产的产品、提供的服务应当符合企业公开标准的技术要求。

国家建立强制性标准实施情况统计分析报告制度。国务院标准化行政主管部门和国务院有关行政主管部门、设区的市级以上地方人民政府标准化行政主管部门应当建立标准实施信息反馈和评估机制，根据反馈和评估情况对其制定的标准进行复审。标准的复审周期一般不超过 5 年。经过复审，对不适应经济社会发展需要和技术进步的应当及时修订或者废止。

6. 标准的监督管理。

县级以上人民政府标准化行政主管部门、有关行政主管部门依据法定职责，对标准的制定进行指导和监督，对标准的实施进行监督检查。任何单位或者个人有权向标准化行政主管部门、有关行政主管部门举报、投诉违反本法规定的行为。

标准化行政主管部门、有关行政主管部门应当向社会公开受理举报、投诉的电话、信箱或者电子邮件地址，并安排人员受理举报、投诉。对实名举报人或者投诉人，受理举报、投诉的行政主管部门应当告知处理结果，为举报人保密，并按照国家有关规定对举报人给予奖励。

7. 法律责任。

生产、销售、进口产品或者提供服务不符合强制性标准，或者企业生产的产品、提供的服务不符合其公开标准的技术要求的，依法承担民事责任。构成犯罪的，依法追究刑事责任。

企业未依照《标准化法》规定公开其执行的标准的，由标准化行政主管部门责令限期改正；逾期不改正的，在标准信息公共服务平台上公示。

利用标准实施排除、限制市场竞争行为的，依照《中华人民共和国反垄断法》等法律、行政法规的规定处理。

标准化工作的监督、管理人员滥用职权、玩忽职守、徇私舞弊的，依法给予处分；构成犯罪的，依法追究刑事责任。

第十节　中华人民共和国劳动法

为了保护劳动者的合法权益，调整劳动关系，建立和维护适应社会主义市场经济的劳动制度，促进经济发展和社会进步，根据宪法，制定《中华人民共和国劳动法》（以下简称《劳动法》），1994年7月5日中华人民共和国第八届全国人民代表大会常务委员会第八次会议通过，自1995年1月1日起施行，分别于2009年8月27日、2018年12月29日进行两次修正。

一、《劳动法》概述

（一）《劳动法》的概念和劳动关系

《劳动法》是调整劳动者在劳动过程中与用人单位之间所发生的劳动关系以及与劳动关系有密切联系的其他社会关系的法律规范的总和。狭义的《劳动法》是指我国调整劳动关系的基本法。广义的《劳动法》还包括《中华人民共和国劳动合同法》（以下简称《劳动合同法》）、《中华人民共和国社会保险法》（以下简称《社会保险法》)、《中华人民共和国劳动争议调解仲裁法》(以下简称《劳动争议调解仲裁法》)等调整劳动关系以及与劳动关系密切联系的其他社会关系的法律规范。

劳动关系具有以下特点：

(1) 劳动关系的当事人是特定的,一方是劳动者,另一方是用人单位。

劳动者是指自然人,包括在法定劳动年龄内具有劳动能力的我国公民、外国人、无国籍人。用人单位是指使用和管理劳动者并付给其劳动报酬的单位,用人单位是生产资料的所有者、经营者、管理者。

(2) 劳动关系是在实现劳动过程中发生的社会关系。

劳动关系中所指的劳动是职业劳动而非个人劳动和家庭劳动。所谓实现劳动过程,就是劳动者加入某一用人单位中,与用人单位的生产资料、工作条件相结合的生产、服务过程。非单位的个人雇佣关系和家庭成员的共同劳动关系不由《劳动法》调整。

(3) 劳动关系具有人身关系、财产关系的属性。

劳动者向用人单位提供劳动力,就是将其人身在一定限度内交给用人单位支配,因而劳动关系具有人身属性。这一属性决定了用人单位在对劳动者使用、管理的同时,也要承担对劳动者进行人身保护的义务。劳动关系具有财产关系的属性,是指劳动者有偿提供劳动,而用人单位向劳动者支付劳动报酬,由此缔结的社会关系具有财产关系的性质。

(4) 劳动关系具有平等、从属关系的属性。

在市场经济条件下,劳动关系是通过劳动合同确定的,双方当事人在建立、变更或终止劳动关系时,依照平等、自愿、协商原则进行,因而劳动关系具有平等关系的属性,不具有强制性。同时劳动关系具有从属性,劳动关系一经确立,劳动者成为用人单位的职工,与用人单位存在身份、组织和经济上的从属关系,用人单位控制和管理劳动者,双方形成管理与被管理、支配与被支配的关系。

另外,《劳动法》还调整与劳动关系密切联系的其他社会关系,包括：国家进行劳动力管理方面的社会关系；社会保险方面的社会关系；工会组织与用人单位在执行《劳动法》《中华人民共和国工会法》过程中发生的社会关系；处理劳动争议过程中发生的社会关系；国家管理机构在监督《劳动法》执行过程中发生的社会关系等。

(二)《劳动法》的调整范围

1. 在中华人民共和国境内的用人单位和与之形成劳动关系的劳动者。

企业、个体经济组织和与之形成劳动关系的劳动者不论企业所有制形式如何、隶属关系如何、是否签订了劳动合同，只要与劳动者确立了劳动关系，都受《劳动法》调整。

2. 国家机关、事业单位、社会团体和与之建立劳动合同关系的劳动者。

国家机关、事业单位、社会团体实行劳动合同制度的以及按规定应实行劳动合同制度的工勤人员；实行企业化管理的事业组织的人员；其他通过劳动合同与国家机关、事业单位、社会团体建立劳动关系的劳动者，适用《劳动法》。国家机关、事业单位、社会团体和劳动者之间以非合同形式形成的劳动关系不受《劳动法》调整。

3. 其他劳动关系。

（1）民办非企业单位与其劳动者的劳动关系。

（2）劳务派遣、非全日制用工形式的部分类型的非标准劳动关系。

（3）用人单位不合格的劳动关系、劳动者不合格的劳动关系。

（4）退休人员重新受聘的劳动关系有条件的纳入《劳动法》的调整对象。达到退休年龄的劳动者若不享受基本养老保险待遇，退休人员重新就业的劳动关系由《劳动法》调整。否则，作为民事雇佣关系，由《中华人民共和国民法典》调整。

（5）个人承包经营中的劳动关系有条件的纳入《劳动法》调整对象。在个人承包经营中，承包个人招用了劳动者，一旦违反《劳动合同法》的规定，视为劳动者与发包人建立了劳动关系，发包人要承担赔偿责任。

我国《劳动法》规定，下列情形不属于《劳动法》调整的范围：

（1）国家机关与其公务员之间的关系；

（2）比照实行公务员制度的事业组织和社会团体与其工作人员之间的关系；

（3）农村集体经济组织与农民之间的关系，但农民作为乡镇企业职工的除外；

（4）军队与现役军人之间的关系；

（5）家庭保姆、临时帮工、家庭教师等与其雇主之间的关系。

(三) 劳动法律关系

劳动法律关系是指劳动法律规范在调整劳动关系过程中形成的劳动者同用人单

位之间的权利义务关系。

1. 劳动者的权利与义务。

劳动者是指达到法定年龄，具有劳动能力，在用人单位的管理下从事劳动并获取劳动报酬的自然人。在我国，劳动者的法定最低就业年龄为16周岁。对有可能危害未成年人健康和安全的职业或工作就业年龄不得低于18周岁。

《劳动法》第三条规定：劳动者享有平等就业和选择职业的权利、取得劳动报酬的权利、休息休假的权利、获得劳动安全卫生保护的权利、接受职业技能培训的权利、享受社会保险和福利的权利、提请劳动争议处理的权利以及法律规定的其他劳动权利。劳动者应当完成劳动任务，提高职业技能，执行劳动安全卫生规程，遵守劳动纪律和职业道德。

2. 用人单位的权利与义务。

用人单位是指依法使用和管理劳动者，并向劳动者支付劳动报酬的单位。在我国，用人单位包括企业、个体经济组织、国家机关、事业组织、社会团体等。

《劳动法》第四条规定：用人单位应当依法建立和完善规章制度，保障劳动者享有劳动权利和履行劳动义务。

用人单位的权利主要有：依法自主录用职工的权利；依法进行单位劳动组织的权利；依法决定劳动报酬分配的权利；依法制定和实施劳动纪律，决定劳动奖惩的权利。

用人单位的义务主要有：及时、足额支付劳动报酬的义务；保护职工健康与安全的义务；帮助解决职工困难的义务；合理使用职工的义务；对职工进行职业技术培训的义务；执行劳动法律法规、劳动政策和劳动标准的义务；接受国家劳动计划的指导，服从国家劳动行政部门管理和监督的义务。

二、劳动基准法律制度

劳动基准法律制度是有关劳动报酬和劳动条件最低标准的法律规范的总称。我国劳动基准法律制度的主要内容包括工作时间和休息休假、工资、劳动安全卫生、女职工和未成年人特殊保护等。

（一）劳动工资

劳动工资是用人单位根据国家法律法规、集体合同、劳动合同的预先规定，以法定的方式，支付给本单位劳动者的劳动报酬。工资形式是指计量劳动和支付工资的形式。我国现行的工资形式主要有计时工资、计件工资两种基本形式和奖金、津贴两种辅助形式。

1. 最低工资保障。

最低工资是指劳动者在法定工作时间内提供了正常劳动，用人单位依法应支付的最低劳动报酬。确定和调整最低工资标准应当综合参考五个因素：(1) 劳动者本人及平均赡养人口最低生活费用；(2) 社会平均工资水平；(3) 劳动生产率；(4) 就业状况；(5) 地区之间经济发展水平的差异。按这五个因素计算的最低工资，应高于当地的社会救济金和失业保险金标准，低于平均工资。最低工资标准一经确定和发布，必须严格执行。企业履行承担的义务，工会和政府部门享有监督检查权。

2. 工资支付的保障。

(1) 工资支付形式：工资应当以法定货币支付，不得以实物及有价证券替代货币支付。

(2) 工资支付期限：工资至少每月支付一次。工资必须在用人单位与劳动者约定的日期支付，不得无故拖欠。

3. 工资扣除的规定。

除了法律规定和合同约定的情况外，任何单位、个人都不得任意克扣工资。用人单位的工资扣除可以分为间接扣除和直接扣除两类。

(1) 间接扣除：间接扣除即用人单位按照法院或国家职能部门的判决、裁决、决定，行使代扣代缴义务。

(2) 直接扣除：直接扣除是因为劳动者本人原因给用人单位造成经济损失的，用人单位按照劳动合同的约定要求其赔偿经济损失。经济损失的赔偿，可从劳动者本人的工资中直接扣除。但每月扣除的部分不得超过劳动者当月工资的20%。若扣除后的剩余工资部分低于当地月最低工资标准，则按最低工资标准支付。

（二）劳动保护

劳动保护从广义上来讲，涵盖了《劳动法》的全部内容，从本质上说都具有保护劳动者的特征。但狭义的劳动保护是指国家为了保护劳动者在生产过程中的安全和健康所制定的各种法律规范的总称，包括：（1）在工作时间方面对劳动者的保护；（2）在劳动安全卫生方面对劳动者的保护；（3）对女职工和未成年人的特殊保护。

1. 工作时间和休息休假。

（1）工时规定：主要是指最高工作时间的立法，即规定工作时间的上限。我国现行的工时制度可以分为标准工时制度和特殊工时制度。标准工时制度，是由立法确定一昼夜中工作时间长度、一周中工作日天数，并要求各用人单位和一般职工普遍实行的基本工时制度。特殊工时制度是指因工作性质或者生产特点的限制，不能实行标准工时制度的，按照国家有关规定，可以实行其他工作和休息制度。我国已实行的特殊工时制度主要有：缩短工时制、综合计算工时制、不定时工时制、计件工时制。标准工时制度也是其他特殊工时制度的计算依据和参照标准。因此，对于一个国家来说，确定标准工时制度具有至关重要的意义。我国实行劳动者每日工作时间不超过 8 小时、每周工作时间不超过 40 小时的工时制度。

（2）休息休假规定：主要是指最低休息时间的规定，即规定休息时间的下限。以此为基础，用人单位可以自行增加休假时间。目前我国的休假制度主要包括四项内容：①公休假日，又称周休，是法律规定两个相邻的工作周之间应休息的时间。我国目前实行每周两天的休假制度。②法定节假日，是根据各国、各民族的风俗习惯或纪念要求，由国家法律统一规定的用以进行庆祝及度假的休息时间。按规定，用人单位在元旦、春节、劳动节、国庆节以及法律、法规规定的其他休假节日应当依法安排劳动者休假。③年休假，是职工每年享有保留工作和工资的连续休假制度。④探亲假制度，是按我国规定，给予与家属分居两地的职工在一定时期内回家与父母或配偶团聚假期的制度。

（3）限制延长工时的规定：延长工时是指用人单位在劳动者完成劳动定额或规定的工作任务后，根据生产的工作需要安排劳动者在法定工作时间以外工作，是指职工超出正常工作时间，在应该休息的时间内进行工作，是工作时间在休息时间中的延伸。为了确保职工的休息权，必须对其进行限制。在一般情况下，延长工时的限制措施主要包括三方面内容：①程序限制。延长工作时间有两重协商程序，用人单位由于生产经营需要必须延长工作时间的，须与工会和劳动者协商后，方可延长工作时间。②时数限制。用人单位延长工作时间，一般每日不得超过1小时。因特殊原因需要延长工作时间的，在保障劳动者身体健康的条件下，每日不得超过3小时，每月不得超过36小时。③报酬限制。用人单位安排劳动者延长时间工作，必须按照我国《劳动法》的规定支付高于正常工作时间工资的报酬。违反程序规定、时数规定、报酬规定的，必须承担相应的法律责任，由有关部门给予警告、责令改正或行政处罚。

2. 劳动安全卫生。

劳动安全卫生是《劳动法》的重要内容。搞好劳动安全卫生是改善劳动条件的主要措施，也是我国的一项基本国策。《劳动法》对劳动安全卫生的规定涉及范围极其广泛，从内容上可以分为以下四类。

（1）劳动安全卫生设施规定。主要包括：基本建设和技术改造工程项目的安全卫生规定、劳动场所的安全卫生规定、生产设备的安全卫生规定、生产辅助设施的安全卫生规定。

（2）劳动安全卫生条件规定。主要包括：劳动防护用品规定、健康检查规定、保健食品规定。

（3）劳动安全卫生教育规定。主要包括：三级教育、特殊工种的专门教育、经常性教育、负责人员教育。

（4）伤亡事故和职业病的报告及处理规定。根据劳动安全卫生规范的特点，从形式上可以区分为法律规范、技术规范、管理规范。法律规范是以改善劳动条件、劳动环境，防止伤亡事故、预防职业病为目的，以国家强制力保证实施的行为规则。技术规范是将职业伤害中的防范要求数量化后形成的技术标准。管理规范是指为了保障劳动者在劳动过程中的安全健康，用人单位在组织劳动和科学管理方面所做的规定。这三类规范联系十分紧密，技术规范和管理规范是法律规范的补充与延伸。从技术规范与法律规范的关系看，我国通过法律规范赋予技术规范强制效力，目前我国所有劳动安全卫生要求的标准都是强制标准；从管理规范与法律规范的关系看，一些原则性比较强的法律规范，可由用人单位根据实际情况进一步细化，并通过管理规范进一步具体化。

3. 女职工和未成年工特殊保护。

(1) 女职工保护：根据女职工生理机能变化的特点，《劳动法》对女职工经期、孕期、产期、哺乳期的工作和休息制定了一系列特殊保护办法：禁止安排女职工从事矿山井下、国家规定的第四级体力劳动强度的劳动和其他禁忌从事的劳动；不得安排女职工在经期从事高处、低温、冷水作业和国家规定的第三级体力劳动强度的劳动；不得安排女职工在怀孕期间从事国家规定的第三级体力劳动强度的劳动和孕期禁忌从事的劳动，对怀孕7个月以上的女职工，不得安排其延长工作时间和夜班劳动；女职工生育享受不少于90天的产假；不得安排女职工在哺乳未满周岁的婴儿期间从事国家规定的第三级体力劳动强度的劳动和哺乳期禁忌从事的其他劳动，不得安排其延长工作时间和夜班劳动。

劳动过程中的女职工可能受到职业伤害，因此，用人单位和有关部门对女职工的保健范围还应有所扩大，包括月经期保健、婚前保健、孕前保健、孕期保健、产后保健、哺乳期保健、更年期保健等，必须贯彻预防为主的方针，注意女性生理和职业特点。

(2) 未成年工保护：我国对未成年人在劳动领域中的保护包括两个部分：一是未满16周岁的少年除法律有特殊规定外，禁止其进入劳动过程，即禁止使用童工的规定；二是对已满16周岁、未满18周岁的未成年人进入劳动过程后的特殊保护，即对未成年工的特殊保护。

童工的基本特征有：一是未满16周岁的少年或儿童；二是从事有经济收入的劳动，既包括违法形成事实劳动关系的有酬劳动，也包括从事个体经营的劳动。由于劳动能力形成的特殊性，某些职业对劳动者有特殊要求，《劳动法》往往也规定一些例外情况。《劳动法》规定：文艺、体育和特种工艺单位招用未满16周岁的未成年人，必须依照国家有关规定，履行审批手续，并保障其接受义务教育的权利。除国家另有规定外，禁止出现以下行为。

① 允许行为，指允许16周岁以下的未成年人从事有酬劳动。

② 使用行为，指用人单位或个人招用童工从事职业性劳动。

③ 介绍行为，指中介机构或中介人介绍未满16周岁的未成年人从事职业性劳动。

④ 发证行为，指工商行政管理部门为未满 16 周岁的未成年人发放个体营业执照，这主要是指拥有核发营业执照职权的行政管理人员的违法行为。

⑤ 出证行为，指有关行政机关出具同意未满 16 周岁的未成年人从事有酬劳动的证明或出具虚假证明。

针对未成年工处于生长发育期的特点以及接受义务教育的需要，国家采取以下特殊劳动保护措施。

① 根据未成年工的生理特点安排工作，不得安排未成年工从事矿山井下、有毒有害、国家规定的第四级体力劳动强度的劳动和其他禁忌从事的劳动。

② 对未成年工定期进行健康检查。

③ 对未成年工的使用和保护实行登记制度。

三、劳动合同及劳动争议处理

（一）劳动合同

1. 劳动合同的订立。

劳动合同是指劳动者与用人单位之间确立劳动关系、明确双方权利和义务的协议。劳动合同的订立是指求职者和招工单位经过相互选择，确定劳动合同当事人，并就劳动合同的条款经过协商，达成一致，明确双方权利、义务和责任的法律行为。《劳动法》规定：建立劳动关系应当订立劳动合同。劳动合同的订立过程一般应是劳动法律关系的确立过程；是求职者转化为劳动者，招工单位转化为用人单位的过程。订立劳动合同不得违反法律法规的规定，并遵循平等自愿、协商一致的原则。为此，在劳动合同订立过程中，要做到以下几点。

（1）劳动合同的双方当事人都必须具备法定的资格，劳动合同的内容、形式、订立程序必须合法。

（2）劳动合同当事人必须具备法定资格。劳动者一般须年满 16 周岁，完成规定的义务教育；用人单位须有招工权。

（3）劳动合同的内容必须合法。劳动合同的内容分为三个方面：①法律规定应当具备的内容，它也称为劳动合同的必备条款。劳动合同的必备条款包括劳动合同期限、工作内容、劳动保护和劳动条件、劳动报酬、劳动纪律、劳动合同终止的条件、违反劳动合同的责任等内容。②法律规定可以具备的内容。对此，劳动合同中可以约定，也可以不约定，若当事人约定，必须依据法律规定来确定，如试用期最长不得超过6个月。③双方当事人自行约定的内容。如保密条款和生活待遇条款等。

（4）劳动合同的形式必须合法。《劳动法》要求以书面形式确定当事人的权利义务。

（5）劳动合同的订立程序必须合法。劳动合同的订立程序可以分为两个阶段。第一阶段通常称为招收录用，是确定劳动合同双方当事人的程序；第二阶段即具体签订劳动合同的阶段，是对劳动合同的具体内容通过平等协商达成一致意见的过程。

2. 劳动合同的履行。

劳动合同依法订立，具有法律约束力，当事人必须履行劳动合同规定的义务。劳动合同的履行应遵循以下几项原则。

（1）亲自履行原则：这是根据合同主体特征所要求的。劳动关系具有人身关系的性质，劳动合同只能在签订合同的特定主体之间进行，劳动者一方的主体变更一般视为合同解除。

（2）全面履行原则：这是根据合同内容特征提出的。劳动合同是一个整体，当事人双方必须按规定的时间、地点和方式、按质按量履行全部义务。

（3）协作履行原则：这是根据合同客体特征提出的。劳动法律关系的客体是劳动力。劳动者提供劳动力，用人单位使用劳动力的过程是一个极为复杂的过程，只有当事人双方团结协作才能完成劳动合同规定的义务。

3. 劳动合同的变更和解除。

劳动合同的变更通常是在劳动关系的内容须做某种调整时发生的，是对原劳动合同的内容所做的部分修改、补充或废除。劳动合同的变更能够使劳动法律关系主体双方的权利、义务得到改变。变更劳动合同与劳动合同订立的原则是完全一致的，即遵循平等自愿、协商一致的原则，不得违反法律、行政法规的规定。

劳动合同解除是指劳动合同生效以后，尚未全部履行以前，当事人一方或双方依法提前消灭劳动关系的法律行为。劳动合同的解除分为双方行为和单方行为两大类。

双方行为是指劳动合同的双方当事人经协商达成一致，从而解除劳动合同。作为一种双方行为，即无论是劳动者首先提出解除，还是用人单位首先提出解除，只有对方同意，双方达成一致意见，方可解除劳动合同。由于劳动合同的解除条件较严格，因此在解除程序上没有限制性规定。

单方行为是指劳动合同的一方当事人，不须对方同意，单方面行使劳动合同解除权。按权利主体分类，单方行为可以分为用人单位解除劳动合同和劳动者解除劳动合同。

用人单位单方行使劳动合同解除权，又可分为以下三种情况。

（1）因劳动者主观过错用人单位解除劳动合同。包括：①劳动者在试用期间被证明不符合录用条件；②劳动者严重违反劳动纪律或者用人单位的规章制度；③劳动者严重失职，营私舞弊，对用人单位利益造成重大损害；④劳动者被依法追究刑事责任。符合这四类情况之一的，用人单位一经证实后，就可以解除劳动合同，无须提前通知，也不必给予经济补偿。

（2）因劳动者客观原因，用人单位解除劳动合同。包括：①劳动者患病或者非因工负伤，医疗期满后，不能从事原工作，也不能从事用人单位另行安排的工作；②劳动者不能胜任工作，经过培训，调整工作岗位，仍不能胜任工作；③劳动合同订立时所依据的客观情况发生重大变化，致使原劳动合同无法履行，经当事人协商不能就变更合同达成协议。符合这三类情况之一的，用人单位必须履行"预告义务"，即应当提前30日，以书面形式通知劳动者本人方可解除劳动合同，同时还应依法给予经济补偿。

（3）因用人单位自身的原因，即经济性裁减人员解除劳动合同。用人单位濒临破产，处于法定整顿时期或生产经营发生严重困难，符合当地政府规定的严重困难企业标准，确需裁减人员的，应当提前30日向工会或者全体职工说明情况，听取工会或者职工的意见。经向当地劳动行政部门报告后，方可裁减人员，并给予经济补偿。用人单位从裁减人员之日起6个月内需要新招人员的，应当优先录用被裁减人员。

用人单位在因劳动者的客观原因或用人单位自身的原因解除合同时，还受"不得解除合同"条款的限制：①凡患职业病或者因工负伤并被确认丧失或者部分丧失劳动能力的；②患病或者负伤，在规定的医疗期内的；③女职工在孕期、产期、哺乳期内的；④法律、行政法规规定的其他情形。

劳动者单方行使劳动合同解除权，也可以用人单位是否有过错为主要依据，分为需提前预告和不需提前预告两种情况。在正常情况下，劳动者解除劳动合同，应当提前30日以书面形式通知用人单位，而出现以下三种情况之一的，劳动者可以随时通知用人单位解除劳动合同：①在试用期内的；②用人单位以暴力、威胁或者非法限制人身自由的手段强迫劳动的；③用人单位未按照劳动合同约定支付劳动报酬或者提供劳动条件的。

用人单位解除劳动合同，工会认为不适当的，有权提出意见。如果用人单位违反法律、法规或者劳动合同，工会有权要求重新处理；劳动者申请仲裁或者提起诉讼的，工会应当依法给予支持和帮助。

4. 劳动合同的终止。

当事人双方按照劳动合同规定的条款，实现和履行了相应的权利义务，劳动合同即因期满或者双方约定的条件出现而终止。一般来说，有固定期限的劳动合同因期限届满而终止；无固定期限的劳动合同因合同的条件出现而终止；以完成某项工作任务为期限的劳动合同，因工作任务完成而终止。

原定的劳动合同终止执行后，由于生产、工作需要，当事人双方通过协商一致，可以继续签订劳动合同。劳动者在同一用人单位连续工作满10年以上，当事人双方同意续延劳动合同的，如果劳动者提出订立无固定期限的劳动合同，应当订立无固定期限的劳动合同。

(二) 集体合同

1. 集体合同的概念。

集体合同是集体双方代表根据法律法规的规定就劳动报酬、工作时间、休息休假、劳动安全卫生保险福利等事项在平等协商一致基础上签订的书面协议。

集体合同和劳动合同都是调整劳动关系的重要形式，但两者在调整的劳动关系、订立合同的主体、合同的内容、订立合同的程序、合同的效力等方面有明显区别。

(1) 调整的劳动关系不同：劳动合同调整的是劳动者个人与用人单位之间的劳动关系，集体合同调整的是劳动者集体与企业的劳动关系。

(2) 订立合同的主体不同：劳动合同的主体一方是用人单位，用人单位可以是企业，也可以是事业单位、国家机关等，另一方是劳动者个人；而集体合同的主体一方是企业，另一方是企业的工会或职工推举的代表。

(3) 合同的内容不同：劳动合同的内容比较简单，一般包括《劳动法》规定的劳动合同的七项内容即可；集体合同因其调整的是集体劳动关系，所以其内容是综合性的，可以包括职工聘用、工作日、工资和津贴、职工福利、劳动保险、劳动保护、教育与培训、纪律与奖惩、合作与联系、监督检查和仲裁、期限和变更等。

(4) 订立合同的程序不同：劳动合同是由劳动者与用人单位直接签订的；集体合同一般由工会或职工推举的代表与企业共同起草，经过在职工中反复征求意见，研究修改，并经职工代表大会或者全体职工讨论通过。

(5) 合同的效力不同：集体合同的效力要高于劳动合同，集体合同签订以后，对企业及全体职工都具有约束力。职工个人与企业订立的劳动合同中，劳动条件和劳动报酬等标准不得低于集体合同的约定。

2. 集体合同的内容与形式。

集体合同应当包括以下这些方面的内容：①劳动报酬；②工作时间；③休息休假；④保险福利；⑤劳动安全与卫生；⑥合同期限；⑦变更、解除、终止集体合同的协商程序；⑧双方履行集体合同的权利和义务；⑨履行集体合同发生争议时协商处理的约定；⑩违反集体合同的责任；⑪双方认为应当协商约定的其他内容。

集体合同的形式，应当以文字形式固定下来，并经双方签字，作为协调劳动关系、解决集体争议的凭证。

3. 集体合同的订立、变更和终止。

(1) 集体合同的订立。集体合同由工会代表职工与企业签订；没有建立工会的企业，由职工推举的代表与企业签订。签订集体合同必须经过以下四个程序。

一是制订集体合同草案。一般先由企业代表与工会代表组成起草小组，起草小组应当深入进行调查研究，广泛了解各方面对集体合同的要求，在充分酝酿、交换意见的基础上共同对集体合同所应包括的内容提出初步方案。

二是提交职工代表大会或者全体职工讨论通过。集体合同是以职工为一方与企业签订的协议,应该反映大多数职工的意志和利益。因此,集体合同草案拟就后,应当提交职工代表大会或者全体职工进行广泛讨论,发动全体职工对草案进行修改、补充和完善。只有经过职工群众的认真讨论签订的集体合同才具有坚实的基础,才能使集体合同充分反映企业和广大职工的意见和要求,得到广大职工的支持和拥护,从而使各方更加自觉地贯彻执行集体合同的各项约定。

三是集体合同草案经职工代表大会或者全体职工讨论通过后,应由工会代表职工与企业签署,没有建立工会的企业,由职工推举的代表与企业签署。

四是报送审查备案。集体合同经企业和工会或职工推举的代表签订后,要报送劳动行政部门审查备案。法律规定集体合同要经过审查备案,主要由劳动行政部门审查集体合同中是否有违反法律或行政法规的约定,有无遗漏重要项目。如果集体合同中的约定与法律、行政法规相抵触或者有重要遗漏,劳动行政主管部门应提出异议,企业和工会要对该合同进行修改。修改后,再行报送劳动行政主管部门。如果劳动行政主管部门经审查认为集体合同内容合法、权利义务约定适当、没有重大遗漏,则认可备案。劳动行政部门自收到集体合同文本之日起 15 日内未提出异议的,集体合同即行生效。

(2)集体合同的变更。集体合同是直接约定企业与劳动者双方权利义务的协议,由于客观情况的变化,企业与劳动者权利义务的内容也需要进行相应的调整,才能切实调整企业内部的劳动关系,促进生产的发展。集体合同的变更,一般是由一方提出变更方案,提交另一方,如果是工会代表全体职工提出的变更方案,应事先交职工代表大会或全体职工讨论,提出意见;如果是企业一方先提出变更方案,工会收到该变更方案后,也应及时提交全体职工讨论,提出意见。最后经双方对修改方案一致认可后,正式变更集体合同。

(3)集体合同的终止。集体合同的终止是指终止集体合同的法律效力。集体合同可以解散或被兼并而终止,也可以因合同约定终止条件的出现而终止,还可以因企业的破产、解散或被兼并而终止。

(4)集体合同的效力。集体合同的效力源于国家法律的确认和保护,其效力主要体现在时间、空间和对人的效力这些方面。

一是时间效力。这是指集体合同何时生效,何时终止,即集体合同的生效时间和存续期间。集体合同签订后，应当报送劳动行政部门，劳动行政部门自收到合同文本之日起 15 日内未提出异议的，集体合同即行生效。集体合同分定期、不定期和已完成一定工作为期限三种。在我国，目前只对定期合同做了规定，合同期限为 1~3 年，在集体合同的约定期限内，双方代表可对集体合同履行情况进行检查。

二是空间效力。这主要是指地域效力。集体合同依据其适用地域的广狭，可分为企业集体合同、地方集体合同和全国集体合同。它们分别在用人单位内、地方范围内、全国范围内发生效力。由于我国目前只有企业集体合同，因此集体合同的地域效力只限于签订合同的用人单位。

三是对人的效力。集体合同一经成立，对签字各方以及合同所代表的人即具有约束力；集体协议的条文，除法律或合同另有规定外，应适用于协议所覆盖的企业中各种层次的劳动者。

（三）就业协议

1. 就业协议的概念。

就业协议是明确毕业生、用人单位和学校在毕业生就业工作中权利和义务的书面表现形式。就业协议一般由教育部或各省、自治区、直辖市就业主管部门统一制表。

2. 就业协议与劳动合同的关系。

就业协议与劳动合同是用人单位录用毕业生时所订立的书面协议，但二者分处两个相互联系的不同阶段，主要体现在以下四个方面。

（1）毕业生就业协议是毕业生在校时，由学校参与见证的，与用人单位协商签订的，是编制毕业生就业计划方案和毕业生派遣的依据；而劳动合同是毕业生与用人单位明确劳动关系中权利义务关系的协议，学校不是劳动合同的主体，也不是劳动合同的见证方。劳动合同是上岗毕业生从事何种岗位、享受何种待遇等权利和义务的依据。

（2）毕业生就业协议的内容主要是毕业生如实介绍自身情况，并表示愿意到用人单位就业，用人单位表示愿意接收毕业生，学校同意推荐毕业生并列入就业计划进行派遣；劳动合同的内容涉及劳动报酬、劳动保护、工作内容、劳动纪律等方面面，更为具体，劳动的权利义务也更为明确。

（3）一般来说就业协议签订在前，劳动合同订立在后。如果毕业生与用人单位就工资待遇、住房等有事先约定，亦可在就业协议备注条款中予以注明，日后订立劳动合同时对此内容应予以认可。

（4）就业协议是毕业生和用人单位关于将来就业意向的初步约定，对于双方的基本条件以及即将签订劳动合同的基本内容大体认可，并经用人单位的上级主管部门和高校就业部门同意和见证，一经毕业生、用人单位、高校、用人单位主管部门签字盖章，即具有一定的法律效力。就业协议是编制毕业生就业计划和将来可能发生违约情况时的判断依据。

3. 就业协议的主要内容。

（1）毕业生应按国家法规就业，向用人单位如实介绍自己的情况，了解用人单位的使用意图，表明自己的就业意见，在规定的时间内到用人单位报到，若遇到特殊情况不能按时报到，须征得用人单位同意。

（2）用人单位要如实介绍本单位的情况，明确对毕业生的要求及使用意图，做好各项接收工作。

（3）学校要如实向用人单位介绍毕业生的情况，做好推荐工作，用人单位同意录用后，经学校审核列入建议就业计划，报主管部门批准，学校负责办理派遣手续。

（4）各方应严格履行协议，任何一方若违反协议，应承担违约责任。

（5）其他补充协议。

4. 就业协议订立的原则。

就业协议的订立原则是指三方在订立就业协议时必须遵循的基本准则。

（1）主体合法原则。签订就业协议的当事人必须具备合法的主体资格。

对毕业生而言，毕业生必须取得毕业资格，如果学生在派遣时未取得毕业资格，用人单位可以不予接收，无须承担法律责任。

对用人单位而言，用人单位必须具有从事各项经营或管理活动的能力，应有录用毕业生计划和录用自主权，否则毕业生可解除协议而无须承担违约责任。

对高校而言，高校应根据用人单位的要求如实介绍毕业生的在校表现，也应如实将所掌握的用人单位的信息发布给毕业生。

（2）平等协商原则。就业协议的三方在签订就业协议时的法律地位是平等的，一方不得将自己的意志强加给另一方。学校不得采用行政手段要求毕业生到指定单位就业（不包括有特殊情况的毕业生），用人单位亦不应在签订就业协议时要求毕业生缴纳过高数额的风险金、保证金。三方当事人的权利义务应是一致的。除协议书规定的内容外，三方如有其他约定事项可在协议备注内容中加以补充确定。

5. 就业协议订立的步骤。

就业协议的订立一般要经过两个步骤，即要约和承诺。

（1）要约。毕业生持学校统一印制的就业推荐表或复印件参加各地供需洽谈会（人才市场），或向各用人单位寄发书面材料，应视为要约邀请，用人单位收到毕业生材料，对毕业生进行考察后，表示同意接收并将回执寄到高校毕业生就业工作部门或毕业生本人，应为要约。

（2）承诺。毕业生收到用人单位回执或通过其他方式得到用人单位答复后，从中作出选择并到学校毕业生就业工作部门领取就业协议书，与用人单位签订协议，即为承诺。

由于毕业生就业工作比较烦琐和具体，有时很难明确区分要约和承诺两个步骤。例如，有的毕业生参加公务员考试，考试合格后，到用人单位参加面试、体检，用人单位也对毕业生进行政审、阅档，表示同意接收，在这种情况下，毕业生应与该用人单位签订就业协议，而不应再选择其他单位。又如，用人单位到学校挑选毕业生，毕业生自己主动报名，经学校积极推荐，用人单位也表示同意接收，但要回到单位后再正式发函签协议，在这种情况下，毕业生应安心等待与用人单位签约，而不能出尔反尔，以未正式签协议为由，置学校信誉于不顾，在这一过程中与其他单位签约，这样也浪费了其他毕业生的就业机会。

6. 签订就业协议的程序。

（1）毕业生和用人单位达成协议并在就业协议书上签名盖章，用人单位应在协议书上注明可以接收毕业生档案的单位名称和地址。

（2）用人单位上级主管部门批准盖章。

（3）用人单位必须在与毕业生签订协议书起的 10 个工作日内将协议书送到学校毕业生就业工作部门。

(4) 学校同意盖章，并及时将协议书反馈给用人单位。

7. 无效协议。

无效协议是指欠缺就业协议的有效要件或违反就业协议订立的原则从而不发生法律效力的协议。无效协议自订立之日起无效。

(1) 就业协议未经学校同意视为无效。例如，有的协议经学校审查认为对毕业生有失公平，或违反公平竞争、公平录用的原则，学校可不予认可。

(2) 采取欺骗等违法手段签订的就业协议无效。例如，用人单位未如实介绍本单位情况，根本无录用计划而与毕业生签订就业协议，这样的协议为无效协议。无效协议产生的法律责任应由责任方承担。

8. 就业协议的解除。

就业协议的解除分为单方解除和三方解除。

(1) 单方解除。单方解除包括单方擅自解除和单方依法或依协议解除。单方擅自解除协议属违约行为，解约方应对另两方承担违约责任。单方依法或依协议解除是指一方解除就业协议有法律上或协议上的依据。例如，学生未取得毕业资格，用人单位有权单方解除就业协议，或依协议规定，毕业生未通过用人单位所在地组织的公务员考试，用人单位有权解除就业协议。此类单方解除，解除方无须对另两方承担法律责任。

(2) 三方解除。三方解除是指毕业生、用人单位、学校三方经协商一致，解除原订立的协议，使协议不发生法律效力。此类解除因是三方当事人真实意思表示一致的体现，故三方均不承担法律责任。三方解除应在就业计划上报主管部门之前进行，如就业派遣计划下达后实行三方解除，还须经主管部门批准办理调整改派。

9. 违约责任及毕业生违约的后果。

就业协议书一经毕业生、用人单位、学校签署即具有法律效力，任何一方不得擅自解除就业协议，否则违约方应向权利受损方支付协议条款所规定的违约金。从实际情况来看，就业违约多为毕业生违约。毕业生违约，除本人应承担违约责任、支付违约金外，往往还会造成其他不良的后果。这主要表现在以下几个方面。

(1) 就用人单位而言，用人单位往往为录用毕业生做了大量的工作，有的甚至对毕业生将要从事的具体工作也有所安排，一旦毕业生因某种原因违约，势必使用人单位为录用工作所付出的努力付之东流，用人单位若选择其他毕业生，在时间上也不允许。这就会使用人单位很被动。

（2）就学校而言，用人单位往往将毕业生违约行为视为学校的行为，从而影响学校和用人单位的长期合作关系。用人单位由于毕业生存在违约现象，而对学校的推荐工作表示怀疑，该用人单位甚至会在几年之内不愿到学校来遴选毕业生。如此下去，必定影响学校今后的毕业生就业工作，同时影响学校就业计划方案的制订和上报，并影响学校的正常派遣工作。

（3）就其他毕业生而言，用人单位到学校挑选毕业生，且与某毕业生签订就业协议，就不可能再录用其他毕业生，若日后该毕业生违约，那些当初希望到该用人单位工作的其他毕业生由于录用时间等因素，也无法补缺，造成就业信息的浪费，影响其他毕业生就业。

因此，毕业生在就业过程中应慎重选择，认真履约。

四、劳动争议

劳动争议是指用人单位与劳动者发生的争议。劳动争议是劳动问题引起的，即因用人单位开除、除名、辞退劳动者和劳动者辞职、自动离职发生的争议；或者因执行国家有关工资、保险、福利、培训、劳动保护的规定发生的争议；或者因履行劳动合同发生的争议。根据《劳动法》的规定，劳动争议可分为集体合同争议和个别争议两类。劳动争议的种类不同，解决的机构和方法也不一样。个人劳动争议一般采取协商、调解、仲裁、诉讼的方法解决，集体劳动争议则可以由政府直接出面协调处理。

《劳动法》第七十九条规定：劳动争议发生后，当事人可以向本单位劳动争议调解委员会申请调解；调解不成，当事人一方要求仲裁的，可以向劳动争议仲裁委员会申请仲裁。当事人一方也可以直接向劳动争议仲裁委员会申请仲裁。对仲裁裁决不服的，可以向人民法院提起诉讼。劳动争议主要适用调解、仲裁、诉讼程序处理。

（一）**劳动争议调解**

劳动争议调解是指企业劳动争议调解委员会在查明事实、分清是非、明确责任的基础上，依照国家劳动法的规定以及劳动合同约定的权利和义务，推动用人单位和劳动者之间相互谅解、解决争议的方式。调解委员会由职工代表、企业代表、企业工会代表组成。职工代表由职工代表大会（或者职工大会）推举产生；企业代表由厂长（经理）指定；企业工会代表由企业工会委员会指定。调解委员会组成人员的具体人数由职代会提出并与厂长（经理）协商确定，企业代表的人数不得超过调解委员会总数的1/3。调解委员会主任由企业工会代表担任，办理机构设在企业工会委员会。调解委员会调解劳动争议应当遵循当事人双方自愿的原则。当事人申请调解，自知道或应当知道其权利被侵害的8~30日内，以口头或书面形式向调解委员会提出申请。调解委员会调解劳动争议，应自当事人申请调解之日起30日内结束，到期未能结束，则视为调解不成。

（二）劳动争议仲裁

劳动争议仲裁是指劳动争议仲裁委员会为解决劳动争议而作出裁决的劳动执法活动。劳动争议仲裁委员会由劳动行政部门代表、同级工会代表、用人单位方面的代表组成，并实行仲裁员、仲裁庭制度。劳动争议处理过程中实行以下制度。

1. 一次裁决制度。

仲裁委员会受理劳动争议案件，实行一次裁决。当事人一方或双方不服裁决的，可在法定的期限内向有管辖权的人民法院提起诉讼，在法定期限内不起诉的，裁决书即发生法律效力。

2. 自行和解制度。

在仲裁过程中，当事人双方可以自行和解。当事人双方自行和解后，申请仲裁的当事人应当向仲裁委员会提出撤诉申请。仲裁委员会收到撤诉申请后，应制发仲裁决定书准予撤诉。

3. 先调后裁制度。

仲裁庭处理劳动争议应当先行调解，在查明事实的基础上促使当事人双方自愿达成协议。协议内容不得违反法律法规。

4. 回避制度。

仲裁委员会组成人员或者仲裁员中有劳动争议的当事人或当事人的近亲属，与劳动争议有利害关系的人或与劳动争议有其他关系可能影响公正仲裁的人，应当回避。

5. 合议制度。

仲裁委员会和仲裁庭裁决劳动争议案件时，经协商后，按少数服从多数的原则，以多数人的意见为依据，作出仲裁决定。

6. 时效制度。

提出仲裁要求的一方应当自劳动争议发生之日起 60 日内向劳动争议仲裁委员会提出书面申请。

7. 时限制度。

仲裁庭处理劳动争议，应自收到仲裁申请之日起 60 日内结案。案情复杂需要延期的，报仲裁委员会批准后可适当延期，但延长期限不得超过 30 日。

8. 中止制度。

中止是在仲裁过程中，由于出现了法律规定的某种情况，仲裁不能进行或不宜进行，而仲裁程序暂时停止。

（三）劳动争议诉讼

劳动争议诉讼是指法院依据劳动法规审理劳动争议案件的活动，是要通过司法程序来解决劳动争议的。劳动争议当事人对仲裁裁决不服的，可以自收到仲裁裁决之日起 15 日内向人民法院提起诉讼。一方当事人在法定期限内不起诉又不履行仲裁裁决的，另一方当事人可以申请人民法院强制执行。

（四）集体合同争议及其处理程序

集体合同争议是集体合同签订和履行过程中发生的纠纷，它是因集体劳动法律关系而产生的争议。我国将集体合同争议分为因签订集体合同发生的争议和因履行集体合同发生的争议，对两者采取不同的程序进行处理。

因签订集体合同发生的争议，是工会组织或职工代表与用人单位在集体合同订立过程中发生的争议，这时没有一份现成的合同可以作为判别是非的依据。该争议属利益争议或经济争议。大部分国家认为该类争议不宜以仲裁的一般方式来解决。我国《劳动法》规定：因签订集体合同发生争议，当事人协商解决不成的，当地人民政府劳动行政部门可以组织有关各方协商处理。

因履行集体合同发生的争议，是工会组织与用人单位在集体合同订立并发生法律效力以后发生的争议。已经生效的集体合同可以作为解决争议的基本依据。该争议属权利争议或法律争议。世界各国一般均将这类争议列入仲裁和诉讼程序加以解决。我国《劳动法》规定：因履行集体合同发生争议，当事人协商解决不成的，可以向劳动争议仲裁委员会申请仲裁；对仲裁裁决不服的，可以自收到仲裁裁决书之日起 15 日内向人民法院提起诉讼。

第十一节　中华人民共和国进出口商品检验法

《中华人民共和国进出口商品检验法》（以下简称《进出口商品检验法》），1989 年 2 月 21 日第七届全国人民代表大会常务委员会第六次会议通过，自 1989 年 8 月 1 日起施行。分别于 2002 年 4 月 28 日、2013 年 6 月 29 日、2018 年 4 月 27 日、2018 年 12 月 29 日、2021 年 4 月 29 日经过五次修正。

一、《进出口商品检验法》的立法目的和意义

为了加强进出口商品检验工作，规范进出口商品检验行为，维护社会公共利益和进出口贸易有关各方的合法权益，促进对外经济贸易关系的顺利发展。

"进出口商品检验应当根据保护人类健康和安全、保护动物或者植物的生命和健康、保护环境、防止欺诈行为、维护国家安全的原则"进行。

二、《进出口商品检验法》的主要内容

《进出口商品检验法》共六章三十九条，包括总则、进口商品的检验、出口商品的检验、监督管理、法律责任和附则等内容。

1. 全国进出口商品检验管理和实施。

国务院设立进出口商品检验部门（以下简称国家商检部门），主管全国进出口商品检验工作，负责制定、调整必须实施检验的进出口商品目录（以下简称目录）并公布实施。

国家商检部门设在各地的进出口商品检验机构（以下简称商检机构，含经国家商检部门许可的检验机构）管理所辖地区的进出口商品检验工作，并依法对进出口商品实施检验。

列入目录的进口商品未经检验的，不准销售、使用；出口商品未经检验合格的，不准出口。其中符合国家规定的免予检验条件的，由收货人或者发货人申请，经国家商检部门审查批准，可以免予检验。

2. 进出口商品检验属于法律上的合格评定活动。

必须实施的进出口商品检验是指确定列入目录的进出口商品是否符合国家技术规范的强制性要求的合格评定活动。合格评定程序包括：抽样、检验和检查；评估、验证和合格保证；注册、认可和批准以及各项的组合。

列入目录的进出口商品，按照国家技术规范的强制性要求进行检验；尚未制定国家技术规范的强制性要求的，应当依法及时制定，未制定之前，可以参照国家商检部门指定的国外有关标准进行检验。

注：所表述的国家技术规范的强制性要求，是与《技术性贸易壁垒协定》中表述的技术法规、《标准化法》中表述的强制性标准具有相同的内涵。

3. 进口商品的检验。

属于法定检验的进口商品，其收货人或者其代理人，应当向报关地的商检机构报检。属于法定检验的进口商品，其收货人或者其代理人，应当在商检机构规定的地点和期限内，接受商检机构对进口商品的检验。

商检机构应当在国家商检部门统一规定的期限内检验完毕，并出具检验证单。

必须经商检机构检验的进口商品以外的进口商品，其收货人发现进口商品质量不合格或者残损短缺，需要由商检机构出证索赔的，应当向商检机构申请检验出证。

对重要的进口商品和大型的成套设备，收货人应当依据对外贸易合同约定在出口国装运前进行预检验、监造或者监装，主管部门应当加强监督；商检机构根据需要可以派出检验人员参加。

4. 出口商品的检验。

属于法定检验的出口商品的发货人或者其代理人，应当在商检机构规定的地点和期限内，向商检机构报检。商检机构应当在国家商检部门统一规定的期限内检验完毕，并出具检验证单。经商检机构检验合格发给检验证单的出口商品，应当在商检机构规定的期限内报关出口；超过期限的，应当重新报检。

为出口危险货物生产包装容器的企业，必须申请商检机构进行包装容器的性能鉴定。生产出口危险货物的企业，必须申请商检机构进行包装容器的使用鉴定。使用未经鉴定合格的包装容器的危险货物，不准出口。

对装运出口易腐烂变质食品的船舱和集装箱，承运人或者装箱单位必须在装货前申请检验。未经检验合格的，不准装运。

5. 监督管理。

（1）抽查检验：商检机构对《进出口商品检验法》规定必须经商检机构检验的进出口商品以外的进出口商品，根据国家规定实施抽查检验。国家商检部门可以公布抽查检验结果或者向有关部门通报抽查检验情况。

（2）出厂前的质量监督管理和检验：商检机构根据便利对外贸易的需要，可以按照国家规定对列入目录的出口商品进行出厂前的质量监督管理和检验。

（3）报检代理人：为进出口货物的收发货人办理报检手续的代理人办理报检手续时应当向商检机构提交授权委托书。

（4）许可及监督：国家商检部门可以按照国家有关规定，通过考核，许可符合条件的国内外检验机构承担委托的进出口商品检验鉴定业务。国家商检部门和商检机构依法对经国家商检部门许可的检验机构的进出口商品检验鉴定业务活动进行监督，可以对其检验的商品抽查检验。

（5）质量认证管理：国务院认证认可监督管理部门根据国家统一的认证制度，对有关的进出口商品实施认证管理。认证机构可以根据国务院认证认可监督管理部门同外国有关机构签订的协议或者接受外国有关机构的委托进行进出口商品质量认证工作，准许在认证合格的进出口商品上使用质量认证标志。

（6）验证管理：商检机构依照《进出口商品检验法》对实施许可制度的进出口商品实行验证管理，查验单证，核对证货是否相符。

（7）加施商检标志或者封识：商检机构根据需要，对检验合格的进出口商品，可以加施商检标志或者封识。

（8）复检、复议和诉讼：进出口商品的报检人对商检机构作出的检验结果有异议的，可以向原商检机构或者其上级商检机构以至国家商检部门申请复验，由受理复验的商检机构或者国家商检部门及时作出复验结论。当事人对商检机构、国家商检部门作出的复验结论不服或者对商检机构作出的处罚决定不服的，可以依法申请行政复议，也可以依法向人民法院提起诉讼。

（9）商检部门（机构）和工作人员行为规范：国家商检部门和商检机构履行职责，必须遵守法律，维护国家利益，依照法定职权和法定程序严格执法，接受监督。应当根据依法履行职责的需要，加强队伍建设，使商检工作人员具有良好的政治、业务素质；应当建立健全内部监督制度，对其工作人员的执法活动进行监督检查。

商检工作人员应当定期接受业务培训和考核，经考核合格，方可上岗执行职务；必须忠于职守，文明服务，遵守职业道德，不得滥用职权，谋取私利；在履行进出口商品检验的职责中，对所知悉的商业秘密负有保密义务。

6. 法律责任。

（1）违反《进出口商品检验法》规定，将必须经商检机构检验的进口商品未报经检验而擅自销售或者使用的，或者将必须经商检机构检验的出口商品未报经检验合格而擅自出口的，由商检机构没收违法所得，并处货值金额5%~20%的罚款；构成犯罪的，依法追究刑事责任。

（2）进口或者出口属于掺杂掺假、以假充真、以次充好的商品或者以不合格进出口商品冒充合格进出口商品的，由商检机构责令停止进口或者出口，没收违法所得，并处货值金额50%以上3倍以下的罚款；构成犯罪的，依法追究刑事责任。

（3）伪造、变造、买卖或者盗窃商检单证、印章、标志、封识、质量认证标志的，依法追究刑事责任；尚不够刑事处罚的，由商检机构、认证认可监督管理部门依据各自职责责令改正，没收违法所得，并处货值金额等值以下的罚款。

（4）国家商检部门、商检机构的工作人员违反《进出口商品检验法》规定，泄露所知悉的商业秘密的，依法给予行政处分，有违法所得的，没收违法所得；构成犯罪的，依法追究刑事责任。

（5）国家商检部门、商检机构的工作人员滥用职权，故意刁难的，徇私舞弊，伪造检验结果的，或者玩忽职守，延误检验出证的，依法给予行政处分；构成犯罪的，依法追究刑事责任。

第十二节　葡萄酒计量检验和监督管理规范

随着经济社会发展和人民群众生活水平的提高，定量包装商品愈来愈成为人们日常生活中不可或缺的商品，定量包装商品净含量是否准确，直接关系到人民群众的切身利益，是民生计量工作的重要组成部分。为进一步规范定量包装商品计量监督管理机制，完善计量监督管理制度，强化计量监督管理力度，国家制定出台了《定量包装商品计量监督管理办法》和《定量包装商品净含量计量检验规则》。

一、《定量包装商品计量监督管理办法》的基本内容

为了保护消费者和生产者、销售者的合法权益，规范定量包装商品的计量监督管理，根据《中华人民共和国计量法》并参照国际通行规则，2023年3月16日公布了《定量包装商品计量监督管理办法》（国家市场监督管理总局令第70号），自2023年6月1日起施行。

（一）基本定义

1. 定量包装商品是指以销售为目的，在一定量限范围内具有统一的质量、体积、长度、面积、计数标注等标识内容的预包装商品。药品、危险化学品除外。

2. 预包装商品是指销售前预先用包装材料或者包装容器将商品包装好，并有预先确定的量值（或者数量）的商品。

3. 净含量是指除去包装容器和其他包装材料后内装商品的量。

4. 实际含量是指由质量技术监督部门授权的计量检定机构按照《定量包装商品净含量计量检验规则》通过计量检验确定的定量包装商品实际所包含的量。

5. 检验批是指接受计量检验的，由同一生产者在相同生产条件下生产的一定数量的同种定量包装商品或者在销售者抽样地点现场存在的同种定量包装商品。

（二）适用范围

在中华人民共和国境内，生产、销售定量包装商品以及对定量包装商品实施计量监督管理，应当遵守《定量包装商品计量监督管理办法》。

(三) 基本要求

1. 定量包装商品的生产者、销售者应当加强计量管理，配备与其生产定量包装商品相适应的计量检测设备，保证生产、销售的定量包装商品符合《定量包装商品计量监督管理办法》的规定。

2. 定量包装商品的生产者、销售者应当在其商品包装的显著位置正确、清晰地标注定量包装商品的净含量。

净含量的标注由"净含量"（中文）、数字和法定计量单位（或者用中文表示的计数单位）三个部分组成。

以长度、面积、计数单位标注净含量的定量包装商品，可以免于标注"净含量"三个中文字，只标注数字和法定计量单位（或者用中文表示的计数单位）。

表3-1 葡萄酒产品（体积）法定计量单位的选择

	标注净含量（Q_n）的量限	计量单位
体积	$Q_n<1\ 000\ \text{mL}$	mL
	$Q_n\geqslant 1\ 000\ \text{mL}$	mL

表3-2 葡萄酒产品标注字符高度

标注净含量（Q_n）的量限	字符的最小高度
$200\ \text{mL}<Q_n\leqslant 1\ 000\ \text{mL}$	4 mm
$Q_n>1\ \text{L}$	6 mm

3. 单件定量包装商品的实际含量应当准确反映其标注净含量，标注净含量与实际含量之差不得大于《定量包装商品计量监督管理办法》规定的允许短缺量。

批量定量包装商品的平均实际含量应当大于或者等于其标注净含量。

表3-3 葡萄酒产品允许短缺量

体积定量包装商品标注净含量	允许短缺量
300~500 mL	—
500~1 000 mL	15 mL

4. 定量包装商品的生产者、销售者在使用商品的包装时，应当节约资源、减少

污染、正确引导消费，商品包装尺寸应当与商品净含量的体积比例相当。不得采用虚假包装或者故意夸大定量包装商品的包装尺寸，使消费者对包装内的商品量产生误解。

二、定量包装商品净含量计量检验规则

为了维护市场经济秩序，保护消费者合法权益，规范定量包装商品净含量的计量检验工作，依据国家市场监督管理总局令第70号《定量包装商品计量监督管理办法》、国际法制计量组织R87号《预包装商品的量》（2016年E版）和R79号《定量包装商品的标签内容》（2015年E版），以及有关国家标准的要求，2023年10月12日批准发布了JJF 1070—2023《定量包装商品净含量计量检验规则》，自2024年4月12日起施行。

（一）基本定义

1. 净含量是指定量包装商品除去包装容器和其他包装材料后内装商品的量。

注：不论商品的包装材料，还是任何与该商品包装在一起的其他材料，均不得记为净含量。如方便面中的调料包、叉子等不计为净含量。

2. 标注净含量是指由生产者或者销售者在定量包装商品的包装上明示的商品的净含量。

3. 实际含量是指由市场监督管理部门授权的计量检定机构按照本规范或本规范的系列国家计量规范，通过计量检验确定的商品实际所包含的实际含量与商品内容物（内装物）的量。

4. 允许短缺量是指单件定量包装商品的标注净含量与实际含量之差的最大允许量值（或者数量），有时也称为允许负偏差。

（二）计量要求

1. 总则。

生产、销售的定量包装商品的净含量及其标注应符合净含量标注和净含量的计量要求。

2. 净含量标注的要求。

3. 净含量的计量要求。

表3-4 商品的标注方式

类型	标注要求
单件商品的标注	1. 在定量包装商品包装的显著位置应有正确、清晰的净含量标注。净含量标注由"净含量"（中文）、数字和法定计量单位（或者用中文表示的计数单位）三部分组成。 2. 法定计量单位的选择应当符合相关规定，检查方法为目测。 3. 净含量标注字符的最小高度应符合相关规定，检查方法为使用钢直尺或游标卡尺测量字符高度。
多件商品的标注	同一包装商品有多件定量包装商品的，其标注除了应符合单件商品的标注要求之外，还应符合以下规定： 1. 同一包装商品内含有多件同种定量包装商品的，应当标注单件定量包装商品的净含量和总件数，或者标注总净含量； 2. 同一包装商品内含有多件不同种类定量包装商品的，应当标注各种不同种定量包装商品的单件净含量和各种不同种定量包装商品的件数，或者分别标注各种不同种定量包装商品的总净含量。

（1）单件商品净含量的计量要求：单件定量包装商品的实际含量应当准确反映其标注净含量。标注净含量与实际净含量之差不得大于允许短缺量中规定的数值范围。

（2）批量商品净含量的计量要求：批量定量包装商品的平均实际含量应当大于或等于其标注净含量。

用抽样的方法评定一个检验批的定量包装商品，应当按计量检验抽样方案中规定的抽样方案进行抽样检验，并符合以下计量要求：

样本平均实际含量应当大于或等于标注净含量减去样本平均实际含量修正值 λ_s，即 $\bar{q} \geq (Q_n - \lambda_s)$。

式中：$\bar{q}$ —样本平均实际含量，$\bar{q} = \frac{1}{n}\sum_{i=1}^{n} q_i$；

Q_n —标注净含量；

λ —修正因子；

q_i —单件商品的实际含量；

s —样本实际含量标准偏差，$s = \sqrt{\frac{1}{n-1}\sum_{i=1}^{n}(q_i - \bar{q})^2}$

注：一个检验批的批量小于或等于10件时，只对每个单件定量包装商品的实际

含量进行检验和评定，不作平均实际含量的计算。

（三）计量检验

1. 总则。

对定量包装商品净含量实施计量监督检验应按照本规范要求和程序进行。没有规定检验方法的定量包装商品按国际标准、国家标准或者由国家市场监督管理总局规定的方法执行。强制性国家标准或强制性行业标准有规定的，从其规定执行。

在检验定量包装商品净含量时，应当充分考虑水分变化等因素对定量包装商品净含量产生的影响。对因水分变化等因素导致净含量变化较大的定量包装商品，如面粉、肥皂等商品，生产者应当采取措施保证在规定条件下商品净含量的准确性。

2. 测量不确定度。

定量包装商品净含量计量检验结果的扩展不确定度不应超过 0.2 T（$k=2$），影响不确定度的因素包括测量仪器的最大允许误差和重复性，包装材料的变化，以及由于在液体中不同的固体数量或者温度的变化引起的密度波动等。

3. 检验批净含量的评定。

对于一个检验批是否合格（可接收）或者是不合格（被拒绝）应考虑三个参数。

（1）若一个检验批满足了下述三个参数的要求，即检验批的定量包装商品平均实际含量大于或等于其标注净含量；检验批的定量包装商品中，T_1 类短缺（其实际含量小于标注净含量减去 1 倍允许短缺量，但是不小于标注净含量减去 2 倍允许短缺量的情况）商品的件数未超出相关规定的数量；检验批的定量包装商品中未出现 T_2 类（其实际含量小于标注净含量减去 2 倍允许短缺量的情况）短缺商品。则该检验批即为可接受（合格）。

（2）若一个检验批的上述三个参数的要求中有一项未满足要求，则该检验批即为不合格。

（四）以体积单位标注净含量商品的计量检验方法

1. 总则。

以体积单位标注净含量商品的计量检验，其商品均为 20 ℃±2 ℃条件下的体积。

2. 绝对体积法。

本方法适用于流动性好、不挂壁，且标注净含量为 10 mL 至 2 L 的液体商品。如饮用水、啤酒、白酒等。

3. 测量设备。

专用检验量瓶、注射器（或分度吸管）、温度计。应经检定合格或校准符合检验要求，并确保定量包装商品实际净含量检验结果的测量不确定度满足有关规定。

4. 检验步骤：

（1）将商品内容物倒入专用检验量瓶中，倾入时内容物不得流洒及向瓶外飞溅。内容物成滴状后，应静止等待不少于 30 s。

（2）保持专用检验量瓶放置垂直，并使视线与液面平齐，按液面的弯月面下缘读取示值（保留至分度值的 1/3~1/5）。该示值即为样本单位的实际含量。

（3）对于啤酒、可乐等加压加气的商品，在检验前加入不大于净含量允许短缺量 1/20~1/30 的消泡剂，待气泡消除后按（1）（2）进行检验。

5. 原始记录与数据处理。

按有关要求填写原始记录，并对检验数据进行处理。

6. 结果评定与检验报告。

按有关要求对检验结果进行评定并填写检验报告。

第十三节　葡萄酒流通、储运和服务技术规范

为进一步加强葡萄酒在流通、储运、经营与服务等领域的行业规范，中华人民共和国商务部先后发布了一系列国内贸易行业标准。

一、SB/T 10711—2012《葡萄酒原酒流通技术规范》

本标准规定了葡萄酒原酒流通过程的技术要求，适用于葡萄酒原酒的监督检查、运输和贮存。

（一）一般要求

1. 在运输与贮存过程中，应尽量避免葡萄酒原酒与空气的接触，且任何操作过

表 3-5 与葡萄酒有关的国内贸易行业标准

标准名称	内容简介
SB/T 10710—2012 酒类产品流通术语	本标准规定了酒类产品流通领域的相关术语和定义，适用于酒类产品流通过程及涉及酒类流通的相关领域。
SB/T 10711—2012 葡萄酒原酒流通技术规范	本标准规定了葡萄酒原酒流通过程的技术要求，适用于葡萄酒原酒的监督检查、运输和贮存。
SB/T 10712—2012 葡萄酒运输、贮存技术规范	本标准规定了葡萄酒产品的运输、贮存的要求，适用于葡萄酒的运输和贮存。
SB/T 11000—2013 酒类行业流通服务规范	本标准规定了酒类流通的术语和定义、经营、服务、流通信息、酒类商品保护、宣传、监督与评价等方面的要求，适用于酒类行业的流通服务。
SB/T 11123—2015 连锁企业酒类商品分销管理规范	本标准规定了连锁企业从事酒类商品零售交易活动应具备的企业经营资质、连锁企业酒类商品经营要求、商品组织与采购要求、门店销售服务要求以及仓储与物流方面的要求，适用于酒类商品的连锁零售企业。
SB/T 10391—2005 酒类商品批发经营管理规范	本标准规定了酒类批发经营者从事酒类商品批发交易活动应具备的经营技术条件与应实行的经营管理技术要求，适用于酒类商品的批发经营者。
SB/T 10392—2005 酒类商品零售经营管理规范	本标准规定了酒类零售经营者从事酒类商品零售交易活动应具备的经营条件与应实行的经营管理要求，适用于酒类商品的零售经营者。
WB/T 1053—2015 酒类商品物流信息追溯管理要求	本标准规定了酒类商品物流信息追溯体系建立、信息采集、信息管理以及追溯实施的基本要求，适用于酒类商品物流过程中的信息追溯管理与信息共享。
SB/T 11122—2015 进口葡萄酒相关术语翻译规范	本标准规范了进口葡萄酒基本术语及主要葡萄酒生产国的葡萄酒产区、酒庄的中文表述，适用于生产、贸易等领域进口葡萄酒外来术语的中文表述对照查阅。
SB/T 11196—2017 进口葡萄酒经营服务规范	本标准规定了进口葡萄酒经营服务中的术语和定义、采购、保税分装、储运、销售、服务等方面的要求，适用于中华人民共和国境内从事进口葡萄酒经营服务活动的企业。

程均应在较适宜的温度下进行，并防止葡萄酒原酒的氧化等改变酒体品质现象的产生。

2. 应具有设计良好和严格的运输程序和贮存设备的清洗程序，建立有效的检查和取样制度，保持贮存设备、阀门和管道的清洁，避免化学、物理或生物性的二次污染。

3. 对贮存容器、管道以及所有设备的附件，包括与葡萄酒原酒接触的泵，在清洗和灭菌后，应达到如下要求：

（1）所有的部件应洁净和没有任何导致酒体气味改变的物质；

（2）没有溶剂残留；

（3）没有清洁剂或消毒剂的痕迹残留。

（二）产品质量要求

产品质量要求可参考《葡萄酒原酒流通技术规范》附录 A 或以交易双方签订的贸易合同中的质量技术要求为准，分析方法可参考 GB/T 15038。

（三）产品追溯要求

1. 葡萄酒原酒供应商，应具有相关资质，进口葡萄酒原酒具备国家出入境检验检疫部门核发的卫生证书。

2. 葡萄酒原酒供应商，应建立销售过程信息管理台账，保证销售过程信息的真实性、完整性和可追溯性，并完整保存至少两年。

3. 葡萄酒原酒采购商，应建立采购过程信息管理台账，保证采购过程信息的真实性、完整性和可追溯性，并完整保存至少两年。

4. 葡萄酒原酒流通过程中，应建立相应的追溯手段（如附带葡萄酒原酒流通附件单、RFID、EPC 编码等），便于产品的溯源。

5. 出入库应有记录，产品仓库应有存量的记录。出入库记录包括名称、批号、出库时间、地点、对象、数量、产品检验报告等，以便于产品的溯源管理。

（四）运输

1. 葡萄酒原酒的运输设备装置主要包括不锈钢罐、皮囊及其辅助设备。设备或配件的材质应符合现行有关接触食品材料的标准要求。

2. 罐内的配件宜少，且便于清洗和消毒。在运输过程中，罐的关闭和封闭装置不得漏气和漏液。为了保障葡萄酒原酒品质，宜在罐体配备温度控制装置。

3. 皮囊应使用惰性材料制造，允许和葡萄酒原酒接触并具有良好的密闭性，避免氧气和其他污染物的进入导致氧化或污染酒体，20 t 以上的皮囊宜为一次性使用。

4. 用于葡萄酒原酒大包装运输使用的罐和皮囊及其他容器，宜仅用于葡萄汁、葡萄酒或葡萄蒸馏酒，如果之前运输含有较香蒸馏酒或其他香味食品货物，应对其进行认真清洗。

5. 运输时应保持清洁、避免强烈震荡、日晒、防止冰冻，运输温度宜保持在 5℃~35℃。

（五）检验

1. 装货前取样。

供应方宜最少从每个要装运的容器里取出 4 个 0.5 L~1 L 的样品。样品在严格的卫生条件下在罐的中心取出，样品应妥善盖好，且密封，并贴有明显的标签。

2. 装货时取样。

应从每个装好的葡萄酒原酒容器中立即取出最少 3 个 0.5 L~1 L 的样品，样品应在严格的卫生条件下从罐中心取出，样品应妥善盖好，且密封，并贴有明显的标签。

3. 到达后取样。

在卸货之前，要对每个罐取样，取样要卫生且具有代表性，具体检验指标及要求，按照交易双方要求进行。

（六）装卸

1. 装运前，应检查所有设备包括罐、皮囊、泵、辅助管路、软管、配件等，确保达到装运的卫生要求。为减少氧化的危害，应用原酒将罐底部的出口阀门处充满。

2. 装好后，要给予适当的时间沉静葡萄酒，排出气体，并使液位达到入孔并记录葡萄酒原酒温度。该信息应记录在随附的温度报告单上。

3. 卸载前，宜对罐封的完整性及相关文件进行查验，检查顶隙的容量以及惰性气体的压力及葡萄酒原酒的状况、质量等。

（七）贮存

葡萄酒原酒应贮存在干燥、通风、阴凉和清洁的库房中，具备防虫、防鼠措施，库内温度宜保持在 5 ℃~35 ℃，不得与有毒、有害、有异味、有腐蚀性物品和污染物混贮。

（八）从业人员

1. 营销人员：应具备酒类知识，熟悉国家有关规定和标准。直接接触酒类商品的人员应定期进行健康检查，取得健康证。主要人员每人每年应接受食品安全法律法规、专业知识和行业道德等方面的培训。营销人员应诚实守信，销售产品时，应主动出示经营该产品所需的证件。

2. 采购人员：应具备酒类知识，熟悉国家有关规定和标准。直接接触酒类商品的人员应定期进行健康检查，取得健康证。主要人员每人每年应接受食品安全法律法规、专业知识和行业道德等方面的培训。应从有资质的供应商处采购葡萄酒原酒，采购时，应从供应商处索要相关资质证明文件。

二、SB/T 11196—2017《进口葡萄酒经营服务规范》

进口葡萄酒因涉及进口经营问题，既需要符合和遵守国内相关法规，又需要兼顾国外酒类商品的特点和要求。为了完全覆盖进口葡萄酒的经营服务活动，针对进口葡萄酒经营服务的特点提出新的规范性要求。

（一）适用范围

规定了进口葡萄酒经营服务中的术语和定义、采购、保税分装、储运、销售、服务等方面的要求，适用于中华人民共和国境内从事进口葡萄酒经营服务活动的企业。

（二）基本概念

1. 进口葡萄酒是指在中国境外原产地合法注册、生产，并合法进入中国市场销售的葡萄酒商品。

2. 原装进口酒是指在中国境外的原产地完成全部生产和最小单位预包装的原品牌进口酒。

3. 原液进口酒是指在中国境外的原产地完成生产但未进行预包装的进口酒。

4. 保税分装酒是指将原液进口葡萄酒在中国保税区进行分装，但不添加、不调配、不改变原成分，并配备内外包装材料，完成预包装的进口葡萄酒。

5. 原产地证书是指由原产国签证机构签发或由原生产企业自主签发，用以证明进口葡萄酒产品原产于某一特定地区的证明文件。

（三）采购

1. 条件。

直接向国外企业采购进口葡萄酒的经营者应具备相关主管部门颁发的进出口企业资格证书。未获得进出口企业资格证书的企业，应选择有资质的外贸代理企业，代理采购。

2. 要求。

经营者应采购符合中国及产地国的产品质量要求的进口葡萄酒商品。经营者在采购进口葡萄酒时，应核准确认该商品执行的生产标准和所达到的等级。经营者应通过第三方的酒类等级评鉴机构，检验评定所采购的进口葡萄酒是否达到了其标注的级别。进口葡萄酒的行业组织应制定相应的采购规则。

（四）保税分装

1. 条件。

（1）应是合法经营且业务范围覆盖保税分装业务的企业，并取得所在保税区管理委员会、海关和出入境检验检疫部门的业务批准文件。

（2）经营者应具备相应的分装设备、工艺装备、存储设备和相关辅助设备，具有过滤、冷藏、分装、包装、贮存和检验等场所，并达到保证酒类分装质量安全的环境条件和相应的卫生要求，通过相关强制认证。

（3）经营者应具备与生产产品相适应的质量安全检验、指标分析检测化验的条件。

（4）经营者应具备符合进口葡萄酒储运要求的物流作业条件，并符合 GB/T 18354 的规定。

（5）在分装的产能条件方面，应达到以下要求：

① 设计年分装量要求，每小时完成包装不低于 1 000 L；

② 原酒储存区不小于 10 000 m^2，平均储存量不低于 3×10^6 L，冷冻及灌装前的处理区不小于 500 m^2，包材及空瓶的储存区不小于 4 000 m^2；

③ 灌装区面积不小于 2 000 m^2；

④ 常温成品堆放区不小于 6 000 m^2，其中有 2 500 m^2 的冷藏区。

2. 分装要求。

（1）对原液进口葡萄酒进行分装时，应有严格的分装体系和流程，除冷冻与过滤外，不应做其他包含物理变化或化学反应的加工处理，如调配、稀释、浓缩、添加、配制等。

注：原产国或原生产企业如规定分装时可加入二氧化硫制品，可按要求执行。

（2）分装容器需装配能够实时监控记录温度、容量、压力的传感器，使原产地酿造者、经营者、购买者和相关机构能够通过互联网络实时读取数据。

（3）原液进口葡萄酒在保税区分装后，可以转口他国，也可应按相关规范的要求进行预包装后，完成通关手续向境内消费者销售。

（五）标签要求

1. 保税分装酒需在采购原酒、接受委托分装、接受代理分装的同时向原产地的酿造者索要本批次产品的国际条形码授权，并将该条形码印制于保税分装的标签上。

2. 完成预包装后应贴附原标签和中文标签，其中，中文标签应符合 GB 7718、GB 2757 和 GB 2758 中关于"标签"的规定。

3. 应在每个独立包装上标明"本原液进口葡萄酒的原产地为××××"。

注：××××为原产地国家或地区名。

4. 外包装（包括但不限箱、袋、盒、罐等）上应标有商品名称、商标等，并使用合理的包装技术或包装方式，以便于装卸、运输、储存和保管。

5. 包装上可使用二维码等可识别码，将品名、产地、年份、净含量及运输方式等基础数据存入其中，便于读取。

6. 当预包装标签中强调某一内容，如第三方认证结果和有资质的第三方认证机构、法定产区、地理标识及其他内容的，或者强调含有特殊成分的，应向相关检验监督部门提供相应证明材料；标注营养成分含量的，应向相关检验监督部门提供符合性证明材料。

（六）储运

1. 存储。

（1）进口葡萄酒的存放空间应保持空气流通，温度宜控制在 16℃~20℃，湿度宜控制在 65%~75%，且应合理控制光源，保持基本照明亮度，灯光不宜直射酒瓶。使用酒架存放或陈列时，酒架宜采用高密度、防潮耐压、无异味的木质材料，应具有避震性能，且酒架之间保留适当的距离，便于取放。

（2）酒架的陈列面与水平线的交角需在 0°~45°，防止酒瓶塞长时间与酒液隔离干燥。

（3）应使用电能的制冷设备、恒温设备、智能销售设备、家用（车用）存储设备、醒酒设备及辅助饮酒设备,并在醒目位置印制安全使用提示。

(4) 使用酒类储藏柜时,该储藏柜应符合 GB/T 23777 的要求。

2. 运输。

进口葡萄酒的运输应采取必要的温度和湿度等控制措施,以保证其品质的稳定,并将所采用的温控方式告知消费者。

(七) 销售

1. 渠道。

(1) 可通过酒类专营店、商超、酒吧、宾馆、饭店及餐饮业,以及互联网等渠道销售进口葡萄酒,应符合销售地相关管理规定。

(2) 通过互联网,采用电子商务方式销售进口葡萄酒的,除应符合本标准的各项规定外,还应遵守国家有关网络经营的各项规定。

2. 要求。

(1) 经营场所应干净整齐,空间区域划分合理,可划分储存区和展示区,便于消费者挑选,并可为消费者提供临时品酒等相关服务的设施与空间。

(2) 经营场所应设置具有密闭功能和温湿度控制功能的存酒空间,以保证进口葡萄酒品质的稳定。

(八) 服务

1. 溯源查询。

(1) 经营者应留存相关的文件、单据、凭证等,向购买者提供查询服务。

(2) 经营者应建立进口葡萄酒溯源体系,让每瓶酒都可以追溯到原产地和原生产者。可供溯源的材料包括但不限于以下内容:酒类商品质量证明、海关报关文件、产品检验检疫证书、第三方认证证书,以及其他用于记录该批次酒类商品的来源、去向、品名、数量等信息的流通单据。鼓励使用通用识别码。

(3) 进口葡萄酒的行业管理机构可以组织建设统一的溯源数据平台,各经营者的溯源数据可以集中在这个平台上,提供统一的溯源查询服务。

2. 品质保证。

(1) 经营者应能提供每批次产品进境前产地国检验测试报告及进境检验后的相关证书或证明文件。

（2）经营者宜为持续保障售中产品不发生退品质化提供相关测试证书或材料。

（3）对进口葡萄酒产品真实性有争议时，经营者应向法定检测机构提供生产企业该产品涉及品质真实性相关资料及标准样品。

3. 推广宣传。

（1）进口葡萄酒的宣传推广应符合《中华人民共和国广告法》的相关规定。

（2）经营者应注重其进口葡萄酒的品牌与文化的推广。

（3）经营者可向消费者提供：葡萄品种及其产地、酒类品种、包装成品年份、进口中国年份、建议适饮年份、建议适存温度、建议醒酒时间等信息。

（4）在标签上标示该酒的营养信息时（如白藜芦醇、单宁、花青素等），应符合 GB 28050 的规定。

（5）经营者应向消费者提示过量饮酒的危害性，倡导消费者健康饮酒，建议张贴"不向未成年人售酒""过量饮酒有害健康"等文字或图案。

4. 服务水平。

（1）鼓励经营者配备品酒师或侍酒师，提供现场或远程酒膳服务，包括指导酒食搭配、酒食美学组合、评价酒食营养、传播酒膳文化等内容。

（2）为促进经营者提高服务水平，鼓励建立健全进口葡萄酒经营服务评价体系。第三方或有关行业组织在开展非营利性评价活动时，可参见进口葡萄酒经营服务评价参考表（表 3-6）。

表 3-6　进口葡萄酒经营服务评价参考表

指标大类	分值	指标	分值
组织	25	人员结构	7
		资源配置	8
		监督改进	4
		企业文化	6
经营	35	采购	11
		分装	7
		储运	9
		销售	8

续表

指标大类	分值	指标	分值
服务	40	品质保证	10
		查询溯源	6
		推广宣传	6
		投诉处理	10
		客户关系	8
总分值为100分			

备注：表格中给出的评分指标要求，是依据《进口葡萄酒经营服务规范》的内容，以及GB/T 27922 商品售后服务评价体系、GB/T 27925 商业企业品牌评价与企业文化建设指南、SB/T 10391 酒类商品批发经营管理规范、SB/T 10392 酒类商品零售经营管理规范、SB/T 11000—2013 酒类行业流通服务规范等标准的要求综合制定而成，总分达到75分为合格。

第十四节 葡萄酒企业安全生产标准化基本规范

为进一步引导推动广大企业自主开展安全生产标准化建设，建立安全生产管理体系，健全完善安全生产长效机制，提升企业安全生产管理水平，GB/T 33000—2016《企业安全生产标准化基本规范》，自2017年4月1日起正式实施。

一、《企业安全生产标准化基本规范》的适用范围

规定了企业安全生产标准化管理体系建立、保持与评定的原则和一般要求，以及目标职责、制度化管理、教育培训、现场管理、安全风险管控及隐患排查治理、应急管理、事故管理和持续改进8个体系的核心技术要求。

本规范适用于工矿商贸企业开展安全生产标准化建设工作，有关行业制修订安全生产标准化标准、评定标准，以及对标准化工作的咨询、服务、评审、科研、管理和规划等。其他企业和生产经营单位可参照执行。

二、《企业安全生产标准化基本规范》的基本概念

1. 企业安全生产标准化是指企业通过落实企业安全生产主体责任，通过全员全过程参与，建立并保持安全生产管理体系，全面管控生产经营活动各环节的安全生

产与职业卫生工作,实现安全健康管理系统化、岗位操作行为规范化、设备设施本质安全化、作业环境器具定置化,并持续改进。

2. 安全生产绩效是指根据安全生产和职业卫生目标,在安全生产、职业卫生等工作方面取得的可测量结果。

3. 风险是指发生危险事件或有害暴露的可能性,与随之引发的人身伤害、健康损害或财产损失的严重性的组合。

4. 安全风险管理是指根据安全风险评估的结果,确定安全风险控制的优先顺序和安全风险控制措施,以达到改善安全生产环境、减少和杜绝生产安全事故的目标。

三、《企业安全生产标准化基本规范》的一般要求

(一)原则

企业开展安全生产标准化工作,应遵循"安全第一、预防为主、综合治理"的方针,落实企业主体责任。以安全风险管理、隐患排查治理、职业病危害防治为基础,以安全生产责任制为核心,建立安全生产标准化管理体系,实现全员参与,全面提升安全生产管理水平,持续改进安全生产工作,不断提升安全生产绩效,预防和减少事故的发生,保障人身安全健康,保证生产经营活动的有序进行。

(二)建立和保持

企业应采用"策划、实施、检查、改进"的"PDCA"动态循环模式,持续提升安全生产绩效。

(三)自评和评审

企业安全生产标准化管理体系的运行情况,采用企业自评和评审单位评审的方式进行评估。

四、《企业安全生产标准化基本规范》的核心要求

(一)目标职责

1. 目标。

企业应根据自身安全生产实际,制定文件化的总体和年度安全生产与职业卫生目标,并纳入企业总体生产经营目标。

2. 机构和职责。

（1）机构设置：企业应落实安全生产组织领导机构，成立安全生产委员会，并应按照有关规定设置安全生产和职业卫生管理机构，或配备相应的专职或兼职安全生产和职业卫生管理人员，按照有关规定配备注册安全工程师，建立健全从管理机构到基层班组的管理网络。

（2）主要负责人及管理层职责：企业主要负责人全面负责安全生产和职业卫生工作，并履行相应责任和义务。

3. 全员参与。

企业应建立健全安全生产和职业卫生责任制，明确各级部门和从业人员的安全生产和职业卫生职责，并对职责的适宜性、履行情况进行定期评估和监督考核。企业应为全员参与安全生产和职业卫生工作创造必要的条件。

4. 安全生产投入。

企业应建立安全生产投入保障制度，按照有关规定提取和使用安全生产费用，并建立使用台账。

5. 安全文化建设。

企业应开展安全文化建设，确立本企业的安全生产和职业病危害防治理念及行为准则，并教育、引导全体从业人员贯彻执行。

6. 安全生产信息化建设。

企业应根据自身实际情况，利用信息化手段加强安全生产管理工作，开展安全生产电子台账管理、重大危险源监控、职业病危害防治、应急管理、安全风险管控和隐患自查自报、安全生产预测预警等信息系统的建设。

（二）制度化管理

1. 法规标准识别。

企业应建立安全生产和职业卫生法律法规、标准规范的管理制度，应将适用的安全生产和职业卫生法律法规、标准规范的相关要求转化为本单位的规章制度、操作规程，并及时传达给相关从业人员，确保相关要求落实到位。

2. 规章制度。

企业应建立健全安全生产和职业卫生规章制度，并征求工会及从业人员意见和建议，规范安全生产和职业卫生管理工作。企业应确保从业人员及时获取制度文本。

3. 操作规程。

企业应按照有关规定，结合本企业生产工艺、作业任务特点以及岗位作业安全风险与职业病防护要求，编制齐全适用的岗位安全生产和职业卫生操作规程，发放到相关岗位员工，并严格执行。企业应确保从业人员参与岗位安全生产和职业卫生操作规程的编制和修订工作。

4. 文档管理。

（1）记录管理：企业应建立文件和记录管理制度，明确安全生产和职业卫生规章制度、操作规程的编制、评审、发布、使用、修订、作废以及文件和记录管理的职责、程序和要求。

（2）评估：企业应每年至少评估一次安全生产和职业卫生法律法规、标准规范、规章制度、操作规程的适用性、有效性和执行情况。

（3）修订：企业应根据评估结果、安全检查情况、自评结果、评审情况、事故情况等，及时修订安全生产和职业卫生规章制度、操作规程。

（三）教育培训

1. 教育培训管理。

企业应建立健全安全教育培训制度，按照有关规定进行培训。培训大纲、内容、时间应满足有关标准的规定。企业安全教育培训应包括安全生产和职业卫生的内容。

2. 人员教育培训。

（1）主要负责人和安全管理人员：企业的主要负责人和安全生产管理人员应具备与本企业所从事的生产经营活动相适应的安全生产和职业卫生知识与能力。

（2）从业人员：企业应对从业人员进行安全生产和职业卫生教育培训。未经安全教育培训合格的从业人员，不应上岗作业。

（3）外来人员：企业应对进入企业从事服务和作业活动的承包商、供应商的从业人员和接收的中等职业学校、高等学校实习生，进行入厂（矿）安全教育培训，并保存记录。

(四) 现场管理

1. 设备设施管理。

(1) 设备设施建设：建设项目的安全设施和职业病防护设施应与建设项目主体工程同时设计、同时施工、同时投入生产和使用。

(2) 设备设施验收：企业应执行设备设施采购、到货验收制度，购置、使用设计符合要求、质量合格的设备设施。设备设施安装后企业应进行验收，并对相关过程及结果进行记录。

(3) 设备设施运行：企业应对设备设施进行规范化管理，建立设备设施管理台账。

(4) 设备设施检维修：企业应建立设备设施检维修管理制度，制定综合检维修计划，加强日常检维修和定期检维修管理，落实"五定"原则，即定检维修方案、定检维修人员、定检维修措施、定检维修质量、定检维修进度，并做好记录。

(5) 检测检验：特种设备应按照有关规定，委托具有专业资质的检测、检验机构进行定期检测、检验。

(6) 设备设施拆除、报废：企业应建立设备设施报废管理制度。设备设施的报废应办理审批手续，在报废设备设施拆除前应制定方案，并在现场设置明显的报废设备设施标志。

2. 作业安全。

(1) 作业环境和作业条件：企业应事先分析和控制生产过程及工艺、物料、设备设施、器材、通道、作业环境等存在的安全风险。生产现场应实行定置管理，保持作业环境整洁。

(2) 作业行为：企业应依法合理进行生产作业组织和管理，加强对从业人员作业行为的安全管理，对设备设施、工艺技术以及从业人员作业行为等进行安全风险辨识，采取相应的措施，控制作业行为安全风险。

(3) 岗位达标：企业应建立班组安全活动管理制度，开展岗位达标活动，明确岗位达标的内容和要求。

(4) 相关方：企业应建立承包商、供应商等安全管理制度。

3. 职业健康。

(1) 基本要求：企业应为从业人员提供符合职业卫生要求的工作环境和条件，

为解除职业危害的从业人员提供个人使用的职业病防护用品，建立、健全职业卫生档案和健康监护档案。

（2）职业病危害告知：企业与从业人员订立劳动合同时，应将工作过程中可能产生的职业病危害及其后果和防护措施如实告知从业人员，并在劳动合同中写明。

企业应按照有关规定，在醒目位置设置公告栏，公布有关职业病防治的规章制度、操作规程、职业病危害事故应急救援措施和工作场所职业病危害因素检测结果。

（3）职业病危害项目申报：企业应按照有关规定，及时、如实向所在地安全生产监督管理部门申报职业病危害项目，并及时更新信息。

（4）职业病危害检测与评价：企业应对工作场所职业病危害因素进行日常监测，并保存监测记录。

定期检测结果中职业病危害因素浓度或强度超过职业接触限值的，企业应根据职业卫生技术服务机构提出的整改建议，结合本单位的实际情况，制定切实有效的整改方案，立即进行整改。

4. 警示标志。

企业应按照有关规定和工作场所的安全风险特点，在有重大危险源、较大危险因素和严重职业病危害因素的工作场所，设置明显的、符合有关规定要求的安全警示标志和职业病危害警示标识。

（五）安全风险管控及隐患排查治理

1. 安全风险管理。

（1）安全风险辨识：企业应建立安全风险辨识管理制度，组织全员对本单位安全风险进行全面、系统的辨识。

安全风险辨识范围应覆盖本单位的所有活动及区域，并考虑正常、异常和紧急三种状态及过去、现在和将来三种时态。

（2）安全风险评估：企业应建立安全风险评估管理制度，明确安全风险评估的目的、范围、频次、准则和工作程序等。

（3）安全风险控制：企业应选择工程技术措施、管理控制措施、个体防护措施等，对安全风险进行控制。

（4）变更管理：企业应制定变更管理制度。变更前应对变更过程及变更后可能产生的安全风险进行分析，制定控制措施，履行审批及验收程序，并告知和培训相关从业人员。

2. 重大危险源辨识和管理。

企业应建立重大危险源管理制度，全面辨识重大危险源，对确认的重大危险源制定安全管理技术措施和应急预案。

含有重大危险源的企业应将监控中心（室）视频监控资料、数据监控系统状态数据和监控数据与有关监管部门监管系统联网。

3. 隐患排查治理。

（1）隐患排查：企业应建立隐患排查治理制度，逐级建立并落实从主要负责人到每位从业人员的隐患排查治理和防控责任制，并按照有关规定组织开展隐患排查治理工作，及时发现并消除隐患，实行隐患闭环管理。

（2）隐患治理：企业应根据隐患排查的结果，制定隐患治理方案，对隐患及时进行治理。

（3）验收与评估：隐患治理完成后，企业应按照有关规定对治理情况进行评估、验收。

（4）信息记录、通报和报送：企业应如实记录隐患排查治理情况，至少每月进行统计分析，及时将隐患排查治理情况向从业人员通报。企业应定期或实时报送隐患排查治理情况。

4. 预测预警。

企业应根据生产经营状况、安全风险管理及隐患排查治理、事故等情况，运用定量或定性的安全生产预测预警技术，建立体现企业安全生产状况及发展趋势的安全生产预测预警体系。

（六）应急管理

1. 应急准备。

（1）应急救援组织：企业应按照有关规定建立应急管理组织机构或指定专人负责应急管理工作，建立与本企业安全生产特点相适应的专（兼）职应急救援队伍。

（2）应急预案：企业应在开展安全风险评估和应急资源调查的基础上，建立生产安全事故应急预案体系，制定符合 GB/T 29639 规定的生产安全事故应急预案，针对安全风险较大的重点场所（设施）制定现场处置方案，并编制重点岗位、人员应急处置卡。

（3）应急设施、装备、物资：企业应根据可能发生的事故种类特点，按照规定设置应急设施，配备应急装备，储备应急物资，建立管理台账，安排专人管理，并定期检查、维护、保养，确保其完好、可靠。

（4）应急演练：企业应按照AQ/T 9007的规定定期组织公司（厂、矿）、车间（工段、区、队）、班组开展生产安全事故应急演练，做到一线从业人员参与应急演练全覆盖，并按照AQ/T 9009的规定对演练进行总结和评估，根据评估结论和演练发现的问题，修订、完善应急预案，改进应急准备工作。

（5）应急救援信息系统建设：矿山、金属冶炼等企业，生产、经营、运输、储存、使用危险物品或处置废弃危险物品的生产经营单位，应建立生产安全事故应急救援信息系统，并与所在地县级以上地方人民政府负有安全生产监督管理职责部门的安全生产应急管理信息系统互联互通。

2. 应急处置。

发生事故后，企业应根据预案要求，立即启动应急响应程序，按照有关规定报告事故情况，并开展先期处置。

3. 应急评估。

企业应对应急准备、应急处置工作进行评估。矿山、金属冶炼等企业，生产、经营、运输、储存、使用危险物品或处置废弃危险物品的企业，应每年进行一次应急准备评估。完成险情或事故应急处置后，企业应主动配合有关组织开展应急处置评估。

（七）事故管理

1. 报告。

企业应建立事故报告程序，明确事故内外部报告的责任人、时限、内容等，并教育、指导从业人员严格按照有关规定的程序报告发生的生产安全事故。企业应妥善保护事故现场以及相关证据。事故报告后出现新情况的，应当及时补报。

2. 调查和处理。

企业应建立内部事故调查和处理制度，按照有关规定、行业标准和国际通行做法，将造成人员伤亡（轻伤、重伤、死亡等人身伤害和急性中毒）和财产损失的事故纳入事故调查和处理范畴。

3. 管理。

企业应建立事故档案和管理台账，将承包商、供应商等相关方在企业内部发生的事故纳入本企业事故管理。

（八）持续改进

1. 绩效评定。

企业每年至少应对安全生产标准化管理体系的运行情况进行一次自评，验证各项安全生产制度措施的适宜性、充分性和有效性，检查安全生产和职业卫生管理目标、指标的完成情况。

2. 持续改进。

企业应根据安全生产标准化管理体系的自评结果和安全生产预测预警系统所反映的趋势，以及绩效评定情况，客观分析企业安全生产标准化管理体系的运行质量，及时调整完善相关制度文件和过程管控，持续改进，不断提高安全生产绩效。

五、葡萄酒生产设备安全运行管理

在《酒类（葡萄酒、露酒）生产企业安全生产标准化评定标准》中，明确列举了葡萄酒生产设备的运行管理评定标准和要求。

（一）葡萄破碎除梗机

各种防护罩牢固齐全，电气系统接地良好牢固，控制系统开关齐全，轴承润滑系统良好无渗漏，各固定螺栓齐全无松动、变形、裂纹现象。

（二）葡萄压榨机

固定螺栓齐全无松动、变形、裂纹现象。各种电器运转良好。料斗与专用带连接牢固，无松动、无脱落。各种防护罩牢固齐全。各部件润滑良好。

（三）发酵罐、储酒罐和罐区

罐体无严重变形及腐蚀现象，基础支架无裂纹破损及下沉现象。酒罐内冷却夹套无介质泄漏现象。压力表、安全阀灵敏可靠，管路、阀门安装整齐合理。各部位连接螺栓齐全紧固，微机系统及各类仪表准确有效。露天酒罐区的贮酒罐应采用不锈钢材料制作，需要进行保温处理，管路应用法兰连接，并采用导电性能良好的金属软线对法兰进行跨接。储酒罐顶部应设置呼吸阀，罐体上应安装液位显示装置。

储酒罐区设防溢流措施，同时设置排酒装置，以便溢流酒能及时排出。露天罐区应有合格的防雷措施。

（四）冷冻机

安全防护装置完整，齐全可靠。传动系统运转正常。各种防护罩牢固齐全。电气系统装置齐全，灵敏可靠。现场急停开关操作灵敏并有明显警示标牌。轴承润滑良好，密封良好。主要零部件、阀门、仪表正常，无破损，氨、水、油管道通畅。氨制冷机房设计应符合有关规定。氨制冷机房安装液氨泄露监测和警报系统并定期校验。氨制冷机房排风、电气等应符合有关规定。

（五）过滤机

各部件连接是否正确和紧固。安全阀、压力表要灵敏可靠，不得超压运行。电气安全装置齐全。

（六）洗瓶机、灌装机

各操作系统灵敏可靠。输送系统运转正常、平稳，附属设备运转正常。加热系统无泄漏现象。设备附属仪表灵敏、准确。润滑系统装置齐全，油路畅通，不缺油、不漏油。电气系统装置齐全，接地良好，性能灵敏可靠。安全防护装置齐全可靠。

（七）打塞、封帽机

传动系统运转正常，无杂音。操作控制系统完整可靠。瓶托、酒阀、进出瓶、打塞畅通，动作灵活。润滑系统装置齐全，油路畅通，不缺油，不漏油。各类阀门、仪表齐全准确，灵敏可行。电气系统装置齐全，接地良好，性能灵敏可靠。酒路、风路系统密封良好。安全防护装置齐全可靠。

（八）贴标机

传动系统运转正常，机构动作协调。浆湖泵工作正常。润滑系统装置齐全，不缺油、不漏油。电气系统装置齐全，接地良好，性能灵敏可靠。安全防护装置齐全可靠。

（九）装箱机

传动系统运转正常，无杂音，附属仪表齐全，灵敏可靠。润滑系统装置齐全，不缺油、不漏油。电气系统装置齐全，接地良好，性能灵敏可靠。安全防护装置齐全可靠。

（十）喷码机

电气线路、气动管路完好。设备附属仪表齐全灵敏，主附件保持清洁无墨痕，安装牢固，附属设备运转正常，基本无泄漏现象。润滑系统装置齐全，不缺油、不漏油，电气系统装置齐全，接地良好，性能灵敏可靠。安全防护装置齐全可靠。

（十一）白兰地蒸馏锅

传动系统运转正常，各种防护罩牢固齐全。各固定螺栓齐全无松动、变形、裂纹。排渣门、安全销、进料门、装料漏斗、进气阀完好。排风装置状况良好。蒸馏、出酒和放锅要严格执行操作规程。急停开关、保护开关、按钮灵敏可靠。电气系统装置齐全，接地良好。

（十二）包装车间

包装车间应满足防尘、防火、防爆要求，灌装车间应与发酵车间分开。

（十三）仓库

仓库的设计、建设应符合国家的相关标准和行业规范。库内应阴凉、干燥，并有防火、灭火设施、设备，成品库应按规定使用防爆电气设备。堆垛应符合规定要求，按规定设置应急通道和应急出口，并保证畅通。

（十四）酒窖

酒窖的设计、建设应符合国家的相关标准和行业规范。酒窖内应阴凉，并按照国家标准、行业标准配置消防设施、器材，设置消防安全标志，并定期检验、维修，确保完好有效。

第四章　标准及标准化

企业的标准化生产、行业的标准化管理，是食品安全最重要的保证。标准化在人民生活和社会经济发展中具有重要的作用。国际标准化组织（ISO）自1969年起将每年的10月14日定为世界标准化日。

第一节　标准化基础知识

标准化是人类社会实践的结晶，是人类社会发展的必然产物，它随着社会生产的发展而发展，受到生产力的约束，又为生产力的发展服务。经济发展和科技进步是标准化发展的根本动力。标准化是组织与管理现代化生产的重要手段，在规范企业生产经营活动、提高企业管理水平和产品品质、增强市场竞争力等方面具有重要作用。

一、新时代标准化工作概述

标准是经济活动和社会发展的技术支撑，是国家基础性制度的重要方面。标准化在推进国家治理体系和治理能力现代化中发挥着基础性、引领性作用。新时代推动高质量发展、全面建设社会主义现代化国家，迫切需要进一步加强标准化工作。

为统筹推进标准化发展，中共中央、国务院印发了《国家标准化发展纲要》，作为指导中国标准化中长期发展的纲领性文件，这一文件的颁布对我国标准化事业发展具有里程碑意义。

《国家标准化发展纲要》共九个部分三十五条，划分为总体要求、主要任务和组织实施三个板块。

1. 指导思想。

以习近平新时代中国特色社会主义思想为指导，深入贯彻党的十九大和十九届二中、三中、四中、五中全会精神，按照统筹推进"五位一体"总体布局和协调推进"四个全面"战略布局要求，坚持以人民为中心的发展思想，立足新发展阶段、贯彻新发展理念、构建新发展格局，优化标准化治理结构，增强标准化治理效能，提升标准国际化水平，加快构建推动高质量发展的标准体系，助力高技术创新，促进高水平开放，引领高质量发展，为全面建成社会主义现代化强国、实现中华民族伟大复兴的中国梦提供有力支撑。

2. 发展目标。

到 2025 年，实现标准供给由政府主导向政府与市场并重转变，标准运用由产业与贸易为主向经济社会全域转变，标准化工作由国内驱动向国内国际相互促进转变，标准化发展由数量规模型向质量效益型转变。标准化更加有效推动国家综合竞争力提升，促进经济社会高质量发展，在构建新发展格局中发挥更大作用。

全域标准化深度发展。农业、工业、服务业和社会事业等领域标准全覆盖，新兴产业标准地位凸显，健康、安全、环境标准支撑有力，农业标准化生产普及率稳步提升，推动高质量发展的标准体系基本建成。

标准化水平大幅提升。共性关键技术和应用类科技计划项目形成标准研究成果的比率达到 50%以上，政府颁布标准与市场自主制定标准结构更加优化，国家标准平均制定周期缩短至 18 个月以内，标准数字化程度不断提高，标准化的经济效益、社会效益、质量效益、生态效益充分显现。

标准化开放程度显著增强。标准化国际合作深入拓展，互利共赢的国际标准化合作伙伴关系更加密切，标准化人员往来和技术合作日益加强，标准信息更大范围实现互联共享，我国标准制定透明度和国际化环境持续优化，国家标准与国际标准关键技术指标的一致性程度大幅提升，国际标准转化率达到 85%以上。

标准化发展基础更加牢固。建成一批国际一流的综合性、专业性标准化研究机构，若干国家级质量标准实验室，50 个以上国家技术标准创新基地，形成标准、计量、认证认可、检验检测一体化运行的国家质量基础设施体系,标准化服务业基本适应经济社会发展需要。

到 2035 年,结构优化、先进合理、国际兼容的标准体系更加健全,具有中国特色的标准化管理体制更加完善,市场驱动、政府引导、企业为主、社会参与、开放融合的标准化工作格局全面形成。

3. 主要任务。

一是推动标准化与科技创新互动发展。加强关键技术领域标准研究,以科技创新提升标准水平,健全科技成果转化为标准的机制。

二是提升产业标准化水平。筑牢产业发展基础,推进产业优化升级,引领新产品新业态新模式快速健康发展,增强产业链供应链稳定性和产业综合竞争力,助推新型基础设施提质增效。

三是完善绿色发展标准化保障。建立健全碳达峰、碳中和标准,持续优化生态系统建设和保护标准,推进自然资源节约集约利用,筑牢绿色生产标准基础,强化绿色消费标准引领。

四是加快城乡建设和社会建设标准化进程。推进乡村振兴、新型城镇化、基本公共服务、行政管理和社会治理等标准化建设,加强公共安全标准化工作,提升保障生活品质的标准水平。

五是提升标准化对外开放水平。深化标准化交流合作,强化贸易便利化标准支撑,推动国内国际标准化协同发展。

六是推动标准化改革创新。优化标准供给结构,深化标准化运行机制创新,促进标准与国家质量基础设施融合发展,强化标准实施应用,加强标准制定和实施的监督。

七是夯实标准化发展基础。提升标准化技术支撑水平,大力发展标准化服务业,加强标准化人才队伍建设,营造标准化良好社会环境。

二、标准化基本知识

(一) 标准化的概念

为在一定的范围内获得最佳秩序,对实际的或潜在的问题制定共同的和重复使用的规则的活动,称为标准化。它包括制定、发布及实施标准的过程。标准化的重要意义在于为了其预期目的，改进产品、过程和服务的适用性，防止贸易壁垒，促进技术合作。

（二）标准化的实质和目的

标准化是一个活动过程，是制定标准、实施标准，进而修订标准的过程，这个过程呈现不断循环、螺旋式上升的运动过程，也是标准水平不断提高的过程。

标准化是一项有目的的活动，可以是一个或者更多特定的目的，以使产品、过程和服务具有适应性。"通过制定、发布和实施标准，达到统一"是标准化的实质，"获得最佳秩序和社会效益"则是标准化的目的。

（三）标准化方法的对象

在国民经济的各个领域中，凡具有多次重复使用和需要制定标准的具体产品以及各种定额、规划、要求、方法、概念等，都可称为标准化对象。

标准化对象一般可分为两大类：一类是标准化的具体对象，即需要制定标准的具体事物；另一类是标准化的总体对象，即各种具体对象的总和所构成的整体，通过它可以研究各种具体对象的共同属性、本质和普遍规律。

（四）标准化的基本特性

标准化的基本特性主要包括抽象性、技术性、经济性、连续性（亦称继承性）、约束性、政策性。

（五）标准化的基本原理

标准化的基本原理通常是指统一原理、简化原理、协调原理和最优化原理。

1. 统一原理，就是为了保证事物发展所必需的秩序和效率，对事物的形成、功能或其他特性，确定适合于一定时期和一定条件的一致规范，并且这种一致规范与被取代的对象在功能上达到等效。统一原理包含以下要点：

（1）统一是为了确定一组对象的一致规范，其目的是保证事物所必须的秩序和效率；

（2）统一的原则是功能等效，从一组对象中选择确定一致规范，应能包含被取代对象所具备的必要功能；

（3）统一是相对的，确定的一致规范，只适用于一定时期和一定条件，随着时间的推移和条件的改变，旧的统一就要由新的统一所代替。

2. 简化原理，就是为了经济有效地满足需要，对标准化对象的结构、形式、规格或其他性能进行筛选提炼，剔除其中多余的、低效能的、可替换的环节，精练并确定出满足全面需要所必要的高效能的环节，保持整体构成精简合理，使功能满足全面需要。简化原理包含以下要点：

（1）简化的目的是经济，使之更有效地满足需要；

（2）简化的原则是从全面满足需要出发，保持整体构成精简合理，使功能满足全面需要的能力最高；

（3）简化的基本方法是对处于自然状态的对象进行科学的筛选提炼，剔除其中多余的、低效能的、可替换的环节，精练出高效能的能满足全面需要所必要的环节；

（4）简化的实质不是简单化而是精练化，其结果不是以少替多，而是以少胜多。

3. 协调原理，就是为了使标准的整体功能达到最佳，并产生实际效果，必须通过有效的方式协调好系统内外相关因素之间的关系，确定为建立和保持相互一致，适应或平衡关系所必须具备的条件。协调原理包含以下要点：

（1）协调的目的在于使标准系统的整体功能达到最佳并产生实际效果；

（2）协调对象是系统内相关因素的关系以及系统与外部相关因素的关系；

（3）相关因素之间需要建立相互一致关系（连接尺寸），相互适应关系（供需交换条件），相互平衡关系（技术经济指标平衡，有关各方利益矛盾的平衡），为此必须确立条件；

（4）协调的有效方式有有关各方面的协商一致、多因素的综合效果最优化、多因素矛盾的综合平衡等。

4. 最优化原理，就是按照特定的目标，在一定的限制条件下，对标准系统的构成因素及其关系进行选择、设计或调整，使之达到最理想的效果。

（六）标准化的主要作用

标准化的主要作用表现在以下这些方面：

1. 为科学管理奠定基础。所谓科学管理，就是依据生产技术的发展规律和客观经济规律对企业进行管理，而各种科学管理制度的形式，都以标准化为基础。

2. 促进经济全面发展，提高经济效益。标准化应用于科学研究，可以避免在研究上的重复劳动；应用于产品设计，可以缩短设计周期；应用于生产，可使生产在科学的和有秩序的基础上进行；应用于管理，可促进统一、协调、高效率等。

3. 标准化是科研、生产、使用三者之间的桥梁。一项科研成果，一旦纳入相应标准，就能迅速得到推广和应用。因此，标准化可使新技术和新科研成果得到推广应用，从而促进技术进步。

4. 随着科学技术的发展，生产的社会化程度越来越高，生产规模越来越大，技术要求越来越复杂，分工越来越细，生产协作越来越广泛，这就必须通过制定和使用标准，来保证各生产部门的活动，在技术上保持高度的统一和协调，以使生产正常进行。所以，可以说标准化为组织现代化生产创造了前提条件。

5. 促进对自然资源的合理利用，保持生态平衡，维护人类社会当前和长远的利益。

6. 合理发展产品品种，提高企业应变能力，以更好地满足社会需求。

7. 保证产品质量，维护消费者利益。

8. 在社会生产组成部分之间进行协调，确立共同遵循的准则，建立稳定的秩序。

9. 在消除贸易障碍，促进国际技术交流和贸易发展，提高产品在国际市场上的竞争能力方面具有重大作用。

10. 保障身体健康和生命安全，大量的环保标准、卫生标准和安全标准制定发布后，通过法律形式强制执行，对保障人民的身体健康和生命财产安全具有重大作用。

(七) 标准化活动的基本原则

1. 超前预防的原则。

标准化的对象不仅要在依存主体的实际问题中选取，而且更应从潜在问题中选取，以避免该对象非标准化造成的损失。对潜在的问题实行超前标准化，就会有效预防其多样化和复杂化。

2. 协商一致的原则。

标准化的成果应建立在相关各方协商一致的基础上。标准化活动的成果（即标准）必须让与标准相关的各个方面充分协商一致，取得共识。这不但让标准能够制定得科学合理，具有广泛的基础，而且为标准的顺利和有效实施，创造了前提条件。

3. 统一有度的原则。

在一定范围、一定时期和一定条件下，对标准化对象的特性应作出统一规定，以实现标准化的目的。统一有度原则是标准化的本质与核心，它使标准化对象的形式、功能及其他技术特征具有一致性。

等效是统一的前提条件，只有统一后的标准与被统一的对象具有功能上的等效性，才能代替。统一要先进、科学、合理，也就是要有度。统一是有一定范围或层级的，由此，可以确定标准应确定其宜制定为国家标准还是企业标准。统一是在一定水平上的，有的标准要规定统一的量值或给定一定的理想系数。

4. 动变有序的原则。

标准应依据其所处环境的变化而按规定的程序适时修订，才能保证标准的先进性和适用性。因此，国家标准、行业标准和集团公司企业标准应定期复审。

5. 互相兼容的原则。

兼容性指不同产品、过程或服务在规定条件下一起使用，能满足有关要求而不会引起不可接受的干扰的适宜性。标准应尽可能使不同的产品、过程或服务实现互换和兼容，以扩大标准化效益。互换性是一种产品、过程或服务能代替另一产品、过程或服务满足同样需要的能力，它一般包括功能互换性和尺寸互换性。

6. 系统优化的原则。

标准化的对象应在能获取效益的问题（或项目）中确定，没有标准化效益的问题，就不必去实施标准化。在能获取标准化效益的问题中，首先应考虑能获取最大效益的问题。在考虑标准化效益时，不只是考虑对象自身的局部标准化效益，还应考虑对象所在依存主体系统即全局的最佳效益。

7. 阶梯发展的原则。

标准化活动过程是阶梯状的上升发展过程。标准化活动过程即从标准的制订——实施（相对稳定一个时期）——修订（提高）——再实施（相对稳定）——再修订（提高），是呈阶梯状的发展过程。每次修订后的标准反映了其随依存主体的技术或管理水平的提高而提高。

8. 滞阻即废的原则。

当标准制约或阻碍依存主体的发展时，应立即废止。任何标准都有二重性，它既可促进依存主体的顺利发展而获取标准化效益，也可制约或阻碍依存主体的发展而带来负面效应。因此，我们要定期复审标准，确认其是否适用，如不适用，则应根据其制约或阻碍依存主体的程序、范围等情况决定复审结论。

第二节 标准分类

一、按照标准制定的主体（级别）分类

（一）国际标准

国际标准也称全球性国际标准是指由全球性的国际组织所制定的标准，比如国际标准化组织（ISO）或国际电工委员会（IEC）通过并公开发布的标准，在世界范围内适用。

此外，一些国际组织、专业组织和跨国公司制定的，经国际标准化组织认可的标准，在国际经济技术活动中客观起着国际标准的作用，人们将其称为"事实上的国际标准"，比如食品法典委员会（CAC）、世界卫生组织（WHO）等。

（二）区域标准

区域标准也称区域性国际标准是指由区域性的国家集团的标准化组织制定并公开发布的标准。区域标准是该区域国家集团各成员国之间进行贸易的基本准则和基本要求。

区域组织是指仅向某个地理如泛美标准化委员会（COPANT），由于地理上毗邻、政治或经济特定范围内如欧洲标准化委员会（CEN）的各国家有关国家标准化机构开放的标准化组织。

（三）国家标准

国家标准是由国家标准机构通过并公开发布的标准。在我国是指由国务院标准化行政主管部门编制计划，组织草拟，统一审批、编号、发布，并必须在全国范围内统一的标准。

（四）行业标准

行业标准是指在国家的某个行业通过并公开发布的标准。在我国，行业标准是指没有国家标准而又需要在全国某个行业范围内统一的标准，由国务院有关行政主

管部门编制计划，组织草拟，统一审批、编号、发布，并报国务院标准化行政主管部门备案。

（五）团体标准

团体标准是指依法成立的社会团体为满足市场和创新需要，协调相关市场主体共同制定的标准。国家鼓励学会、协会、商会、联合会、产业技术联盟等社会团体协调相关市场主体共同制定满足市场和创新需要的团体标准，由本团体成员约定采用或者按照本团体的规定供社会自愿采用。制定团体标准，应当遵循开放、透明、公平的原则，保证各参与主体获取相关信息，反映各参与主体的共同需求，并应当组织对标准相关事项进行调查分析、实验、论证。国务院标准化行政主管部门会同国务院有关行政主管部门对团体标准的制定进行规范、引导和监督。

（六）地方标准

地方标准是指在国家的某个地区通过并公开发布的标准。由省、自治区、直辖市人民政府标准化行政主管部门编制计划，组织草拟，统一审批、编号、发布，并报国务院标准化行政主管部门和有关行政主管部门备案。在相应国家标准和行业标准发布后，该项地方标准即行废止。

（七）企业标准

企业标准是指对企业范围内需要协调、统一的技术要求、管理要求和工作要求所制定的标准。企业标准由企业制定并由企业法人代表或其授权人批准发布。企业产品标准应按照有关规定及其隶属关系，须报当地政府标准化以及有关行政主管部门备案后，方可实施。

二、按标准实施的约束力（性质）分类

（一）强制性标准

为进一步明确对保障人身健康和生命财产安全、国家安全、生态环境安全以及满足经济社会管理基本需要的技术要求，应当制定强制性国家标准。强制性标准是国家通过行政和法律的手段强制实施的标准。有关各方没有选择的余地，不允许以任何理由或方式加以违反、变更，必须毫无保留地绝对贯彻执行。

《强制性国家标准管理办法》（国家市场监督管理总局令第25号），自2020年6

月1日起施行。该办法适用于强制性国家标准的制定（包括项目提出、立项、组织起草、征求意见、技术审查、对外通报、编号、批准发布）、组织实施以及监督工作。

强制性国家标准的制定原则和要求：（1）坚持通用性原则，优先制定适用于跨领域跨专业的产品、过程或者服务的标准；（2）在科学技术研究成果和社会实践经验的基础上，深入调查论证，保证标准的科学性、规范性、时效性；（3）结合国情采用国际标准；（4）公开、透明，按照便捷有效的原则采取多种方式，广泛听取各方意见。

（二）推荐性标准

对满足基础通用、与强制性国家标准配套、对各有关行业起引领作用等需要的技术要求，可以制定推荐性国家标准。推荐性标准是指国家鼓励自愿采用的具有指导作用而又不宜强制执行的标准（主要是产品标准和与之相关的技术标准）。企业使用的推荐性标准，在企业范围内必须执行，对采用者来说，即转化为"强制性标准"。

（三）指导性技术文件

指导性技术文件是指为仍处于技术发展过程中（如变化快的技术领域）的标准化工作提供指南或信息，供科研、设计、生产、使用和管理等有关人员参考使用而制定的标准文件。指导性技术文件不具有强制性或行政约束力。

《国家标准化指导性技术文件管理规定》明确规定：技术尚在发展中，需要有相应的标准文件引导其发展或具有标准化价值，尚不能制定为标准的项目；或者采用国际标准化组织、国际电工委员会及其他国际组织（包括区域性国际组织）的技术报告的项目，可制定指导性技术文件。

三、按标准化对象的基本性质分类

（一）技术标准

技术标准是对标准化领域中需要协调统一的技术事项所制定的标准，是从事生产、技术、经营和管理需要共同遵守的技术依据，是企业所有标准的核心和主体。

（1）基础标准。基础标准是生产技术活动中具有广泛的适用范围或包含一个特定领域的通用条款的标准。具有最基本、最具一般共性的特点，是技术标准工作的基础、制定其他各类标准的前提。

(2) 产品标准。产品标准是规定产品应满足的要求以确保其适用性的标准，规定了产品的质量要求，包括性能要求、适应性要求、使用技术条件、检验方法、包装、运输要求等。一个完成的产品标准在内容上应该包括产品分类（型式、尺寸、性能参数）、质量特性、技术要求、试验方法、合格判定规则、产品标志、包装、运输、储存、使用等方面的要求，是衡量产品质量的依据。

(3) 工艺标准。它是根据产品加工工艺特点，结合具体情况，将加工工艺要素和有关工艺文件加以统一而制定的标准。

(4) 方法标准。它是对各项技术活动的方法所制定的标准。它包括的范围很广，如试验方法、检验方法、分析方法、抽样方法、计算方法，以及操作规程、某些设计规范、施工规范等。

(5) 安全、卫生和环保标准。它是为了保护生产过程中的人身安全、卫生、环境保护要求等所制定的专门标准。

（二）管理标准

对标准化领域中需要协调统一的管理事项所制定的标准。主要包括技术管理、生产安全管理、质量管理、设备能源管理和劳动组织管理标准等。

(1) 管理体系标准。通常是指 ISO 9000 质量管理体系标准、ISO 14000 环境管理体系标准、ISO 45000 职业健康安全管理体系标准，以及其他管理体系标准。

(2) 管理程序标准。通常是指在管理体系标准的框架结构下，对具体管理事务（事项）的过程、流程、活动、顺序、环节、路径、方法的规定，是对管理体系标准的具体展开。

（三）工作标准

工作标准是按工作岗位制定的有关工作质量的标准，是对工作的范围、构成、程序、要求、效果、检查方法等所做的规定，是指导某项工作或某个加工工序的工作规范和操作规程。

(1) 专项管理业务工作标准。主要规定工作岗位的工作内容、工作职责和权限，本岗位与组织内部其他岗位纵向和横向的联系，与外部的联系，岗位工作人员的能力和资格要求等等。

(2) 现场作业标准。主要规定作业程序的方法，通常以作业指导书或操作规程的形式存在。

(3) 工作程序标准。工作程序标准是指为使各项工作条理化、标准化和规范化，以求得最佳工作秩序、工作质量和工作效率对生产和业务工作的先后顺序、内容和要达到的要求所作的规定。

(四) 服务标准

服务标准是指规定服务应满足的要求以确保其适用性的标准，可以在饭店管理、交通运输、银行保险、贸易等领域内制定。

按照服务标准的内容和性质，主要分为服务标准、服务提供标准和质量控制标准三类。

四、按照标准信息载体划分

1. 标准文件。

标准文件的作用主要是提出要求或作出规定，作为某一领域的共同准则。根据标准中技术内容的要求程度，可以是不同形式的文件，包括标准、技术规范、规程、指南、技术报告等；或者是不同介质的文件，包括纸介质和电子介质的文件。

2. 标准样品。

标准样品的作用主要是提供实物，作为质量检验、鉴定的对比依据，测量设备检定、校准的依据，以及作为判定测试数据准确性和精确度的依据。它是具有足够均匀的一种或多种化学的、物理的、生物学的、工程技术的或感官的等性能特征，经过技术鉴定，并附有说明有关性能数据证书的一批样品。

表 4-1 中国标准体系

原标准体系			新型标准体系		
政府主导制定	强制性标准	强制性国家标准 强制性行业标准 强制性地方标准	强制性标准	强制性国家标准	政府主导制定
	推荐性标准	推荐性国家标准 推荐性行业标准 推荐性地方标准	推荐性标准	推荐性国家标准 推荐性行业标准 推荐性地方标准	
企业自行制定	企业标准		团体标准 企业标准		市场自主制定

政府主导制定的标准侧重于保基本，市场自主制定的标准侧重于提高竞争力。

第三节　标准的编号

一、国家标准

国家标准的代号由大写汉语拼音字母构成。强制性国家标准的代号为"GB"，推荐性国家标准的代号为"GB/T"，国家标准样品的代号为"GSB"。指导性技术文件的代号为"GB/Z"。

国家标准的编号由国家标准的代号、国家标准发布的顺序号和国家标准发布的年份号构成。国家标准样品的编号由国家标准样品的代号、分类目录号、发布顺序号、复制批次号和发布年份号构成。

国家标准编号示例为：

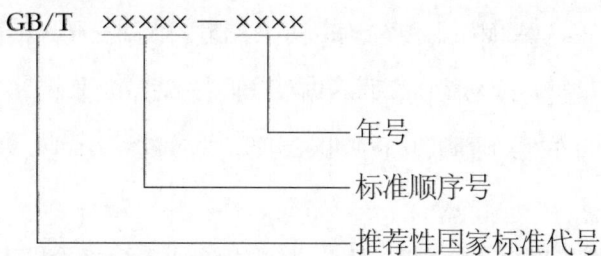

表4-2　葡萄酒领域部分现行有效的国家标准

标准号	标准名称	发布日期	实施日期
GB/T 40003—2021	感官分析　葡萄酒品评杯使用要求	2021年4月30日	2021年11月1日
GB/T 39377—2020	智能家用电器的智能化技术　葡萄酒储藏柜的特殊要求	2020年11月19日	2021年6月1日
GB/T 36759—2018	葡萄酒生产追溯实施指南	2018年9月17日	2019年4月1日
GB/T 27586—2011	山葡萄酒	2011年12月5日	2012年6月1日
GB/T 25504—2010	冰葡萄酒	2011年1月10日	2011年9月1日
GB/T 25393—2010	葡萄栽培和葡萄酒酿制设备　葡萄收获机　试验方法	2010年11月10日	2011年3月1日
GB/T 25394—2010	葡萄栽培和葡萄酒酿制设备　果浆泵　试验方法	2010年11月10日	2011年3月1日

续表

标准号	标准名称	发布日期	实施日期
GB/T 25395—2010	葡萄栽培和葡萄酒酿制设备 葡萄压榨机 试验方法	2010年11月10日	2011年3月1日
GB/T 23777—2009	葡萄酒储藏柜	2009年5月18日	2009年12月1日
GB/T 23543—2009	葡萄酒企业良好生产规范	2009年4月14日	2009年12月1日
GB/T 19049—2008	地理标志产品 昌黎葡萄酒	2008年12月31日	2009年6月1日
GB/T 19265—2008	地理标志产品 沙城葡萄酒	2008年12月31日	2009年6月1日
GB/T 19504—2008	地理标志产品 贺兰山东麓葡萄酒	2008年7月31日	2008年11月1日
GB/T 18966—2008	地理标志产品 烟台葡萄酒	2008年6月25日	2008年10月1日
GB/T 20820—2007	地理标志产品 通化山葡萄酒	2007年1月19日	2007年7月1日
GB/T 15037—2006	葡萄酒	2006年12月11日	2008年1月1日
GB/T 15038—2006	葡萄酒、果酒通用分析方法	2006年12月11日	2008年1月1日

二、行业标准

行业标准是国务院有关行政主管部门依据其行政管理职责，对没有国家标准、需要在全国某个行业范围内统一的技术要求。例如安全生产（AQ）、电力（DL）、公共安全（GA）、机械（JB）、林业（LY）、轻工（QB）、检验检疫（SN）、有色金属（YS）、通信（YD）等。

行业标准编号由行业标准代号加"/T"、顺序号及年份号三部分构成。顺序号为自然数。

行业标准编号示例为：

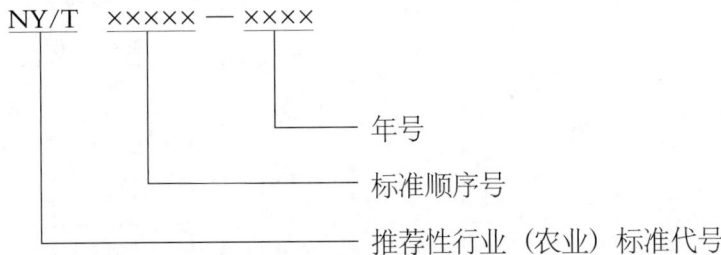

表 4-3 葡萄酒领域部分现行有效的行业标准

标准号	标准名称	行业领域	批准日期	实施日期
BB/T 0018—1999	包装容器 葡萄酒瓶	包装	2000年2月22日	2000年6月1日
BB/T 0018—2021	包装容器 葡萄酒瓶	包装	2021年4月19日	2021年7月1日
RB/T 167—2018	有机葡萄酒加工技术规范	认证认可	2018年3月23日	2018年10月1日
QB/T 1980—1994	半汁葡萄酒	轻工	1994年7月13日	1995年3月1日
QB/T 1982—1994	山葡萄酒	轻工	1994年7月13日	1995年3月1日
QB/T 4849—2015	葡萄酒中挥发性醇类的测定方法 静态顶空——气相色谱法	轻工	2015年7月14日	2016年1月1日
QB/T 4850—2015	葡萄酒中挥发性酯类的测定方法 静态顶空——气相色谱法	轻工	2015年7月14日	2016年1月1日
QB/T 4851—2015	葡萄酒中无机元素的测定方法 电感耦合等离子体质谱法和电感耦合等离子体原子发射光谱法	轻工	2015年10月10日	2016年3月1日
QB/T 4852—2015	起泡葡萄酒中二氧化碳的稳定碳同位素比值（13C/12C）测定方法 稳定同位素比值质谱法	轻工	2015年10月10日	2016年3月1日
QB/T 4853—2015	葡萄酒中水的稳定氧同位素比值（18O/16O）测定方法 同位素平衡交换法	轻工	2015年10月10日	2016年3月1日
QB/T 5197—2017	葡萄酒中12种游离氨基酸的测定 高效液相色谱法	轻工	2017年11月7日	2018年4月1日
QB/T 5198—2017	葡萄酒用软木塞中2，4，6-三氯苯甲醚迁移量的测定方法	轻工	2017年11月7日	2018年4月1日
QB/T 5299—2018	葡萄酒中甘油稳定碳同位素比值（13C/12C）测定方法 液相色谱联用稳定同位素比值质谱法	轻工	2018年10月22日	2019年4月1日
NY/T 274—2014	绿色食品 葡萄酒	农业	2014年10月17日	2015年1月1日
HJ 452—2008	清洁生产标准 葡萄酒制造业	环境保护	2008年12月24日	2009年3月1日
SB/T 10711—2012	葡萄酒原酒流通技术规范	国内贸易	2012年8月1日	2012年11月1日

续表

标准号	标准名称	行业领域	批准日期	实施日期
SB/T 10712—2012	葡萄酒运输、贮存技术规范	国内贸易	2012年8月1日	2012年11月1日
SB/T 11122—2015	进口葡萄酒相关术语翻译规范	国内贸易	2015年1月6日	2015年9月1日
SB/T 11196—2017	进口葡萄酒经营服务规范	国内贸易	2017年1月13日	2017年10月1日
SN/T 4523—2016	出口葡萄酒中多种非法色素的测定 液相色谱——质谱/质谱法	出入境检验检疫	2016年6月28日	2017年2月1日
SN/T 4675.10—2016	出口葡萄酒中赭曲霉毒素A的测定 液相色谱——质谱/质谱法	出入境检验检疫	2016年12月12日	2017年7月1日
SN/T 4675.11—2016	出口葡萄酒中7种花色苷的测定 超高效液相色谱法	出入境检验检疫	2016年12月12日	2017年7月1日
SN/T 4675.1—2016	出口葡萄酒中甘油的测定 酶法	出入境检验检疫	2016年12月12日	2017年7月1日
SN/T 4675.12—2016	出口葡萄酒中溶菌酶的测定 液相色谱法	出入境检验检疫	2016年12月12日	2017年7月1日
SN/T 4675.13—2016	出口葡萄酒中2,4,6-三氯苯甲醚残留量的测定 气相色谱——质谱法	出入境检验检疫	2016年12月12日	2017年7月1日
SN/T 4675.14—2016	出口葡萄酒中纳他霉素的测定 液相色谱——质谱/质谱法	出入境检验检疫	2016年12月12日	2017年7月1日
SN/T 4675.15—2016	出口葡萄酒中水杨酸、脱氢乙酸和对氯苯甲酸的测定 液相色谱法	出入境检验检疫	2016年12月12日	2017年7月1日
SN/T 4675.16—2016	出口葡萄酒中富马酸的测定 液相色谱——质谱/质谱法	出入境检验检疫	2016年12月12日	2017年7月1日
SN/T 4675.17—2016	出口葡萄酒中丁基锡含量的测定 气相色谱——质谱/质谱法	出入境检验检疫	2016年12月12日	2017年7月1日
SN/T 4675.18—2016	出口葡萄酒中二硫代氨基甲酸酯残留量的测定 顶空气相色谱法	出入境检验检疫	2016年12月12日	2017年7月1日
SN/T 4675.19—2016	出口葡萄酒中钠、镁、钾、钙、铬、锰、铁、铜、锌、砷、硒、银、镉、铅的测定	出入境检验检疫	2016年12月12日	2017年7月1日

续表

标准号	标准名称	行业领域	批准日期	实施日期
SN/T 4675.20—2016	出口葡萄酒中稀土元素的测定 电感耦合等离子体质谱法	出入境检验检疫	2016年12月12日	2017年7月1日
SN/T 4675.21—2016	出口葡萄酒中可溶性无机盐的测定 离子色谱法	出入境检验检疫	2016年12月12日	2017年7月1日
SN/T 4675.2—2016	出口葡萄酒中2,3—丁二醇的测定 气相色谱法	出入境检验检疫	2016年12月12日	2017年7月1日
SN/T 4675.22—2016	出口葡萄酒中总二氧化硫的测定 比色法	出入境检验检疫	2016年12月12日	2017年7月1日
SN/T 4675.23—2016	出口葡萄酒及葡萄汁中氨氮的测定 连续流动分析仪法	出入境检验检疫	2016年12月12日	2017年7月1日
SN/T 4675.24—2016	出口葡萄酒福林肖卡指数的测定 分光光度计法	出入境检验检疫	2016年12月12日	2017年7月1日
SN/T 4675.25—2016	出口葡萄酒颜色的测定 CIE 1976（L*a*b*）色空间法	出入境检验检疫	2016年12月12日	2017年7月1日
SN/T 4675.26—2016	出口葡萄酒浊度的测定 散射光法	出入境检验检疫	2016年12月12日	2017年7月1日
SN/T 4675.27—2016	出口葡萄酒碱性灰分的测定	出入境检验检疫	2016年12月12日	2017年7月1日
SN/T 4675.28—2016	出口葡萄酒中细菌、霉菌及酵母的计数	出入境检验检疫	2016年12月12日	2017年7月1日
SN/T 4675.29—2016	出口葡萄酒中酒香酵母检验 实时荧光PCR法	出入境检验检疫	2016年12月12日	2017年7月1日
SN/T 4675.30—2017	出口葡萄酒中拜氏接合酵母检验 SYBR Green I 荧光PCR法	出入境检验检疫	2017年5月12日	2017年12月1日
SN/T 4675.31—2019	出口葡萄酒中丙三醇碳稳定同位素比值的测定 液相色谱——稳定同位素比值质谱法	出入境检验检疫	2019年10月25日	2020年5月1日
SN/T 4675.3—2016	出口葡萄酒中乙醇稳定碳同位素比值的测定	出入境检验检疫	2016年12月12日	2017年7月1日
SN/T 4675.4—2016	出口葡萄酒中乳酸的测定 酶法	出入境检验检疫	2016年12月12日	2017年7月1日
SN/T 4675.5—2016	出口葡萄酒中有机酸的测定 离子色谱法	出入境检验检疫	2016年12月12日	2017年7月1日
SN/T 4675.6—2016	出口葡萄酒中葡萄糖、果糖和蔗糖的测定	出入境检验检疫	2016年12月12日	2017年7月1日

续表

标准号	标准名称	行业领域	批准日期	实施日期
SN/T 4675.7—2016	出口葡萄酒中乙醛的测定 气相色谱——质谱法	出入境检验检疫	2016年12月12日	2017年7月1日
SN/T 4675.8—2016	出口葡萄酒中5—羟甲基糠醛的测定 液相色谱法	出入境检验检疫	2016年12月12日	2017年7月1日
SN/T 4675.9—2016	出口葡萄酒中二甘醇的测定 气相色谱——质谱法	出入境检验检疫	2016年12月12日	2017年7月1日
SN/T 4675.32—2021	出口葡萄酒中氮稳定同位素比值测定方法	出入境检验检疫	2021年11月22日	2022年6月1日

三、地方标准

为满足地方自然条件、风俗习惯等特殊要求，省级标准化行政主管部门和经其批准的设区的市级标准化行政主管部门可以在农业、工业、服务业以及社会事业等领域制定地方标准。地方标准为推荐性标准。

地方标准的编号，由地方标准代号、顺序号和年代号三部分组成。省级地方标准代号，由汉语拼音字母"DB"加上其行政区划代码前两位数字组成；市级地方标准代号，由汉语拼音字母"DB"加上其行政区划代码前四位数字组成。

地方标准编号示例为：

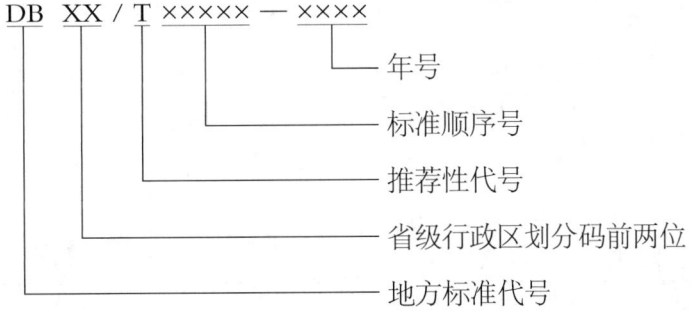

四、企业标准

企业标准是对企业范围内需要协调、统一的技术要求、管理要求和工作要求所制定的标准。企业代号，按中央所属企业和地方企业分别由国务院有关行政主管部门和省、自治区、直辖市政府标准化行政主管部门会同同级有关行政主管部门规定。

表 4-4 葡萄酒领域部分现行有效的地方标准

标准号	标准名称	批准日期	实施日期
DB11/T 1284—2015	葡萄酒生产管理数据元规范	2015年12月30日	2016年4月1日
DB11/T 652.10—2017	乡村旅游特色业态标准及评定 第10部分：葡萄酒庄	2017年12月15日	2018年4月1日
DB62/T 2294—2012	地理标志产品 河西走廊葡萄酒	2012年11月15日	2012年12月1日
DB45/T2208—2020	地理标志产品 都安野生山葡萄酒	2020年11月13日	2020年12月20日
DB13/T 2339—2016	葡萄酒酒庄旅游等级划分与评定	2016年5月23日	2016年7月1日
DB42/T 1552—2020	地理标志产品 郧西山葡萄酒	2020年7月3日	2020年8月3日
DB4202/T 15—2021	葡萄酒中腐霉利残留量的测定 气相色谱法	2021年11月12日	2021年11月12日
DB15/T 2277—2021	乌海沙漠产区葡萄酒	2021年7月23日	2021年8月23日
DB15/T 2278—2021	乌海沙漠产区葡萄酒生产技术规范	2021年7月23日	2021年8月23日
DB64/T 1000—2021	贺兰山东麓葡萄酒产区酒庄酒生产规范	2021年8月13日	2021年11月13日
DB64/T 1216—2016	贺兰山东麓葡萄酒葡萄苗木质量规范	2016年12月28日	2017年3月28日
DB64/T 1511—2017	葡萄及葡萄酒中花色苷的测定 高效液相色谱法	2017年11月1日	2018年2月1日
DB64/T 1553—2018	贺兰山东麓葡萄酒 技术标准体系	2018年11月26日	2019年2月25日
DB64/T 1704—2020	宁夏贺兰山东麓干红葡萄酒酿造技术规范	2020年5月18日	2020年8月18日
DB64/T 1705—2020	贺兰山东麓葡萄酒产区成品平静葡萄酒贮运管理规范	2020年5月18日	2020年8月18日
DB64/T 1706—2020	贺兰山东麓葡萄酒质量安全追溯指标技术规范	2020年5月18日	2020年8月18日
DB64/T 1707—2020	贺兰山东麓产区干白葡萄酒酿造技术规程	2020年5月18日	2020年8月18日
DB64/T 824—2012	发酵葡萄酒糟颗粒饲料加工技术规程	2012年12月26日	2012年12月26日
DB37/T 2206—2012	葡萄酒庄园规范	2012年12月19日	2013年1月1日
DB37/T 3296—2018	葡萄酒制造行业企业安全生产风险分级管控体系实施指南	2018年6月12日	2018年7月12日
DB37/T 3297—2018	葡萄酒制造行业企业生产安全事故隐患排查治理体系实施指南	2018年6月12日	2018年7月12日
DB61/T 432—2008	地理标准产品 户县户太冰葡萄酒	2008年2月27日	2008年2月27日

续表

标准号	标准名称	批准日期	实施日期
DB12/ 046.91—2011	产品单位产量综合能耗计算方法及限额 第91部分：葡萄酒	2011年12月8日	2012年1月1日
DB54/T 0118—2017	地理标志产品 盐井葡萄酒（干型）	2017年2月15日	2017年3月14日
DB65/T 2211—2005	葡萄酒酿造技术	2005年6月10日	2005年8月1日
DB65/T 2915—2008	冰葡萄酒酿造工艺规程	2008年10月1日	2008年11月1日
DB65/T 3780—2015	地理标志产品 吐鲁番葡萄酒	2015年9月15日	2015年10月15日
DB65/T 3858—2016	和硕葡萄酒标准体系总则	2016年2月1日	2016年3月1日
DB65/T 3859—2016	地理标志产品 和硕葡萄酒	2016年2月1日	2016年3月1日

企业标准编号示例为：

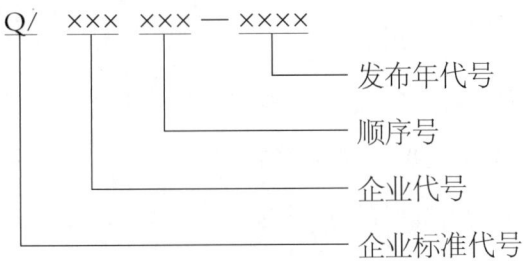

企业代号可用汉语拼音字母或阿拉伯数字或两者兼用组成；企业标准顺序号一般用三位阿拉伯数字顺序编号；发布年代号用四位阿拉伯数字表示。

如 Q/YNH 0001 S—2010 葡萄酒原酒。

企业产品标准备案登记号的编号方法：

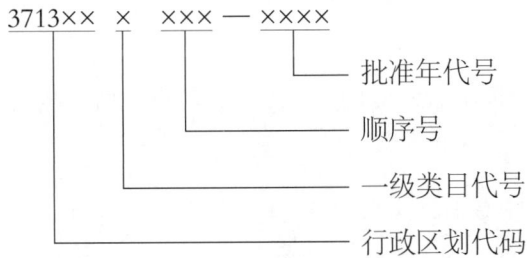

如2008年某公司的企业产品标准为临沂市质量技术局受理备案的第301个化工产品标准，则该企业产品标准备案号为：371300G301—2008。

五、团体标准

团体标准就是依法成立的社会团体为满足市场和创新需要，按照团体确立的标准制定程序，自主制定发布，并由社会自愿采用的标准。团体标准由国务院标准化行政主管部门进行统一管理。

团体标准制修订工作一般包括申请、立项、起草、审查、审批及发布等程序。社会团体应通过制度文件的形式把团体标准制定程序与管理办法确定并发布出来，以保证程序的一致性。此外，团体标准的结构、起草表述方法、格式等内容应遵循GB/T1.1—2009《标准化工作导则 第1部分：标准的结构和编写》的规定执行，以提高其适用性。

（一）团体标准的明显优势

团体标准具有天然的市场属性和自下而上的特性，在深化标准化工作改革中优势非常明显，其特征主要有以下几方面。

（1）制定周期短，能及时响应新技术新产品需求。科技发展日新月异，新模式层出不穷，新事物目不暇接，若一项新业务新技术要等待相关的国家或行业标准出台来规范行业发展，短则要2~3年，长则需要经历更长的时间。因而，团体标准的制定工作机制更加灵活。

（2）有利于科技成果转化，激发创新积极性。在科技前沿领域开展团体标准的研制，有利于促进产学研融合，加快科研成果转化为生产力的速度和走向市场的步伐，从而激发创新主体和市场主体的创新积极性。

（3）有利于全产业链构建和资源整合，提升产业竞争力。通过制定、实施团体标准，能有效整合各企业的资源和研发力量，促进优化上下游产业资源形成产业链，在全产业链、行业交融和社会管理中激发市场主体的活力与自主协调能力，助力产业核心竞争力的提升。

（二）团体标准对企业发展的重要性

团体标准是国家标准、行业标准、地方标准的补充，一般来说，团体标准的技术要求不得低于强制性国家标准相关要求，但鼓励团体标准的技术要求高于推荐性国家或行业标准要求。对于实施效果良好的团体标准，国家鼓励制定主体申请转化为国家标准、行业标准或地方标准。团体标准对企业发展具有积极作用。

（1）提升企业竞争力，在同行业竞争中获得优势。作为第三方机构认证或检验的重要技术依据，团体标准有助于提高企业及其产品的信用和权威性，在用户采购或企业合作洽谈中，更容易获得客户、投资方或合作方的认可，提升企业在市场中的竞争力和影响力。

（2）促进贸易成交。团体标准使交易更加透明，买卖双方可依据标准签订合同，从而减少交易的不明确性，减轻买卖双方的交易风险，最终降低交易成本，提高交易效率，增加各贸易方互认的程度。

（3）提高企业及产品的知名度。符合有关国家级奖项申报条件的团体标准项目或组织，可由所在行业协会或商会推荐申报国家级奖项，有助于提高企业及其产品的知名度。

（4）进一步扩大企业的竞争力和影响力。团体标准经过市场的不断检验后，可以通过相关机制被其他标准组织采纳，并有机会升级为地方标准、行业标准或国家标准，甚至是国际标准，从而在更大范围内实现最佳秩序，有效提升企业的市场竞争力和行业影响力。

（三）团体标准编号

团体标准编号依次由团体标准代号、社会团体代号、团体标准顺序号和年代号组成。团体标准代号是固定的，为"T/"；社会团体代号由社会团体自主拟定，可使用大写拉丁字母或大写拉丁字母与阿拉伯数字的组合。

团体标准编号示例为：

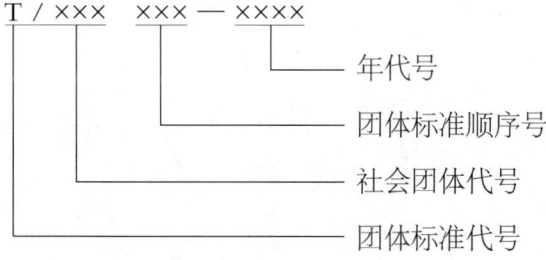

表 4-5　葡萄酒领域部分地区现行有效的团体标准

团体名称	标准编号	标准名称	公布日期
北京市房山区酒庄葡萄酒协会	T/FSJZXH 001—2018	房山葡萄酒　建园规范	2018 年 8 月 6 日
北京市房山区酒庄葡萄酒协会	T/FSJZXH 002—2018	房山葡萄酒　葡萄苗木	2018 年 8 月 6 日
北京市房山区酒庄葡萄酒协会	T/FSJZXH 003—2018	房山葡萄酒　葡萄生产技术规范	2018 年 8 月 6 日
北京市房山区酒庄葡萄酒协会	T/FSJZXH 004—2018	房山葡萄酒　酿造技术规范	2018 年 8 月 6 日
北京市房山区酒庄葡萄酒协会	T/FSJZXH 005—2019	房山葡萄酒　葡萄生产技术规范	2020 年 5 月 21 日
广西标准化协会	T/GXAS 172—2021	桂葡 6 号葡萄酒酿造技术规程	2021 年 4 月 17 日
和硕县葡萄酒行业协会	T/HSPX 01—2021	和硕葡萄酒产区　原料葡萄生产标准体系总则	2021 年 12 月 30 日
和硕县葡萄酒行业协会	T/HSPX 02—2021	和硕葡萄酒产区　原料葡萄质量分级	2021 年 12 月 30 日
和硕县葡萄酒行业协会	T/HSPX 03—2021	和硕葡萄酒产区　原料葡萄产地环境要求	2021 年 12 月 30 日
和硕县葡萄酒行业协会	T/HSPX 04—2021	和硕葡萄酒产区　原料葡萄采收运输保藏要求	2021 年 12 月 30 日
和硕县葡萄酒行业协会	T/HSPX 05—2021	和硕葡萄酒产区　有机肥料积造技术要求	2021 年 12 月 30 日
和硕县葡萄酒行业协会	T/HSPX 06—2021	和硕葡萄酒产区　原料葡萄投入品的选择、施用和管理要求	2021 年 12 月 30 日
和硕县葡萄酒行业协会	T/HSPX 07—2021	和硕葡萄酒产区　原料葡萄品种	2021 年 12 月 30 日
和硕县葡萄酒行业协会	T/HSPX 08—2021	和硕葡萄酒产区　原料葡萄苗木	2021 年 12 月 30 日
和硕县葡萄酒行业协会	T/HSPX 09—2021	和硕葡萄酒产区　原料葡萄架材	2021 年 12 月 30 日
和硕县葡萄酒行业协会	T/HSPX 10—2021	和硕葡萄酒产区　原料葡萄育苗技术规程	2021 年 12 月 30 日
和硕县葡萄酒行业协会	T/HSPX 11—2021	和硕葡萄酒产区　原料葡萄栽培技术规程	2021 年 12 月 30 日
和硕县葡萄酒行业协会	T/HSPX 12—2021	和硕葡萄酒产区　原料葡萄有害生物防治技术规程	2021 年 12 月 30 日

续表

团体名称	标准编号	标准名称	公布日期
和硕县葡萄酒行业协会	T/HSPX 13—2021	和硕葡萄酒产区 原料葡萄防寒技术规程	2021年12月30日
和硕县葡萄酒行业协会	T/HSPX 14—2021	和硕葡萄酒产区 葡萄园等级划分	2021年12月30日
河北省食品工业协会	T/HBFIA 0014—2020	利口葡萄酒	2020年12月31日
河北省食品工业协会	T/HBFIA 0015—2020	加香葡萄酒	2020年12月31日
桓仁冰酒联合商会	T/HBJL 001—2017	桓仁冰葡萄酒发酵贮存技术规程	2017年10月26日
桓仁冰酒联合商会	T/HBJL 002—2017	桓仁冰葡萄酒除菌过滤技术规程	2017年10月26日
桓仁冰酒联合商会	T/HBJL 005—2018	桓仁冰葡萄酒灌装技术规程	2018年9月3日
罗城仫佬族自治县电子商务协会	T/LCDS 001—2020	罗城野生毛葡萄酒流通技术规范	2021年5月31日
宁夏化学分析测试协会	T/NAIA 0109—2022	葡萄酒中原花青素的测定 液相色谱法	2022年3月15日
宁夏化学分析测试协会	T/NAIA 0110—2022	葡萄酒中多种非食用着色剂的测定 液相色谱-质谱/质谱法	2022年3月15日
宁夏化学分析测试协会	T/NAIA 081—2021	葡萄酒中挥发性醇类组分的测定 顶孔-固相微萃取-气相色谱-质谱法	2021年11月3日
宁夏化学分析测试协会	T/NAIA 082—2021	葡萄酒中黄酮醇类物质含量的测定 高效液相色谱法	2021年11月3日
宁夏化学分析测试协会	T/NAIA 083—2021	葡萄酒中羟基苯甲酸类物质含量的测定 高效液相色谱法	2021年11月3日
宁夏化学分析测试协会	T/NAIA 084—2021	葡萄酒中羟基肉桂酸类物质含量的测定 高效液相色谱法	2021年11月3日
宁夏化学分析测试协会	T/NAIA 085—2021	葡萄酒中黄烷醇类物质含量的测定 高效液相色谱法	2021年11月3日
宁夏化学分析测试协会	T/NAIA 098—2021	酿酒葡萄及葡萄酒中有机酸含量的测定 离子色谱法	2022年3月15日

续表

团体名称	标准编号	标准名称	公布日期
蓬莱葡萄酒行业协会	T/PPX T/PPJX001—2021	进口葡萄酒（散装酒）分级规范	2021年12月30日
蓬莱葡萄酒行业协会	T/PPX T/PPJX003—2021	葡萄酒文化主题酒店服务规范	2021年12月30日
全国城市工业品贸易中心联合会	T/QGCML 003—2020	葡萄酒储存运输管理规范	2020年3月2日
山东省质量评价协会	T/SDQE 017—2019	泰山品质 新酒莎当妮葡萄酒	2019年12月5日
通化葡萄酒协会	T/TPXT 0001—2017	脱醇山葡萄酒	2017年8月3日
通化葡萄酒协会	T/TPXT 0002—2017	低醇山葡萄酒	2017年8月3日
通化葡萄酒协会	T/TPXT 0003—2017	北冰红冰葡萄酒	2017年8月3日
吐鲁番市葡萄酒产业协会	T/TPCX 001—2021	吐鲁番产区葡萄酒	2021年8月2日
吐鲁番市葡萄酒产业协会	T/TPCX 003—2021	葡萄酒瓶口外包装胶帽	2021年11月23日
吐鲁番市葡萄酒产业协会	T/TPCX 004—2021	桑葚酒生产技术规范	2021年11月23日
吐鲁番市葡萄酒产业协会	T/TPCX 005—2021	葡萄蒸馏酒生产技术规范	2021年11月23日
吐鲁番市葡萄酒产业协会	T/TPCX T/TPCX002—2021	吐鲁番葡萄酒标准体系总则	2021年10月18日
乌海市葡萄与葡萄酒产业协会	T/WHSPTYPTJCYXH WHPTCY0001—2018	乌海干白葡萄酒感官特征团体标准	2019年1月24日
乌海市葡萄与葡萄酒产业协会	T/WHSPTYPTJCYXH WHPTCY0002—2018	乌海干红葡萄酒感官特征团体标准	2019年1月24日
新疆维吾尔自治区酿酒工业协会	T/XJWA 001—2022	地理标志产品 天山北麓葡萄酒	2022年2月1日
烟台市葡萄与葡萄酒协会	T/YPX 001—2018	烟台产区葡萄酒庄园分级规范	2018年7月18日
中国标准化协会	T/CAS 440—2020	恒温保湿葡萄酒储藏柜	2021年4月29日
中国国际贸易促进委员会商业行业委员会	T/CCPITCSC 028—2019	葡萄酒储运管理技术规范	2019年9月23日
中国认证认可协会	T/CCAA 25—2016	食品安全管理体系 葡萄酒及果酒生产企业要求	2018年8月10日

第四节　食品标准的制定

一、食品标准制定的原则

1. 必须遵循《中华人民共和国标准化法》第六条的规定，这是标准制定工作总的指导原则。

2. 必须遵循《标准化工作导则》和相关标准对标准制定的规定。

3. 必须遵循国家《计量法》对法定计量单位的规定要求。

4. 必须遵循经济上合理、技术上先进的原则。

二、食品标准的主要内容

食品标准的主要内容是食品安全卫生要求和营养质量要求，主要包含以下几个方面。

1. 食品卫生与安全。

食品卫生与安全是食品标准必须规定的内容。我国食品安全标准属于国家强制性标准，由国务院卫生行政部门会同市场监督管理部门制定、公布，国务院标准化行政部门提供国家标准编号。食品安全标准的内容一般有食品中重金属元素限量指标、农药残留量最大限量指标、有毒有害物质如黄曲霉毒素和硝酸盐、亚硝酸盐等限量指标、食品微生物指标以及重金属含量测定方法标准、有毒有害物质测定方法标准、农药残留量测定方法标准、微生物测定方法标准等。

2. 食品营养。

食品营养指标是食品标准必须规定的技术指标，营养水平的高低是食品质量优劣的重要标志，反映产品的实际状况，并对原料的选择以及产品的加工工艺提出明确的规定。

3. 食品标识、包装、运输与贮藏。

食品产品标准除了应符合国家规定的产品标准的一般要求外，还必须明确规定产品包装、标识、运输和贮存等条件，以确保消费者的安全。

4. 规范性引用文件。

一个产品标准不可能是孤立存在的，必然要引用有关技术标准，执行国家的有关食品法规。在食品标准中引用的有关食品安全卫生的法律法规和强制性标准，必须贯彻执行有关规定，绝不能根据自己企业的需要而定。

三、食品标准制修订原则

《中华人民共和国标准化法》第二十二条规定：制定标准应当有利于科学合理利用资源，推广科学技术成果，增强产品的安全性、通用性、可替换性，提高经济效益、社会效益、生态效益，做到技术上先进、经济上合理。禁止利用标准实施妨碍商品、服务自由流通等排除、限制市场竞争的行为。

1. 必须贯彻国家有关政策和法律法规。

食品标准直接关系到国家、企业和广大人民的利益，食品标准中的所有规定均不得与有关法律法规相违背。

目前，与食品有关的法律法规和部门规章有：《中华人民共和国标准化法》《中华人民共和国产品质量法》《中华人民共和国食品安全法》《中华人民共和国计量法》《有机食品认证管理办法》等，这些都直接或间接地关系到食品的安全与质量，是制定食品标准必须要遵守的重要依据。

2. 积极采用国际标准，注意标准之间的协调性。

制定食品标准，有国际标准和国外先进标准的，要积极采用。采用国际标准和国外先进标准实际上就是一种技术引进，有利于消除贸易技术壁垒，促进国际产品贸易和经济合作。但应充分考虑我国的国情、自然条件，优先采用与食品标准有关的安全、环保、原材料和食品检验方法标准。

协调性是针对标准之间的，尤其在涉及术语、量、公差、单位、符号、缩略语及检验检测方法等时，也要遵循统一的原则。制定食品标准应做到与现行食品标准的协调、配套，避免重复，更不能与现行标准相抵触。

3. 坚持统一性。

统一性是指在每项标准或每个系列标准内，结构、文体和术语应保持一致。

4. 要充分考虑使用要求和生产实际。

制定食品标准要充分考虑使用要求，就是要从消费者的实际需要出发来制定食品标准，要求指标的设定应该充分考虑食品的安全性、适用性（营养性）、嗜好性和方便性。

制定食品标准要充分考虑生产实际，就是要从生产者实际生产的可能性来制定食品标准，体现标准的实践性，标准制定出来后，企业能够通过技术手段（保证生产工艺）来实现。

5. 遵循技术上先进和经济上合理。

制定食品标准应力求反映科学研究、技术革命和生产实践的先进成果，但并不是盲目地追求高指标，还要考虑它的经济性是否符合我国的实际情况和消费者的需求，以便于实现提高技术标准水平和取得良好经济效益统一起来。

6. 以科学试验和实践经验为基础。

制定食品标准只有以一定的科学技术理论及科学试验为依据，并经过生产实践的验证，才会具有可操作性，才能促进生产力的发展。

7. 适时复审。

标准具有时效性，"标龄"过长的食品标准会不适应社会的发展，需要新的标准予以替代。国务院标准化行政主管部门和国务院有关行政主管部门、设区的市级以上地方人民政府标准化行政主管部门应当建立标准实施信息反馈和评估机制，根据反馈和评估情况对其制定的标准进行复审。标准的复审周期一般不超过五年。经过复审，对不适应经济社会发展需要和技术进步的应当及时修订或者废止。

四、制定食品标准的要求

1. 标准的范围按需要力求完整。

标准的范围明确划清了标准所适用的界限，并在标准的后续条款中应将范围所限定的内容完整地表达出来，不应只规定部分内容。"按需要"是指需要什么，就规定什么；需要多少，就规定多少，并不是越完整越好。将不需要的内容加以规定，同样是错误的。

2. 标准的条文应用词准确、逻辑严谨。

标准的条文应具有用词准确、逻辑严谨的文风。在满足标准技术内容完整、准确表达的前提下，标准的语言和表达形式应尽可能简单明了、通俗易懂，避免使用模棱两可的语言、方言、口语化的措辞。

3. 标准的内容要注重适应性。

标准的内容要便于实施。所制定标准中的每个条款都应具有可操作性。

标准的内容易于被其他文件所引用。标准的内容要考虑到易于被其他标准、法律法规或规章引用。如果标准中某些内容有可能被引用，则应将它们编为单独的章、条，或编为标准的单独部分。

五、食品标准的制定程序

国家标准的制定程序，主要包括提出立项建议、评估论证、立项申请、项目评估、组织起草、征求意见、技术审查、对外通报、编号、批准发布。

1. 项目提出立项建议。

政府部门、社会团体、企业事业组织以及公民可以根据国家有关发展规划和经济社会发展需要，向国务院有关行政主管部门提出国家标准的立项建议，也可以直接向国务院标准化行政主管部门提出国家标准的立项建议。

推荐性国家标准立项建议可以向技术委员会提出。

鼓励提出国家标准立项建议时同步提出国际标准立项申请。

2. 立项建议评估论证。

国务院标准化行政主管部门、国务院有关行政主管部门收到国家标准的立项建议后，应当对立项建议的必要性、可行性进行评估论证。国家标准的立项建议，可以委托技术委员会进行评估。

3. 立项申请。

强制性国家标准立项建议经评估后决定立项的，由国务院有关行政主管部门依据职责提出立项申请。

推荐性国家标准立项建议经评估后决定立项的，由技术委员会报国务院有关行政主管部门或者行业协会审核后，向国务院标准化行政主管部门提出立项申请。未成立技术委员会的，国务院有关行政主管部门可以依据职责直接提出推荐性国家标准项目立项申请。

立项申请材料应当包括项目申报书和标准草案。项目申报书应当说明制定国家标准的必要性、可行性，国内外标准情况，与国际标准一致性程度情况，主要技术要求，进度安排等。

4. 项目评估。

国务院标准化行政主管部门组织国家标准专业审评机构对申请立项的国家标准项目进行评估，提出评估建议。

评估一般包括下列内容：（1）本领域标准体系情况；（2）标准技术水平、产业发展情况以及预期作用和效益；（3）是否符合法律、行政法规的规定，是否与有关标准的技术要求协调衔接；（4）与相关国际、国外标准的比对分析情况；（5）是否符合"对农业、工业、服务业以及社会事业等领域需要在全国范围内统一的技术要求，可以制定国家标准（含国家标准样品）""对保障人身健康和生命财产安全、国家安全、生态环境安全以及满足经济社会管理基本需要的技术要求，应当制定强制性国家标准""国家标准规定的技术指标以及有关分析试验方法，需要配套标准样品保证其有效实施的，应当制定相应的国家标准样品。标准样品管理按照国务院标准化行政主管部门的有关规定执行""制定国家标准应当有利于便利经贸往来，支撑产业发展，促进科技进步，规范社会治理，实施国家战略"相关规定。

5. 公开征求意见。

对拟立项的国家标准项目，国务院标准化行政主管部门应当通过全国标准信息公共服务平台向社会公开征求意见，征求意见期限一般不少于30日。必要时，可以书面征求国务院有关行政主管部门意见。

6. 组织起草。

国务院有关行政主管部门或者技术委员会应当按照项目计划组织实施，及时开展国家标准起草工作。国家标准起草，应当组建具有专业性和广泛代表性的起草工作组，开展国家标准起草的调研、论证（验证）、编制和征求意见处理等具体工作。起草工作组应当按照标准编写的相关要求起草国家标准征求意见稿、编制说明以及有关材料。

国家标准征求意见稿和编制说明应当通过有关门户网站、全国标准信息公共服务平台等渠道向社会公开征求意见，同时向涉及的其他国务院有关行政主管部门、企业事业单位、社会组织、消费者组织和科研机构等相关方征求意见。国家标准公开征求意见期限一般不少于60日。强制性国家标准在征求意见时应当按照世界贸易组织的要求对外通报。

国务院有关行政主管部门或者技术委员会应当对征集的意见进行处理，形成国家标准送审稿。

7. 开展技术审查。

技术委员会应当采用会议形式对国家标准送审稿开展技术审查，重点审查技术要求的科学性、合理性、适用性、规范性。审查会议的组织和表决按照《全国专业标准化技术委员会管理办法》有关规定执行。

未成立技术委员会的，应当成立审查专家组，采用会议形式开展技术审查。审查专家组成员应当具有代表性，由生产者、经营者、使用者、消费者、公共利益方等相关方组成，人数不得少于15人。审查专家应当熟悉本领域技术和标准情况。技术审查应当协商一致，如需表决，3/4以上同意为通过。起草人员不得承担技术审查工作。

审查会议应当形成会议纪要，并经与会全体专家签字。会议纪要应当真实反映审查情况，包括会议时间地点、会议议程、专家名单、具体的审查意见、审查结论等。

技术审查不通过的，应当根据审查意见修改后再次提交技术审查。无法协调一致的，可以提出计划项目终止申请。

8. 批准发布。

技术委员会应当根据审查意见形成国家标准报批稿、编制说明和意见处理表，经国务院有关行政主管部门或者行业协会审核后，报国务院标准化行政主管部门批准发布或者依据国务院授权批准发布。

报批材料包括：(1) 报送公文；(2) 国家标准报批稿；(3) 编制说明；(4) 征求意见汇总处理表；(5) 审查会议纪要；(6) 需要报送的其他材料。

强制性国家标准由国务院批准发布或者授权批准发布。推荐性国家标准由国务院标准化行政主管部门统一批准、编号，以公告形式发布。

国家标准由国务院标准化行政主管部门委托出版机构出版。国务院标准化行政主管部门按照有关规定在全国标准信息公共服务平台公开国家标准文本，供公众查阅。

六、食品标准的结构

（一）单独标准与系列标准

1. 单独标准是指在一般情况下针对每个标准化对象应编制一项单独的标准，并作为整体出版。

2. 系列标准是指标准顺序号不同的族标准，这些标准是相互关联的。如 GB 4789.1—2016《食品安全国家标准　食品微生物学检验　总则》、GB 4789.2—2022《食品安全国家标准　食品微生物学检验　菌落总数测定》、GB 4789.45—2023《食品安全国家标准　微生物检验方法验证通则》等等。

（二）标准的要素

1. 根据要素的性质划分。

根据标准中要素的规范性或资料性的性质，可划分为规范性要素和资料性要素。

（1）规范性要素。

规范性要素是"要声明符合标准而应遵守的条款的要素"，也就是说当声明某一产品、过程或服务符合某一项标准时，并不需要符合标准中的所有内容，只要符合标准中规范性要素的条款，即可认为符合该项标准。要遵守某一标准，就要遵守该标准中的所有规范性要素中所规定的内容。

（2）资料性要素。

资料性要素是"标识标准、介绍标准，提供标准的附加信息的要素"，也就是说在声明符合标准时无须遵守的要素。这些要素在标准中存在的目的，并不是要让标准使用者遵照执行，而只是要提供一些附加信息或资料。

2. 根据要素在标准中的位置划分。

按照要素在标准中所处的位置，可以将标准中的要素划分为资料性概述要素和进一步分为资料性概述要素、资料性补充要素、规范性一般要素、规范性技术要素。

（1）资料性概述要素。

资料性概述要素是"标识标准，介绍其内容、背景、制定情况以及该标准与其他标准的关系的要素"，具体到标准中就是标准的"封面、目次、前言、引言"等要素。

(2）资料性补充要素。

资料性补充要素是"提供附加信息，以帮助理解或使用标准的要素"，具体到标准中就是标准的"资料性附录、参考文献、索引"等要素。

（3）规范性一般要素。

规范性一般要素是位于标准正文中的前几个要素，也就是标准的"名称、范围、规范性引用文件"等要素。

（4）规范性技术要素。

规范性技术要素是标准的核心部分，也是标准的主要技术内容。如"术语和定义、符号和缩略语、要求……规范性附录"等要素。

表 4-6　标准的要素以及各要素之间的相互关系

标准的要素	资料性要素	资料性概述要素	封面
			目次
			前言
			引言
		资料性补充要素	资料性附录
			参考文献
			索引
	规范性要素	规范性一般要素	名称
			范围
			规范性引用文件
		规范性技术要素	术语和定义
			符号和缩略语
			要求
			……
			规范性附录

（三）标准的结构层次

1. 部分。

部分是一项标准被分别批准发布的系列文件之一，一项标准的不同部分具有同一个标准顺序号，它们共同构成一项标准。

2. 章。

章是标准内容划分的基本单元，是构成标准结果的基本框架。

3. 条。

章以下所有编号的层次均称为条。

4. 段。

段是章或条的细分。段不编号。为了不在引用时产生混淆，应避免在章标题或条标题与下一层次条之间设段（称为悬置段）。

5. 列项。

列项是段的另外一种表达形式，应由一段后跟冒号的文字引出。

6. 附录。

附录按其性质分为规范性附录和资料性附录。每个附录均应在正文或前言的相关条文中明确提及。附录的顺序应按在条文中提及它的先后次序编排。

第五节　食品标准编写的具体要求

一、资料性要素的编写

（一）封面

封面为必备要素，它应给出的内容包括：标准的名称、英文译名、层次、标志、编号、国际标准分类号（ICS 号）、中国标准文献分类号、备案号（不适合于国家标准）、发布日期、实施日期、发布部门等。

（二）目次

目次所列的各项内容和顺序如下：前言、引言、章、带有标题的条（需要时列出）、附录、附录中的章（需要时列出）、附录中的带有标题的条（需要时列出）、参考文献、索引、图（需要时列出）、表（需要时列出）。

目次不应列出"术语和定义"一章中的术语。电子文本的目次应自动生成。

（三）前言

前言为必备要素，应包括以下内容：（1）标准结构的说明；（2）标准编制所依据的起草规则;(3)标准代替的全部或部分其他文件的说明;(4)与国际文件、国外文件关系的说明;(5)有关专利的说明;(6)标准的提出信息或归口信息;(7)标准的起草单位和主要起草人;(8)标准所代替标准的历次版本发布情况。

(四)引言

引言为可选要素,如果需要,则给出标准技术内容的特殊信息或说明以及编制该标准的原因。引言不应包含要求。引言不应编号。当引言的内容需要分条时,应仅对条编号。

二、规范性一般要素的编写

(一)标准名称

标准名称是必备要素,应置于范围之前。标准名称应简练并明确表示出标准的主题。

(二)范围

范围是必备要素,应置于标准正文的起始位置。范围应明确界定标准化对象和所涉及的各个方面,由此指明标准或其特定部分的使用界限。

(三)规范性引用文件

规范性引用文件清单应由下述引导语引出:"下列文件对于本文件的应用是必不可少的。凡是注日期的引用文件,仅注日期的版本适用于本文件。凡是不注日期的引用文件,其最新版本适用于本文件。"

引用文件的顺序为:国家标准、行业标准、地方标准、国内有关文件、国际标准(ISO,IEC)、国际有关文件。

三、规范性技术要求的编写

(一)术语和定义

术语和定义在食品标准中是可选要素。"下列术语和定义适用于本文件。""……确立的术语和定义适用于本文件。""……确立的术语和定义适用于本文件。为了方便,下面重复列出了……中的一些术语。"

编写术语和定义应掌握以下原则:

1. 当不对术语进行定义，其含义易引起误解或产生歧义时，才有必要对术语进行定义。

2. 对于通用词典中的通用技术术语，只有用于特定含义时，才应对它下定义。

3. 应避免给商品名、俗称、品牌下定义。

4. 在标准中应在其范围限定的领域内给术语下定义。

5. 在对某术语进行定义前，应查明其他标准中是否已给出定义，避免重复或对同一概念给出不同的解释。

6. 当有必要重复某定义时，应在定义之下列出该定义所出自的标准。

（二）符号和缩略语

符号和缩略语在食品标准中是可选要素。一般应列在"术语和定义"一章之后。

（三）要求

1. 选择要求要素的原则。

目的性原则、性能特性原则、可证实性原则、要求量化原则。

2. 食品产品标准要求的表述。

原材料要求：对原材料的要求一般不列入产品标准中。

感官要求：主要针对食品的描述性特征，文字表述不易量化。

理化要求：对食品的物理量化指标、营养成分指标、功能成分指标和安全成分指标作出明确的规定。

微生物要求。

（四）抽样

抽样是标准的可选要素，一般应排在试验方法之前，但也可将抽样一章合并到检验规则或试验方法中，只要保证抽取的样品与成品之间的一致性就可以了。

（五）试验方法

试验方法是标准中的可选要素。对成品技术要求进行试验、测定、检查的方法统称为试验方法。试验方法的内容有：（1）方法原理概要；（2）试剂材料的要求；（3）试验仪器设备及其具体要求；（4）试验装置；（5）试样及其制备方法；（6）试验程序；（7）试验结果的计算和评定；（8）测量不明确度或允许误差等。

（六）分类与标记（可选）

为了便于消费者、用户正确识别并选择适用的产品、过程和服务，在一定范围内建立统一的分类和标记是很重要的，在产品标准中，分类和标记可称为分类和命名。

（七）检验规则

检验规则也称合格评定程序，是对成品试样和正式生产中的成品进行各种试验的规则。检验规则编写的主要内容有以下几方面。

1. 检验分类。

（1）出厂检验。产品交货前必须进行的各项试验统称为出厂检验。产品经出厂检验合格后，才能作为合格品交货出厂。标准中应明确写出出厂检验的项目清单，破坏性、耐久性试验项目一般不列入在内。

（2）型式检验。新产品试制鉴定时；原材料、工艺有较大改变，可能影响产品质量时；产品长期停产后，恢复生产时；出厂检验结果与上一次型式检验有较大差异时；国家市场监督管理部门提出型式检验的要求时。

2. 检验项目。

根据选定的检验类别，分别确定需要检验的项目，可用表的形式表示。当检验项目的次序可能影响检验结果时，需要对检验项目的次序作出规定。

3. 组批规则。

组批规则是依据产品的特点和供需双方的约定确定的。它包括：组批条件、批量、组批方法等。

4. 判定规则。

对每一类检验均应判定产品合格、不合格、需复检、报废的原则以及由于检验工作或试样本身原因需进行重检的规则等。还可规定对检验结果提出异议和进行仲裁检验的原则。

（八）标志、标签与包装标志

在"标志标签和包装"条中所列的内容，一般应直接引用已发布的有关专业的标志标签和包装标准；标志或标签所使用的符号应符合相关的国家标准或行业标准，尤其是强制性标准；可以按需要通过铭牌、标签、商标、色彩、螺旋条纹（在电线、电缆上）等方法对产品加以标志，在标准条款中应明确采用哪一种；对包装件的要求和试验方法一般列入该章，不列入"要求章"和"试验方法章"。

（九）运输与贮存

1. 运输。

运输要求：运输方式、运输条件、运输过程注意事项。

2. 贮存。

贮存场所、贮存条件、贮存方式、贮存期限。

（十）规范性附录（可选要素）

规范性附录是规范性要素的一个组成部分，与标准正文构成不可分割的一个整体，它给出的是标准正文的附加条款，在使用该标准时，这些条款应被同时使用。

(1) 通过条文中提及时的措辞方式：按附录 A 中规定的试验方法进行试验；遵照附录 C 的规定；附录 D 给出了×××规则；×××的编写细则见附录 B。

(2) 在标准前言中陈述附录的性质：在标准前言中的特定部分，应明确哪些附录是规范性附录，哪些附录是资料性附录；在前言叙述中，规范性附录应排在资料性附录之前。

(3) 在标准目次中标明附录的性质：在目次中列出附录时，应在附录编号后的括号中标明其性质（规范性、资料性）；在目次中附录排序时，应按标准中附录出现的先后顺序，遵从附录 A、附录 B、附录 C 等的顺序编排。

(4) 在附录编号下标明。

四、资料性补充要素及其他要素的编写

（一）资料性附录

资料性附录中给出的是对于使用者理解标准或使用标准能够起到辅助作用的附加信息。在这类信息中不应包含为符合标准规定的要求而应遵守的"条款"。资料性附录仅限于提供一些参考的资料，通常只提供如下信息和情况：标准中重要规定的依据和对专门技术问题的介绍、标准中某些条文的参考性资料、正确使用标准的说明等。

附录性质的明确:

(1) 条文中提及时的措辞方式,如"参见附录 B";

(2) 前言中的陈述;

(3) 在标准目次中标明附录的性质;

(4) 在附录编号下标明。

(二) 参考文献

可选要素,置于附录后,索引前;符合 GB/T 7714—2005 对各类文后参考文献标注的规则。

(三) 索引

置于最后,不是附录;有必要时才列;宜自动生成。

(四) 条文的注和示例

一般是对标准中某一章、某一条或某一段做注释。注最好置于设计的章、条或段下面。脚注则是对条文中某个词、符号的注释,脚注位于相关页面的下边,并由一条位于页面左侧 1/4 版面宽度的细线将其与条文分开。

(五) 图

1. 用法。

如果用图提供信息更有利于标准的理解,则宜使用图。每幅图在条文中均应明确提及。

2. 形式。

应采用绘制形式的图,只有在需要连续色调的图片时,才可使用照片。

3. 编号。

"图"+1 开始的阿拉伯数字。

4. 图题。

每幅图宜有图题,标准中的图有无图题应统一。

(六) 表

1. 用法。

如果用表提供信息更有利于标准的理解,则宜使用表。每个表在条文中均应明确提及。

2. 编号。

"表"+1 开始的阿拉伯数字。

3. 表题。

每个表宜有表题，标准中的表有无表题应统一。

4. 表头。

每个表都要有表头。

5. 表的接排。

如果某个表需要转页接排，应在该表的随后各页上重复表的编号、表题（可选）和"续"。

6. 表注。

表注应置于表中，并位于表的脚注之前。每个表的表注应单独编号。

第六节　采用国际标准的原则和方法

采用国际标准是我国一项重大技术经济政策，是促进技术进步，提高产品质量，扩大对外开放，加快与国际准则或惯例接轨，发展社会主义市场经济的重要措施。《中华人民共和国标准化法》提出"国家鼓励积极采用国际标准"，国家质检总局 2001 年 11 月 21 日第二次修订并颁布了《采用国际标准管理办法》。为了鼓励企业积极采用国际标准，引导企业将产品推向国内外市场，还颁布了《采用国际标准产品标志管理办法（试行）》，国家经贸委、计委、国家科委和国家技术监督局联合颁布了《关于推进采用国际标准和国外先进标准若干规定》，对采用国际标准的企业推出了一系列鼓励和优惠政策。现在主要依据的是 GB/T 20000.2—2001《标准化工作指南　第 2 部分：采用国际标准的规则》。

一、基本概念

（一）国际标准

国际标准是指国际标准化组织（ISO）、国际电工委员会（IEC）、国际电信联盟（ITU）制定的标准以及国际标准化组织确认并公布的其他国际组织制定的标准。

(二) 国外先进标准

国外先进标准是指未经国际标准化组织（ISO）确认并公布的其他国际组织的标准，或发达国家的国家标准、区域性组织的标准，或国际上有权威的团体标准，以及企业（公司）标准中的先进标准。

(三) 采用国际标准（简称采标）

采用国际标准是指将国际标准的内容，经过分析研究和试验验证，等同或修改转化为我国标准（包括国家标准、行业标准、地方标准和企业标准），并按我国标准审批发布程序审批发布。

(四) 编辑性修改

（区域或国家标准与国际标准）不变更标准技术内容的任何可容许的修改。

(五) 技术性差异

区域或国家标准与相应国际标准在技术内容上的不同。

(六) 结构

标准的章、条、段、图、表、附录的排列顺序。

(七) 反之亦然原则

国际标准可以接受的内容在区域或国家标准中也可以接受，反之，区域或国家标准中可以接受的内容在国际标准中也可以接受，因此符合国际标准就意味着也符合区域或国家标准。

二、采用国际标准的原则

1. 采用国际标准，应当符合我国有关法律、法规，遵循国际惯例，做到技术先进、经济合理、安全可靠。

2. 制定（包括修订，下同）我国标准应当以相应国际标准（包括即将制定完成的国际标准）为基础。

对于国际标准中通用的基础性标准、试验方法标准应当优先采用。

采用国际标准中的安全标准、卫生标准、环保标准制定我国标准，应当以保障国家安全、防止欺骗、保护人体健康和人身财产安全、保护动植物的生命和健康、保护环境为正当目标，除非这些国际标准由于基本气候、地理因素或者基本的技术问题等原因而对我国无效或者不适用。

3. 采用国际标准时，应当尽可能等同采用国际标准。由于基本气候、地理因素或者基本的技术问题等原因对国际标准进行修改时，应当将与国际标准的差异控制在合理的、必要的并且是最小的范围之内。

4. 我国的一个标准应当尽可能采用一个国际标准。当一个标准必须采用几个国际标准时，应当说明该标准与所采用的国际标准的对应关系。

5. 采用国际标准制定我国标准，应当尽可能与相应国际标准的制定同步，并可以采用标准制定的快速程序。

6. 采用国际标准，应当同我国的技术引进、企业的技术改造、新产品开发、老产品改进相结合。

7. 采用国际标准的我国标准的制定、审批、编号、发布、出版、组织实施和监督，同我国其他标准一样，按我国有关法律、法规和规章规定执行。

8. 对于贸易中需要的产品标准，如果没有相应的国际标准或者国际标准不适用时，可以采用国外先进标准。

三、促进采用国际标准的措施

1. 对于采用国际标准的重点产品，需要进行技术改造的，有关管理部门应当按国家技术改造的有关规定，优先纳入各级技术改造计划。

在技术引进中，要优先引进有利于使产品质量和性能达到国际标准的技术设备及有关技术文件。

2. 对于国家重点工程项目，在采购原材料、配套设备、备品备件时，应当优先采购采用国际标准的产品。

3. 各级标准化管理部门应当及时为企业采用国际标准提供标准资料和咨询服务。各级科技和标准情报部门应当积极搜集、提供国际标准化的信息及有关资料，并开展咨询服务，为企业提供最新的标准信息。

4. 对采用国际标准的产品，按照《采用国际标准产品标志管理办法》的规定实行标志制度。

四、采用国际标准的程度和方法

(一) 采用国际标准的程度

根据《采用国际标准管理办法》规定,我国标准与国际标准的对应关系除等同采用、修改采用外,还包括非等效。

1. 等同采用是指与国际标准在技术内容和文本结构上相同,或者与国际标准在技术内容上相同,只存在少量编辑性修改。

2. 修改采用是指与国际标准之间存在技术性差异,并清楚地标明这些差异以及解释其产生的原因,允许包含编辑性修改。修改采用不包括只保留国际标准中少量或者不重要的条款的情况。修改采用时,我国标准与国际标准在文本结构上应当对应,只有在不影响与国际标准的内容和文本结构进行比较的情况下才允许改变文本结构。

3. 非等效是指与相应国际标准在技术内容和文本结构上不同,它们之间的差异没有被清楚地标明。非等效还包括在我国标准中只保留了少量或不重要的国际标准条款的情况。非等效不属于采用国际标准,只表明我国标准与相应标准有对应关系。

(二) 采用国际标准的方法

GB/T 20000.2—2009 规定,ISO/IEC 导则 21 规定,国家标准采用国际标准的方法主要有两种。

1. 翻译法。

国家标准采用国际标准的译文,可以用两种文字(原文和译文)或一种文字出版,采用时,也可在前言中说明被采用国际标准作了哪些编辑性修改,或作一些要求说明。

2. 重新起草法。

根据某项国际标准,重新起草国家标准,即把国际标准"融入"国家标准之中,或作层次上的修改或作结构上的变动,但一般要保留国际标准的主要指标,或基本上保留原结构格局。

五、采用国际标准的编写方法

根据国际标准制定的我国标准应当在封面标明和在前言中叙述该国际标准的编号、名称和采用程度;在标准中引用采用国际标准的我国标准,应当在"规范性引用文件"一章中标明对应的国际标准编号和采用程度,标准名称不一致的,应当给出国际标准名称。

我国标准采用国际标准程度的具体标注方法应遵守《标准化工作指南 第 2 部分:采用国际标准》(GB/T20000.2—2009)。

1. 在采用国际标准的我国标准中,应当说明或者标明技术性差异和编辑性修改,具体说明或者标注方法应遵守《标准化工作指南 第 2 部分:采用国际标准的规则》(GB/T 20000.2—2009)。

2. 采用国际标准的我国标准的编号表示方法如下:

(1) 等同采用国际标准的我国标准,采用双编号的表示方法。

示例:GB×××××—××××/ISO×××××:××××。

(2) 修改采用国际标准的我国标准,只使用我国标准编号。

在采用国际标准时,应当按《标准化工作导则 第 1 部分:标准化文件的结构和起草规则》(GB/T 1.1—2020)的规定起草和编写我国标准。在等同采用 ISO/IEC 以外的其他组织的国际标准时,我国标准的文本结构应当与被采用的国际标准一致。

3. 采用国际标准的我国标准,在编制说明中,应当详细地说明采用该标准的目的、意义,标准的水平,我国标准同被采用标准的主要差异及其原因等。

六、企业采用国际标准产品认可程序

企业产品采用了国际标准或国外先进标准的,可申报办理采标认可和使用采标标志。可在经认可的产品或包装上标注产品采用国际标准的图形标记。

(一)办理条件

产品主要性能指标和试验方法等技术内容等同、修改或非等效采用国际标准或国外先进标准;被采用的国际标准或国外先进标准为现行有效标准。

（二）法律依据

《中华人民共和国标准化法》《中华人民共和国标准化法实施条例》《采用国际标准管理办法》《采用国际标准产品标志管理办法（试行）》《采用国际标准产品标志管理办法（试行）实施细则》。

（三）办理认可程序

1. 填写采用国际标准产品认可申请书（一式三份）。

2. 提供以下资料（一式三份）：

（1）产品标准文本和采用证明材料；

（2）被采用的国际标准的原文本、译文本；

（3）采用国际标准产品技术指标对比表；

（4）地级县以上法定质检部门型式检验报告书的复印件；

（5）当地法定质检部门近一年监督抽检报告书的复印件；

（6）产品有关技术标准（包括基础标准、原辅材料及外购件标准、检验方法标准、安全、卫生、环保标准等）目录。

3. 审查认可。

（1）产品达到已采用国际标准的国家标准、行业标准的，按采用国际标准产品认可书的要求组织有关科技人员到企业现场认可，资料上报省级技术监督局。

（2）产品达到已采用国际标准的地方标准、企业标准或达到国际同类先进产品实际水平的，将申请书和采用国际标准产品认可计划表报省级质量技监局。经同意后，根据产品的类别，组织有关科技人员到企业现场按认可书的要求进行认可。

（3）认可书经省级质量技监局审定后发回，由省级质量技监局颁发采用国际标准产品认可证书。

4. 采用国际标准产品认可证书有效期为3年。到期需重新申请认可。

5. 已通过或正在办理采标产品认可证书的，可申报办理使用采标标志图形。由省质量技监局颁发国家质量技监局统一印刷的采用国际标准产品标志证书。企业接到采用国际标准产品标志证书之日起，即可在采标产品的包装、标识、标签和产品的说明书上印刷"采标标志"图样。

第五章　酿酒葡萄种植与葡萄酒生产技术规范

了解葡萄酒的工业用途及其在行业中的地位，对于统计和分析葡萄酒产业数据非常重要。葡萄酒的工业用途使用量平均约占葡萄酒总产量的12%，主要考虑葡萄酒的转化，如蒸馏、化合物修饰、醋酸发酵以及与其他产品的集成。

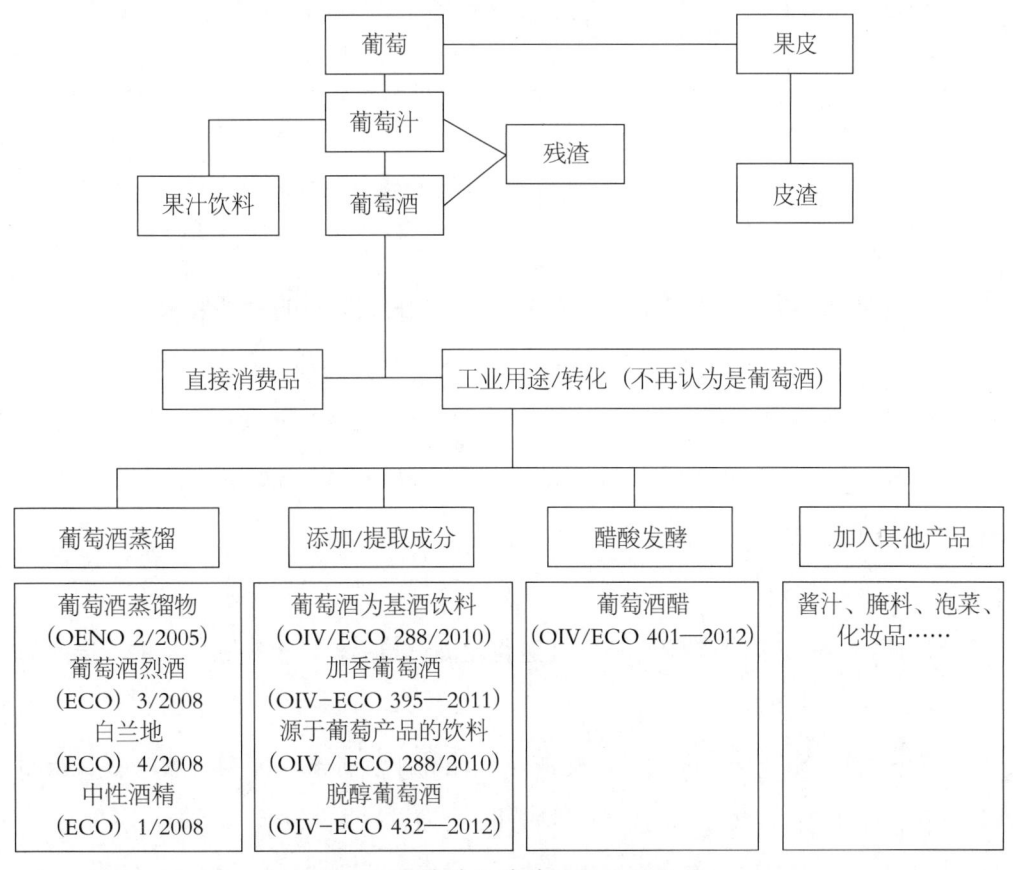

图 5-1　葡萄与葡萄酒的产品体系

从我国目前葡萄酒产业的整个产业链情况来看，酿酒葡萄在相当长一段时期内是影响我国葡萄酒产业的关键因素。葡萄原料的控制是葡萄酒生产的重要步骤，它直接决定了最终酿成葡萄酒的潜在品质和风格。

表 5-1　与酿酒葡萄原料有关的标准

标准编号	标准名称	发布部门
QX/T 557—2020	农产品气候品质评价　酿酒葡萄	中国气象局
RB/T 167—2018	有机葡萄酒加工技术规范	国家认证认可监督管理委员会
T/CBJ 4101—2019	酿酒葡萄	中国酒业协会
NY 469—2001	葡萄苗木	农业农村部
NY/T 2682—2015	酿酒葡萄生产技术规程	农业农村部
NY/T 2904—2016	葡萄埋藤机质量评价技术规范	农业农村部
NY/T 3103—2017	加工用葡萄	农业农村部
NY/T 3413—2019	葡萄病虫害防治技术规程	农业农村部
NY/T 857—2004	葡萄产地环境技术条件	农业农村部

第一节　酿酒葡萄原料控制与管理

一、《葡萄酒生产管理办法（试行）》中关于酿酒原料的管理要求

为了提高我国葡萄酒质量，规范葡萄酒生产，净化葡萄酒市场，促进葡萄酒工业健康发展，促进我国葡萄酒行业与国际接轨，2000 年 12 月 19 日，原国家轻工业局发布《葡萄酒生产管理办法（试行）》，从发布之日起实施，这是我国首部关于葡萄酒生产管理的行政法规。

（一）葡萄品种

根据生态条件及品种特征，各地在进行酿酒试验的基础上在同样条件下选择品种，应优先选用下列品种。

红色品种：赤霞珠、品丽珠、蛇龙珠、佳利酿、神索、佳美、歌海娜、味而多、美乐（梅鹿辄）、黑品乐、宝石、增芳德、西拉、烟73、烟74等。

白色品种：霞多丽、白诗南、琼瑶浆、贵人香、雷司令、米勒、白麝香、长相

思、赛美容、西万尼等。

如果采用新葡萄品种，新的杂交品系酿酒，必须提供详细的包括杂交亲本及品系的生物学性状、产量、抗性、酒的感官质量等内容的详细资料，经鉴定认可后方可作为商品上市。

（二）葡萄种植

葡萄的种植应在无污染的环境中培植。

1. 施肥。

分析所在土壤的肥力，根据生产 1 t 葡萄所需要吸收的元素量：氮 8.5 kg、磷 3.0 kg、钾 11.0 kg、钙 8.4 kg、镁 3.0 kg、硫 1.5 kg 及其他微量元素来确定需要的施肥量，并以有机肥为主，化肥为辅。采收前一个月不能灌水。

2. 病虫防治。

葡萄病虫害的防治应贯彻综合防治为主，化学防治为辅的原则。采收前一个月不得使用杀虫剂，采摘前十天内不得使用杀菌剂。葡萄农药残留量应符合有关标准规定。

（三）葡萄产量

用于酿制优质酒葡萄每亩不超过 1 000 kg，用于酿制一般葡萄酒葡萄每亩不超过 1 500 kg。

（四）葡萄含糖量

葡萄含糖量应不低于150 g/L（可滴定糖），酿制优质酒葡萄含糖量不低于170 g/L。

二、酿酒葡萄质量评价团体标准

为规范统一我国酿酒葡萄的技术指标和检验规范，明确酿酒葡萄质量评价标准，提高酿酒葡萄栽培技术水平，为酿酒葡萄收购加工提供原料质量评价依据，促进我国葡萄酒产业的健康发展，特制定酿酒葡萄质量评价团体标准。

中国酒业协会发布的团体标准 T/CBJ 4101—2019《酿酒葡萄》，规定了酿酒葡萄的术语和定义、品种分类、要求、试验方法、检验规则、包装和运输，适用于我国种植和收购的酿酒葡萄，自 2019 年 10 月 1 日起实施。

(一) 基本概念

1. 酿酒葡萄：用于酿酒，且果穗完整、成熟，具有一定色泽及芳香，可进行发酵的新鲜葡萄。

2. 葡萄含糖量（以葡萄糖计）：葡萄果实压榨后测定的总糖含量，主要包括果糖、葡萄糖等。

3. 葡萄含酸量（以酒石酸计）：葡萄果实压榨后测定的总酸含量，主要包括酒石酸、苹果酸等。

4. 分选：挑选葡萄果穗、去除生青、受损、腐烂及品种混杂的葡萄。

5. 工艺成熟度：葡萄中所含糖度、酸度、pH值、单宁以及其感官等指标达到该品种最佳成熟状态的质量要求。

(二) 品种分类

1. 按颜色分类：红葡萄品种、白葡萄品种。

2. 按用途分类：葡萄酒酿造用、白兰地酿造用、冰葡萄酒酿造用、山葡萄酒酿造用。

(三) 要求

1. 产地环境要求：应符合 NY/T 391—2021《绿色食品　产地环境质量》的规定。

2. 品种要求：酿造白葡萄酒、红葡萄酒、白兰地、冰葡萄酒、山葡萄酒的品种。

3. 树龄要求：限定葡萄三年以上（含三年）树龄开始结果。

4. 产量要求：三年生以上成龄酿酒葡萄园每公顷产量不超过 22 500 kg。

5. 产量分级：根据酿造用途、单产量，分为一级、二级和三级。

表 5-2　酿酒葡萄的产量分级标准

质量级别	单产量要求/(kg/hm²)			
	葡萄酒	白兰地	冰葡萄酒	山葡萄酒
一级	≤9 000	≤12 000	≤6 000	≤9 000
二级	≤15 000	≤18 000	≤9 000	≤15 000
三级	≤22 500	≤25 000	≤12 000	≤22 500

6. 外观要求：葡萄应满足工艺成熟度要求，果穗典型而完整，果粒大小均匀、

发育良好，表现出品种的固有色泽。

表 5-3 酿酒葡萄的外观分级标准

质量级别	要求			
	着色	杂质	劣果	品种混杂
一级	不含着色不良果	不含杂质	不含劣果	不混有其他品种
二级	着色不良果率<1.0%	不含杂质	不含劣果	不混有其他品种
三级	着色不良果率<1.0%	含杂率<0.5%	劣果率<0.5%	混杂率<0.5%

7. 酿酒葡萄的理化要求：

表 5-4 酿酒葡萄的理化要求分级标准

评价指标	质量级别	要求					
		葡萄酒（红色品种）	葡萄酒（白色品种）	白兰地	冰葡萄酒	选育山葡萄	野生山葡萄
含糖量/(g/L^{-1})	一级	≥220.1	≥210.1	≥170.1	≥230.1	≥180.1	≥140.1
	二级	200.1~220.0	190.1~210.0	155.1~170.0	210.1~230.0	160.1~180.0	120.1~140.0
	三级	180.1~200.0	170.1~190.0	140.1~155.0	190.1~210.0	140.1~160.0	100.1~120.0
含酸量/(g/L^{-1})	一级	5.0~6.5	5.5~6.5	7.0~9.0	7.0~9.0	7.0~9.0	7.0~9.0
	二级	5.5~6.5	6.0~7.0	7.0~9.0	7.0~9.0	7.0~9.0	7.0~9.0
	三级	5.5~7.0	6.0~7.0	7.0~9.0	7.0~10.0	7.0~10.0	7.0~10.0

8. 卫生要求：严禁使用剧毒、高残留农药、葡萄采收前 15 天，停止喷施一切农药，采收前 10 天，停止灌溉。

葡萄果实的卫生指标如下：污染物限量应符合 GB 2762 的规定；多菌灵最大残留限量应≤3 mg/kg；丙环唑、恶唑烷酮应符合欧盟法规（EC）No.396/2005 的规定；其他农药最大残留量应符合 GB 2763 的规定；真菌毒素限量应符合 GB 2761 的规定。

葡萄园环境空气质量应符合 GB 3095 的规定。

葡萄园灌溉水质应符合 GB 5084 的规定。

农药使用方法应符合 GB/T 8321（所有部分）的规定。

葡萄中不得添加甜味剂和其他化学物质。

（四）判定酿酒葡萄不合格的规则

1. 样品的感官、卫生和理化指标如不符合要求应记为不合格。

（1）A 类不合格项目包括含糖量、劣果率、卫生指标。如其中至少有一项不达标，可以拒收。

（2）B 类不合格项目包括含酸量、着色不良果率、含杂率、品种混杂率、外观、单产量。如其中至少有一项不达标，可以拒收或降级使用。

2. 不合格复检。

为确保各项目不受偶然误差影响，凡某项目检验不合格，应另取一份样品复检，若仍不合格，则判定为该项目不合格。若复检合格，则应再取一份样品作第二次复检，以第二次复检结果为准。

（五）包装与运输

1. 包装材料应符合国家食品卫生要求。
2. 葡萄盛放容器应清洗干净、无异物、无异味。
3. 运输时应保持清洁，保证质量良好，捆扎结实，防止滑落和挤压。
4. 运输应防日晒，避雨淋。
5. 不得与有毒、有害、有腐蚀、有异味等物品同运。

三、葡萄原料的良好农业规范生产管理

GB/T 23543—2009《葡萄酒企业良好生产规范》明确了葡萄原料控制与管理的规定：要始终考虑到葡萄原料初级生产对葡萄酒的产品质量和安全性产生的重要影响，鼓励葡萄种植企业按照良好农业规范（GAP）等要求进行生产。

（一）葡萄种植

葡萄栽培应在无污染的环境中进行，根据自然环境及品种特性，种植适栽品种。葡萄种植过程中，根据土壤肥力的分析确定需要的施肥量，并以有机肥为主，化肥为辅。葡萄病虫害防治应贯彻以综合防治为主的原则，采收前 1 个月不得使用杀虫剂，采摘前 10 天不得使用杀菌剂。葡萄农药使用应符合 GB 4285 的规定，使用国家允许的低毒化学杀虫剂，不得使用剧毒化学杀虫剂。禁止使用催熟剂和着色剂，采收前 1 个月不能灌水。

酿制优质白葡萄酒的葡萄每公顷产量不超过 15 000 kg，酿制一般白葡萄酒的葡萄每公顷产量不超过 20 000 kg；酿制优质红葡萄酒的葡萄每公顷产量不超过 12 000 kg，酿制一般红葡萄酒的葡萄每公顷产量不超过 18 000 kg。

酿制优质白葡萄酒的葡萄含糖量不低于 170 g/L，酿制一般白葡萄酒的葡萄含糖量不低于 150 g/L；酿制优质红葡萄酒的葡萄含糖量不低于 180 g/L，酿制一般红葡萄酒的葡萄含糖量不低于 160 g/L（以葡萄糖计）。

根据葡萄成熟度确定最佳采收期，按照葡萄品种、质量等级采摘。盛装原料的容器应清洁、专用，禁止使用装过农药或其他可能对葡萄原料造成污染的容器。应有专门的文件记录葡萄原料品种、产地、产量和基本质量指标信息。

（二）葡萄采购

采购的葡萄原料是按照葡萄种植相关技术规范执行的，并能出具相关证明。采购的酿酒葡萄原料应是在无污染区域内种植和收获的产品。采购时对葡萄原料中的糖、酸等指标进行质量检验。

（三）葡萄运输与贮藏

葡萄运输过程中注意不要挤压，基地原料就近处理，进厂的原料须在 24 h 内破碎完毕。长途运输需要帐篷或其他覆盖物遮盖，防止污染。长时间运输和贮藏过程中可往葡萄里添加适量二氧化硫溶液、亚硫酸钾、无水亚硫酸钾、亚硫酸铵或亚硫酸氢铵，预防葡萄微生物污染，并起到抗氧化作用。

四、葡萄农药残留限量标准

农药残留是影响农产品质量安全的重要因素。制定农药最大残留限量标准是加强农药残留风险管理的重要技术手段，也是世界各国的通行做法，对我国科学规范合理用药、加强农产品质量安全监管、维护农产品国际贸易等方面具有重要意义。由国家卫生健康委、农业农村部和市场监管总局联合发布的《食品安全国家标准 食品中农药最大残留限量》（GB 2763—2021）标准于 2021 年 9 月 3 日起正式实施，是目前我国统一规定的食品中农药最大残留限量的强制性国家标准。

（一）适用范围

GB 2763—2021《食品安全国家标准 食品中农药最大残留限量》规定了食品中

2,4-滴丁酸等 564 种农药 10 092 项最大残留限量标准。本文件适用于与限量相关的食品。

如果某种农药的最大残留限量应用于某一食品类别时,在该食品类别下的所有食品均适用,有特别规定的除外。

(二) 术语和定义

1. 残留物。

残留物是指由于使用农药而在食品、农产品和动物饲料中出现的任何特定物质,包括被认为具有毒理学意义的农药衍生物,如农药转化物、代谢物、反应产物及杂质等。

2. 最大残留限量(MRL)。

最大残留限量是指在食品或农产品内部或表面法定允许的农药最大浓度,以每千克食品或农产品中农药残留的毫克数表示(mg/kg)。

3. 再残留限量(EMRL)。

再残留限量是指一些持久性农药虽已禁用,但还长期存在于环境中,从而再次在食品中形成残留,为控制这类农药残留物对食品的污染而制定其在食品中的残留限量,以每千克食品或农产品中农药残留的毫克数表示(mg/kg)。

4. 每日允许摄入量(ADI)。

每日允许摄入量是指人类终生每日摄入某物质,而不产生可检测到的危害健康的估计量,以每千克体重可摄入的量表示(mg/kg bw)。

(三) 技术要求

表 5-5 部分在葡萄生产上使用的农药限量

农药残留名称	主要用途	ADI /(mg/kg bw)	残留物	MRL /(mg/kg)	备注
百菌清 (chlorothalonil)	杀菌剂	0.02	百菌清	10	
多菌灵 (carbendazim)	杀菌剂	0.03	多菌灵	3	
单氰胺 (cyanamide)	植物生长调节剂	0.002	单氰胺	0.05*	*临时限量
乙烯利 (ethephon)	植物生长调节剂	0.05	乙烯利	1	葡萄干为 5

续表

农药残留名称	主要用途	ADI /(mg/kg bw)	残留物	MRL /(mg/kg)	备注
多杀霉素（spinosad）	杀虫剂	0.02	多杀霉素A和多杀霉素D之和	0.5*	葡萄干为1* *临时限量
氟吡甲禾灵（haloxyfop）	除草剂	0.0007	氟吡甲禾灵、氟吡甲禾灵酯及其共轭物之和，以氟吡甲禾灵表示	0.02	临时限量
联苯肼酯（bifenazate）	杀螨剂	0.01	联苯肼酯	0.7	葡萄干为2

（四）食品类别及测定部位

表5-6 葡萄的测定部位

食品类别	类别说明	测定部位
水果（浆果和其他小型水果）	葡萄	全果
干制水果	柑橘脯、李子干、葡萄干、干制无花果、无花果蜜饯	全果（测定果肉，残留量计算应计入果核的重量）

第二节 葡萄酒生产过程的食品安全控制

一、《葡萄酒生产管理办法》中葡萄酒生产的管理要求

1. 发酵过程中允许加入浓缩葡萄汁或白砂糖补充葡萄含糖量不足，加糖量不得超过生产2%（vol）酒精的量。

2. 允许采取化学法降酸，通过加入中性酒石酸钾、碳酸钾或碳酸钙来降低葡萄酒滴定酸，提高pH值。

3. 允许采用添加酒石酸、柠檬酸、有机酸等提高葡萄酒滴定酸，降低pH值。

4. 葡萄汁中允许添加液体二氧化硫、亚硫酸溶液或偏重亚硫酸钾作为杀菌剂、抗氧剂。

5. 特种葡萄酒发酵后允许添加酒精调整酒度。

6. 除加香葡萄酒允许添加天然香料、天然色素外，其他葡萄酒不得加入人造香料或天然香料，合成色素、甜味素、增稠剂、调味品。

7. 可采用添加植酸钙或亚铁氯化钾来降低葡萄酒中铜、铁含量，但必须要有严格的管理制度、完善的工艺操作规程。

8. 葡萄汁及葡萄酒的澄清处理允许使用果胶酶、皂土、蛋清、酪蛋白、PVPP、硅藻土、明胶、硅胶等。

9. 为延长葡萄酒稳定性，阻止葡萄酒再发酵，允许装瓶前加入 VC 及 SO_2 或加入山梨酸钾，山梨酸钾使用剂量不超过 200 ppm（以山梨酸汁）。

二、中国葡萄酿酒技术规范

2002 年 11 月 14 日国家经济贸易委员会发布了第 81 号公告《中国葡萄酿酒技术规范》，并于 2003 年 1 月 1 日起施行。《中国葡萄酿酒技术规范》与《国际酿酒法规》接轨，是中国葡萄酒迈向国际化过程中的关键一步，主要从定义、酿酒葡萄及葡萄酒酿造三个方面对葡萄酒的生产过程作了较为详细的规范，是目前国内最新的关于葡萄酒技术规范方面的法规，在业内被称为"全汁葡萄酒"标准。

三、葡萄酒企业良好生产规范

GB/T 23543—2009《葡萄酒企业良好生产规范》进一步明确了葡萄酒生产过程中的总体要求。葡萄酒企业应制定生产和卫生操作规程，由专人负责管理。生产过程应做好记录，并规定记录存留时间，负责人需定期对记录进行审核。与葡萄汁/葡萄酒接触的容器、管道和工器具等应采取有效的防污染措施。生产过程中添加剂的使用应双人复核、双人投料。

（一）葡萄处理

葡萄处理过程中接触的容器、管道和工器具应清洁卫生，使用前后应清洗干净。应去除生青、受损或腐烂的葡萄。葡萄采收后应在最短的时间内破碎处理，根据工艺需要选择合适的破碎度，破碎过程中防止破碎果籽和果梗。酿造白葡萄酒压榨分离葡萄浆果时，应在葡萄破碎后马上进行，以减少葡萄汁氧化、污染；压榨过程应采用软压取汁方式，不应压破或压碎葡萄果梗和果核。酿制需浸提的葡萄酒（汁）需在除梗或除梗破碎后，采用传统带皮发酵，用机械的方法轻柔地使酒液通过皮渣层进行循环，或采用二氧化碳浸提、热浸提方法，根据酒种或品种的不同使葡萄的固体部分和液体部分保持或长或短一段时间的接触。

按照葡萄处理操作规程进行操作并做好记录时，记录内容应包括葡萄原料入罐时间、品种、入罐量和采取的工艺措施、使用的添加剂和（或）加工助剂及加入量等，生产负责人或工艺管理人员应定期对记录进行检查，应有书面规定记录的留存时间。

（二）葡萄汁处理

在对葡萄进行破碎和压榨处理时，应添加二氧化硫或代用品，以防止微生物污染或者有利于工艺操作。所添加的二氧化硫或代用品应符合相关规定，并均匀分布在葡萄汁中。澄清过程中使用的果胶酶、明胶、皂土（膨润土）等使用之前应做用量试验。

葡萄汁或葡萄酒提高含糖量（增糖）的方法。果实采收后自然风干、添加浓缩葡萄汁、添加白砂糖，其中白砂糖加入量不得超过产生2%（体积分数）酒精的量。白砂糖的质量要求应符合相关标准的规定。

葡萄汁或葡萄酒酸度的调整。降酸过程中使用的加工助剂需符合相关标准规定，由降酸葡萄汁或经过降酸处理得到的葡萄酒中的酒石酸含量应不低于1 g/L。增酸允许使用乳酸、苹果酸、酒石酸和柠檬酸。

按照葡萄汁处理操作规程进行操作并记录，包括工艺措施、使用的添加剂和（或）加工助剂、加入量、加入时间等，生产负责人或工艺管理人员应定期对记录进行检查，同时应有书面规定记录的留存时间。

（三）发酵过程控制

葡萄发酵过程中，首先应对发酵车间、发酵过程中使用的仪器设备、容器进行消毒处理，确保发酵车间清洁卫生，防止杂菌生长。所使用的活性干酵母应符合相关规定，菌种管理应制定严格的操作制度，菌种保存、扩大培养应按照规定严格执行。酒精发酵过程中，为促进发酵或防止发酵意外中止，可以添加酵母促进剂、酵母菌皮，并适当采取通风等措施。添加的酵母促进剂应符合相关标准规定。可采用自然诱发或添加乳酸菌进行苹果酸—乳酸发酵。

通过加热方法使发酵中止时不应引起葡萄醪液外观、颜色、香气与滋味的明显变化；过滤、离心等处理过程中使用的仪器应消毒处理，防止杂菌污染；通过添加酒精中断发酵时酒精应是葡萄蒸馏酒精或食用酒精。按照葡萄酒发酵工艺规程进行操作并记录，包括菌种（酵母菌、乳酸菌）使用、工艺措施、使用的添加剂和（或）加工助剂、加入量、加入时间等，生产负责人或工艺管理人员应定期对记录进行检查，同时应有书面规定记录的留存时间。

（四）原酒贮存和陈酿

用于原酒贮存和陈酿的水泥池、不锈钢罐、橡木桶和玻璃瓶等容器应保持清洁卫生，使用前应进行消毒杀菌处理。应避免原酒在贮存容器中氧化，或与空气接触导致微生物繁殖。进行添酒工艺时添加的原酒应与容器中酒质相同。在隔绝空气倒酒时，容器要先用符合有关规定的惰性气体充满，可以是二氧化碳、氮气或氩气；中转设备和容器应清洁卫生，防止氧化和杂菌污染。按照原酒贮存和陈酿工艺规程进行操作并记录，原酒记录应详细、可追溯。生产年份、产地和品种葡萄酒时，应确保相关信息记录齐全、准确。生产负责人或工艺管理人员应定期对记录进行检查，同时应有书面规定记录的留存时间。

（五）葡萄酒后处理

葡萄酒澄清、过滤过程中使用的仪器设备应清洁卫生，使用前要进行消毒处理。葡萄酒进行冷冻、非生物稳定性处理过程中使用的加工助剂和酒中的最大残留量应符合相关规定。所用助剂使用量在使用前需做用量试验，应避免处理中助剂使用量的过度或不足，造成葡萄酒质量的下降。进行热处理如巴氏杀菌处理时，升温和所用技术不应引起葡萄酒外观、香气和口感的明显变化。按照葡萄酒后处理工艺规程进行操作并记录，包括添酒、倒酒记录、非生物稳定性、生物稳定性处理等，生产负责人或工艺管理人员应定期对记录进行检查，同时应有书面规定记录的留存时间。

（六）葡萄酒过滤和灌装

过滤工序和灌装工序的墙壁、地面以及设备、工器具应保持清洁，避免生长霉菌和其他杂菌。

使用前应对包装容器及包装物进行卫生、质量严格检验，合格后方可使用。每天生产前需对灌装机清洗消毒。如果连续生产超过24小时，需定时对灌装机进行清洗、检验，防止微生物污染。按照灌装工艺规程进行操作并记录，并由负责人审核、留存。

第三节 葡萄酒生产追溯体系

通过以落实企业追溯管理责任为基础,以推进信息化追溯为方向,进一步创新监管方式,促进质量安全综合治理,提升企业质量管理能力和产品质量安全水平,保障消费安全,更好地满足人民群众生活和经济社会发展需要。

表 5-7 部分与葡萄酒生产追溯有关的标准

标准编号	标准名称
GB/T 36759—2018	葡萄酒生产追溯实施指南
GB 2760—2014	食品安全国家标准 食品添加剂使用标准
GB/T 22005—2009	饲料和食品链的可追溯性 体系设计与实施的通用原则和基本要求
GB/Z 25008—2010	饲料和食品链的可追溯性 体系设计与实施指南
GB/T 37029—2018	食品追溯 信息记录要求
GB/T 38574—2020	食品追溯二维码通用技术要求
DB64/T 1706—2020	贺兰山东麓葡萄酒质量安全追溯指标技术规范

一、葡萄酒生产过程追溯实施

追溯体系建设是采集记录产品生产、流通、消费等环节信息,实现来源可查、去向可追、责任可究,强化全过程质量安全管理与风险控制的有效措施。针对我国葡萄酒市场存在的消费者缺乏有效的葡萄酒产品信息获取途径;葡萄酒产品消费黏性较低,影响葡萄酒品牌发展;葡萄酒产品质量参差不齐,不利于产品质量安全监管这些主要问题。结合葡萄酒行业特点,为进一步补充和完善葡萄酒行业管理体系,提升葡萄酒质量安全和产品品质。GB/T 36759—2018《葡萄酒生产追溯实施指南》,自 2019 年 4 月 1 日起实施。

本标准为葡萄酒追溯体系的建立和实施提供指南,规定了葡萄酒生产过程中追溯信息的记录要求。本标准适用于葡萄酒生产企业(含原酒加工企业、加工灌装企业等),葡萄酒生产监管部门、第三方追溯服务提供方等也可参照使用。

二、葡萄酒可追溯体系建设的原则、目标和基本要求

可追溯体系是指能够维护关于产品及其成分在整个或部分生产与使用链上所期望获取信息的全部数据和作业。

（一）葡萄酒生产过程的可追溯性原则

1. 总则。

产品的移动能将食品原料来源、加工历史或者分销相联接，食品链中的每一组织至少宜对其前一步和后一步溯源给予说明。这种食品中的溯源可根据相关组织之间达成的协议应用在食品链中的更多部分。

可追溯体系宜能够证明产品的来历和（或）确定产品在食品链中的位置，可追溯体系有助于查找不符合的原因，并且在必要时可以提高撤回和（或）召回产品的能力。可追溯体系能够提高组织对信息的合理使用和信息的可靠性，并能够提高组织的效率和生产力。

从技术和经济角度考虑，可追溯体系宜能够实现要达到的目标。

2. 原则。

可追溯体系宜可验证、连贯合理应用、注重结果、成本经济、可实用、符合适用的法规要求、符合预期的准确度要求。

（二）葡萄酒生产企业追溯目标

葡萄酒生产企业应明确追溯目标，如：确保葡萄酒质量安全，了解相关法规和政策要求，设计和实施有效的可追溯体系，并形成文件，加以实施和保持，必要时应进行更新。

（三）建立食品链追溯体系

在建立食品链可追溯体系时，应识别要达到的特定目标。比如：支持葡萄酒安全和（或）质量目标；满足顾客要求；确定产品的来历或来源；识别葡萄酒生产过程中的责任组织；便于验证有关产品的特定信息；与利益相关方和消费者沟通信息；满足当地、区域、国家或国际法规或政策；提高组织的效率、生产力和盈利能力。

三、葡萄酒可追溯体系的设计

组织应明确追溯目标，了解相关法规和政策要求，按照有关要求设计可追溯体

系。同时，应建立相应程序，形成文件。

（一）设计原则

在可追溯体系的策划和实施过程中，应考虑可操作性，遵循"向前一步、向后一步"的原则，即向前溯源到产品的直接来源，向后追踪到产品的直接去向；根据追溯目标、实施成本和产品特征，适度界定追溯单元、追溯范围和追溯信息。

（二）设计步骤

主要包括以下几个方面。

（1）确定追溯单元；

（2）明确组织在食品链中的位置；

（3）明确物料流向、确定追溯范围，包括物料流向、追溯范围、追溯信息。

表 5-8　追溯信息划分和确定原则

追溯信息	追溯范围		备注
	外部追溯	内部追溯	
基本追溯信息	以明确组织间关系和追溯单元来源和去向为基本原则 是能够"向前一步，向后一步"链接上下游组织的必需信息	以实现追溯单元在组织内部的可追溯性、快速定位物料流向为目的 是能够实现组织内各环节间有效链接的必需信息	基本追溯信息必须记录，以不涉及商业机密为宜
扩展追溯信息	以辅助基本追溯信息进行追溯管理为目的，一般包含产品质量和商业信息	更多为企业内部管理、食品安全和商业贸易服务的信息	加强扩展追溯信息的交流与共享

确定标识和载体，包括明确编码原则和标识方法、选择载体。

确定记录信息和管理数据的要求。

明确追溯执行流程。

（三）文件要求

食品链上的相关追溯步骤的描述；追溯数据管理的职责描述；记载了可追溯性活动和制造工艺、流程、追溯验证和审核结果的书面和记录信息，用于对不符合追溯体系的相关项的管理文件；记录保持时间。

（四）食品链上组织间和组织内的协作

追溯管理者应确保对组织上下游之间实施的外部溯源和组织内部实施的内部追

溯的各个设计要素进行有效沟通与协作，确保食品链可追溯体系的有效性。实施沟通的人员应接受适当培训，沟通结果应予以记录和保存。

四、葡萄酒可追溯体系的实施

主要包括制定可追溯计划、明确人员职责、制定人员培训计划、可追溯体系监视、关键绩效指标评价体系有效性。

（一）总则

组织应通过委派管理职责和提供资源证实其实施可追溯体系的承诺。根据可追溯体系的设计和建立，组织应实施规定的步骤。

每一组织可选择适当的工具，以进行追踪、记录和沟通信息。

应建立可追溯计划，并应包括已识别的所有要求。

应规定其员工的任务和职责，并向其传达。

应开发和实施培训计划，能够影响可追溯体系的人员应获得充分的培训与信息。

应建立可追溯体系的监视方案。

应建立关键绩效指标，以测量可追溯体系的有效性。

（二）内部审核程序的建立

主要包括内部审核、评审与改进两个方面。

1. 内部审核。

组织应按照管理体系内部审核的流程和要求，建立内部审核的计划和程序，对可追溯体系的运行情况进行内部审核。以是否符合本指导性技术文件中关键绩效指标的要求作为体系符合性的标准。如体系有不符合性表现，应记录不符合规定要求的具体内容，以方便查找不符合的原因和体系的持续改进。组织应记录内部审核产生的活动，并形成文件。

内部审核计划和程序的内容包括但不限于：审核的准则、范围、频次和方法；策划、实施审核、报告结果和保持记录的职责和要求；收集、分析审核结果的数据，识别体系改进和更新的要求。

可追溯体系不符合要求的主要表现为：违反法律法规要求；体系文件不完整；

体系运行不符合目标和程序的要求；设施、资源不足；产品或批次无法识别；信息记录无法传递。

导致不符合的典型原因：目标变化；产品或过程发生变化；信息沟通不畅；缺乏相应的程序或程序有缺陷；员工培训不足，缺乏资源保障；违反程序要求和规定。

2. 评审与改进。

追溯工作组应系统评价内部审核的结果。当证实可追溯体系运行不符合或偏离设计的安排和（或）体系的要求时，组织应采取适当的纠正措施和（或）预防措施，并对纠正措施和（或）预防措施实施后的效果进行必要的验证，可提供证明已采取措施的有效性，保证体系的持续改进。

纠正措施和（或）预防措施应包括但不限于：立即停止不正确的工作方法；修改可追溯体系文件；重新梳理物料流向；增补或更改基本追溯信息以实现食品链的可追溯性；完善资源与设备；完善标识、载体、增加或完善信息传递技术和渠道；重新学习相关文件，有效进行人力资源管理和培训活动；加强上下游组织之间的交流协作与信息共享；加强组织内部的交流互动。

五、葡萄酒生产追溯信息记录要求

（一）总要求

葡萄酒生产企业在可追溯体系实施过程中，应梳理产品供应链覆盖的环节，按葡萄酒生产流程中的主要追溯环节（图5-2）规范追溯信息记录。

（二）生产流程和追溯环节

葡萄酒追溯过程中需要重点记录的环节，至少包括原料（葡萄）、发酵、贮存、稳定性处理、灌装、成品以及食品添加剂、食品工业用加工助剂和包装材料、原酒。

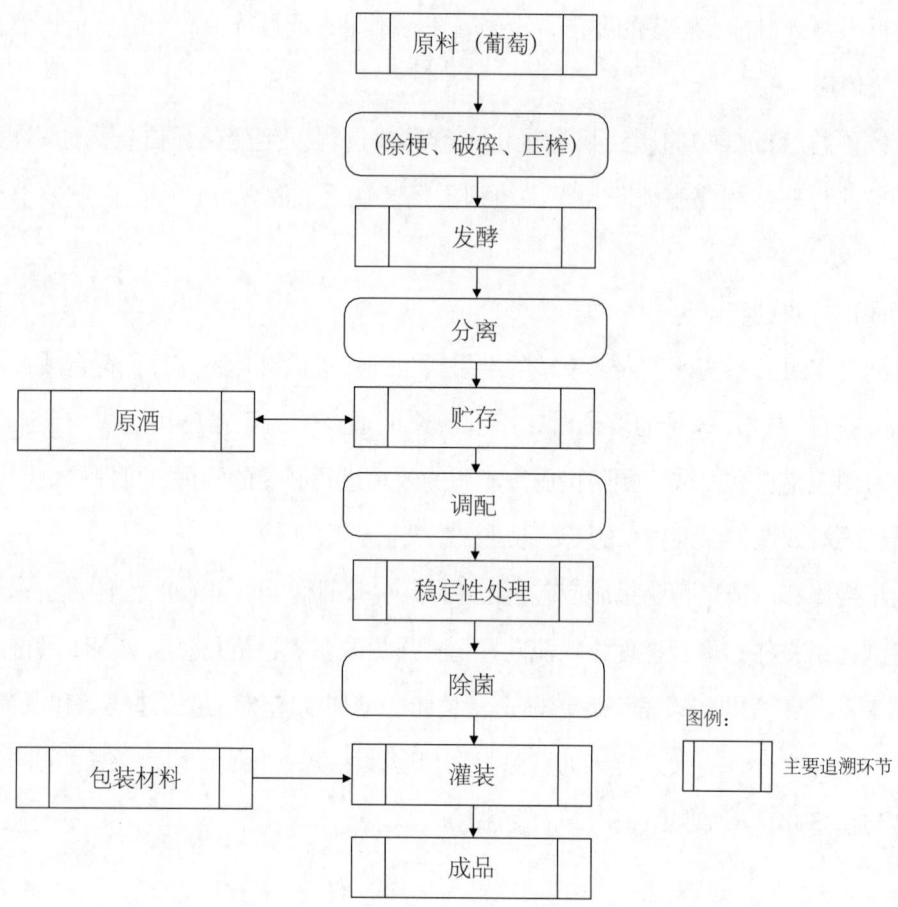

图 5-2 葡萄酒生产流程中的主要追溯环节

表 5-9 葡萄酒生产各环节追溯信息记录要求

主要环节	追溯信息	描述
原料（葡萄）	原料（葡萄）标识	产地、品种、采收年份、供应商名称、批号
	质量信息	检验信息、合格证明
	入料	数量
发酵	设备标识	不锈钢罐号/橡木桶号、容量
	入料	产地、品种、批号、数量
	食品添加剂及食品工业用加工助剂	名称、添加时间、批号、数量
	过程控制	发酵记录
贮存	设备标识	不锈钢罐号/橡木桶号、容量
	原酒	产地、品种、批号、数量
	过程控制	贮存记录

续表

主要环节	追溯信息	描述
稳定性处理	设备标识	不锈钢罐号/橡木桶号、容量
	入料	产地、品种、年份、批号、数量
	食品添加剂及食品工业用加工助剂	名称、添加时间、批号、数量
	过程控制	处理记录
灌装	设备标识	不锈钢罐号/橡木桶号、容量
	产品标识	名称、规格、批号、数量
	灌装线标识	灌装日期、灌装线
	包装材料	名称、规格、批号、数量
	质量信息	检验信息
成品	产品标识	名称、规格、批号、数量
	入库	入库时间、数量
	质量信息	检验信息
	产品流向	出库时间、去向、数量
食品添加剂/食品工业用加工助剂	产品标识	名称、规格、批号、数量
	来源	供应商名称、联系方式
	质量信息	检验信息、合格证明
包装材料	产品标识	名称、规格、批号、数量
	来源	供应商名称、联系方式
	质量信息	检验信息、合格证明
原酒	产品标识	名称（产地、品种、年份）、批号
	质量信息	检验信息、合格证明
	来源	供应商名称、联系方式、进口原酒应提供检验检疫证明
	流向	采购商名称、联系方式
	入料	数量

第六章 中国葡萄酒标准体系

饮料酒工业是我国食品工业的重要组成部分，它对于丰富城乡居民生活、活跃城乡消费品市场、促进劳动就业等方面起着积极作用。葡萄酒在饮料酒产品中具有十分重要的地位。

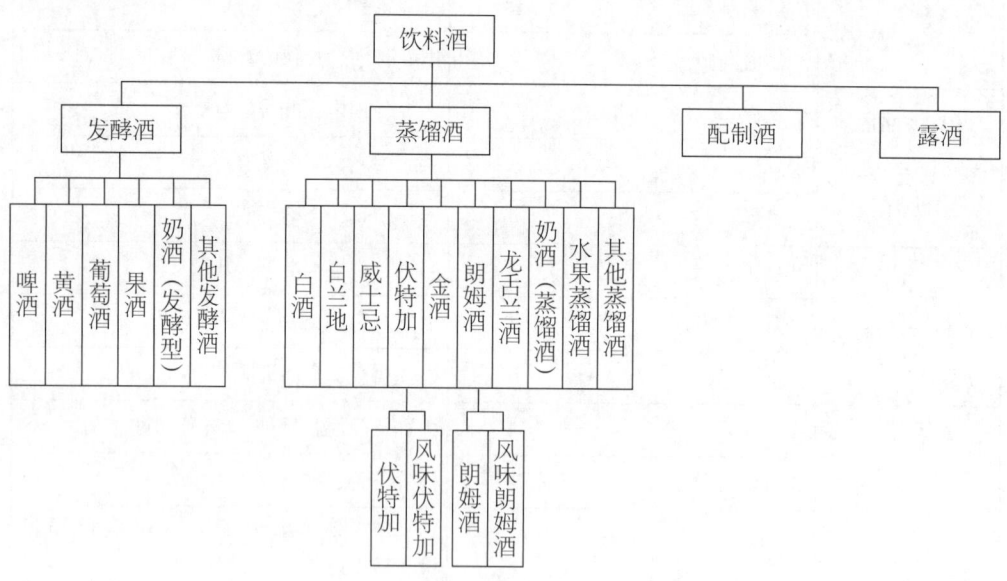

图 6-1 饮料酒分类框架图（GB/T 17204—2021）

饮料酒主要包括发酵酒、蒸馏酒、配制酒、露酒四大类。

1. 饮料酒是指酒精度在 0.5% vol 以上的酒精饮料。包括各种发酵酒、蒸馏酒和配制酒，也包括无醇啤酒和无醇葡萄酒。

2. 发酵酒是指以粮食、薯类、水果、乳类等为主要原料，经发酵或者部分发酵酿制而成的饮料酒。

3. 蒸馏酒是指以粮食、薯类、水果、乳类等为主要原料，经发酵、蒸馏、经或不经勾调而成的饮料酒。

4. 配制酒是指以发酵酒、蒸馏酒、食用酒精等为酒基，加入可食用的原辅料和/或食品添加剂，进行调配和/或再加工制成的饮料酒。

5. 露酒是指以黄酒、白酒为酒基，加入按照传统既是食品又是中药材或特定食品原料或符合相关规定的物质，经过浸提和/或复蒸馏等工艺或直接加入从食品中提取的特定成分，制成的具有特定风格的饮料酒。

注：酒基中不包括调香白酒；酒基中可加入少量以粮谷为原料制成的其他发酵酒。

第一节　中国葡萄酒标准发展概况

近代中国葡萄酒业的发展，经历了几起几落的变迁，特别是近 40 年来，我国葡萄酒标准体系及管理规章也经历了几次较大的变革，每一次新标准的颁布实施，都对当时葡萄酒的发展起到了巨大的推动作用。

第一阶段（1949—1984 年）无标准生产阶段。1949 年以前，我国只有 5 个葡萄酒厂，1949 年葡萄酒产量仅为 200 吨。20 世纪 80 年代后，葡萄酒市场进入一个高速发展时期，但还没有酿造葡萄酒的统一标准，各生产企业执行自己的企业标准。

第二阶段（1984—1994 年）葡萄酒规范生产阶段。1984 年我国第一个葡萄酒标准即 QB 921—1984《葡萄酒及其试验方法》颁布实施，结束了葡萄酒无标准生产的历史，葡萄酒的生产从无序开始走向规范，促进了葡萄酒产业的快速发展，产量从 1984 年的 16 万吨增到 1988 年的 30.80 万吨。但由于该标准要求门槛低，随着产业的发展，标准的约束力越来越差，一些唯利是图的经营者开始生产劣质酒，甚至是"三精一水"（即用香精、糖精、酒精与自来水勾兑的葡萄酒）越来越多，严重败坏了葡萄酒的声誉，导致消费者对葡萄酒失去了信赖，葡萄酒行业蒙受了巨大的损失。葡萄酒产量在 1991 年降到 24.20 万吨，1994 年降到 18 万吨。

第三阶段（1994—2006 年）全汁与半汁葡萄酒共存阶段。1994 年，在 QB 921—1984《葡萄酒及其试验方法》的基础上，又同时颁布了三个葡萄酒产品标准，即 GB/T 15037—1994《葡萄酒》、QB/T 1980—1994《半汁葡萄酒》和 QB/T 1982—1994《山葡萄酒》，QB 921—1984《葡萄酒及其试验方法》同时作废。

GB/T 15037—1994《葡萄酒》，其产品定义和指标都与国际标准一致，但它只是一个推荐标准，而不是强制标准。受社会消费水平和原材料供应等因素的影响，当时一些企业通过部分葡萄汁加水及其他原料配制生产了所谓的葡萄酒，受到了市场的欢迎，甚至在一些人看来其口感、味道比纯正的葡萄酒更适合中国人。根据这一客观情况，我国在 1994 年制定葡萄酒行业标准时还专门制定了《半汁葡萄酒标准》。该标准的颁布，使化学成分勾兑葡萄酒有机可乘，20 世纪 90 年代末期，所谓的"三精一水"葡萄酒在吉林通化、河南民权等地大量生产，给整个行业带来了很大的负面作用。2003 年 3 月 17 日，原国家经贸委公告废止《半汁葡萄酒》（QB/T 1980—1994）。规定半汁葡萄酒流通时间截至 2004 年 6 月 30 日。从 2004 年 7 月 1 日起，市面上不再出现半汁葡萄酒。如果企业拟保留部分半汁葡萄酒，必须以露酒的标准进行生产，产品标签相应标注为露酒。这标志着我国葡萄酒进入了全汁时代。同时，国家有关部门开始修订新的统一的葡萄酒标准，以解决 1994 版葡萄酒产品标准偏低和各标准之间不统一，甚至有矛盾的问题。

第四阶段（2006— ）葡萄酒行业管理全面规范。2006 年 12 月 11 日发布《葡萄酒》GB/T 15037—2006，这是目前中国葡萄酒质量管理的最高标准，同时颁布《葡萄酒、果酒通用试验方法》（GB/T 15038—2006）。2011 年 4 月颁布《食品添加剂使用卫生标准》（GB 2760—2011），2012 年 8 月颁布《食品安全国家标准 蒸馏酒及其配制酒》（GB 2757—2012）、《食品安全国家标准 发酵酒及其配制酒》（GB 2758—2012），2012 年 11 月颁布《食品安全国家标准 食品中农药最大残留限量》（GB 2763—2012），以及部分行业规范文件的实施，我国葡萄酒行业发展进入了全面规范的新阶段。

第二节 中国葡萄酒标准体系

葡萄酒标准体系建设涵盖苗木、品种、栽培、采收、酿造、产品及标签、质量分级、检验检测、追溯、运输及零售环节的储存、环境保护等各类标准的总和。作为葡萄酒行业中的技术规范，中国葡萄酒标准体系主要分为葡萄酒产品标准、卫生标准、分析方法标准、原辅料标准、管理标准等，从多个方面规定了葡萄酒的技术要求和品质要求，是食品标准体系中的重要组成部分。

一、通用基础标准

通用基础标准是指在一定范围内作为其他标准的基础普遍使用，并具有广泛指导意义的标准。它规定了各种标准中最基本的共同的要求。

（一）名词术语标准

名词术语标准是以各种专用术语为对象所制定的标准，包括一般规定术语、定义（或解释性说明）和外文对应的词汇等。比如：GB/T 15091—1994《食品工业基本术语》由原国家技术监督局于1994年6月3日批准，1994年12月1日正式实施。它规定了食品工业常用的基本术语。该标准适用于食品工业生产、科研、教学及其他有关领域。主要包括：一般术语、产品术语、工艺术语、质量、营养及卫生术语等内容。

表6-1 部分现行有效的名词术语类标准

标准编号	标准名称	发布部门	实施日期
GB/T 10221—2021	感官分析、术语	国家市场监督管理总局	2022年5月1日
SB/T 11122—2015	进口葡萄酒相关术语翻译规范	商务部	2015年9月1日
SB/T 10710—2012	酒类产品流通术语	商务部	2012年11月1日
GB/T 23508—2009	食品包装容器及材料、术语	国家市场监督管理总局	2009年10月1日
GB/T 28119—2011	食品包装用纸、纸板及纸制品术语	国家市场监督管理总局	2012年8月1日
GB/T 15091—1994	食品工业基本术语	国家技术监督局	1994年12月1日
SB/T 10291.1—2012	食品机械术语 第一部分：饮食机械	商务部	2012年6月1日
GB/T 30785—2014	食品加工设备术语	国家市场监督管理总局	2014年12月1日
GB/Z 21922—2008	食品营养成分基本术语	卫生部、中国国家标准	2008年11月1日
GB/T 17204—2021	饮料酒术语和分类	国家市场监督管理总局	2022年6月1日

（二）图形符号、代号标准

符号是由书写绘制印刷等方法形成的可以表达一定事物或概念具有简化特征的视觉形象；图形符号是以图形或图像为主要特征的可以表达一定事物或概念的符号；文字代号是以字母数字汉字或它们的组合来表达一定事物或概念的符号。上述所提符号和代号具有准确、简明和不易混淆等特点。

表 6-2 部分现行有效的图形代号类标准

标准编号	标准名称	发布部门	实施日期
GB/T 13385—2008	包装图样要求	国家标准化管理委员会	2009年1月1日
GB/T 191—2008	包装储运图示标志	国家市场监督管理总局	2008年10月1日

1. GB/T 13385—2008《包装图样要求》规定了包装储运图示标志的名称、图形符号、尺寸、颜色及应用方法。该标准适用于各种货物的运输包装。

2. GB 191—2008《包装储运图示标志》规定了包装储运图示标志的名称、图形符号、尺寸、颜色及应用方法。该标准适用于各种货物的运输包装。

（三）分类标准

GB/T 17204—2021《饮料酒术语和分类》给出了饮料酒的术语、定义、分类原则和分类表；适用于饮料酒的生产加工、销售、科研、教学及其他相关领域。

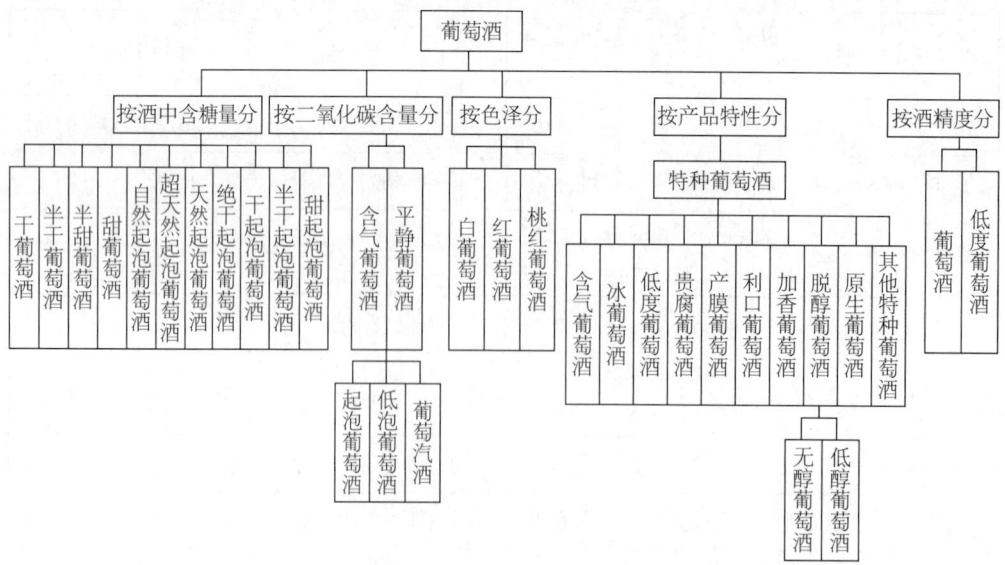

图 6-2 葡萄酒分类框架图（GB/T 17204—2021）

1. 葡萄酒是指以葡萄或葡萄汁为原料，经全部或部分酒精发酵酿制而成的，含有一定酒精度的发酵酒。

（1）白葡萄酒是指外观色泽近似无色或呈现微黄带绿、浅黄、禾秆黄、金黄色等颜色的葡萄酒。

（2）桃红葡萄酒是指外观色泽近似桃红或呈现淡玫瑰红、浅红色等颜色的葡萄酒。

（3）红葡萄酒是指外观色泽近似紫红或呈现深红、宝石红、红微带棕色、棕红色等颜色的葡萄酒。

2. 干葡萄酒是指总糖小于或等于 4.0 g/L 的葡萄酒。或者总酸与总糖的差值小于或等于 2.0 g/L 时，总糖最高为 9.0 g/L 的葡萄酒。

3. 半干葡萄酒是指总糖大于干葡萄酒，最高为 12.0 g/L 的葡萄酒。或者当总糖与总酸的差值小于或等于 10.0 g/L 时，总糖最高为 18.0 g/L 的葡萄酒。

4. 半甜葡萄酒是指总糖大于半干葡萄酒，最高为 45.0 g/L 的葡萄酒。

5. 甜葡萄酒是指总糖大于 45.0 g/L 的葡萄酒。当甜葡萄酒中的糖完全来源于葡萄原料时，可以称为天然甜葡萄酒。

6. 平静葡萄酒是指在 20℃时，二氧化碳压力小于 0.05 MPa 的葡萄酒。

7. 特种葡萄酒是指在种植、采摘或酿造工艺中使用特定方法酿制而成的葡萄酒。

8. 含气葡萄酒是指在 20℃时，二氧化碳压力等于或大于 0.05 MPa 的葡萄酒。

9. 起泡葡萄酒是指在 20℃时，二氧化碳（全部由发酵产生）压力大于或等于 0.35 MPa（对于容量小于 250 mL 的瓶子二氧化碳压力等于或大于 0.3 MPa）的葡萄酒。

（1）自然起泡葡萄酒是指总糖小于或等于 3.0 g/L 的起泡葡萄酒。

（2）超天然起泡葡萄酒是指总糖为 3.1 g/L~6.0 g/L 的起泡葡萄酒。

（3）天然起泡葡萄酒是指总糖为 6.1 g/L~12.0 g/L 的起泡葡萄酒。

（4）绝干起泡葡萄酒是指总糖为 12.1 g/L~17.0 g/L 的起泡葡萄酒。

（5）干起泡葡萄酒是指总糖为 17.1 g/L~32.0 g/L 的起泡葡萄酒。

（6）半干起泡葡萄酒是指总糖为 32.1 g/L~50.0 g/L 的起泡葡萄酒。

（7）甜起泡葡萄酒是指总糖大于 50.0 g/L 的起泡葡萄酒。

10. 低泡葡萄酒是指在20℃时，二氧化碳（全部由发酵产生）压力在 0.05 MPa~0.34 MPa（对于容量小于 250 mL 的瓶子二氧化碳压力在 0.05 MPa~0.29 MPa）的含气葡萄酒。

11. 葡萄气酒是指酒中所含二氧化碳是部分或全部由人工添加的，具有同起泡葡萄酒类似物理特性的含气葡萄酒。

12. 利口葡萄酒是指在葡萄酒中，加入葡萄蒸馏酒、白兰地或食用酒精以及葡萄汁、浓缩葡萄汁、焦糖化葡萄汁、白砂糖而制成的，所含酒精度为 15.0%vol~22.0%vol 的葡萄酒。

13. 冰葡萄酒是指当气温低于−7℃时，使葡萄在树枝上保持一定时间后采收，在结冰状态下压榨，发酵酿制而成的葡萄酒（在生产过程中不允许外加糖源）。

14. 低度葡萄酒是指经中止发酵，获得酒精度小于 7.0%vol 的葡萄酒。

15. 贵腐葡萄酒是指在葡萄的成熟后期，葡萄果实感染了灰绿葡萄孢霉菌，使果实的成分发生了明显的变化，用这种葡萄酿制而成的葡萄酒（在生产过程中不允许外加糖源）。

16. 产膜葡萄酒是指葡萄汁经过全部酒精发酵，在酒的自由表面产生一层典型的酵母膜后，加入葡萄白兰地、葡萄蒸馏酒或食用酒精，所含酒精度为 15.0%vol~22.0%vol 的葡萄酒。

17. 加香葡萄酒是指以葡萄酒为酒基，经浸泡芳香植物或加入芳香植物的提取物而制成的，具有浸泡植物或植物提取物特征的葡萄酒。芳香植物是指根据相关规定可在食品加工中使用的具有芳香特征的植物。

18. 脱醇葡萄酒是指采用鲜葡萄或葡萄汁经全部或部分酒精发酵，生成酒精度不低于 7.0%vol 的原酒，然后采用特种工艺降低酒精度的葡萄酒。

19. 低醇葡萄酒是指酒精度为 0.5%vol~7.0%vol 的脱醇葡萄酒。

20. 无醇葡萄酒是指酒精度小于 0.5%vol 的脱醇葡萄酒。

21. 原生葡萄酒是指采用中国原生葡萄种，包括野生或人工种植的山葡萄、毛葡萄、刺葡萄、秋葡萄等中国起源的种及其杂交品种的葡萄或葡萄汁经过全部或部分酒精发酵酿制而成的葡萄酒。

二、葡萄与葡萄酒相关产品标准

产品标准是对产品结构、规格、质量、检验方法所做的技术规定，也是判断产品合格与否的主要依据之一。它是一定时期和一定范围内具有约束力的产品技术准则，是产品生产、质量检验、选购验收、使用维护和洽谈贸易的技术依据。

（一）GB 15037—2006《葡萄酒》

GB 15037—2006《葡萄酒》于 2006 年 12 月 11 日由原国家质量监督检验检疫总局和国家标准化管理委员会发布，2008 年 1 月 1 日施行。该标准的第 3 章 5.2、5.3、5.4 和 8.1、8.2 为强制性条款，其他为推荐性条款，它规定了葡萄酒的术语、分类、技术要求、检验规则和标志、包装、运输、贮存要求，适用于以新鲜葡萄或葡萄汁为原料经发酵酿造的葡萄酒。

1. GB 15037—2006《葡萄酒》结合了中国国情和葡萄酒的产品特点，在确保食品安全的基础上与国际接轨，指标和对应的分析方法参照采用国际标准《国际葡萄与葡萄酒组织（OIV）法规》（2003 版）和《中国葡萄酿酒技术规范》，并且与国内相关标准协调一致。

2. 该标准对强制性的理化要求部分进行了以下改动：卫生指标按 GB 2758—2012 食品安全国家标准发酵酒及其配制酒执行；总酸不作要求，以实测值表示，便于葡萄酒类型的判定；增加了柠檬酸、铜、甲醇、防腐剂限量指标；其中，苯甲酸在发酵过程中可自然产生，并非人工添加，因此规定了上限；不得添加"合成着色剂""甜味剂""香精"和"增稠剂"，增加了净含量要求。

3. 对于业界普遍关注的年份葡萄酒、品种葡萄酒和产地葡萄酒，给出了相应的定义，但是没有给出相应的检测或分析方法。

（1）年份葡萄酒所标注的年份是指葡萄采摘的年份，其中年份葡萄汁所占比例不低于酒含量的 80%（体积分数）。

（2）品种葡萄酒是指用所标注的葡萄品种酿制的酒所占比例不低于酒含量的 75%（体积分数）。

（3）产地葡萄酒是指用所标注的产地葡萄酿制的酒所占比例不低于酒含量的 80%（体积分数）。

（二）GB/T 11856—2008《白兰地》

GB/T 11856—2008《白兰地》参考了欧洲经济共同体 EC 110/2008 号《关于蒸馏酒的定义、描述、介绍、标签和地理标示的保护以及废除理事会第 1576/89 规则》中的白兰地部分。该标准规定了白兰地的术语和定义、产品分类、要求、分析方法、检验规则以及标志、包装、运输和贮存。该标准适用于白兰地的生产、检验与销售，自 2008 年 10 月 19 日发布，2009 年 6 月 1 日实施。

1. 术语和定义。

白兰地是指以水果或果汁（浆）为原料，经发酵、蒸馏、陈酿、调配而成的蒸馏酒。以葡萄或葡萄汁为原料的产品可简称为白兰地，以其他水果为原料，其名称冠以水果名称。

葡萄原汁白兰地是指以葡萄汁、浆为原料，经发酵、蒸馏、在橡木桶中陈酿、调配而成的白兰地。

葡萄皮渣白兰地是指以发酵后的葡萄皮渣为原料，经蒸馏、在橡木桶中陈酿、调配而成的白兰地。

调配白兰地是指以水果蒸馏酒和食用酒精为酒基，经陈酿、调配而成的白兰地。

风味白兰地是指以白兰地为酒基，添加食品用天然香料、香精，可加糖或不加糖调配而成的白兰地。

酒龄是指白兰地原酒在橡木桶中陈酿的时间（年）。

非酒精挥发物总量是指白兰地中除酒精之外的挥发性物质（挥发酸、酯类、醛类、糠醛及高级醇）的总含量。

2. 感官要求。

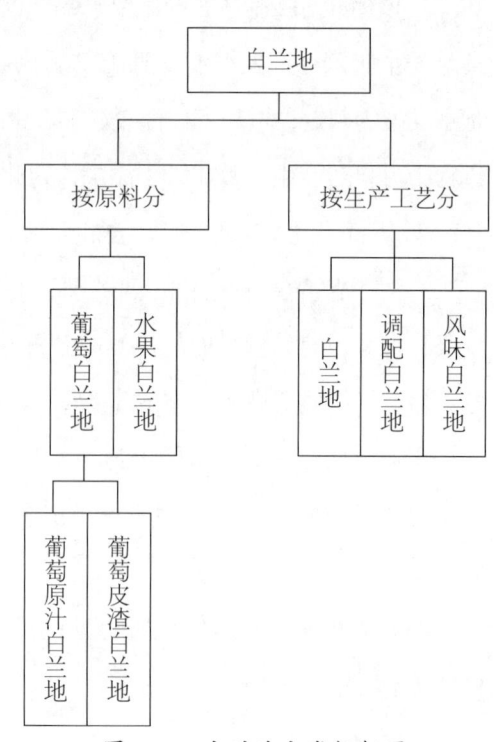

图 6-3　白兰地分类框架图

表6-3 感官要求

项目	要求			
	特级（XO）	优级（VSOP）	一级（VO）	二级（VS）
外观	澄清透明、晶亮，无悬浮物、无沉淀			
色泽	金黄色至赤金色	金黄色至赤金色	金黄色	浅金黄色至金黄色
香气	具有和谐的葡萄品种香，陈酿的橡木香，醇和的酒香，幽雅浓郁	具有明显的葡萄品种香，陈酿的橡木香，醇和的酒香，幽雅	具有葡萄品种香，橡木香及酒香，香气谐调、浓郁	具有原料品种香、酒香及橡木香，无明显刺激感和异味
口味	醇和、甘冽、沁润、细腻、丰满、绵延	醇和、甘润、丰满、绵柔	醇和、甘冽、完整、无杂味	较纯正、无邪杂味
风格	具有本品独特的风格	具有本品突出的风格	具有本品明显的风格	具有本品应有的风格

3. 理化要求。

表6-4 理化要求

项目	要求			
	特级（XO）	优级（VSOP）	一级（VO）	二级（VS）
酒龄/年 ≥	6	4	3	2
酒精度 a/(%vol) ≥	36.0			
非酒精挥发物总量（挥发酸+酯类+醛类+糠醛+高级醇）/[g/L（100%vol乙醇）] ≥	2.50	2.00	1.25	—
铜/(mg/L) ≤	6.0			
注：a 酒精度测值与标签标示值允许差为±1.0%vol。				

4. 卫生要求。

应符合 GB 2757 的规定。

（三）GB/T 25504—2010《冰葡萄酒》

GB/T 25504—2010《冰葡萄酒》规定了冰葡萄酒的术语和定义、要求、分析方法、检验规则、标签标识和包装、运输、贮存。该标准适用于冰葡萄酒的生产、检验和销售。该标准2011年1月10日发布，自2011年9月1日实施。

1. 冰葡萄酒。

冰葡萄酒是指当气温低于-7℃使葡萄在树枝上保持一定时间后采收，在结冰状态下压榨，发酵，酿制而成的葡萄酒（在生产过程中不允许外加糖源）。

2. 产品分类。

按颜色分为红冰葡萄酒和白冰葡萄酒，白冰葡萄酒可简称冰葡萄酒。

3. 感官要求。

表6-5 感官要求

项目	要求	
	白冰葡萄酒	红冰葡萄酒
色泽	浅黄色或金黄色	棕红色或宝石红色
澄清度	澄清，有光泽，无明显悬浮物（使用软木塞封口的酒允许有少量软木渣，装瓶超过1年的葡萄酒允许有少量沉淀）	
香气	具有纯正、丰富、优雅、怡悦、和谐的干果香、蜜香与酒香，品种香气突出，陈酿型的冰葡萄酒还应具有陈酿香或橡木香	
口味	圆润丰满、酸甜适口、柔和协调	
风格	典型性突出、明确	

4. 理化要求。

表6-6 理化要求

项 目	要求
酒精度[a]/(%vol)	9.0~14.0
总糖（以葡萄糖计）/(g/L)	≥125.0
干浸出物/(g/L)	≥30
蔗糖/(g/L)	≤10
挥发酸（以乙酸计）/(g/L)	≤2.1
铁/(mg/L)	
铜/(mg/L)	
甲醇 白冰葡萄酒/(mg/L)	应符合 GB 15037 的规定
甲醇 红冰葡萄酒/(mg/L)	

注：[a] 酒精度标签标示值与实测值之差不得超过±1.0%vol。

5. 卫生指标。

应符合 GB 2758 的规定。

三、葡萄酒的检验方法标准

葡萄酒是供人们直接饮用的食品,它的质量直接关系到饮用者的健康,因此必须高度重视葡萄酒的质量检验工作,以有效地保障葡萄酒的质量安全。国际葡萄与葡萄酒组织(OIV)规定了葡萄酒质量的分析项目,主要包括感观分析、稳定性试验和理化分析三个方面。我国根据 OIV 的相关规定,在 GB 15037—2006《葡萄酒》、GB/T 15038—2006《葡萄酒、果酒通用分析方法》中也制定了相关的分析指标,葡萄酒感官质量、理化指标、卫生要求构成了我国葡萄酒的总体质量。

(一)葡萄酒的感官要求

表 6-7 葡萄酒的感官要求

项目			要求
外观	色泽	白葡萄酒	近似无色、微黄带绿、浅黄、禾秆黄、金黄色
		红葡萄酒	紫红、深红、宝石红、红微带棕色、棕红色
		桃红葡萄酒	桃红、淡玫瑰红、浅红色
	澄清程度		澄清,有光泽,无明显悬浮物(使用软木塞封口的酒允许有少量软木渣,装瓶超过 1 年的葡萄酒允许有少量沉淀)
	起泡程度		起泡葡萄酒注入杯中时,应有细微的串珠状气泡升起,并有一定的持续性
香气与滋味	香气		具有纯正、优雅、怡悦、和谐的果香与酒香,陈酿型的葡萄酒还应具有陈酿香或橡木香
	滋味	干、半干葡萄酒	具有纯正、优雅、爽怡的口味和悦人的果香味,酒体完整
		半甜、甜葡萄酒	具有甘甜醇厚的口味和陈酿的酒香味,酸甜协调,酒体丰满
		起泡葡萄酒	具有优美醇正、和谐悦人的口味和发酵起泡酒的特有香味,有杀口力
典型性			具有标示的葡萄品种及产品类型应有的特征和风格
注:感官评价可参考葡萄酒感官分级评价描述进行。			

表 6-8 葡萄酒感官分级评价描述(GB 15037)

等级	描述
优级品	具有该产品应有的色泽,自然、悦目、澄清(透明)、有光泽;具有纯正、浓郁、优雅和谐的果香(酒香),诸香协调,口感细腻、舒顺、酒体丰满、完整、回味绵长、具有该产品应有的怡人的风格
优良品	具有该产品的色泽;澄清透明,无明显悬浮物,具有纯正和谐的果香(酒香),口感纯正,较舒顺,较完整,优雅,回味较长,具有良好的风格

续表

等级	描述
合格品	与该产品应有的色泽略有不同，缺少自然感，允许有少量沉淀，具有该产品应有的气味，无异味，口感尚平衡，欠协调、完整，无明显缺陷
不合格品	与该产品应有的色泽明显不符，严重失光或浑浊，有明显异香、异味，酒体寡淡、不协调，或有其他明显的缺陷（除色泽外，只要有其中一条，则判为不合格品）
劣质品	不具备应有的特征

（二）葡萄酒的理化指标

理化指标是指由葡萄酒的成分（糖、酒精、矿质元素、香气成分、酚类物质、多糖、蛋白质、维生素、酵母、细菌等）所构成的指标，其对葡萄酒的风味及稳定性起着重要作用。葡萄酒的理化指标是衡量葡萄酒质量好坏的尺度，也是一个最基本的尺度，它只有合格与不合格之分，没有质量高低的判别。

干浸出物是葡萄酒在一定物理条件下非挥发性物质的总和，包括游离酸及盐类、单宁、果胶、低糖、矿物质等，它不仅影响葡萄酒口感，还是体现葡萄酒品质的关键指标。干浸出物不合格说明葡萄酒中含葡萄的天然成分较少，葡萄酒原汁含量不足，可能是掺水较多，从而影响葡萄酒品质。

我国《食品安全国家标准食品中污染物限量》（GB2762—2012）、《葡萄酒》（GB15037—2006）规定，干红葡萄酒的干浸出物不得低于18.0 g/L。

山梨酸是一种常见防腐剂，添加山梨酸有助于保证设备、容器的清洁卫生，同时对葡萄酒加工过程中的微生物有抑菌杀菌作用。在规定的范围内使用山梨酸被认为是安全的，若长期摄入则会抑制骨骼生长，危害肾、肝脏的健康。

葡萄酒中铜、铁超标会影响酒的稳定性，促进葡萄酒的氧化，使之产生沉淀，进而降低产品品质。过量的铜、铁摄入会对人的心脏、神经造成损害。葡萄酒中铜铁超标，可能是由葡萄酒种植、酿造、生产过程中带入，与金属容器工具接触，或者是葡萄喷洒农药过多，导致葡萄酒铜铁含量超标。铜含量不超过每升1.0 mg，铁含量不超过每升8.0 mg。

柠檬酸在葡萄酒中的含量很低，欧盟的一些国家禁止使用柠檬酸来作为加酸剂，但是允许少量使用以除去葡萄酒中多余的铁和铜。

表 6-9 理化要求

项目			要求
酒精度[a]（20℃）（体积分数）/%			≥7.0
总糖[d]（以葡萄糖计）/(g/L)	平静葡萄酒	干葡萄酒[b]	≤4.0
		半干葡萄酒[c]	4.1~12.0
		半甜葡萄酒	12.1~45.0
		甜葡萄酒	≥45.1
	高泡葡萄酒	天然型高泡葡萄酒	≤12.0（允许差为3.0）
		绝干型高泡葡萄酒	12.1~17.0（允许差为3.0）
		干型高泡葡萄酒	17.1~32.0（允许差为3.0）
		半干型高泡葡萄酒	32.1~50.0
		甜型高泡葡萄酒	≥50.1
干浸出物/(g/L)	白葡萄酒		≥16.0
	桃红葡萄酒		≥17.0
	红葡萄酒		≥18.0
挥发酸（以乙酸计）/(g/L)			≤1.2
柠檬酸/(g/L)	干、半干、半甜葡萄酒		≤1.0
	甜葡萄酒		≤2.0
二氧化碳（20℃）/MPa	低泡葡萄酒	<250 mL/瓶	0.05~0.29
		≥250 mL/瓶	0.05~0.34
	高泡葡萄酒	<250 mL/瓶	≥0.30
		≥250 mL/瓶	≥0.35
铁/(mg/L)			≤8.0
铜/(mg/L)			≤1.0
甲醇/(mg/L)	白、桃红葡萄酒		≤250
	红葡萄酒		≤400
苯甲酸或苯甲酸钠（以苯甲酸计）/(mg/L)			≤50
山梨酸或山梨酸钠（以山梨酸计）/(mg/L)			≤200
注：总酸不作要求，以实测值表示（以酒石酸计，g/L）。			
[a] 酒精度标签标示值与实测值不得超过±1.0%（体积分数）。 [b] 当总糖与总酸（以酒石酸计）的差值小于或等于2.0 g/L时，含糖最高为9.0 g/L。 [c] 当总糖与总酸（以酒石酸计）的差值小于或等于2.0 g/L时，含糖最高为18.0 g/L。 [d] 低泡葡萄酒总糖的要求同平静葡萄酒。			

(三) 葡萄酒的卫生指标

葡萄酒的卫生指标包括细菌总数、大肠菌群、肠道致病菌和铅，除铅以外，其他都属于微生物指标。GB 2758—2012《食品安全国家标准 发酵酒及其配制酒》规定：细菌总数小于或等于 50 cfu/mL，大肠菌群小于或等于 3 MPN/mL，肠道致病菌不得检出，铅含量小于或等于 0.2 mg/L。

按正常工艺生产的葡萄酒，卫生指标完全可控制在标准范围内，但当设备简陋、管理混乱、工艺落后时，就有可能导致微生物学指标不合格。

涉及葡萄酒卫生的标准主要有：

GB/T 4789.1—2010《食品安全国家标准 食品微生物学检验 总则》

GB/T 4789.2—2010《食品安全国家标准 食品微生物学检验 菌落总数测定》

GB/T 4789.3—2010《食品安全国家标准 食品微生物学检验 大肠菌群测定》

GB/T 4789.4—2010《食品安全国家标准 食品微生物学检验 沙门氏菌检验》

GB/T 4789.25—2003《食品卫生微生物学检验 酒类检验》

GB/T 5009.49—2008《发酵酒及其配制酒卫生标准的分析方法》

四、葡萄酒包装与流通标准

食品标签具有引导、指导消费者选购食品；促进销售；向消费者承诺；向监督机构提供监督检查依据；维护食品制造者的合法权益等作用。食品标签最重要的原则是"求真务实"，规范食品标签的必要性在于有效防止欺诈、误导，保证公平竞争，维护社会经济秩序；适应国际贸易。

涉及葡萄酒包装和流通的标准主要有：

GB/T 23509—2009《食品包装容器及材料 分类》

GB/T 23778—2009《酒类及其他食品包装用软木塞》

BB/T 0018—2000《包装容器 葡萄酒瓶》

GB 7718—2011《食品安全国家标准 预包装食品标签通则》

GB/T 19142—2008《出口商品包装通则》

SB/T 10391—2005《酒类商品批发经营管理规范》

SB/T 10392—2005《酒类商品零售经营管理规范》

NY/T 658—2002《绿色食品包装通用准则》

SB/T 10710—2012《酒类产品流通术语》

SB/T 10711—2012《葡萄酒原酒流通技术规范》

SB/T 10712—2012《葡萄酒运输、贮存技术规范》

五、葡萄酒质量安全控制标准

(一) GB 2757—2012《食品安全国家标准 蒸馏酒及其配制酒》

GB 2757—2012《食品安全国家标准 蒸馏酒及其配制酒》适用于蒸馏酒及其配制酒，2012年8月6日发布，自2013年2月1日实施。

1. 原料要求：应符合相应的标准和有关规定。

2. 感官要求：应符合相应产品标准的有关规定。

3. 理化指标：

表6-10 理化指标

项目	指标		检验方法
	粮谷类	其他	
甲醇[a]/(g/L)	≤0.6	≤2.0	GB/T 5009.48
氰化物[a]（以 HCN 计）/(mg/L)	≤8.0		GB/T 5009.48 |//
注：[a] 甲醇、氰化物指标均按100%酒精度折算。			

4. 污染物和真菌毒素限量：污染物限量应符合 GB 2762 的规定；真菌毒素限量应符合 GB 2761 的规定。

5. 食品添加剂：食品添加剂的使用应符合 GB 2760 的规定。

(二) GB 2758—2012《食品安全国家标准 发酵酒及其配制酒》

GB 2758—2012《食品安全国家标准 发酵酒及其配制酒》适用于发酵酒及其配制酒。自2012年8月6日发布，自2013年2月1日实施。

1. 原料要求：应符合相应的标准和有关规定。

2. 感官要求：应符合相应产品标准的有关规定。

3. 理化指标：

表 6-11　理化指标

项目	指标	检验方法
	啤酒	
甲醛/(mg/L)	≤2.0	GB/T 5009.49

4. 污染物和真菌毒素限量：污染物限量应符合 GB 2762 的规定；真菌毒素限量应符合 GB 2761 的规定。

5. 微生物限量：

表 6-12　微生物限量

项目	采样方案及限量[a]			检验方法
	n	c	m	
沙门氏菌	5	0	0/25 mL	GB/T 4789.25
金黄色葡萄球菌	5	0	0/25 mL	

注：[a] 样品的分析及处理按 GB 4789.1 执行。

6. 食品添加剂：食品添加剂的使用应符合 GB 2760 的规定。

（三）GB 12696—2016《食品安全国家标准 发酵酒及其配制酒生产卫生规范》

该标准规定了发酵酒及其配制酒生产过程中原料采购、加工、包装、贮存和运输等环节的场所、设施、人员的基本要求和管理准则。该标准适用于葡萄酒、果酒（发酵型）、黄酒以及发酵酒的配制酒的生产。该标准 2016 年 12 月 23 日发布，自 2017 年 12 月 23 日实施。

（四）GB/T 23543—2009《葡萄酒企业良好生产规范》

该标准规定了葡萄酒企业的厂区环境、厂房与设施、设备与工器具、人员管理与培训、物料控制与管理、生产过程控制、质量管理、卫生管理、成品贮运与运输、文件和记录、投诉处理和产品召回以及产品信息和宣传引导等方面的基本要求。适用于葡萄酒企业的设计、建造（改扩建）、生产管理和质量管理。

（五）HJ 452—2008《清洁生产标准 葡萄酒制造业》

为进一步贯彻《中华人民共和国环境保护法》和《中华人民共和国清洁生产

促进法》，保护环境，为葡萄酒制造开展清洁生产提供技术支持和导向。在明确葡萄酒制造企业在达到国家和地方污染物排放标准的基础上，根据当前的行业技术、装备水平和管理现状，规定了葡萄酒制造清洁生产的一般要求。

（六）GB/T 12697—1990《果酒厂卫生规范》

为加强果酒工业企业的卫生管理，提高产品质量，保证消费者身体健康，特制定《果酒厂卫生规范》。

（七）GB 14881—1994《食品企业通用卫生规范》

该标准规定了食品生产过程中原料采购、加工、包装、贮存和运输等环节的场所、设施、人员的基本要求和管理准则。

（八）GB/T 19538—2004《危害分析与关键控制点（HACC）体系及其应用指南》

该标准针对食品安全，给出了危害分析与关键控制点（HACCP）体系的原理及其应用的通用指南。该标准适用于从初级生产到最终消费整个食品链中 HACCP 的应用。

（九）AQT 9006—2010《企业安全生产标准化基本规范》

该标准适用于工矿企业开展安全生产标准化工作以及对标准化工作的咨询、服务和评审。

（十）GB 50694—2011《酒厂设计防火规范》

为了防范酒厂火灾，减少火灾危害，保护人身和财产安全，2011 年 7 月 26 日发布，自 2012 年 6 月 1 日实施，GB 50694—2011《酒厂设计防火规范》发布。该规范适用于白酒、葡萄酒、白兰地、黄酒、啤酒等酒厂和食用酒精厂的新建、改建和扩建工程的防火设计，不适用于酒厂自然洞酒库的防火设计。酒厂的防火设计应遵循国家的有关方针政策，做到安全可靠、技术先进、经济合理。酒厂的防火设计除应执行本规范的规定外，尚应符合国家现行有关标准的规定。

1. 相关术语。

酒厂是指生产饮料酒的工厂。包括生产白酒、葡萄酒、白兰地酒、黄酒和啤酒等各类饮料酒的工厂，主要有原料库、原料粉碎车间、酿酒车间、酒库、勾兑车间、灌装包装车间、成品库等生产、储存设施。

酒库是指采用陶坛、橡木桶或金属储罐等容器存放饮料酒的室内场所。

常储量是指酒厂保持相对稳定的储酒量,一般为酒库、储罐区和成品库的储存容量之和。

2. 酒厂生产、储存的火灾危险性分类及建(构)筑物的最低耐火等级,应符合以下要求。

表6-13 葡萄酒厂、白兰地酒厂生产储存的火灾危险性分类及建(构)筑物的最低耐火等级

火灾危险性分类	最低耐火等级	主要建(构)筑物	其他建(构)筑物
甲	二级	白兰地蒸馏车间、白兰地勾兑车间、白兰地酒泵房、白兰地陈酿库	燃气调压站、乙炔间
乙	二级	白兰地灌装车间,葡萄酒灌装车间、葡萄酒酒泵房、葡萄酒陈酿库、葡萄酒储罐区	氨压缩机房
丙	二级	白兰地包装车间、白兰地成品库	自备发电机房;包装材料库、塑料瓶库
丁	三级	原料分选、破碎除梗、浸提压榨车间、发酵车间、SO_2储瓶间、葡萄酒包装车间;原料库房、葡萄酒成品库	排水、污水泵房,空气压缩机房,洗瓶车间,机修车间,仪表电修车间;玻璃瓶库、陶瓷瓶库

六、食品添加剂使用标准

《食品安全法》明确要求,制定食品安全标准,应当以保障公众身体健康为宗旨,做到科学合理、安全可靠;而且必须将"食品添加剂的品种、使用范围、用量"纳入食品安全标准。国家允许生产的食品添加剂都必须有质量标准或规范。经食品安全国家标准审评委员会审查通过,GB 2760—2014《食品安全国家标准食品添加剂使用标准》2014年12月24日发布,自2015年5月24日实施。

(一)适用范围

GB 2760—2014《食品安全国家标准食品添加剂使用标准》规定了食品添加剂的使用原则、允许使用的食品添加剂品种、使用范围及最大使用量或残留量。

(二)相关术语和定义

1. 食品添加剂是指为改善食品品质和色、香、味以及为防腐、保鲜和加工工艺的需要而加入食品中的人工合成或者天然物质。食品用香料、胶基糖果中基础剂物

质、食品工业用加工助剂也包括在内。

2. 最大使用量是指食品添加剂使用时所允许的最大添加量。

3. 最大残留量是指食品添加剂或其分解产物在最终食品中的允许残留水平。

4. 食品工业用加工助剂是指保证食品加工能顺利进行的各种物质，与食品本身无关。如助滤、澄清、吸附、脱模、脱色、脱皮、提取溶剂、发酵用营养物质等。

（三）食品添加剂的使用原则

1. 食品添加剂使用时应符合以下基本要求：不应对人体产生任何健康危害；不应掩盖食品腐败变质；不应掩盖食品本身或加工过程中的质量缺陷或以掺杂、掺假、伪造为目的而使用食品添加剂；不应降低食品本身的营养价值；在达到预期效果的前提下尽可能降低在食品中的使用量。

2. 在下列情况下可使用食品添加剂：保持或提高食品本身的营养价值；作为某些特殊膳食用食品的必要配料或成分；提高食品的质量和稳定性，改进其感官特性；便于食品的生产、加工、包装、运输或者贮藏。

3. 食品添加剂质量标准：按照该标准使用的食品添加剂应当符合相应的质量规格要求。

4. 带入原则。

在下列情况下食品添加剂可以通过食品配料（含食品添加剂）带入食品中：根据该标准，食品配料中允许使用该食品添加剂；食品配料中该添加剂的用量不应超过允许的最大使用量；应在正常生产工艺条件下使用这些配料，并且食品中该添加剂的含量不应超过由配料带入的水平；由配料带入食品中的该添加剂的含量应明显低于直接将其添加到该食品中通常所需要的水平。

当某食品配料作为特定终产品的原料时，批准用于上述特定终产品的添加剂允许添加到这些食品配料中，同时该添加剂在终产品中的量应符合本标准的要求。在所述特定食品配料的标签上应明确标示该食品配料用于上述特定食品的生产。

（四）食品添加剂的使用规定

该标准规定了食品添加剂的允许使用品种、使用范围以及最大使用量或残留量。列出的同一功能的食品添加剂（相同色泽着色剂、防腐剂、抗氧化剂）在混合使用时，各自用量占其最大使用量的比例之和不应超过 1。

（五）食品用香料

用于生产食品用香精、香料的使用应符合以下规定。

1. 食品用香料、香精的使用原则。

在食品中使用食品用香料、香精的目的是使食品产生、改变或提高食品的风味。食品用香料一般配制成食品用香精后用于食品加香，部分也可直接用于食品加香。食品用香料、香精不包括只产生甜味、酸味或咸味的物质，也不包括增味剂。

食品用香料、香精在各类食品中按生产需要适量使用，所列食品没有加香的必要，不得添加食品用香料、香精，法律、法规或国家食品安全标准另有明确规定者除外。食品是否可以加香应按相关食品产品标准规定执行。

用于配制食品用香精的食品用香料品种应符合本标准的规定。用物理方法、酶法或微生物法（所用酶制剂应符合本标准的有关规定）从食品（可以是未加工过的，也可以是经过适合消费的传统的食品制备工艺的加工过程）中制得的具有香味特性的物质或天然香味复合物可用于配制食品用香精。注：天然香味复合物是一类含有食用香味物质的制剂。

具有其他食品添加剂功能的食品用香料，在食品中发挥其他食品添加剂功能时，应符合本标准的规定。如：苯甲酸、肉桂醛、瓜拉纳提取物、双乙酸钠（又名二醋酸钠）、琥珀酸二钠、磷酸三钙、氨基酸等。

2. 食品用香精可以含有对其生产、贮存和应用等所必需的食品用香精辅料（包括食品添加剂和食品）。

食品用香精辅料应符合以下要求：食品用香精中允许使用的辅料应符合相关标准的规定。在达到预期目的的前提下尽可能减少使用品种。作为辅料添加到食品用香精中的食品添加剂不应在最终食品中发挥功能作用，在达到预期目的的前提下尽可能降低在食品中的使用量。

食品用香精的标签，以及凡添加了食品用香料、香精的食品应按照国家相关标准进行标示。

（六）食品工业用加工助剂

食品工业用加工助剂的使用应符合相关规定。

1. 食品工业用加工助剂（以下简称加工助剂）的使用原则。

加工助剂应在食品生产加工过程中使用，使用时应具有工艺必要性，在达到预期目的的前提下应尽可能降低使用量。加工助剂一般应在制成最终成品之前除去，无法完全除去的，应尽可能降低其残留量，残留量不应对人体健康产生危害，不应在最终食品中发挥功能作用。加工助剂应该符合相应的质量规格要求。

2. 食品工业用加工助剂的使用规定。

以加工助剂名称汉语拼音排序规定了可在各类食品加工过程中使用、残留量不须限定的加工助剂名单（不含酶制剂）；以加工助剂名称汉语拼音排序规定了需要规定功能和使用范围的加工助剂名单（不含酶制剂）；以酶制剂名称汉语拼音排序规定了食品加工中允许使用的酶。各种酶的来源和供体应符合表中的规定。

（七）食品添加剂功能类别

每个添加剂在食品中常常具有一种或多种功能。GB 2760—2014《食品安全国家标准 食品添加剂使用标准》中每个食品添加剂的具体规定，列出了该食品添加剂常用的功能，但并非详尽地列举。

酸度调节剂是指用以维持或改变食品酸碱度的物质。

抗结剂是指用于防止颗粒或粉状食品聚集结块，保持其松散或自由流动的物质。

消泡剂是指在食品加工过程中降低表面张力，消除泡沫的物质。

抗氧化剂是指能防止或延缓油脂或食品成分氧化分解、变质，提高食品稳定性的物质。

漂白剂是指能够破坏、抑制食品的发色因素，使其褪色或使食品免于褐变的物质。

膨松剂是指在食品加工过程中加入的，能使产品发起形成致密多孔组织，从而使制品具有膨松、柔软或酥脆的物质。

胶基糖果中基础剂物质是指赋予胶基糖果起泡、增塑、耐咀嚼等作用的物质。

着色剂是指使食品赋予色泽和改善食品色泽的物质。

护色剂是指能与肉及肉制品中呈色物质作用，使之在食品加工、保藏等过程中不致分解、破坏，呈现良好色泽的物质。

乳化剂是指能改善乳化体中各种构成相之间的表面张力，形成均匀分散体或乳化体的物质。

酶制剂是指由动物或植物的可食或非可食部分直接提取，或由传统或通过基因修饰的微生物（包括但不限于细菌、放线菌、真菌菌种）发酵、提取制得，用于食品加工，具有特殊催化功能的生物制品。

增味剂是指补充或增强食品原有风味的物质。

面粉处理剂是指促进面粉的熟化和提高制品质量的物质。

被膜剂是指涂抹于食品外表，起保质、保鲜、上光、防止水分蒸发等作用的物质。

水分保持剂是指有助于保持食品中水分而加入的物质。

防腐剂是指防止食品腐败变质、延长食品储存期的物质。

稳定剂和凝固剂是指使食品结构稳定或使食品组织结构不变，增强黏性固形物的物质。

甜味剂是指赋予食品甜味的物质。

增稠剂是指可以提高食品的黏稠度或形成凝胶，从而改变食品的物理性状、赋予食品黏润、适宜的口感，并兼有乳化、稳定或使呈悬浮状态作用的物质。

食品用香料是指能够用于调配食品香精，并使食品增香的物质。

食品工业用加工助剂是指有助于食品加工能顺利进行的各种物质，与食品本身无关。如助滤、澄清、吸附、脱模、脱色、脱皮、提取溶剂等。

（八）部分食品添加剂在葡萄酒、果酒生产中的应用

表6-14　部分食品添加剂在葡萄酒、果酒生产中的应用

添加剂名称	食品名称	功能	最大使用量（g/kg）	备注
二氧化硫、焦亚硫酸钾、焦亚硫酸钠、亚硫酸钠、亚硫酸氢钠、低亚硫酸钠	葡萄酒果酒	漂白剂、防腐剂、抗氧化剂	0.25 g/L	甜型葡萄酒及果酒系列产品最大使用量为0.4 g/L，最大使用量以二氧化硫残留量计
焦糖色	调香葡萄酒	着色剂	50.0 g/L	
L (+)-酒石酸，dl-酒石酸	葡萄酒	酸度调节剂	4.0 g/L	以酒石酸计
山梨酸及其钾盐	配制酒	防腐剂、抗氧化剂、稳定剂	0.4 g/L	以山梨酸计
	葡萄酒		0.2 g/L	
	果酒		0.6 g/L	

续表

添加剂名称	食品名称	功能	最大使用量 (g/kg)	备注
D-异抗坏血酸及其钠盐	葡萄酒	抗氧化剂、护色剂	0.15 g/L	以抗坏血酸计
苯甲酸及其钠盐	配制酒	防腐剂	0.4 g/L	以苯甲酸计
	果酒		0.8 g/L	
黑加仑红	果酒	着色剂	按生产需要适量使用	
桑椹红	果酒	着色剂	1.5 g/L	
双乙酰酒石酸单双甘油酯	果酒	乳化剂、增稠剂		
杨梅红	果酒（仅限于配制果酒）	着色剂	0.2 g/L	
紫草红	果酒	着色剂	0.1 g/L	
二氧化碳	配制酒 其他发酵酒类（充气型）	防腐剂	按生产需要适量使用	

表6-15 需要规定功能和使用范围的加工助剂名单（不含酶制剂）

序号助剂	名称功能	使用范围
阿拉伯胶	澄清剂	葡萄酒加工工艺
不溶性聚乙烯聚吡咯烷酮	吸附剂	啤酒、葡萄酒、果酒、黄酒、配制酒的加工工艺和发酵工艺
高岭土	澄清剂、助滤剂	葡萄酒、果酒、黄酒、配制酒的加工工艺和发酵工艺
硅胶	澄清剂	啤酒、葡萄酒、果酒、配制酒和黄酒的加工工艺
酒石酸氢钾	结晶剂	葡萄酒加工工艺
抗坏血酸 抗坏血酸钠	防褐变	葡萄酒的加工工艺
离子交换树脂	脱色剂、吸附剂	啤酒、葡萄酒、果酒、配制酒、黄酒、罐头食品的加工工艺、水处理工艺、制糖工艺和发酵工艺
硫酸铜	澄清剂、螯合剂、发酵用营养物质	葡萄酒的加工工艺、皮蛋的加工工艺、发酵工艺
明胶	澄清剂	果酒的加工工艺、葡萄酒的加工工艺

续表

序号助剂	名称功能	使用范围
膨润土	吸附剂、助滤剂、澄清剂、脱色剂	葡萄酒、果酒、黄酒和配制酒、油脂、调味品、果蔬汁、茶饮料、固体饮料的加工工艺、发酵工艺
食用单宁	助滤剂、澄清剂、脱色剂	黄酒、啤酒、葡萄酒和配制酒的加工工艺、油脂脱色工艺
珍珠岩	助滤剂	啤酒、葡萄酒、果酒和配制酒的加工工艺，发酵工艺，油脂加工工艺，淀粉糖加工工艺

第七章　葡萄酒的标签标识和标注

产品标识是产品综合信息的媒体，是生产者、销售者应当承担的重要的产品质量义务。随着我国产品质量法律、法规的不断完善，消费者的质量意识不断提高，在选购商品时更加重视产品标识所提供的产品信息，并且把法律法规中的有关规定作为选购商品的依据。《中华人民共和国食品安全法》（以下简称《食品安全法》）、《中华人民共和国产品质量法》（以下简称《产品质量法》）等法律、法规对产品标识作出了明确规定。

第一节　食品标签标识与标注

为落实《中华人民共和国食品安全法》（以下简称《食品安全法》）及其实施条例等法律法规要求，规范食品标识标注，加强食品标识监督管理，保护消费者和食品生产经营者的合法权益，对食品标签与标识标注进行明确规定。

一、食品标识的定义

食品标识是指粘贴、印刷、标注或者随附等附加于食品或者其包装上，用以辨识和说明食品基本信息、特征或者属性的文字、符号、数字、图案以及其他说明的总称。食品标识包括食品标签和说明书等。

二、《食品安全法》明确标签的标明事项

《食品安全法》第六十七条规定：预包装食品的包装上应当有标签。标签应当

标明下列事项：

（1）名称、规格、净含量、生产日期；

（2）成分或者配料表；

（3）生产者的名称、地址、联系方式；

（4）保质期；

（5）产品标准代号；

（6）贮存条件；

（7）所使用的食品添加剂在国家标准中的通用名称；

（8）生产许可证编号；

（9）法律、法规或者食品安全标准规定必须标明的其他事项。

专供婴幼儿和其他特定人群的主辅食品，其标签还应当标明主要营养成分及其含量。食品安全国家标准对标签标注事项另有规定的，从其规定。

三、《产品质量法》明确产品或者其包装上的标识要求

《产品质量法》第二十七条规定：产品或者其包装上的标识必须真实，并符合下列要求。

（1）有产品质量检验合格证明。

（2）有中文标明的产品名称、生产厂厂名和厂址。

（3）根据产品的特点和使用要求，需要标明产品规格、等级、所含主要成分的名称和含量的，用中文相应予以标明；需要事先让消费者知晓的，应当在外包装上标明，或者预先向消费者提供有关资料。

（4）限期使用的产品，应当在显著位置清晰地标明生产日期和安全使用期或者失效日期。

（5）使用不当，容易造成产品本身损坏或者可能危及人身、财产安全的产品，应当有警示标志或者中文警示说明。

裸装的食品和其他根据产品的特点难以附加标识的裸装产品，可以不附加产品标识。

四、加强食品标签标识的监督管理

深刻认识在食品标签标识标注方面存在的隐患和问题，促进企业依法依规按照食品安全标准如实标注、规范标注，进一步强化食品生产单位落实食品安全主体责任，保证食品标签标识信息真实规范；严厉打击食品标签标识欺诈违法违规行为，提升食品生产单位守法、诚信的意识，维护广大消费者的合法权益。

1. 要加强对印刷企业严格的监督检查，严厉打击非法盗印商标标识、标签及非法生产假冒产品包装盒、假酒瓶、瓶盖的违法行为。

2. 要依据《产品质量法》加强对产品标识的监督检查，严厉打击查处生产经营者伪造或者冒用产品标识以及在商品包装、标签及广告宣传中使用"特供""专供"及类似内容的情况的相关违法行为。

3. 要规范委托加工过程中的产品标识标注。任何企业不允许委托无证企业进行生产。

（1）有证企业（委托方）委托另一同一种产品有证企业（被委托方）进行生产，委托方负责全部产品销售的，企业可选择以下两种标注方式：产品或其包装上应当标注委托方的名称；地址和被委托方的名称和生产许可证标记、编号；产品或其包装上应当标注委托方的名称、地址以及生产许可证标记、编号。

（2）无证企业（委托方）委托有所委托产品生产许可证企业（被委托方）进行生产，委托方负责全部产品销售的，产品或其包装上应当标注委托方的名称、地址以及被委托方名称和生产许可证标记、编号。

4. 进出口预包装食品标签检验监督管理。进口预包装食品标签作为食品检验项目之一，应符合《食品安全法》及其实施条例、《中华人民共和国进出口商品检验法》及其实施条例等法律法规规定和关于食品标签标注的相关规定。

（1）进口商应当负责审核其进口预包装食品的中文标签是否符合我国相关法律、行政法规规定和食品安全国家标准要求。审核不合格的，不得进口。

（2）进口预包装食品被抽中现场查验或实验室检验的，进口商应当向海关人员提交其合格证明材料、进口预包装食品的标签原件和翻译件、中文标签样张及其他证明材料。

（3）入境展示、样品、免税经营（离岛免税除外）、使领馆自用、旅客携带以及通过邮寄、快件、跨境电子商务等形式入境的预包装食品标签监管，按有关规定执行。

（4）出口预包装食品生产企业应当保证其出口的预包装食品标签符合进口国（地区）的标准或者合同要求。

第二节　预包装食品标签通则

食品标签是向消费者传递产品信息的载体。做好预包装食品标签管理，既是维护消费者权益，保障行业健康发展的有效手段，也是实现食品安全科学管理的需求。根据《中华人民共和国食品安全法》（以下简称《食品安全法》）及其实施条例的相关规定，GB 7718—2011《食品安全国家标准预包装食品标签通则》规定了预包装食品标签的通用性要求，进一步细化了《食品安全法》及其实施条例对食品标签的具体要求，增强了标准的科学性和可操作性，该标准2011年4月20日发布，自2012年4月20日实施。

一、基本概念

1. 预包装食品是指预先定量包装或者制作在包装材料和容器中的食品，包括预先定量包装以及预先定量制作在包装材料和容器中并且在一定量限范围内具有统一的质量或体积标识的食品。

2. 食品标签是指食品包装上的文字、图形、符号及一切说明物。

3. 配料是指在制造或加工食品时使用的，并存在（包括以改性的形式存在）于产品中的任何物质，包括食品添加剂。

4. 生产日期（制造日期）是指食品成为最终产品的日期，也包括包装或灌装日期，即将食品装入（灌入）包装物或容器中，形成最终销售单元的日期。

5. 保质期是指预包装食品在标签指明的贮存条件下，保持品质的期限。在此期限内，产品完全适于销售，并保持标签中不必说明或已经说明的特有品质。

6. 规格是指同一预包装内含有多件预包装食品时，对净含量和内含件数关系的表述。

7. 主要展示版面是指预包装食品包装物或包装容器上容易被观察到的版面。

二、基本要求

1. 应符合法律、法规的规定，并符合相应食品安全标准的规定。

2. 应清晰、醒目、持久，应使消费者购买时易于辨认和识读。

3. 应通俗易懂、有科学依据，不得标示封建迷信、色情、贬低其他食品或违背营养科学常识的内容。

4. 应真实准确，不得以虚假、夸大，使消费者误解或欺骗性的文字、图形等方式介绍食品，也不得利用字号大小或色差误导消费者。

5. 不应直接或以暗示性的语言、图形、符号，误导消费者将购买的食品或食品的某一性质与另一产品混淆。

6. 不应标注或者暗示具有预防、治疗疾病作用的内容，非保健食品不得明示或者暗示具有保健作用。

7. 不应与食品或者其包装物（容器）分离。

8. 应使用规范的汉字（商标除外）。具有装饰作用的各种艺术字，应书写正确、易于辨认。

（1）可以同时使用拼音或少数民族文字，拼音不得大于相应汉字。

（2）可以同时使用外文，但应与中文有对应关系（商标、进口食品的制造者和地址、国外经销者的名称和地址、网址除外）。所有外文不得大于相应的汉字（商标除外）。

对于本标准以及其他法律、法规、食品安全标准要求的强制标识内容，中文、外文应有对应的关系（商标、进口食品的制造者和地址、国外经销者的名称和地址、网址除外）。

9. 预包装食品包装物或包装容器最大表面面积大于 35 cm^2 时，强制标示内容的文字、符号、数字的高度不得小于 1.8 mm。

10. 一个销售单元的包装中含有不同品种、多个独立包装可单独销售的食品，每件独立包装的食品标识应当分别标注。

11. 若外包装易于开启识别或透过外包装物能清晰地识别内包装物（容器）上的所有强制标示内容或部分强制标示内容，可不在外包装物上重复标示相应的内容；否则应在外包装物上按要求标示所有强制标示内容。

三、标示内容

1. 直接向消费者提供的预包装食品标签标示内容。

直接提供给消费者的预包装食品，所有事项均在标签上标示。关于"直接提供给消费者的预包装食品"的情形：一是生产者直接或通过食品经营者（包括餐饮服务）提供给消费者的预包装食品；二是既提供给消费者，也提供给其他食品生产者的预包装食品。进口商经营的此类进口预包装食品也应按照上述规定执行。

直接向消费者提供的预包装食品标签标示应包括食品名称、配料表、净含量和规格、生产者和（或）经销者的名称、地址和联系方式、生产日期和保质期、贮存条件、食品生产许可证编号、产品标准代号及其他需要标示的内容。

2. 非直接提供给消费者的预包装食品标签标示内容。

非直接向消费者提供的预包装食品标签上必须标示食品名称、规格、净含量、生产日期、保质期和贮存条件，其他内容如未在标签上标注，则应在说明书或合同中注明。关于"非直接提供给消费者的预包装食品"的情形：一是生产者提供给其他食品生产者的预包装食品；二是生产者提供给餐饮业作为原料、辅料使用的预包装食品。进口商经营的此类进口预包装食品也应按照上述规定执行。

非直接向消费者提供的预包装食品标签应按照要求标示食品名称、规格、净含量、生产日期、保质期和贮存条件，其他内容如未在标签上标注，则应在说明书或合同中注明。

3. 标示内容的豁免。

（1）下列预包装食品可以免除标示保质期：酒精度大于等于10%的饮料酒；食醋；食用盐；固态食糖类；味精。

（2）当预包装食品包装物或包装容器的最大表面面积小于 $10\ cm^2$ 时，可以只标示产品名称、净含量、生产者（或经销商）的名称和地址。

4. 推荐标示内容。

（1）批号：根据产品需要，可以标示产品的批号。

（2）食用方法：根据产品需要，可以标示容器的开启方法、食用方法、烹调方法、复水再制方法等对消费者有帮助的说明。

（3）致敏物质：含有麸质的谷物、甲壳纲类动物及其制品、鱼类、蛋类、花生、大豆及其制品、乳及乳制品、坚果及其果仁类制品可能导致过敏反应，如果用作配料，宜在配料表中使用易辨识的名称，或在配料表邻近位置加以提示。

（4）其他：按国家相关规定需要特殊审批的食品，其标签标识按照相关规定执行。

5. 关于不属于本标准管理的标示标签情形。

一是散装食品标签；二是在储藏运输过程中以提供保护和方便搬运为目的的食品储运包装标签；三是现制现售食品标签。以上情形也可以参照本标准执行。

6. 配料标示顺序。

确定食品配料表中配料标示顺序时，按照食品配料加入的质量或重量计，按递减顺序——排列。加入的质量百分数（m/m）不超过2%的配料可以不按递减顺序排列。

复合配料在配料表中的标示分以下两种情况：

（1）如果直接加入食品中的复合配料已有国家标准、行业标准或地方标准，并且其加入量小于食品总量的25%，则不需要标示复合配料的原始配料。加入量小于食品总量25%的复合配料中含有的食品添加剂，若符合《食品添加剂使用标准》（GB2760）规定的带入原则且在最终产品中不起工艺作用的，不需要标示，但复合配料中在终产品起工艺作用的食品添加剂应当标示。推荐的标示方式为：在复合配料名称后加括号，并在括号内标示该食品添加剂的通用名称，如"酱油（含焦糖色）"。

（2）如果直接加入食品中的复合配料没有国家标准、行业标准或地方标准，或者该复合配料已有国家标准、行业标准或地方标准且加入量大于食品总量的25%，则应在配料表中标示复合配料的名称，并在其后加括号，按加入量的递减顺序——标示复合配料的原始配料，其中加入量不超过食品总量2%的配料可以不按递减顺序排列。

7. 关于食品添加剂通用名称的标示方式。

应标示其在《食品添加剂使用标准》（GB2760）中的通用名称。在同一预包装食品的标签上，所使用的食品添加剂可以选择以下三种形式之一标示：

（1）全部标示食品添加剂的具体名称，如丙二醇；

（2）全部标示食品添加剂的功能类别名称以及国际编码（INS号），如果某种食品添加剂尚不存在相应的国际编码，或因致敏物质标示需要，可以标示其具体名称，如增稠剂（1520）；

（3）全部标示食品添加剂的功能类别名称，同时标示具体名称，如增稠剂（丙二醇）。

食品添加剂可能具有一种或多种功能，《食品添加剂使用标准》（GB2760）列出了食品添加剂的主要功能，供使用参考。生产经营企业应当按照食品添加剂在产品中的实际功能在标签上标示功能类别名称。

如果《食品添加剂使用标准》（GB2760）中对一个食品添加剂规定了两个及以上的名称，每个名称均是等效的通用名称。以"环己基氨基磺酸钠（又名甜蜜素）"为例，"环己基氨基磺酸钠"和"甜蜜素"均为通用名称。

"单、双甘油脂肪酸酯（油酸、亚油酸、亚麻酸、棕榈酸、山嵛酸、硬脂酸、月桂酸）"可以根据使用情况标示为"单双甘油脂肪酸酯"或"单双硬脂酸甘油酯"或"单硬脂酸甘油酯"等。

根据食物致敏物质标示需要，可以在《食品添加剂使用标准》（GB2760）规定的通用名称前增加来源描述。如"磷脂"可以标示为"大豆磷脂"。

根据《食品添加剂使用标准》（GB2760）规定，阿斯巴甜应标示为"阿斯巴甜（含苯丙氨酸）"。

配料表应当如实标示产品所使用的食品添加剂，但不强制要求建立"食品添加剂项"。食品生产经营企业应选择任意一种形式标示。

食品中添加了两种或两种以上同一功能的食品添加剂，可选择分别标示各自的具体名称；或者选择先标示功能类别名称，再在其后加括号标示各自的具体名称或国际编码（INS号）。举例：可以标示为"卡拉胶，瓜尔胶""增稠剂（卡拉胶，瓜尔胶）"或"增稠剂（407，412）"。如果某一种食品添加剂没有INS号，可同时标示其具体名称。举例："增稠剂（卡拉胶，聚丙烯酸钠）"或"增稠剂（407，聚丙烯酸钠）"。

8. 净含量标示。

该标示由净含量、数字和法定计量单位组成。标示位置应与食品名称在包装物或容器的同一展示版面。所有字符高度（以字母L、k、g等计）应符合相关要求。

"净含量"与其后的数字之间可以用空格或冒号等形式区隔。"法定计量单位"分为体积单位和质量单位。固态食品只能标示质量单位，液态、半固态、黏性食品可以选择标示体积单位或质量单位。

9. 规格表示。

单件预包装食品的规格等同于净含量，可以不另外标示规格；预包装内含有若干同种类预包装食品时，预包装食品内含有若干不同种类预包装食品时，净含量和规格的具体标示方式必须符合相关规定。标示"规格"时，不强制要求标示"规格"两字。

10. 关于致敏物质的标示。

食品中的某些原料或成分，被特定人群食用后会诱发过敏反应，有效的预防手段之一就是在食品标签中标示所含有或可能含有的食品致敏物质，以便提示有过敏史的消费者选择适合自己的食品。本标准参照国际食品法典标准列出了八类致敏物质，鼓励企业自愿标示以提示消费者，有效履行社会责任。八类致敏物质以外的其他致敏物质，生产者也可自行选择是否标示。

具体标示形式由食品生产经营企业参照以下方式自主选择。致敏物质可以选择在配料表中用易识别的配料名称直接标示，如：牛奶、鸡蛋粉、大豆磷脂等；也可以选择在邻近配料表的位置加以提示，如："含有……"等。对于配料中不含某种致敏物质，但同一车间或同一生产线上还生产含有该致敏物质的其他食品，使得致敏物质可能被带入该食品的情况，则可在邻近配料表的位置使用"可能含有……""可能含有微量……""本生产设备还加工含有……的食品""此生产线也加工含有……的食品"等方式标示致敏物质信息。

11. 日期标示规定。

"日期标示不得另外加贴、补印或篡改"是指在已有的标签上通过加贴、补印等手段单独对日期进行篡改的行为。如果整个食品标签以不干胶形式制作，包括"生产日期"或"保质期"等日期内容，整个不干胶加贴在食品包装上符合本标准规定。

12. 关于产品标准代号的标示。

应当标示产品所执行的标准代号和顺序号，可以不标示年代号。产品标准可以是食品安全国家标准、食品安全地方标准、食品安全企业标准或其他国家标准、行业标准、地方标准和企业标准。标题可以采用但不限于这些形式：产品标准号、产品标准代号、产品标准编号、产品执行标准号等。

第三节　葡萄酒标签与标识标注

葡萄酒标签主要是向消费者提供必要、真实、准确及特定的信息，是葡萄酒整体质量的一部分。按标签在瓶子上的部位，分为顶标、颈标、肩标、前（身）标和后（背）标，还有挂在瓶颈上的飞镖。

葡萄酒的标签标准是为了方便国际交流并确保消费者获得公正的信息，它与各国葡萄酒法规密切相关，是葡萄酒质量等级法中不可分割的一部分，国内外都把它列入法律法规管理范畴，在国际上的格式通用且基本一致。

一、《葡萄酒生产管理办法》中关于标签标识与标注的规定

《葡萄酒生产管理办法第四章　葡萄酒标签标识》中明确规定：葡萄酒标签的标识除了饮料酒标签规定的标识内容以及有关法律法规外，还可以标注葡萄酒年份、葡萄品种、葡萄产地、产品等级、原酒来源。

葡萄酒年份是指葡萄采摘酿造该酒的年份，其中所标注年份的葡萄酒含量不能低于瓶内酒含量的 80%（V/V）。

（1）标注葡萄产地：用该产地的葡萄所酿成的酒所占比例不能低于 80%，但必须由厂家申请，经有关部门认可才能标注。

（2）产品等级标准，必须由国家认可的产品质量符合等级要求的方可标注。

（3）对于酿酒与灌装不在同一地方的酒应标明原酒来源，包括省地区。

二、GB 15037—2006《葡萄酒》中关于标签标识与标注的规定

GB 15037—2006《葡萄酒第 8 部分　标志》中有如下规定。

（1）预包装葡萄酒标签按 GB 10344 执行，并按含糖量标注产品类型（或含糖量）。单一原料的葡萄酒可不标注原料与辅料；添加防腐剂的葡萄酒应标注具体名称。

（2）标签上若标注葡萄酒的年份、品种、产地，应符合相关定义。

年份葡萄酒，所标注的年份是指葡萄采摘的年份，其中年份葡萄酒所占比例不低于酒含量的80%（体积分数）。

品种葡萄酒，用所标注的葡萄品种酿制的酒所占比例不低于酒含量的75%（体积分数）。

产地葡萄酒，用所标注的产地葡萄酿制的酒所占比例不低于酒含量的80%（体积分数）。

注：所有产品中均不得添加合成着色剂、甜味剂、香精、增稠剂。

（3）外包装纸箱上除标明产品名称、制造者（或经销商）名称和地址外，还应标明单位包装的净含量和总数量。

（4）包装储运图示标志应符合 GB/T 191 要求。

三、GB 2758—2012《食品安全国家标准 发酵酒及其配制酒》中关于标签标注规定

GB 2758—2012《食品安全国家标准 发酵酒及其配制汤第 4 部分 标签》有如下规定。

（1）发酵酒及其配制酒标签除酒精度、原麦汁浓度、原果汁含量、警示语和保质期的标识外，应符合 GB 7718 的规定。

（2）应以"%vol"为单位标示酒精度。

（3）啤酒应标示原麦汁浓度，以"原麦汁浓度"为标题，以柏拉图度符号"°P"为单位。果酒（葡萄酒除外）应标示原果汁含量，在配料表中以"××%"表示。

（4）应标示"过量饮酒有害健康"，可同时标示其他警示语。用玻璃瓶包装的啤酒应标示如"切勿撞击，防止爆瓶"等警示语。

（5）葡萄酒和其他酒精度大于等于 10%vol 的发酵酒及其配制酒可免于标示保质期。

第八章　国际和部分发达国家葡萄酒法律法规

第一节　国际食品管理机构与组织

一、国际食品法典委员会(CAC)

国际食品法典委员会（Codex Alimentarius Commission，以下简称CAC）是联合国粮农组织（FAO）和世界卫生组织（WHO）共同建立，以保障消费者的健康和确保食品贸易公平为宗旨的一个制定国际食品标准的政府间组织。自1961年第11届粮农组织大会和1963年第16届世界卫生大会分别通过了创建CAC的决议以来，已有173个成员国和1个成员国组织（欧盟）加入该组织，覆盖全球99%的人口。委员会的章程和程序规则的制定、修订均需要经过FAO和WHO两个组织的批准。该组织通过制定推荐的食品标准及加工规范，协调各国的食品标准立法并指导其建立食品安全体系。

（一）CAC的组织机构

CAC下设秘书处、执行委员会、6个地区协调委员会，21个专业委员会（包括10个综合主题委员会、11个商品委员会）和1个政府间特别工作组。

（二）CAC的主要职能

CAC的主要职能是保护消费者健康和确保公正的食品贸易，促进国际组织、政府和非政府机构在制定食品标准方面的协调一致，通过或与适宜的组织一起决定、发起和指导食品标准的制定工作，解决将那些由其他组织制定的国际标准纳入CAC标准体系，修订已出版的标准。其主要活动是制定食品法典标准、最大残留限量、

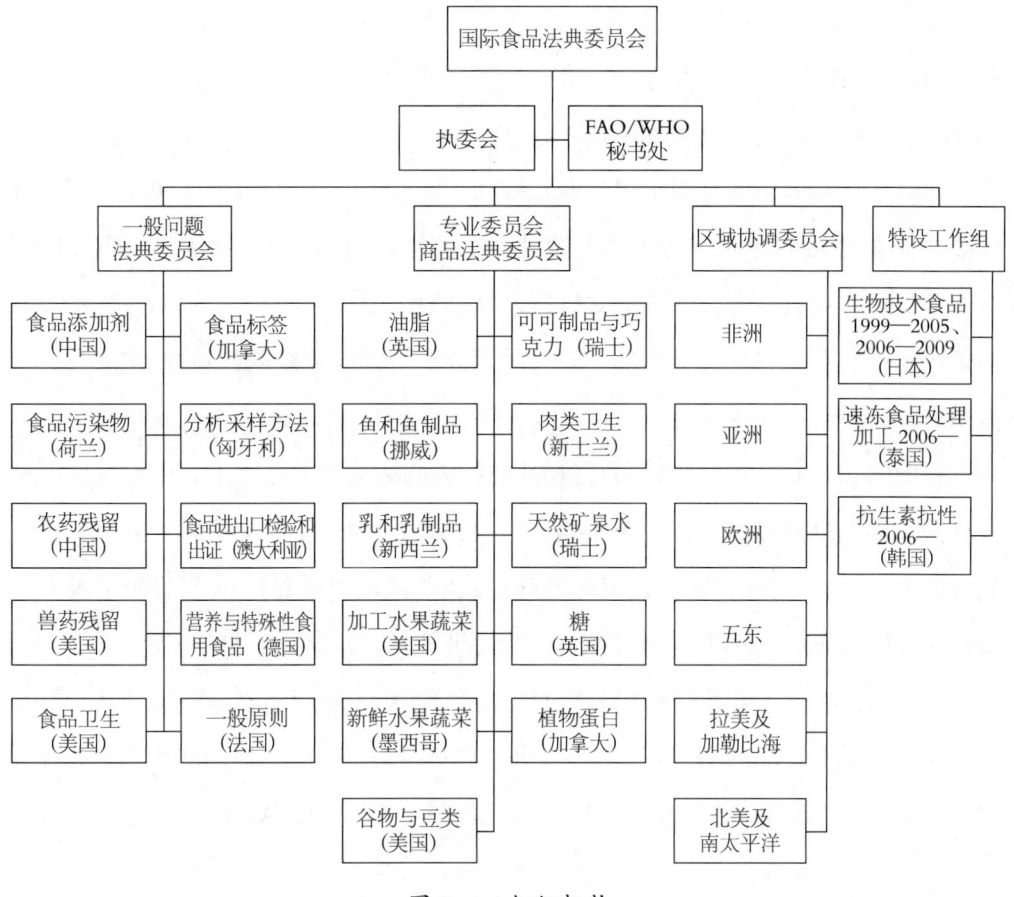

图 8-1 组织机构

操作规范和指南。

（三）食品法典

食品法典是指由 CAC 组织制定的食品标准、准则和建议，即食品的一套标准和法规。它主要包括预期出售给消费者的所有主要食品（指加工的、半加工的或未加工的食品）的标准，内容涉及食品卫生，食品添加剂、农药残留，污染物，标签及其说明以及分析和取样方法等方面的规定。食品法典具有科学性、协调性和权威性，在食品的国际贸易中有着举足轻重的指导作用。自 WTO 成立后，该组织在有关食品贸易的协议中明确规定标准是世界贸易组织所有成员国必须遵循的国际标准。

（四）CAC 标准的制定原则

(1) 保护消费者健康；

(2) 促进公正的国际食品贸易；

（3）以科学危险性评价（定性与定量）为基础；

（4）考虑经济、不同国家和地区的情况等其他合理性因素；

（5）中国CAC工作开展的现状。

1984年中华人民共和国正式成为CAC成员国，并由农业农村部和卫生部联合成立中国食品法典协调小组，秘书处设在卫生部，负责中国食品法典国内协调；联络点设在农业农村部，负责与CAC相关的联络工作。1999年6月，新的CAC协调小组由农业农村部、卫生部、国家质量技术监督检验检疫总局等10家成员单位组成。

自中国加入CAC后，参与会议及其他相关的活动主要经历了三个阶段。第一阶段为加入CAC初期（1984—1988年），主要以了解CAC组织情况，参加会议并研究CAC提出的有关问题，提交我国关于法典草案的审议意见；第二个阶段为一般性的参与（1989—1998年），了解并参与标准的制定，召开了HACCP、危险性等级分析和GMO等各类研讨会，并通过国内协调小组开展与CAC联系、协调工作。筹办了第9届CCASIA（1994）和第32届CCFAC（2000），多次组团代表中国政府参加了CAC大会和各类法典会议30多次，加强了与FAO、WHO以及其他成员国的联系；第三个阶段为积极参与（1999年以来）。近年来，中国参与CAC工作的广度和深度都达到前所未有的程度。2006年7月在瑞士日内瓦举行的第29届CAC大会上中国申请作为农药残留委员会和食品添加剂委员会主席国获得批准，成为这两个委员会新任主席国。根据程序手册的规定，我国设立了农药残留委员会秘书处和食品添加剂委员会秘书处，前者设在农业农村部农药检定所，后者设在中国疾病预防控制中心营养与食品安全所。

二、国际标准化组织（ISO）

国际标准化组织（International Organization for Standardization，以下简称ISO）于1947年2月23日正式成立，总部设在瑞士的日内瓦。ISO是当今世界上最大的、最有权威性的标准化管理机构，是非政府性的，由各国标准化团体组成的世界性联合会。其宗旨是在世界范围内促进标准化工作的开展，以利于国际资源的交流和合理配置，扩大各国知识、科学、技术及时与经济领域的合作。其主要活动是制定国际标准，协调世界范围内的标准化工作，与其他国际性组织合作研究有关标准化问题。

（一）国际标准的形成过程

国际标准由技术委员会（TC）和分技术委员会（SC）经过申请阶段、预备阶段、委员会阶段、审查阶段、批准阶段、发布阶段六个阶段形成。

如果某标准文本是由国际标准化组织（ISO）认可的其他国际性标准化团体起草的，则可以直接提交标准，而无需经历前几个阶段，或省略其中的一些阶段。

（二）ISO的食品标准

在国际标准化组织（ISO）的技术委员会中，主管食品的是ISO/TC 34食品技术委员会。ISO/TC 34涉及的范围为人类和动物食品领域，包括从初级生产到消费的整条食物链，以及动物和蔬菜的繁殖原料，特别是（但不仅限于此）术语、取样、测试和分析方法、产品规范、食品和饲料安全和质量管理、包装、储存和运输要求。比不上专业化的CAC，但是ISO/IEC目前在商品标准方面仍然占有一定优势，而且是TBT协议所指的国际标准。

（三）ISO系列标准

1. ISO 9000系列标准。

ISO 9000质量管理体系标准是国际标准化组织（ISO）为了适应国际贸易和质量管理的发展需要而制定的。主要用于企业质量管理体系的建立、实施和改进，为企业在质量管理和质量保证方面提供指南。它不断融合管理科学的思想，持续修改完善，使之更具有普遍的适用性、实践性和指导性。

2. ISO 14000系列标准。

ISO 14000环境管理体系标准是国际标准化组织（ISO）针对一些现实问题，在汲取世界发达国家多年环境管理经验的基础上制定的。适用于环境法律、法规的识别、获取、遵循状况评级和跟踪最新法规，环境目标指标方案的制定和实施完成，以期达到预防污染、节能降耗、提高资源能源利用率，最终达到环境行为持续改进的目的。

ISO 9000系列标准与ISO 14000系列标准的区别在于以下方面。

两套标准都是国际标准化组织（ISO）制定的针对管理方面的标准；都是国际

贸易中消除贸易壁垒的有效手段；其要素有相同或相似之处。

两套标准最大的区别在于面向的对象不同，ISO 9000 系列标准是对顾客承诺，缺乏有效的外部监督机制；而 ISO 14000 系列标准是对政府、社会和众多相关方（包括股东、贷款方、保险公司等）实施的同时，就要接受政府、执法当局、社会公众和各相关方的监督。此外，两套标准的部分内容和体系思路上有着本质的不同，包括环境因素识别、重要环境因素评价与控制。

3. ISO 22000 系列标准。

ISO 22000 食品安全管理体系标准是国际标准化组织（ISO）于 2005 年 9 月 1 日正式发布，旨在保证全球食品安全供应的体系标准。其内容主要包括：良好操作规范等必备方案要求；危害分析与关键控制点（简称 HACCP）原则要求；管理体系要求。ISO 22000 食品安全管理体系标准不仅是通常意义上的食品加工规则和法规要求，还是一个更为集中、一致和整合的食品安全体系。

三、国际葡萄与葡萄酒组织（OIV）

国际葡萄与葡萄酒组织（International Office of Vine and Wine，简称 OIV）于 1924 年 11 月 29 日成立于法国巴黎，原名国际葡萄与葡萄酒局，当时的法国、英国、意大利、美国等 33 个主要葡萄酒生产国是葡萄酒局的成员国。OIV 是 ISO 确认并公布的国际组织之一，同时，OIV 标准还是世界贸易组织（WTO）在葡萄酒方面采用的标准。

国际葡萄与葡萄酒组织（OIV）的主要任务是协调各成员国之间的葡萄酒贸易，收集和研究有关葡萄种植、葡萄（汁）酒、食用葡萄和葡萄干的生产、贮存、销售以及消费的科学、技术和经济问题，讨论科研成果，制定符合国际葡萄酒发展潮流的技术标准，出版相应的法规和专业书刊。该组织是国际葡萄酒业的权威机构，在业内被称为"国际标准提供商"，是 ISO 确认并公布的国际组织之一。OIV 标准亦是世界贸易组织（WTO）在葡萄酒方面采用的标准。世界产葡萄的国家 95%以上都参加了该组织，目前拥有法国、意大利等 49 个成员国，2002 年中国作为该组织的第 48 个成员国加入 OIV，张裕公司被指定为该组织在中国的常设机构。

（一）国际葡萄与葡萄酒组织（OIV）工作机构

国际葡萄与葡萄酒组织（OIV）包括全体代表大会、执行委员会、科学技术委员会以及葡萄种植、葡萄酒酿制与种植经济和评奖三个专门委员会及其所属的11个专家小组。只有国家才能成为其成员，它的主要机构至少每年开一次会。

国际葡萄与葡萄酒组织（OIV）与政府间进行合作的机构由食品法典委员会（CAC）、世界健康组织（WHO）、美国食品农业组织（FAO）、国际植物新品种保护协会（UPOV）、世界贸易组织（WTO）、世界知识产权组织（WIPO）、欧盟委员会（EU）和国际法定计量组织（OIML）。

国际葡萄与葡萄酒组织（OIV）拥有9个观察员，分别是国际葡萄酒及烈性酒联盟（FIVS）、国际葡萄酒大学联盟（AUIV）、欧洲葡萄栽培地区汇编（AREV）、国际葡萄酒法律联盟（AIDV）、国际酿酒师协会（UIOE）、魁北克（加拿大）、国际侍酒师联盟（AIS）、Académie Amorim 和世界葡萄酒比赛联盟。

（二）国际葡萄与葡萄酒组织（OIV）工作目标

1924年以来，国际葡萄与葡萄酒组织（OIV）的工作目标主要是：

(1) 葡萄酒的优点及卫生质量；

(2) 保护葡萄栽培者利益，改善市场环境；

(3) 分析方法的统一及对照参考；

(4) 保护原产地名称；

(5) 保证产品的纯度和产地；

(6) 防止恶性及不公平竞争。

2004年3月17日，国际葡萄与葡萄酒局正式更名为国际葡萄与葡萄酒组织（OIV），其主要工作目标是：（1）告知其成员涉及葡萄及葡萄酒领域中生产者、消费者及其他应考虑的参与者的标准；（2）援助其他政府间及非政府间国际组织，特别是执行标准化工作的国际组织；（3）促进现存惯例与标准的统一，如有必要，可制定新的国际标准，以便改善葡萄及葡萄酒生产和销售境况，并确保对消费者的利益予以重视。

（三）国际葡萄与葡萄酒组织（OIV）主要工作

(1) 和谐，标准和共识；

(2) 协作，合作和国际仲裁；

(3) 研究和科学监测；

(4) 葡萄栽培和种植品种；

(5) 酿酒学惯例和分析方法；

(6) 市场和消费者信息；

(7) 保护地域标识；

(8) 消费者健康和食品安全；

(9) 传统，文化，历史和环境；

(10) 培训和沟通。

（四）有关标准

1. 葡萄栽培方面。

主要有葡萄品种及种类特征描述规范，葡萄品种名称目录，世界葡萄品种说明，农药残留核准极限和防枯萎控制及警报。

2. 酒类研究方面。

主要有葡萄酿酒技术准则国际编码，国际葡萄酒及葡萄汁分析方法纲要，国际酿酒学法典，国际烈性酒分析方法纲要和葡萄酒营养及健康。

3. 经济及法规方面。

主要有葡萄酒竞争国际准则，产地命名、地理指示、品牌定义和关系，葡萄酒及烈性酒标签国际标准，葡萄栽培及葡萄酒状况及全球数据、年报。

4. 国际葡萄与葡萄酒组织（OIV）标准的国际执行。

主要包括分析方法、产品界定、酿酒准则、酿酒规范、竞争标准和标签标准六个方面，在 MERCOSUR 协定和欧盟规则中直接执行，即世界 70% 的葡萄酒生产国已采用；在双边或多边贸易协定中实现间接执行，即世界 25% 的葡萄酒生产国已采用。

（五）有关法规

1.《国际葡萄酿酒法规》。

它规定了关于葡萄种植酿造产品的定义、关于采用和不采用的酿酒实践及处理加工的条款。这本书已成为规范葡萄种植及酿酒方面产品的技术和参考性文件，作为国际葡萄种植及酿酒规章法令的基础，在国际交流中广泛应用。

2.《国际葡萄酿酒药典》(葡萄酿酒辅料标准)。

它主要介绍葡萄酒生产中使用的各种材料的特征、实验、有关成分的允许量、保存等。作为国际葡萄酒酿酒使用辅助原料标准，该书在国际葡萄酒产业中享有权威性，经过历年的修订和完善，既可以作为葡萄酒厂鉴定酿酒辅料的标准规格和检验方法，也可以是辅料生产、检验、供应、使用和管理依据。

3.《国际葡萄酒和葡萄汁分析方法汇编》。

它融合了多种分析方法，并附录了葡萄酒中各种成分的最大限量。

四、国际有机农业运动联合会（IFOAM）

国际有机农业运动联合会（International Federation of Organic Agriculture Movements，简称 IFOAM），IFOAM 于 1972 年 11 月 5 日在法国成立，成立初期只有英国、瑞典、南非、美国和法国 5 个国家的 5 个单位的代表。经过 50 多年的发展，目前，IFOAM 已成为当今世界上最广泛、最庞大、最权威的一个拥有来自 115 个国家 570 多个集体会员的国际有机农业组织。

（一）IFOAM 的性质和组织机构

IFOAM 是一个民间联盟，其主要活动是由 IFOAM 理事会、各委员会和一些特别工作组来进行的。IFOAM 全体会员大会是 IFOAM 的基础，选举任期三年的世界理事会理事，世界理事会则在会员推荐的基础上任命各委员会、工作组和特别任务组的委员和成员。IFOAM 还根据需要设立地区小组和专业组。IFOAM 的正式机构包括：规范管理委员会（包括标准委员会和认可准则委员会）、发展委员会、I-GO 项目战略委员会、非洲有机服务中心、FAO 联络办公室、各工作组和临时任务组、IFOAM 地区工作小组和政府关系委员会。

（二）宗旨

（1）主张在世界范围内开展有机农业，并且提供全球范围内的学术交流与合作的舞台。

（2）主张在发展有机农业系统过程中，提供一个包括保证环境持续发展和满足人类需求的综合途径。

（3）主张利用各会员的专长，为人们日常生活的需要打开一道方便之门。

（4）IFOAM 的功能主要是在世界范围内建立一种发展有机农业运动的协作网。

（三）IFOAM 的主要目标

（1）在会员之间交流知识和专业技能，并向人们宣传有机农业运动。

（2）在世界范围内，在议会、政府和一些制定政策的会议上（例如在联合国的咨询机构），倡导开展有机农业运动。

（3）制定和定期修改国际"IFOAM 有机农业和食品加工的基本标准"；制定一个真正的有机农业质量保证书。IFOAM 的颁证资格授权计划保证了世界范围内颁证程序的可靠性。

目前，我们国家加入 IFOAM 的单位和组织有：中国绿色食品发展中心、国家环境保护总局有机食品发展中心等。

（四）IFOAM 制定的有机农业的国际基本标准

IFOAM 制定的有机农业的国际基本标准包括以下四方面。

1. 前提条件。

凡标上"有机"标签的产品，生产者和农场必须属 IFOAM 成员；

不属于 IFOAM 的个体生产者不可以声明他们是按 IFOAM 标准进行生产的；

IFOAM 标准包括农场审查和颁证方案的建议。

2. 目标（基本标准的框架）。

生产足够数量具有高营养的食品；维持和增加土壤的长期肥力；在当地农业系统中尽可能利用可再生资源；在封闭系统中尽可能进行有机物质和营养元素方面的循环利用；给所有的牲畜提供生活条件，使它们按自然的生活习性生活；避免由于农业技术带来的所有形式的污染；维持农业系统遗传基质的多样性，包括植物和野生物生境的保护；允许农业生产者获得足够的利润；考虑农业系统较广泛的社会和生态影响。根据上述框架各国组织必须要制定发展自己的标准。

3. 采用的方法和技术。

可采用遵循自然生态平衡的某些技术，强调指出禁止使用农用化学品，例如合成肥料、杀虫剂等。

4. 如何使产品成为有机产品。

原来不是有机产品的产品，可进行转换，让其变为有机产品。可在一定时期内按标准要求进行转换,由每个有机农业颁证机构确定转换过程的时间,并定期(每年)进行评价。转换计划包括:增强土地肥力的轮作制度;适当的饲料计划(养殖业);合适的肥料管理方法(种植业);建立良好的环境,以减少病虫害转换周期时间。

如果产品在两年之内满足所有标准则第三年可作为有机产品出售,对种植业强调如下几方面:环境条件(由颁证组织审查无污染);作物品种应选适应当地土壤气候对病虫有抵抗能力的品种;实施轮作(包括豆科作物);肥料政策(例如:有机肥返回土壤,保持土壤肥力,禁止焚烧稻草,氮肥必须是有机的、颁证组织应对产品的硝酸盐含量加以限制,引进的肥料要审查,人类要防治病虫害等。害虫管理:要保护天敌,提倡生物综合防治,禁止使用合成杀虫剂。在畜牧生产中禁止使用人工荷尔蒙和其他增产剂,从非有机农业组织购入的饲料不得超过10%~20%(根据牲畜种类而异)。此外,不得采取虐待牲畜的生产方式。杂草的处理:用预防栽培技术来防治,限制生长(例如:合理的轮作、种植绿肥,平衡的施肥管理等)使用物理除草方法,禁止使用除草剂,生长刺激剂。对养殖业、畜牧业强调:禁止使用饲料添加剂、生长素、开胃药、防腐剂等。

综合以上标准,概括起来就是:禁止使用农用化学品,提倡用自然、生态平衡的方法从事农业生产和管理。

第二节 部分发达国家和地区葡萄酒法律法规

一、欧盟食品标准与法规

欧盟遵循两种方法来协调食品法律。第一是"横向"法律,它所包含的内容对所有食物都通用(如添加剂、标签、卫生等);第二类是"纵向"法律,它适用于特定的食品,如可可、巧克力产品、糖类、蜂蜜、果汁、果酱、新型食品等。

(一)欧盟工作宗旨

促进和平,追求公民的富裕生活,实现社会经济可持续发展,确保基本价值观,加强国际合作。

(二)欧盟食品质量安全管理机构

在欧盟政策、法令、条例等制定和决策过程中起重要作用的机构:欧盟委员会、欧洲理事会（欧盟各国部长理事会）、欧洲议会（直选产生的民意机构）、欧洲法院、欧洲审计院、欧洲中央银行、欧洲经济社会委员会。

欧盟理事会于2001年1月发表了《食品安全白皮书》，决定制订一套连贯和透明的法规，加强对食品"从农场到餐桌"的控制，提高欧盟科学咨询体系的能力。2002年1月28日欧盟食品安全管理局（European Food Safety Authority，以下简称EFSA）建立，颁布了第178/2002号法令，这也是欧盟食品安全方面的主要举措。欧盟理事会与欧洲委员会、各个成员国当局以及生产者和经营者共同组成食品安全管理体系。

欧盟食品安全管理局由管理委员会、行政主任、咨询论坛、科学委员会和8个专门科学小组组成。

1. 管理委员会。

管理委员会的人员选拔程序非常严格，其目的是确保欧盟食品安全管理局拥有一个独立的管理委员会，其成员必须按照最严格的能力标准和广泛的相关经验标准任命。管理委员会由14个成员和欧盟理事会的1个代表组成，其中5个成员必须具备处理过消费者和行业事宜的经历。欧盟委员会在与欧盟议会协商之后正式任命管理委员会的成员，每届任期为4~6年。

2. 咨询论坛。

咨询论坛协助行政主任开展工作，各成员国分别派出1名代表组成咨询论坛，这些代表都来自该国类似于欧盟食品安全管理局的食品风险评估机构。各成员国相关机构的紧密协调非常重要，有助于确保建立一个连接各国科研机构的高效率网络，作为一种有关潜在风险的信息交流和知识积累的机制。咨询论坛第一次会议于2003年3月举行。

3. 科学委员会。

科学委员会负责进行必要的总体协调，确保各个专门科学小组的意见保持一致。该委员会由各个专门科学小组组长和6名不属于任何专门科学小组的独立专家组成。

4. 专门科学小组。

专门科学小组由独立的科学专家组成，管理委员会负责依据能力、知识面、独立性和经历情况,对公开应聘的人员进行选拔和任命。被任命的科学专家不属于欧盟食品安全管理局的雇员。8个专门科学小组分别是:第一,负责食品添加剂、调味品、加工辅料和与食品相接触物质的小组;第二,负责用于动物饲料的添加剂、产品或者物质的小组;第三,负责植物卫生、植物保护产品及其残留物的小组;第四,负责转基因生物的小组;第五,负责饮食产品、营养和变应性的小组;第六,负责生物危险(包括疯牛病)的小组;第七,负责食品链污染的小组;第八,负责动物卫生与福利的小组。

(三)欧盟食品安全管理局基本职责

欧盟食品安全管理局不具备制定规章制度的权限,但将负责监督整个食品链,根据科学的证据作出风险评估,为政治家制定政策和法规提供信息依据。该局还就与转基因生物相关的问题提供科学建议。

欧盟食品安全管理局是一个独立的法定机构,不隶属欧盟的任何其他机构。行政主任不对欧盟理事会、欧盟其他机构或者成员国机构负责,只对管理委员会负责。风险管理决策、提议和采纳有关法规与控制措施的职责,仍然归属于欧盟协议所规定的政治机构。

欧盟食品安全管理局的职责范围很广,其核心任务是提供独立的科学建议与支持,建立一个与成员国相同机构进行紧密协作的网络,评估与整个食品链相关的风险,并且就食品风险问题向公众提供相关信息。具体职责是:

1. 根据欧盟理事会、欧盟议会和成员国的要求,提供有关食品安全和其他相关事宜(如动物卫生/福利、植物卫生、转基因生物、营养等)的独立的科学建议,作为风险管理决策的基础;

2. 就技术性食品问题提供建议,作为制定有关食品链方面的政策与法规的依据;

3. 收集和分析有关任何潜在风险的信息,以监视欧盟整个食品链的安全状况;

4. 确认和预报正在出现的风险;

5. 在危机时期向欧盟理事会提供支持;

6. 在其权限范围之内向公众提供有关信息。

(四)欧盟制定和采用标准的原则

立足本地区的实际情况,保证其地区和成员国的根本利益;充分考虑与有关国际组织的合作,尽可能遵守 SPS 协议(即实施动植物卫生检疫措施的协议),借鉴(甚至直接引用)CAC、OIE、WHO 和 FAO 等的规定和要求。

(五)欧盟食品标准法规体系

欧盟食品安全法规体系以欧盟委员会 1997 年发布的《食品法律绿皮书》为基本框架。2000 年 1 月 12 日欧盟又发表了《食品安全白皮书》,将食品安全作为欧盟食品法的主要目标,形成了一个新的食品安全体系框架。截至目前,欧盟已经制定了 13 类 173 个有关食品安全的法规标准,其中包括 31 个法令,128 个指令和 14 个决定,相关法律法规的数量和内容在不断增加和完善中。在欧盟食品安全的法律框架下,各成员国如英国、德国、荷兰、丹麦等也形成了一套各自的法规框架,这些法规主要是针对成员国的实际情况制定的,因而并不一定与欧盟的法规完全吻合。

1.《食品安全白皮书》。

该书长达 52 页,包括执行摘要和 9 章内容,用 116 项条款对食品安全问题进行了详细阐述,制订了一套连贯和透明的法规,提高了欧盟食品安全科学咨询体系的能力。白皮书提出了一项根本改革,就是《食品法》以控制"从农田到餐桌"全过程为基础,包括普通动物饲养、动物健康与保健、污染物和农药残留、新型食品、添加剂、香精、包装、辐射、饲料生产、农场主和食品生产者的责任以及各种农田控制措施等。在此框架体系中,法规制度清晰明了,易于理解,便于所有执行者实施。同时,它要求各成员国权威机构加强工作,以保证措施能可靠、合适地执行。

2.《食品安全基本法》(EC) 178/2002 号法令。

178/2002 号法令颁布于 2002 年 1 月 28 日,主要拟订了食品法律的一般原则和要求、建立 EFSA 和拟订食品安全事务的程序,是欧盟的又一个重要法规。178/2002 号法令包含 5 章 65 项条款。范围和定义部分主要阐述法令的目标和范围,界定食品、食品法律、食品商业、饲料、风险、风险分析等 20 多个概念。一般食品法律部分主要规定食品法律的一般原则、透明原则、食品贸易的一般原则、食品法律的一般要求等。EFSA 部分详述 EFSA 的任务和使命、组织机构、操作规程;EFSA 的独立性、透明性、保密性和交流性;EFSA 财政条款;EFSA 其他条款等方面。快速预警系统、危机管理和紧急事件部分主要阐述了快速预警系统的建立和实施、紧急事件处理方式和危机管理程序。程序和最终条款主要规定委员会的职责、调节程序及一些补充条款。

3. 自 2006 年 1 月 1 日起，欧盟实施三部有关食品卫生的新法规，这些新法规的实施将有可能对食品出口企业造成较大影响。

一是有关食品卫生的法规（EC）852/2004。该法规规定了食品企业经营者确保食品卫生的通用规则，主要包括：(1) 企业经营者承担食品安全的主要责任；(2) 从食品的初级生产开始确保食品生产、加工和分销的整体安全；(3) 全面推行危险分析和关键控制点（HACCP）；(4) 建立微生物准则和温度控制要求；(5) 确保进口食品符合欧洲标准或与之等效的标准。

二是规定动物源性食品特殊卫生规则的法规（EC）853/2004。该法规规定了动物源性食品的卫生准则，其主要内容包括：(1) 只能用饮用水对动物源性食品进行清洗；(2) 食品生产加工设施必须在欧盟获得批准和注册；(3) 动物源性食品必须加贴识别标识；(4) 只允许从欧盟许可清单所列国家进口动物源性食品。

三是规定人类消费用动物源性食品官方控制组织的特殊规则的法规（EC）854/2004。该法规规定了对动物源性食品实施官方控制的规则，其主要内容包括：(1) 欧盟成员国官方机构实施食品控制的一般原则；(2) 食品企业注册的批准；对违法行为的惩罚，如限制或禁止投放市场、限制或禁止进口等；(3) 在附录中分别规定对肉、双壳软体动物、水产品、原乳和乳制品的专用控制措施；(4) 进口程序，如允许进口的第三国或企业清单。

（六）欧盟有机葡萄酒法规 No 203/2012

欧盟有机葡萄酒法规（EU）No 203/2012 要求，从 2012 年 8 月 1 日开始，欧盟范围内生产的有机葡萄酒需要满足一套更加严格的标准，同时从 2012 年生产的葡萄酒开始使用新的"有机葡萄酒"（Organic wine）认证标志。

新的规定要求，欧洲生产的有机葡萄酒中不得含有山梨酸，禁止使用脱硫工艺，同时亚硫酸（来自于二氧化硫）的含量红葡萄酒中不得超过 100 mg/L（对非有机的标准为 150 mg/L），白葡萄酒和玫瑰葡萄酒中不得超过 150 mg/L（对非有机的标准为 200 mg/L）。

葡萄酒是唯一未完全受到欧盟有机农业法规（欧盟 834/2007 号）规管的产品。欧盟 889/2008 号法规为欧盟 834/2007 号法规中基本要求的实施建立了细则。新法规对 889/2008 号法规进行了修订，规定了有机葡萄酒生产的详细规范。有机葡萄酒法规认定了某些与欧盟有机食品生产法规中制定的目标和原则不一致的酿酒操作和工序，并制定了这方面特定的限制和限量。

以下酿酒操作和工序是被禁止的：(1) 通过冷却局部浓缩；(2) 用物理过程消除二氧化硫；(3) 通过电渗析处理确保葡萄酒酒石的稳定；(4) 葡萄酒的部分脱醇；(5) 通过阳离子交换剂处理确保葡萄酒酒石的稳定。

新法规对热处理、离心法和过滤的操作过程进行了限制。热处理的温度不得超过 70 ℃，过滤孔直径必须大于或等于 0.2 μm。

欧盟委员会在 2015 年 8 月 1 日前对一系列酿酒规范进行重新审查，以逐步淘汰或进一步严格操作规范，包括热处理、离子交换树脂和反渗析。此外，只有当添加剂和加工助剂得到使用授权，欧盟 834/2007 号法规才允许其在有机食品加工中使用。新法规中引进了一系列允许在有机葡萄酒生产过程中使用或作为添加剂的产品和物质。在 2012 年 7 月 31 日前生产的，符合欧盟 2092/914 号法规或 834/2007 号法规的葡萄酒，若符合 203/2012 号法规中的标签要求，则仍可在市场上销售直至产品销售完毕。

（七）欧盟修改葡萄酒运送随附文件规定

2012 年 4 月 13 日，欧盟《官方公报》刊登委员会实施条例（EU）No 314/2012. 修订委员会（EC）No 555/2008 及（EC）No 436/2009 号法规，以配合葡萄酒业的发展。

欧盟成员国必须设有专责机构，以监察从业者是否遵守酒业法规。实施条例制定新措施，允许这些机构获取更多资料，加强彼此的协调合作。

实施条例修订（EC）No 436/2009 号法规，以更新关于葡萄酒出口到欧盟区外的随附文件规定，以及关于原产地证书的核实规定，后者适用于有"受保护原产地名"（PDO）或"受保护地理性标示"（PGI）的葡萄酒。

实施条例更新了酒业产品的随附文件规定以及有关酒业产品者保存记录的规定，这些人士包括生产商、装瓶商、加工商和销售商等。

实施条例订立多个认可随附文件类别，其中包括电子行政文件，并简化专责机构使用电脑化系统的程序。

实施条例生效前已经备妥的随附文件，业者可以继续使用，直至2013年8月1日。

来自第三国并运往欧盟市场的葡萄酒，可以使用相当于Ⅵ1文件的文件，该等文件已获原产地的专责机构根据（EC）No 555/2008号法规第45条所列条件审批。否则，从业者必须使用根据（EC）No 555/2008号法规第43条编写的Ⅵ1文件。

至于源自欧盟境内并于欧盟关税区内运送，但最初曾经出口至第三地的产品，随附文件必须包括首次付运的随附文件说明，或是进口商提供的其他支援文件说明，以证明产品的原产地和产品已获专责机构认可，才能在欧盟市场流通。

关于在葡萄酒中使用亚硫酸盐的强制注册规定，已被取消，借此减轻行政负担。

实施条例也修订了"受保护原产地名"、"受保护地理性标示"、酿制年份及葡萄品种的认证条件。若是在成员国之间流通的葡萄酒，随附文件必须包括附件IXa中A部分所列的资料。

出口第三国的葡萄酒，随附文件必须包括附件IXa中A部分所列的资料，其中必须使用附件IXa内B部分中一项资料。当成员国或第三国的监管机构要求时，业者可以出示该文件作为证明书。

从第三国进口的葡萄酒，随附文件应提及在原产地备妥的证明文件。

欧洲委员会可以通过委员会设立的资讯系统，向有关当局、机构和人士以及公众提供资料。实施条例已于2012年4月16日生效，第24(1)(b)及31条则属例外，自2013年1月1日起实施。

（EU）No 314/2012法规文本参见：

https://eur-lex.europa.eu/legal-content/EN/TXT/PDF/?uri=CELEX:32012R0314&from=EN

（EC）No 555/2008法规文本参见：

https://eur-lex.europa.eu/legal-content/EN/TXT/PDF/?uri=CELEX:32008R0555&qid=1666399725775&from=EN

（EC）No 436/2009法规文本参见：

https://eur-lex.europa.eu/legal-content/EN/TXT/PDF/?uri=CELEX:32009R0436

&qid=1666399899438&from=EN

(八) 欧盟新的葡萄酒分级体系

以意大利、法国、西班牙、葡萄牙、德国等为主要代表的葡萄酒生产国,拥有悠久的葡萄酒酿造历史,也建立了较为复杂和完善的葡萄酒分级体系。为便于消费者识别,欧盟要求其成员国自2012年起采用统一的葡萄酒命名体系。

欧盟统一的分级体系,分为以下两个层次。

1. 具有地理标识标签的葡萄酒,分为原产地保护标签(Protected Designation of Origin,简称 PDO)、地理标识保护标签(Protected Geographical Indication,简称 PGI)两个级别。

2. 不具有地理标识标签的葡萄酒。

AOP 是欧盟原产地命名保护的标志,其产品的原料、生产、包装等全部都是在原产地完成的;IGP 是受保护的地理标志,产品的原料、生产、包装等85%以上是在原产地完成的。

表8-1 部分欧盟国家 AOP 和 IGP 命名的书写方式

国家	AOP	IGP
法国	appellation d'origine protégée,AOP	indication géographique protégée,IGP
西班牙	denominación de origen protegida,DOP	indicación geográfica protegida,IGP
意大利	denominazione di origine protetta,DOP	indicazione geografica protetta,IGP
德国	geschützte Ursprungsbezeichnung,GU	geschützte geographische Angabe,GGA
葡萄牙	denominacoes de origem protegidas,DOP	indicacoes geográficas protegidas;IGP

二、美国食品标准与法规

美国政府建立了由总统食品安全管理委员会综合协调,卫生和公共服务部(DHHS)、农业农村部(USDA)、环境保护局(EPA)等多个部门具体负责的综合性监管体系。该体系以联邦和各州的相关法律及生产者生产安全食品的法律责任为基础,通过联邦政府授权的管理食品安全机构的通力合作,形成一个相互独立、互为补充,综合、有效的食品安全监管体系,保证了美国的食品安全系数。

(一)美国食品安全监管机构

美国联邦政府有 10 多个部门管理食品安全，其中主要的职能部门有卫生和公共服务部下属的食品药品监督管理局（FDA）、农业农村部下属的食品安全检验局（FSIS）、动植物检疫局（APHIS）以及环境保护局。其他还有财政部的海关署、国家疾病控制与预防中心（CDC）、国家卫生研究所（NIN）、商业部的国家海洋渔业局等。

(二)美国食品法规体系

美国食品安全监管具有健全的法律体系，从 1906 年美国第一部与食品有关的法规《食品和药品法》开始，美国政府制定和修订了 35 部与食品安全有关的法规。目前，美国有关食品安全的主要法律包括：《联邦食品、药物和化妆品法》(FFDCA)、《联邦肉类检验法》(FMIA)、《禽类制品检验法》(PPIA)、《蛋制品检验法》(EPIA)、《食品质量保护法》(FQPA)和《公共健康服务法》(PHSA)等，其中，《联邦食品、药品和化妆品法》是美国关于食品和药品的基本法，该法已成为世界同类法中较全面的一部法律。

表 8-2 美国食品法规体系

法律类型	法律名称	主要内容
综合性法律	联邦食品、药品和化妆品法（FFDCA）	包括控制食品假冒、规范标签、紧急事件、农药残留标准、添加剂控制、食品企业检查、有毒成分容许量等
主要食品产品安全法	鲜活农产品法（PACA）、联邦谷物标准化法（USGSA）、蛋产品检验法（EPIA）、联邦肉品检验法（FMIA）、禽产品检验法（PPIA）等	对蛋类、肉品、禽类等具体产品形式的卫生包装、屠宰、认证、销毁、处罚标准进行详细规定
与食品流通环节有关的法律	正确包装与标签法（FPLA），食品运输卫生法（SFTA），联邦进口乳品法（FIMA）等	包括工具使用、检查、管理、处罚、豁免等
与生产投入相关的法律	食品质量保护法（FQPA）	农药残留标准、农药注册等

资料来源：上海科学技术情报研究所（ISTIS）整理、编制

（三）美国主要食品安全管理机构

1. 美国卫生部（DHHS）的食品药品监督管理局（FDA）。

职能范围：所有国产和进口食品（不包括肉类和禽类）、瓶装水，酒精含量小于7%的葡萄酒。

食品安全职责：执行食品安全法律，管理除肉和禽以外的国内和进口食品；通过检验食品加工厂、食品仓库、收集和分析样品，检验其物理、化学、微生物污染；产品上市销售前，负责综述和验证食品添加剂和色素添加剂的安全性；综述和验证兽药对所用动物的安全性及对食用该动物食品的人的安全性；监测作为食品生产动物的饲料的安全性；制定美国食品法典、条令、指南和说明，并与各州合作应用这些法典、条令、指南和说明；管理牛奶、贝类和零售食品工厂，如餐馆和杂货商店；现代食品法典可以作为零售商和护理院及其他机构如何准备食品和预防食源性疾病的参考；建立良好的食品加工操作规程和其他的生产标准，如工厂卫生、包装要求、危害分析和关键控制点计划；与外国政府合作确保进口食品的安全；要求加工商召回不安全的食品并监测这些召回行动采取相应的执法行动；对食品安全开展研究；对行业和消费食品安全处理规程的培训。

2. 疾病预防和控制中心（CDC）。

职能范围：所有食品。

食品安全职责：调查食源性疾病的暴发；维护国家范围食源性疾病调查的体系；设计、采取快速行动、电子系统报道食源性感染；与其他机构合作监测食源性疾病暴发的速率和趋势；开发快速检验病原菌的技术、制定公众健康方针预防食源性疾病；开展研究，帮助预防食源性疾病；培训地方和州的食品安全人员。

3. 卫生部的国立健康研究院（NIH）。

职能范围：所有食品。

食品安全职责：进行食品安全研究。

4. 美国农业农村部食品安全检验局（FSIS）。

职能范围：国内和进口的肉、禽和相关产品，如含肉、禽的炖菜、比萨饼、冷冻食品、加工的蛋制品（一般液态、冷冻和干燥的巴氏杀菌的蛋制品）。

食品安全职责：执行食品安全法律，管理国内和进口肉、禽产品；对用作食品的动物屠宰前和屠宰后进行检验；检验肉、禽屠宰场和肉、禽加工厂；与美国农业农村部市场销售局（AMS）合作监测和检验加工的蛋制品；收集和分析食品样品，进行微生物和化学污染物、感染物和毒素监测和检验；在准备、包装肉、禽产品、热加工和其他处理时，建立食品添加剂和食品其他配料使用的生产标准；建立工厂卫生标准，确保所有进口到美国的外国肉、禽加工符合美国标准；肉、禽加工者对其加工的不安全产品自愿召回；资助肉、禽加工食品安全的研究；教育行业和消费者安全的食品处理规程。

5. 美国农业农村部联合研究教育服务局（CSREES）。

职能范围：所有国产食品，一些进口产品。

食品安全职责：与美国各大学、学院合作，对农场主和消费者就有关食品安全实施研究和教育计划。

6. 国家农业图书馆（NAL）食源性疾病教育信息中心（FIEIC）。

职能范围：所有食品。

食品安全职责：维护有关预防食源性疾病资料的数据库；帮助教育者、从事食品行业的培训人员、消费者等得到有关食源性疾病的资料。

7. 美国环境保护署（EPA）。

职能范围：饮用水，由植物、海产品、肉和禽制造的食品。

食品安全职责：建立安全饮用水的标准；管理有毒物质和废物，预防其进入环境和食物链；帮助各州监测饮用水的质量，探求预防饮用水污染的途径；测定新的杀虫剂的安全性，建立杀虫剂在食品中残留的限量水平，发布杀虫剂安全使用指南。

8. 美国商业渔业部。

职能范围：鱼类和海产品。

食品安全职责：按照联邦卫生标准，通过收费的海产品检验计划，对运载渔船、海产品加工工厂、零售点进行检验和颁发证书。

9. 美国经济作物部酒精、烟草局（DTBATF）。

职能范围：酒精饮料（除了酒精含量在7%以下的饮料）。

食品安全职责：执行食品安全法律，管理酒精饮料的生产和配送；调查假冒酒精产品案件，有时需要FDA的协助。

10. 美国海关服务局（U.S.Customs Service）。

职能范围：进口食品。

食品安全职责：与联邦管理机构合作确保所有进出口美国的产品符合美国法律法规。

11. 美国公正局（U.S.Department of Justice）。

职能范围：所有食品。

食品安全职责：监察起诉违反食品安全法律的公司和个人。

12. 联邦贸易委员会（Federal Trade Commission）。

职能范围：所有食品。

食品安全职责：执行一系列法律，保护消费者免受不公平、欺诈或欺骗行为，包括虚假和欺骗性广告。

13. 地方和州政府食品安全机构（State and Local Governments）。

职能范围：其辖区内的所有食品。

食品安全职责：与FDA和其他联邦机构合作实施鱼、海产品、牛奶及其他国内生产的食品的安全标准；检验餐馆、杂货店、其他食品零售商店、牛奶厂及牛奶加工厂、谷堆及辖区范围的食品加工厂；禁止州内不安全食品的销售和配送。

（四）美国葡萄酒法规

美国的法律有两个级别：联邦法和州法。相应的联邦法规是由烟酒武器专管局掌管执行的。1978年，出台了美国葡萄种植区域（American Viticultural Areas，简称AVA）系统作为对以往名称系统的补充。两者一起执行。AVA是对葡萄原产地的保证但与产品品质无关。不论产区大小与知名度，任何人都可以提出AVA的申请，这就意味着，部分AVA也许只有一个酒庄。如果在酒标上标注了AVA，就说明酿造葡萄酒的葡萄中至少有85%的葡萄生长在此区域内。美国每个州都有自己的州法，所以每个州的法律会有一些差异。例如在俄勒冈州如果酒标上标出品种的名字，那么这个品种的含量要求至少在95%，华盛顿州和加州则至少需要85%，其他大部分的州只需要75%即可。美国的葡萄酒，模仿法国用勃艮第和夏布利这样的产区名称来命名的方法用地名来命名。现在更多时候葡萄酒的酒标上出现的则是品种名称。

1. 普通餐酒。

普通餐酒是日常饮用酒，由数种葡萄混合酿造而成。因此没有独特的风味，口感均匀调和。

2. 原装酒。

原装酒和普通餐酒一样，都属于混合酒，不同的是，原装酒必须在酿造厂内从事栽培与封瓶。

3. 优良酒。

优良酒是在酒标上标明使用的葡萄品种，表示至少有75%采自此种葡萄。即使是以产地为名，也有这种规定量的限制。在品质上，比普通餐酒高级，价格也较贵。

三、法国葡萄酒分级体系

（一）原产地控制命名（AOC/AOP）

原产地控制命名，全称为Appellation d'Origine Controlee /Appellation d'Origine Protegee，简称AOC/AOP，是法国葡萄酒分级制度中的最高等级，其中d'Origine常被替换为产区名字。AOC/AOP葡萄酒的有关监管法律条文最为严格，涵盖法定葡萄园范围（原产地区）、酿酒葡萄品种、葡萄栽培方式（株行距、架式）、修剪方法和管理措施、最高产量、酿造工艺、陈酿工艺、陈酿贮藏条件、最低酒精含量等因素。

法定产区葡萄酒必须符合由INAO（Institut National des Appellations d'Origine）认定且经法国农业农村部认可的上述生产条件，所有法定产区餐酒都必须经过分析及正式的品尝。经过正式品尝通过的酒可获INAO授给的证书，才可以用所申请的法定产区名称推广。上述严格的规定确保了法国AOC/AOP酒始终如一的高品质。

（二）保护地区餐酒（IGP）

保护地区餐酒，全称为Indication Geographique Protegee，简称IGP，覆盖地域比AOP更广，规定比AOP宽松。

IGP葡萄酒必须符合以下品质标准：只能使用被认可的葡萄品种，而且必须产自标签上所标示的特定产区（县内的个别地区，或包含几个县的地区）；在地中海必须要有10%的天然最低酒精含量；其他地区则是9%或9.5%；经过分析后必须有符合该类酒的相关特性，同时要有令人满意的口味和香味，这些酒必须经过 Office National Interprofessionnel des Vins（ONIVINS）核准的品酒委员品尝后方可上市。

（三）日常餐酒

日常餐酒，全称为 Vin de France，简称 VdF，覆盖的地域更大，相应的要求更低。VdF 葡萄酒为多品种或不同地区的葡萄原料混合酿制而成，或是不同产地，甚至欧盟不同国家生产的原酒调配而成。

四、澳大利亚葡萄酒法规

澳大利亚对于葡萄产区的管理、葡萄酒酿造以及销售程序的约束也是有明确的法规制度的，国际上统称为地理标志标签（GI）制度。

（一）地理标志标签（GI）分级体系

它是由大区级产区、地区级产区和子产区组成的等级体系，并不规定具体的葡萄品种、种植和酿造方法、最低产量以及葡萄酒的风格。重要的是，产地命名规定确保了所有酒瓶标签上的信息是有效合法的。如果产区、品种或年份被标示出来，那么 85% 以上的酿酒葡萄必须来自于这个产区、这个品种或者这个年份。

1. 大区级产区。

大区级产区没有具体限定特征的大范围区域，可以是一个州（如南澳大利亚州）或几个州（如澳大利亚东南部），还可以是某个州的一部分。除了巴罗萨以外，这种大区名很少会在酒标上出现。

2. 地区级产区。

地区级产区面积小于大区级，但大小不一，如库纳瓦拉、克莱尔山谷和玛格丽特河。本产区酿制的葡萄酒必须始终保持一致的并且有别于相邻产区的独特品质。

3. 子产区。

许多地区级产区又分为若干子产区，虽然子产区必定属于某个地区级产区，但是有的地区级产区会同时包括在多个大区级产区内。比如伊甸谷属于巴罗萨大区范围内的一个地区级产区，巴罗萨在南澳大利亚大区内，而南澳大利亚又在澳大利亚东南部大区内，这为生产商进行跨区混合提供了多种选择。

(二) 修订葡萄酒桶进口条件

澳大利亚农渔林业部修订葡萄酒桶进口条件的目的在于提醒进口商针对新的以及二手橡木桶（用于陈酿酒精），包括葡萄酒桶、桶板、酒糟和大桶进口条件的变化。这些变化的生效日期为2012年8月6日。

澳大利亚农渔林业部生物安全局（DAFF Biosecurity）决定，因商业目的进口的用于酿酒（葡萄酒和烈酒的酿造）的以及用于家用的橡木桶可能导致不同的生物安全风险。

表8-3 橡木桶进口新旧条件对比分析

旧条件	新条件
要求有进口许可证	除了用栗子树树皮做桶箍的酒桶，其余都不用进口许可证
最终用途不同的木桶进口条件相同	进口用于陈酿酒精包括酒类制作的橡木桶将使用一体化货物通关系统（Integrated Cargo System，ICS）进行管理 用于酒类制作用途的木桶，系统根据原产国和进口商进行识别，并根据进口条件进行监管 家用橡木桶必须符合木制品–制造（wooden articles – manufactured）的处理和文件要求
新的以及二手木桶有不同的处理要求	目前重点被转移到木桶的最终用途而不是是否为新的或二手的 所有用于酿酒而进口的木桶进口条件相同 所有用于家用而进口的非栗子树树皮做桶箍的酒桶要求符合木制品–制造（wooden Articles-manufactured）的处理要求 所有栗子树树皮做桶箍的酒桶仍需要进口许可证

五、加拿大葡萄酒法规

加拿大的法定产区分级体系为加拿大酒商质量联盟（Vintner´s Quality Alliance简称VQA），目前，只有不列颠哥伦比亚省和安大略省使用，每个省又划分为较小的法定产区（Designated Viticulture Areas，简称DVA），这些法定产区又分为产区级、子产区级。

每种VDQ葡萄酒都必须使用100%在该省种植的葡萄，这些葡萄必须是100%的欧亚葡萄种或特定的种间杂交品种。

根据VQA的划分，安大略有3个法定葡萄栽培区（Designated Viticultural Areas，简称DVA），分别是尼亚加拉半岛，皮利岛和伊利湖北岸。BC省有4个法定栽培区，分别是 Okanagan 山谷，Similkameen 山谷，Fraser 山谷和温哥华岛。

对于葡萄酒的地理和品种名称，VQA 有严格的法律规定。

1. 原料的重要性。

无论是对制酒者还是消费者，酿酒用的葡萄原料在传统酿酒地区一直是非常重要的环节。葡萄的生长是地域、土壤、地形及气候的综合，同时也是葡萄酒种类特点的重要因素。

（1）必须使用 100%加拿大生产的葡萄，不管是混合还是变种的。

（2）必须使用经过核准的葡萄。

（3）必须使用至少 75%同一省内出产的葡萄。

（4）所有葡萄种类的糖分要达到一定的程度。

（5）必须采用从指定省内所种植的葡萄。

（6）至少有 85%的葡萄是由酒标上所注明的栽培地区种植的。

如果葡萄酒符合上述规定，则可以成为 VQA 等级葡萄酒，并可在酒瓶上贴上 VQA 标志。

2. 葡萄酒中原始的品种特性。

与原料有关，葡萄种类对酒的特性和质量有极大影响，VQA 建立了一个列表，都是被允许可以用来酿制 VQA 葡萄酒的各种葡萄，包括将近 70 种欧洲常用的传统葡萄种类和 8 种仔细挑选过的法国杂交品种。尽管安大略用杂交葡萄酿造过好几种优质葡萄酒，但是使用安大略葡萄原料的规定仍在坚持，如果原料中存有杂交葡萄还必须在标签上标明。有一个例外，冰酒被允许用 Vidal 地方的葡萄酿造，由于这种葡萄给冰酒带来了独一无二的、备受赞誉的品质，因此安大略将在原料来源上给予更多特定的批准。

如果一瓶葡萄酒中有至少 85%的原料来自一种葡萄，那么这瓶酒可以使用这个单一葡萄种类的名称。

3. 质量生产的标准。

VQA 规则对不同种类的葡萄酒建立了严格的生产标准。只有标有 VQA 标志的葡萄酒可以使用下列条目，并在标签上有相应描述和名称。

例如，对于冰酒的要求如下：

(1) 必须作为一个品种的酒来生产;

(2) 所使用的葡萄必须在葡萄树上自然冷冻、当温度一直持续在零下 8℃或更低时,葡萄的采集压制必须连续进行;

(3) 所用葡萄必须 100%在标签上注明产地种植;

(4) 除了控制发酵或是温度从未低于零下 4℃外,人工冰冻是不允许的。通过冰冻的浓缩果汁同样不被许可;

(5) 使用果汁的平均糖度必须至少达到 35°,在酿造好的葡萄酒中,酒精和残余的糖分必须只来自于葡萄的天然成分。

酿酒厂必须作有关原料采集和酿造的详细记录,以便于经常检查和相关信息的检测。定点检测通常 5 个月进行一次,这与制酒程序和详细目录的检查有关。葡萄酒的情况将得到测试和检验。定点检测与零售出口也有关系,包括随机抽样和对先前测试过的酒的重复鉴定。这是为了保证酒的品质没有遭到破坏,以及与一贯坚持的 VQA 高水准相符合。

如果检测的结果没有达到 VQA 的要求标准,那么先前 VQA 批准的标志将被扣留或撤销。任何未经批准就使用 VQA 标志的酿酒厂,将会受到 VQA 委员会的起诉。

4. 其他相关信息。

除了它的国内名称被委任托管外,安大略 VQA 机构对出口欧洲国家的 VQA 产品进行出口证书的发放,它通常扮演有教育意义的角色,并与葡萄酒工业、政府、公众密切相关。它促进了 VQA 认证产品的价值和利润。

六、西班牙葡萄酒质量分级体系

西班牙的葡萄酒共分成 5 个等级,由西班牙国家产区管制单位 INDO 负责监管工作。

(一)日常餐酒

日常餐酒,全称为 Vino de Mesa,简称 VM,这是分级制度中最低的一个级别。

(二)地区餐酒

地区餐酒,全称为 Vino de la Tierra,简称 VdiT,该级别限定了葡萄酒的生产区域，其他方面要求相对宽松。

（三）具有地理标志的优质葡萄酒

具有地理标志的优质葡萄酒，全称为 Vino de Calidad con Indicacion Geografica，简称 VCIG，一般而言，只有达到该等级 5 年以上的产区，才有资格申请成为原产地命名。

（四）原产地命名

原产地命名，全称为 Denominacin de origen，简称 DO，这一等级对种植和酿造均有严格的限制。目前约有 70 个 DO，每个产区都有自己的管理委员会，负责制定本产区的各项标准。

（五）优质原产地命名

优质原产地命名，全称为 Denominacin de origen Calificada，简称 DOCa，是西班牙葡萄酒的最高级别，只有达到 DO 等级十年以上的产区，才有资格申请成为 DOCa，西班牙目前只有两个 DOCa：里奥哈和普里奥哈。

在优质原产地命名中还存在一个特殊的等级，单一园葡萄酒（Vino de Pago），其酿酒葡萄来自经过认证的单一园，目前仅有约 20 家酒庄在此行列。

在优质原产地命名中还存在一个特殊的分级体系，熟化时间由短到长分为：新酒（Joven）、熟化（ripening）、珍藏（Reserva），特别珍藏（Gran Reserva）。

七、意大利葡萄酒分级制度

意大利是欧洲国家中最早得到酿酒葡萄种植技术的国家之一，在 3 000 多年以前，希腊人就称意大利为葡萄酒之国（埃娜特利亚）。具有悠久酿酒历史的意大利，通过政府规划和修订相关法案后，已要求各大葡萄酒厂商严格遵守 DOC 所订立的等级标准。意大利的地理标志标签（GI）分级体系如下：

1. 原产地保护标签（PDO）：等同于［意大利］Denominazione di Origni Protetta（DOP）。

（1）原产地命名控制标签（Denominazione di Origni Controllata，DOC），葡萄酒收到地理边界、葡萄品种和酿制方法的限制。

（2）原产地命名控制及品质保证标签（Denominazione di Origni Controllata e

Garantita，DOCG），除符合DOC的所有要求外，必须在其产区内装瓶并通过农业农村部的品尝鉴定。

2. 地理标志保护标签（PGI）：等同于［意大利］Indicazione Geografica Protetta（IGP）。

传统术语Indicazione Geograficha Tipica（IGT）普遍被使用。

3. 其他术语。

（1）经典（Classico）是指葡萄酒完全用原先划定的区域内种植的葡萄来酿造，包括许多该区域最好的葡萄酒。

（2）珍藏（Reserva）是指葡萄酒的最低酒精度和陈年期均超过了法定产区规定的最低标准。

第九章 葡萄酒生产经营许可与清洁生产管理

第一节 食品生产许可制度

《中华人民共和国食品安全法》(以下简称《食品安全法》)第三十五条明确规定：国家对食品生产经营实行许可制度。从事食品生产、食品销售、餐饮服务，应当依法取得许可。但是，销售食用农产品，不需要取得许可。

为规范食品、食品添加剂生产许可活动，加强食品生产监督管理，保障食品安全，根据《中华人民共和国行政许可法》《食品安全法》及其实施条例等法律法规，制定《食品生产许可管理办法》(国家市场监督管理总局第24号公布)，自2020年3月1日起施行。

一、食品安全许可的适用范围

在中华人民共和国境内，从事食品生产活动，应当依法取得食品生产许可。食品生产许可的申请、受理、审查、决定及其监督检查，适用本办法。

二、食品安全许可的基本原则与监督管理

食品生产许可应当遵循依法、公开、公平、公正、便民、高效的原则。

食品生产许可实行一企一证原则，即同一个食品生产者从事食品生产活动，应当取得一个食品生产许可证。

市场监督管理部门按照食品的风险程度，结合食品原料、生产工艺等因素，对

食品生产实施分类许可。

国家市场监督管理总局负责监督指导全国食品生产许可管理工作。县级以上地方市场监督管理部门负责本行政区域内的食品生产许可监督管理工作。

保健食品、特殊医学用途配方食品、婴幼儿配方食品、婴幼儿辅助食品、食盐等食品的生产许可，由省、自治区、直辖市市场监督管理部门负责。

国家市场监督管理总局负责制定食品生产许可审查通则和细则。

县级以上地方市场监督管理部门应当加快信息化建设，推进许可申请、受理、审查、发证、查询等全流程网上办理，并在行政机关的网站上公布生产许可事项，提高办事效率。

三、食品安全许可的申请与受理

申请食品生产许可，应当先行取得营业执照等合法主体资格。并应当按照相应的食品类别提出食品生产许可申请。

（一）食品生产许可分类目录（酒类产品部分）

表 9-1　酒类产品分类目录

食品类别	类别编号	类别名称	品种明细	备注
酒类	1501	白酒	1. 白酒 2. 白酒（液态） 3. 白酒（原酒）	
	1502	葡萄酒及果酒	1. 葡萄酒：原酒、加工灌装 2. 冰葡萄酒：原酒、加工灌装 3. 其他特种葡萄酒：原酒、加工灌装 4. 发酵型果酒：原酒、加工灌装	
	1503	啤酒	1. 熟啤酒 2. 生啤酒 3. 鲜啤酒 4. 特种啤酒	
	1504	黄酒	黄酒：原酒、加工灌装	
	1505	其他酒	1. 配制酒：露酒、枸杞酒、枇杷酒、其他 2. 其他蒸馏酒：白兰地、威士忌、俄得克、朗姆酒、水果白兰地、水果蒸馏酒、其他 3. 其他发酵酒：清酒、米酒（醪糟）、奶酒、其他	
	1506	食用酒精	食用酒精	

注：国家市场监督管理总局可以根据监督管理工作需要对食品类别进行调整。

（二）申请食品生产许可的条件

1. 具有与生产的食品品种、数量相适应的食品原料处理和食品加工、包装、贮存等场所，应保持该场所环境整洁，并与有毒、有害场所以及其他污染源保持规定的距离。

2. 具有与生产的食品品种、数量相适应的生产设备或者设施，有相应的消毒、更衣、盥洗、采光、照明、通风、防腐、防尘、防蝇、防鼠、防虫、洗涤以及处理废水、存放垃圾和废弃物的设备或者设施；保健食品生产工艺有原料提取、纯化等前处理工序的，需要具备与生产的品种、数量相适应的原料前处理设备或者设施。

3. 有专职或者兼职的食品安全专业技术人员、食品安全管理人员和保证食品安全的规章制度。

4. 具有合理的设备布局和工艺流程，防止待加工食品与直接入口食品、原料与成品交叉污染，避免食品接触有毒物、不洁物。

5. 法律、法规规定的其他条件。

（三）申请食品生产许可的相关材料

申请食品生产许可，应当向申请人所在地县级以上地方市场监督管理部门提交下列材料：

1. 食品生产许可申请书；

2. 食品生产设备布局图和食品生产工艺流程图；

3. 食品生产主要设备、设施清单；

4. 专职或者兼职的食品安全专业技术人员、食品安全管理人员信息和食品安全管理制度；

5. 申请保健食品、特殊医学用途配方食品、婴幼儿配方食品等特殊食品的生产许可，还应当提交与所生产食品相适应的生产质量管理体系文件以及相关注册和备案文件。

（四）材料审查与现场核查

县级以上地方市场监督管理部门应当对申请人提交的申请材料进行审查。需要对申请材料的实质内容进行核实的，应当进行现场核查。

市场监督管理部门开展食品生产许可现场核查时，应当按照申请材料进行核查。对首次申请许可或者增加食品类别的变更许可的，根据食品生产工艺流程等要求，核查试制食品的检验报告。开展食品添加剂生产许可现场核查时，可以根据食品添加剂品种特点，核查试制食品添加剂的检验报告和复配食品添加剂配方等。试制食品检验可以由生产者自行检验，或者委托有资质的食品检验机构检验。

现场核查应当由食品安全监管人员进行，根据需要可以聘请专业技术人员作为核查人员参加现场核查。核查人员不得少于2人。核查人员应当出示有效证件，填写食品生产许可现场核查表，制作现场核查记录，经申请人核对无误后，由核查人员和申请人在核查表和核查记录上签名或者盖章。申请人拒绝签名或者盖章的，核查人员应当注明情况。

申请保健食品、特殊医学用途配方食品、婴幼儿配方乳粉生产许可，在产品注册或者产品配方注册时经过现场核查的项目，可以不再重复进行现场核查。

市场监督管理部门可以委托下级市场监督管理部门，对受理的食品生产许可申请进行现场核查。特殊食品生产许可的现场核查原则上不得委托下级市场监督管理部门实施。

核查人员应当自接受现场核查任务之日起5个工作日内，完成对生产场所的现场核查。

（五）许可证管理

食品生产许可证发证日期为许可决定作出的日期，有效期为5年。食品生产许可证分为正本、副本，正本、副本具有同等法律效力。

国家市场监督管理总局负责制定食品生产许可证式样。省、自治区、直辖市市场监督管理部门负责本行政区域食品生产许可证的印制、发放等管理工作。

食品生产许可证应当载明：生产者名称、社会信用代码、法定代表人（负责人）、住所、生产地址、食品类别、许可证编号、有效期、发证机关、发证日期和二维码。

食品生产许可证编号由SC（"生产"的汉语拼音字母缩写）和14位阿拉伯数字组成。数字从左至右依次为：3位食品类别编码、2位省（自治区、直辖市）代码、2位市（地）代码、2位县（区）代码、4位顺序码、1位校验码。

食品生产者应当妥善保管食品生产许可证，不得伪造、涂改、倒卖、出租、出借、转让。食品生产者应当在生产场所的显著位置悬挂或者摆放食品生产许可证正本。

(六) 法律责任

1. 未取得食品生产许可却从事食品生产活动的,由县级以上地方市场监督管理部门依照《食品安全法》第一百二十二条的规定给予处罚。

食品生产者生产的食品不属于食品生产许可证上载明的食品类别的,视为未取得食品生产许可从事食品生产活动。

2. 许可申请人隐瞒真实情况或者提供虚假材料申请食品生产许可的,由县级以上地方市场监督管理部门给予警告。申请人在1年内不得再次申请食品生产许可。

3. 被许可人以欺骗、贿赂等不正当手段取得食品生产许可的,由原发证地市场监督管理部门撤销许可,并处1万元以上3万元以下罚款。被许可人在3年内不得再次申请食品生产许可。

4. 食品生产者伪造、涂改、倒卖、出租、出借、转让食品生产许可证的,由县级以上地方市场监督管理部门责令改正,给予警告,并处1万元以下罚款;情节严重的,处1万元以上3万元以下罚款。

食品生产者未按规定在生产场所的显著位置悬挂或者摆放食品生产许可证的,由县级以上地方市场监督管理部门责令改正;拒不改正的,给予警告。

5. 食品生产许可证有效期内,食品生产者名称、现有设备布局和工艺流程、主要生产设备设施等事项发生变化,需要变更食品生产许可证载明的许可事项,未按规定申请变更的,由原发证地市场监督管理部门责令改正,给予警告;拒不改正的,处1万元以上3万元以下罚款。

食品生产者的生产场所迁址后未重新申请取得食品生产许可从事食品生产活动的,由县级以上地方市场监督管理部门依照《食品安全法》第一百二十二条的规定给予处罚。

食品生产许可证副本载明的同一食品类别内的事项发生变化,食品生产者未按规定报告的,食品生产者终止食品生产,食品生产许可被撤回、撤销或者食品生产许可证被吊销,未按规定申请办理注销手续的,由原发证地市场监督管理部门责令改正；拒不改正的，给予警告，并处5000元以下罚款。

6. 食品生产者违反《食品生产许可管理办法》相关规定，有《中华人民共和国食品安全法实施条例》第七十五条第一款规定的情形的，依法对单位的法定代表人、主要负责人、直接负责的主管人员和其他直接责任人员给予处罚。

被吊销生产许可证的食品生产者及其法定代表人、直接负责的主管人员和其他直接责任人员自处罚决定作出之日起5年内不得申请食品生产经营许可，或者从事食品生产经营管理工作、担任食品生产经营企业食品安全管理人员。

7. 市场监督管理部门对不符合条件的申请人准予许可，或者超越法定职权准予许可的，依照《食品安全法》第一百四十四条的规定给予处分。

第二节　葡萄酒及果酒生产许可证审查细则

葡萄酒、果酒作为食品的重要组成部分，2014年12月23日颁布《葡萄酒及果酒生产许可证审查细则》（国质检监〔2004〕557号），2005年1月1日起施行；2005年9月26日，对其进行修改，通过依据《细则》审查，具备规定条件的生产者才允许进行生产经营活动，具备规定条件的食品才允许生产销售。

一、发证产品范围及申证单元

实施食品生产许可证管理的葡萄酒、果酒是指以葡萄、各种水果或浆果为原料，经发酵酿制而成的饮料酒。葡萄酒及果酒的申证单元为葡萄酒及果酒，主要品种有葡萄酒、山葡萄酒、苹果酒、山楂酒等。以浸泡或者蒸馏工艺生产的果酒不纳入发证范围。

葡萄酒或果酒的生产企业在生产许可证上注明的获证产品名称：葡萄酒及果酒（原酒、加工灌装）；只进行葡萄酒或果酒原酒加工、不进行灌装的企业，生产许可证上注明产品名称：葡萄酒及果酒（原酒）；只进行葡萄酒或果酒加工灌装、不进行原酒加工的企业（以下简称加工灌装），生产许可证上注明的产品名称：葡萄酒及果酒（加工灌装）。生产许可证有效期为3年，其产品类别编号为：1502。

二、基本生产流程及关键控制环节

(一) 基本生产流程

1. 葡萄酒及果酒的基本生产流程。

原料→破碎（压榨）→发酵→分离→贮存→澄清处理→调配→除菌→灌装→成品

2. 原酒加工的基本生产流程。

原料→破碎（压榨）→发酵→分离→贮存（澄清处理）→原酒

3. 加工灌装的基本生产流程。

原酒→澄清处理→调配→除菌→灌装→成品

(二) 关键控制环节

1. 原材料的质量。

2. 发酵与贮存过程的控制。

3. 稳定性处理。

4. 调配。

(三) 容易出现的质量安全问题

1. 超范围使用食品添加剂。

2. 以调配酒冒充发酵酒。

3. 葡萄汁或果汁含量不足。

4. 微生物超标。

三、必备的生产资源

(一) 生产场所

生产场所内绿化带不宜种植有飞絮和有浓郁气味的植物。葡萄酒及果酒生产企业应具备原料加工、酿酒、贮酒、调酒、灌装、仓库等场所，原酒加工企业应具备原料加工、酿酒、贮酒、仓库等场所，加工灌装企业应具备贮酒、调酒、灌装、仓库等场所。污水排放必须符合国家有关标准的规定，其他条件应满足食品质量市场准入审查通则的相关规定。

(二) 生产设备

葡萄酒、果酒生产企业必备的生产设备有以下几种。

1. 原料处理设备：破碎机、压榨机、输送泵。
2. 发酵设备：控温发酵罐。
3. 贮酒设备：贮酒罐、输送泵。
4. 过滤设备：硅藻土过滤机、板框过滤机等。
5. 冷冻设备：冷冻机、隔热罐或速冻机。
6. 杀菌系统：锅炉或其他供热设施。
7. 除菌设备：杀菌设备或除菌过滤设备。
8. 灌装设备：半自动或自动洗瓶机、自动装酒机。

原酒加工企业必备的生产设备为上述 1、2、3 条中规定的设备，并具备粗滤设备，如硅藻土过滤机。

加工灌装企业必备的生产设备为上述 3、4、5、6、7、8 条中规定的设备。

四、产品相关标准

GB 10344—1989《饮料酒标签标准》；GB 2758—2005《发酵酒卫生标准》；GB/T 15037—1994《葡萄酒》；QB/T 1982—1994《山葡萄酒》；QB/T 1983—1994《山楂酒》；QB/T 2027—1994《猕猴桃酒》。

五、原辅材料的有关要求

生产中所使用的原辅材料必须是食用级的产品并符合国家标准或行业标准的规定。如使用的原辅材料为实施生产许可证管理的产品，必须选用获证企业生产的产品。所有采购的原辅材料必须经检验或验证合格后方可投入生产。

酿酒原料葡萄或其他水果应新鲜，无霉变腐烂、无夹杂物、无药害、无病害、无污染。

六、必备的出厂检验设备

1. 葡萄酒及果酒、加工灌装企业必备的出厂检验设备。

分析天平（0.1 mg）；干燥箱；微生物培养箱；消毒锅；电冰箱；恒温水浴；生物显微镜；压力测定装置（适用于起泡酒）；无菌室或超净工作台。

2. 原酒加工企业必备的出厂检验设备。

分析天平（0.1 mg）；干燥箱；恒温水浴；电冰箱。

七、检验项目及判定原则

（一）检验项目

葡萄酒及果酒、加工灌装生产企业的发证检验、监督检验、出厂检验分别按表 9-2 中所列出的相应检验项目进行，原酒生产企业的发证检验、监督检验、出厂检验分别按表 9-3 所列出的检验项目进行。出厂检验项目栏中注明"★"标记的，企业应该进行自检或委托具有法定资格的机构检验，每年不得少于 2 次。

微生物项目为带"★"标记的项目，生产企业无须对每批产品都进行检验，但企业必须具备检验微生物的能力，能够对产品中的微生物，包括酵母菌进行有效监控。

表 9-2　葡萄酒质量检验项目表

序号	项目名称	发证	监督	出厂	备注
1	感官	√	√	√	
2	酒精度	√	√	√	
3	总糖	√	√	√	
4	滴定酸	√	√	√	
5	挥发酸	√	√	√	
6	游离二氧化硫	√	√	√	
7	总二氧化硫	√	√	√	
8	干浸出物	√	√	√	
9	铁	√	√	★	
10	二氧化碳	√	√	√	仅对起泡酒
11	细菌总数	√	√	★	
12	大肠菌群	√	√	★	
13	肠道致病菌（沙门氏菌、志贺氏菌、金黄葡萄球菌）	√	√	★	修改增加项目
14	铅	√	√	★	
15	净含量	√		√	
16	苯甲酸、山梨酸、着色剂、甜味剂等添加剂	√	√	★	根据具体情况确定
17	标签	√	√		

表9-3 原酒质量检验项目表

序号	项目名称	发证	监督	出厂	备注
1	酒精度	√	√	√	
2	总糖	√	√	√	
3	滴定酸	√	√	√	
4	挥发酸	√	√	√	
5	游离二氧化硫	√	√	√	
6	总二氧化硫	√	√	√	
7	干浸出物	√	√	√	
8	铁	√	√	★	
9	铅	√	√	★	
10	苯甲酸、山梨酸、着色剂等添加剂	√	√	★	根据具体情况确定

上述检验项目是按葡萄酒标准列出的，其他果酒的检验项目可按相应的产品标准，参照上述项目确定，其中苹果酒和山楂酒要检展青霉素，并作为发证检验和监督检验的项目。

(二) 判定原则

对于葡萄酒及果酒，当检验项目全部合格，或者当酒精度、总糖、滴定酸、游离二氧化硫、铁中仅有1项不符合标准要求时，判定结论为：符合发证条件；当酒精度、总糖、滴定酸、游离二氧化硫、铁项目中超过1项不合格，或者有其他项目不合格时，则判定结论为：不符合发证条件。

对于原酒，判定依据按相应的成品酒标准执行。

八、抽样方法

根据企业申证产品的种类，随机抽取不同类型的主导产品进行发证检验，原则上每个企业抽取2个样品。

葡萄酒及果酒、加工灌装生产企业的抽样应在企业的成品仓库内随机抽取，所抽样品应为同一批次的产品，抽样基数不少于1 500瓶（以750 mL/瓶计），净含量在750 mL/瓶左右的平静葡萄酒随机抽取12瓶，起泡葡萄酒随机抽取18瓶，净含量大于 1 000 mL 或小于 600 mL/瓶的样品应适当减少或增加取样数量，减少时不得少于 8 瓶，增加时样品总量应与 750 mL/瓶的样品总量相当。对于生产原酒的企业，样品应在企业的贮酒罐中抽取，所抽样品应为混合均匀的产品，抽样基数不少于 10 t，抽样量为 5 L。将抽取的样品平均分成 2 份，1 份检验，1 份备查，原酒应进行有效密封。样品确认无误后，由抽样人员与被抽查企业人员在抽样单上盖章、签字。样品当场封存，并加贴封条，封条上应有抽样人员及企业人员的签字及抽样单位盖章。

第三节　食品经营许可和备案管理制度

为了规范食品经营许可和备案活动，加强食品经营安全监督管理，落实食品安全主体责任，保障食品安全，根据《中华人民共和国行政许可法》《中华人民共和国食品安全法》及其实施条例等法律法规，制定《食品经营许可和备案管理办法》（国家市场监督管理总局 2023 年第 78 号令），自 2023 年 12 月 1 日起施行。

一、食品经营许可和备案的适用范围

在中华人民共和国境内从事食品销售和餐饮服务活动，以及除规定情形外还开展其他食品经营项目的，应当依法取得食品经营许可。食品经营许可的申请、受理、审查、决定，仅销售预包装食品（含保健食品、特殊医学用途配方食品、婴幼儿配方乳粉以及其他婴幼儿配方食品等特殊食品，下同）的备案，以及相关监督检查工作，适用本办法。

不需要取得食品经营许可的五种情形：销售食用农产品；仅销售预包装食品；医疗机构、药品零售企业销售特殊医学用途配方食品中的特定全营养配方食品；已经取得食品生产许可的食品生产者，在其生产加工场所或者通过网络销售其生产的食品；以及法律、法规规定的其他不需要取得食品经营许可的情形。

二、食品经营许可和备案的基本原则

食品经营许可和备案应当遵循依法、公开、公平、公正、便民、高效的原则。

三、食品经营许可和备案的监督管理

仅销售预包装食品的,应当报所在地县级以上地方市场监督管理部门备案。

食品展销会(包括交易会、博览会、庙会等)的举办者应当在展销会举办前十五个工作日内,向所在地县级市场监督管理部门报告食品经营区域布局、经营项目、经营期限、食品安全管理制度以及入场食品经营者主体信息核验情况等。

食品经营者在不同经营场所从事食品经营活动的,应当依法分别取得食品经营许可或者进行备案。

通过自动设备从事食品经营活动或者仅从事食品经营管理活动的,取得一个经营场所的食品经营许可或者进行备案后,即可在本省级行政区域内的其他经营场所开展已取得许可或者备案范围内的经营活动。

国家市场监督管理总局负责指导全国食品经营许可和备案管理工作。县级以上地方市场监督管理部门负责本行政区域内的食品经营许可和备案管理工作。省、自治区、直辖市市场监督管理部门可以根据食品经营主体业态、经营项目和食品安全风险状况等,结合食品安全风险管理实际,确定本行政区域内市场监督管理部门的食品经营许可和备案管理权限。

县级以上地方市场监督管理部门应当加强食品经营许可和备案信息化建设,在行政机关网站公开食品经营许可和备案管理权限、办事指南等事项;应当通过食品经营许可和备案管理信息平台实施食品经营许可和备案全流程网上办理。

食品经营许可电子证书与纸质食品经营许可证书具有同等法律效力。

四、食品经营许可的申请与受理

申请食品经营许可,应当先行取得营业执照等合法主体资格,应当按照食品经营主体业态(分为食品销售经营者、餐饮服务经营者、集中用餐单位食堂三类,不可以复选)和经营项目分类(分为食品销售、餐饮服务、食品经营管理三类,可以复选)提出。

食品经营者从事散装食品销售中的散装熟食销售、冷食类食品制售中的冷加工糕点制售和冷荤类食品制售应当在经营项目后以括号标注。

具有热、冷、生、固态、液态等多种情形,难以明确归类的食品,可以按照食

品安全风险等级最高的情形进行归类。

(一) 酒类生产经营风险等级

结合食品生产经营企业风险特点,从生产经营食品类别、经营规模、消费对象等静态风险因素和生产经营条件保持、生产经营过程控制、管理制度建立及运行等动态风险因素,确定食品生产经营者风险等级。

表9-4 食品生产经营者风险等级(酒类部分)

食品类别	类别编号	类别名称	品种明细	食品风险等级	分值(S)
酒类	1501	白酒	1. 白酒	较低(Ⅱ)	19.5
			2. 白酒(液态) 3. 白酒(原酒)	中等(Ⅲ)	21.0
酒类	1502	葡萄酒及果酒	1. 葡萄酒(原酒、加工灌装) 2. 冰葡萄酒(原酒、加工灌装) 3. 其他特种葡萄酒(原酒、加工灌装) 4. 发酵型果酒(原酒、加工灌装)	中等(Ⅲ)	20.5
酒类	1503	啤酒	1. 熟啤酒 2. 生啤酒 3. 鲜啤酒 4. 特种啤酒	较低(Ⅱ)	19.5
酒类	1504	黄酒	黄酒(原酒、加工灌装)	较低(Ⅱ)	19.5
酒类	1505	其他酒	1. 配制酒(露酒、枸杞酒、枇杷酒、其他) 2. 其他蒸馏酒(白兰地、威士忌、俄得克、朗姆酒、水果白兰地、水果蒸馏酒、其他) 3. 其他发酵酒〔清酒、米酒(醪糟)、奶酒、其他〕	较低(Ⅱ)	19.5
酒类	1506	食用酒精	食用酒精	较低(Ⅱ)	16.0

(二) 申请食品经营许可,应当具备下列条件

申请食品经营许可,应当符合与其主体业态、经营项目相适应的食品安全要求,具备下列条件:

(1) 具有与经营的食品品种、数量相适应的食品原料处理和食品加工、销售、贮存等场所,保持该场所环境整洁,并与有毒、有害场所以及其他污染源保持规定的距离;

(2) 具有与经营的食品品种、数量相适应的经营设备或者设施，有相应的消毒、更衣、盥洗、采光、照明、通风、防腐、防尘、防蝇、防鼠、防虫、洗涤以及处理废水、存放垃圾和废弃物的设备或者设施；

(3) 有专职或者兼职的食品安全总监、食品安全员等食品安全管理人员和保证食品安全的规章制度；

(4) 具有合理的设备布局和工艺流程，防止待加工食品与直接入口食品、原料与成品交叉污染，避免食品接触有毒物、不洁物；

(5) 食品安全相关法律、法规规定的其他条件。

从事食品经营管理的，应当具备与其经营规模相适应的食品安全管理能力，建立健全食品安全管理制度，并按照规定配备食品安全管理人员，对其经营管理的食品安全负责。

（三）申请食品经营许可的相关材料

申请食品经营许可，应当提交下列材料：(1) 食品经营许可申请书；(2) 营业执照或者其他主体资格证明文件复印件；(3) 与食品经营相适应的主要设备设施、经营布局、操作流程等文件；(4) 食品安全自查、从业人员健康管理、进货查验记录、食品安全事故处置等保证食品安全的规章制度目录清单。

利用自动设备从事食品经营的，申请人应当提交每台设备的具体放置地点、食品经营许可证的展示方法、食品安全风险管控方案等材料。

申请人委托代理人办理食品经营许可申请的，代理人应当提交授权委托书以及代理人的身份证明文件。

申请人应当如实向县级以上地方市场监督管理部门提交有关材料并反映真实情况，对申请材料的真实性负责，并在申请书等材料上签名或者盖章。符合法律规定的可靠电子签名、电子印章与手写签名或者盖章具有同等法律效力。

（四）材料审查、现场核查与许可决定

县级以上地方市场监督管理部门应当对申请人提交的许可申请材料进行审查。需要对申请材料的实质内容进行核实的，应当进行现场核查。食品经营许可申请包含预包装食品销售的，对其中的预包装食品销售项目不需要进行现场核查。

现场核查应当由符合要求的核查人员进行。核查人员不得少于2人。核查人员

应当出示有效证件，填写食品经营许可现场核查表，制作现场核查记录，经申请人核对无误后，由核查人员和申请人在核查表上签名或者盖章。申请人拒绝签名或者盖章的，核查人员应当注明情况。

上级地方市场监督管理部门可以委托下级地方市场监督管理部门，对受理的食品经营许可申请进行现场核查。

核查人员应当自接受现场核查任务之日起5个工作日内，完成对经营场所的现场核查。经核查，通过现场整改能够符合条件的，应当允许现场整改；需要通过一定时限整改的，应当明确整改要求和整改时限，并经市场监督管理部门负责人同意。

县级以上地方市场监督管理部门应当自受理申请之日起10个工作日内作出是否准予行政许可的决定，因特殊原因需要可以延长5个工作日，并应当将延长期限的理由告知申请人。鼓励有条件的地方市场监督管理部门优化许可工作流程，压减现场核查、许可决定等工作时限。

县级以上地方市场监督管理部门应当根据申请材料审查和现场核查等情况，对符合条件的，作出准予行政许可的决定，并自作出决定之日起5个工作日内向申请人颁发食品经营许可证；对不符合条件的，应当作出不予许可的决定，说明理由，并告知申请人依法享有申请行政复议或者提起行政诉讼的权利。

食品经营许可证发证日期为许可决定作出的日期，有效期为五年。

（五）食品经营许可证管理

（1）食品经营许可证分为正本、副本，正本、副本具有同等法律效力。

国家市场监督管理总局负责制定食品经营许可证正本、副本式样。省、自治区、直辖市市场监督管理部门负责本行政区域内食品经营许可证的印制和发放等管理工作。

（2）食品经营许可证应当载明：经营者名称、统一社会信用代码、法定代表人（负责人）、住所、经营场所、主体业态、经营项目、许可证编号、有效期、投诉举报电话、发证机关、发证日期，并赋有二维码。其中，经营场所、主体业态、经营项目属于许可事项，其他事项不属于许可事项。

食品经营者取得餐饮服务、食品经营管理经营项目的，销售预包装食品不需要在许可证上标注食品销售类经营项目。

（3）食品经营许可证编号由JY（"经营"的汉语拼音字母缩写）和14位阿拉伯数字组成。数字从左至右依次为：1位主体业态代码、2位省（自治区、直辖市）代码、2位市（地）代码、2位县（区）代码、6位顺序码、1位校验码。

（4）食品经营者应当妥善保管食品经营许可证，不得伪造、涂改、倒卖、出租、出借、转让。

食品经营者应当在经营场所的显著位置悬挂、摆放纸质食品经营许可证正本或者展示其电子证书。

利用自动设备从事食品经营的，应当在自动设备的显著位置展示食品经营者的联系方式、食品经营许可证复印件或者电子证书、备案编号。

第四节　食品生产经营监督检查管理

为了加强和规范对食品生产经营活动的监督检查，督促食品生产经营者落实主体责任，保障食品安全，根据《中华人民共和国食品安全法》及其实施条例等法律法规，制定《食品生产经营监督检查管理办法》（国家市场监督管理总局令第49号）。适用于市场监督管理部门对食品（含食品添加剂）生产经营者执行食品安全法律、法规、规章和食品安全标准等情况实施监督检查。该办法2021年12月24日公布，自2022年3月15日起施行。

一、基本概念

1. 日常监督检查是指市级、县级市场监督管理部门按照年度食品生产经营监督检查计划，对本行政区域内食品生产经营者开展的常规性检查。

2. 飞行检查是指市场监督管理部门根据监督管理工作需要以及问题线索等，对食品生产经营者依法开展的不预先告知的监督检查。

3. 体系检查是指市场监督管理部门以风险防控为导向，对特殊食品、高风险大宗食品生产企业和大型食品经营企业等的质量管理体系执行情况依法开展的系统性监督检查。

二、食品生产经营的监督检查要求

监督检查应当遵循属地负责、风险管理、程序合法、公正公开的原则。县级以上地方市场监督管理部门应当按照规定在覆盖所有食品生产经营者的基础上，结合食品生产经营者信用状况，随机选取食品生产经营者、随机选派监督检查人员实施监督检查。

市场监督管理部门应当加强监督检查信息化建设，记录、归集、分析监督检查信息，加强数据整合、共享和利用，完善监督检查措施，提升智慧监管水平。

三、监督检查要点

1. 食品生产环节监督检查要点应当包括食品生产者资质、生产环境条件、进货查验、生产过程控制、产品检验、贮存及交付控制、不合格食品管理和食品召回、标签和说明书、食品安全自查、从业人员管理、信息记录和追溯、食品安全事故处置等情况。

2. 委托生产食品、食品添加剂的，委托方、受托方应当遵守法律、法规、食品安全标准以及合同的约定，并将委托生产的食品品种、委托期限、委托方对受托方生产行为的监督等情况予以单独记录，留档备查。市场监督管理部门应当将上述委托生产情况作为监督检查的重点。

3. 食品销售环节监督检查要点应当包括食品销售者资质、一般规定执行、禁止性规定执行、经营场所环境卫生、经营过程控制、进货查验、食品贮存、食品召回、温度控制及记录、过期及其他不符合食品安全标准食品处置、标签和说明书、食品安全自查、从业人员管理、食品安全事故处置、进口食品销售、食用农产品销售、网络食品销售等情况。

4. 餐饮服务环节监督检查要点应当包括餐饮服务提供者资质、从业人员健康管理、原料控制、加工制作过程、食品添加剂使用管理、场所和设备设施清洁维护、餐饮具清洗消毒、食品安全事故处置等情况。餐饮服务环节的监督检查应当强化学校等集中用餐单位供餐的食品安全要求。

四、监督检查程序

1. 县级以上地方市场监督管理部门应当按照本级人民政府食品安全年度监督管

理计划，综合考虑食品类别、企业规模、管理水平、食品安全状况、风险等级、信用档案记录等因素，编制年度监督检查计划。

县级以上地方市场监督管理部门按照国家市场监督管理总局的规定，根据风险管理的原则，结合食品生产经营者的食品类别、业态规模、风险控制能力、信用状况、监督检查等情况，将食品生产经营者的风险等级从低到高分为 A 级风险、B 级风险、C 级风险、D 级风险四个等级。

2. 市场监督管理部门应当每两年对本行政区域内所有食品生产经营者至少进行一次覆盖全部检查要点的监督检查。

市场监督管理部门应当对特殊食品生产者，风险等级为 C 级、D 级的食品生产者，风险等级为 D 级的食品经营者以及中央厨房、集体用餐配送单位等高风险食品生产经营者实施重点监督检查，并可以根据实际情况增加日常监督检查频次。

市场监督管理部门可以根据工作需要，对通过食品安全抽样检验等发现问题线索的食品生产经营者实施飞行检查，对特殊食品、高风险大宗消费食品生产企业和大型食品经营企业等的质量管理体系运行情况实施体系检查。

3. 市场监督管理部门实施监督检查，有权采取下列措施，被检查单位不得拒绝、阻挠、干涉：

（1）进入食品生产经营等场所实施现场检查；

（2）对被检查单位生产经营的食品进行抽样检验；

（3）查阅、复制有关合同、票据、账簿以及其他有关资料；

（4）查封、扣押有证据证明不符合食品安全标准或者有证据证明存在安全隐患以及用于违法生产经营的食品、工具和设备；

（5）查封违法从事食品生产经营活动的场所；

（6）法律法规规定的其他措施。

4. 检查人员应当综合监督检查情况进行判定，确定检查结果。

（1）有发生食品安全事故潜在风险的，食品生产经营者应当立即停止生产经营活动。

（2）发现食品生产经营者不符合监督检查要点表重点项目，影响食品安全的，市场监督管理部门应当依法进行调查处理。

(3) 发现食品生产经营者不符合监督检查要点表一般项目，但情节显著轻微不影响食品安全的，市场监督管理部门应当当场责令其整改。

(4) 检查人员应当将监督检查结果现场书面告知食品生产经营者。需要进行检验检测的，市场监督管理部门应当及时告知检验结论。

五、监督管理

1. 市场监督管理部门在监督检查中发现食品不符合食品安全法律、法规、规章和食品安全标准的，在依法调查处理的同时，应当及时督促食品生产经营者追查相关食品的来源和流向，查明原因、控制风险，并根据需要通报相关市场监督管理部门。

2. 监督检查中发现生产经营的食品、食品添加剂的标签、说明书存在食品安全法第一百二十五条第二款规定的瑕疵的，市场监督管理部门应当责令当事人改正。经食品生产者采取补救措施且能保证食品安全的食品、食品添加剂可以继续销售；销售时应当向消费者明示补救措施。

认定标签、说明书瑕疵，应当综合考虑标注内容与食品安全的关联性、当事人的主观过错、消费者对食品安全的理解和选择等因素。有下列情形之一的，可以认定为标签、说明书瑕疵：

(1) 文字、符号、数字的字号、字体、字高不规范，出现错别字、多字、漏字、繁体字，或者外文翻译不准确以及外文字号、字高大于中文等的；

(2) 净含量、规格的标示方式和格式不规范，或者对没有特殊贮存条件要求的食品，未按照规定标注贮存条件的；

(3) 食品、食品添加剂以及配料使用的俗称或者简称等不规范的；

(4) 营养成分表、配料表顺序、数值、单位标示不规范，或者营养成分表数值修约间隔、"0"界限值、标示单位不规范的；

(5) 对有证据证明未实际添加的成分，标注了"未添加"，但未按照规定标示具体含量的；

(6) 国家市场监督管理总局认定的其他情节轻微，不影响食品安全，没有故意误导消费者的情形。

3. 市场监督管理部门在监督检查中发现违法案件线索,对不属于本部门职责或者超出管辖范围的,应当及时移送有权处理的部门;涉嫌犯罪的,应当依法移送公安机关。

4. 市场监督管理部门应当于检查结果信息形成后 20 个工作日内向社会公开。

检查结果对消费者有重要影响的,食品生产经营者应当按照规定在食品生产经营场所醒目位置张贴或者公开展示监督检查结果记录表,并保持至下次监督检查。有条件的可以通过电子屏幕等信息化方式向消费者展示监督检查结果记录表。

5. 市场监督管理部门及其工作人员有违反法律、法规以及本办法规定和有关纪律要求的,应当依据食品安全法和相关规定,对直接负责的主管人员和其他直接责任人员,给予相应的处分;涉嫌犯罪的,依法移交司法机关处理。

第五节　网络食品安全监督管理

为依法查处网络食品安全违法行为,加强网络食品安全监督管理,保证食品安全,根据《中华人民共和国食品安全法》(以下简称《食品安全法》)等法律法规,国家市场监督管理总局于 2021 年 4 月 2 日修订完善了《网络食品安全违法行为查处办法》。

一、《网络食品安全违法行为查处办法》的适用范围

适用于在中华人民共和国境内网络食品交易第三方平台提供者以及通过第三方平台或者自建网站进行交易的食品生产经营者(以下简称入网食品生产经营者),违反食品安全法律、法规、规章或者食品安全标准行为的查处。

二、网络食品安全义务

网络食品交易第三方平台提供者和入网食品生产经营者应当履行法律、法规和规章规定的食品安全义务,同时应当对网络食品安全信息的真实性负责,应当配合市场监督管理部门对网络食品安全违法行为的查处,按照市场监督管理部门的要求提供网络食品交易相关数据和信息。

网络食品交易第三方平台提供者应当建立入网食品生产经营者审查登记、食品安全自查、食品安全违法行为制止及报告、严重违法行为平台服务停止、食品安全投诉举报处理等制度，并在网络平台上公开。

网络食品交易第三方平台提供者和通过自建网站交易食品的生产经营者应当记录、保存食品交易信息，保存时间不得少于产品保质期满后6个月。没有明确保质期的，保存时间不得少于2年。

网络食品交易第三方平台提供者发现入网食品生产经营者有下列严重违法行为之一的，应当停止向其提供网络交易平台服务：（1）入网食品生产经营者因涉嫌食品安全犯罪被立案侦查或者提起公诉的；（2）入网食品生产经营者因食品安全相关犯罪被人民法院判处刑罚的；（3）入网食品生产经营者因食品安全违法行为被公安机关拘留或者给予其他治安管理处罚的；（4）入网食品生产经营者被市场监督管理部门依法作出吊销许可证、责令停产停业等处罚的。

入网食品生产经营者应当依法取得许可，依法从事食品经营。取得食品生产许可的食品生产者，通过网络销售其生产的食品，不需要取得食品经营许可。取得食品经营许可的食品经营者通过网络销售其制作加工的食品，不需要取得食品生产许可。

入网食品生产经营者不得从事下列行为：（1）网上刊载的食品名称、成分或者配料表、产地、保质期、贮存条件、生产者名称、地址等信息与食品标签或者标识不一致；（2）网上刊载的非保健食品信息明示或者暗示具有保健功能，网上刊载的保健食品的注册证书或者备案凭证等信息与注册或者备案信息不一致；（3）网上刊载的婴幼儿配方乳粉产品信息明示或者暗示具有益智、增加抵抗力、提高免疫力、保护肠道等功能或者保健作用；（4）对在贮存、运输、食用等方面有特殊要求的食品，未在网上刊载的食品信息中予以说明和提示；（5）法律、法规规定禁止从事的其他行为。

三、网络食品安全违法行为查处管理

对网络食品交易第三方平台提供者（含分支机构）食品安全违法行为的查处，由网络食品交易第三方平台提供者所在地县级以上地方市场监督管理部门管辖。

对入网食品生产经营者食品安全违法行为的查处，由入网食品生产经营者所在

地或者生产经营场所所在地县级以上地方市场监督管理部门管辖；对应当取得食品生产经营许可而没有取得许可的违法行为的查处，由入网食品生产经营者所在地、实际生产经营地县级以上地方市场监督管理部门管辖。

因网络食品交易引发食品安全事故或者其他严重危害后果的，也可以由网络食品安全违法行为发生地或者违法行为结果地的县级以上地方市场监督管理部门管辖。

1. 县级以上地方市场监督管理部门，对网络食品安全违法行为进行调查处理时，可以行使下列职权：(1) 进入当事人网络食品交易场所实施现场检查；(2) 对网络交易的食品进行抽样检验；(3) 询问有关当事人，调查其从事网络食品交易行为的相关情况；(4) 查阅、复制当事人的交易数据、合同、票据、账簿以及其他相关资料；(5) 调取网络交易的技术监测、记录资料；(6) 法律、法规规定可以采取的其他措施。

2. 网络食品交易第三方平台提供者和入网食品生产经营者有下列情形之一的，县级以上市场监督管理部门可以对其法定代表人或者主要负责人进行责任约谈：(1) 发生食品安全问题，可能引发食品安全风险蔓延的；(2) 未及时妥善处理投诉举报的食品安全问题，可能存在食品安全隐患的；(3) 未及时采取有效措施排查、消除食品安全隐患，落实食品安全责任的；(4) 县级以上市场监督管理部门认为需要进行责任约谈的其他情形。

责任约谈不影响市场监督管理部门依法对其进行行政处理，责任约谈情况及后续处理情况应当向社会公开。被约谈者无正当理由未按照要求落实整改的，县级以上地方市场监督管理部门应当增加监督检查频次。

四、法律责任

《食品安全法》等法律法规对网络食品安全违法行为已有规定的，从其规定。违反《网络食品安全违法行为查处办法》相关规定的，按照违法行为，由县级以上地方市场监督管理部门责令改正，给予警告、罚款、责令停业的处罚措施，构成犯罪的，依法追究刑事责任。

市场监督管理部门工作人员不履行职责或者滥用职权、玩忽职守、徇私舞弊的，依法追究行政责任；构成犯罪的，移送司法机关，依法追究刑事责任。

第六节 产品质量监督抽查管理

为了加强产品质量监督管理，规范产品质量监督抽查工作，保护消费者的合法权益，根据《中华人民共和国产品质量法》(以下简称《产品质量法》)和《中华人民共和国消费者权益保护法》(以下简称《消费者权益保护法》)等法律、行政法规，国家制定公布了《产品质量监督抽查管理暂行办法》（国家市场监督管理总局第18号令），自2020年1月1日起施行。

一、产品质量抽查管理的法律依据

监督抽查是指市场监督管理部门为监督产品质量，依法组织对在中华人民共和国境内生产、销售的产品进行抽样、检验，并进行处理的活动。

《产品质量法》第十五条明确规定，国家对产品质量实行以抽查为主要方式的监督检查制度，对可能危及人体健康和人身、财产安全的产品，影响国计民生的重要工业产品以及消费者、有关组织反映有质量问题的产品进行抽查。

《中华人民共和国食品安全法》第八十七条明确规定，县级以上人民政府食品安全监督管理部门应当对食品进行定期或者不定期的抽样检验，并依据有关规定公布检验结果，不得免检。进行抽样检验，应当购买抽取的样品，委托符合本法规定的食品检验机构进行检验，并支付相关费用；不得向食品生产经营者收取检验费和其他费用。

《消费者权益保护法》第三十三条明确规定，有关行政部门在各自的职责范围内，应当定期或者不定期对经营者提供的商品和服务进行抽查检验，并及时向社会公布抽查检验结果。有关行政部门发现并认定经营者提供的商品或者服务存在缺陷，有危及人身、财产安全危险的，应当立即责令经营者采取停止销售、警示、召回、无害化处理、销毁、停止生产或者服务等措施。

二、产品质量监督抽查的范围

市场监督管理部门对本行政区域内生产、销售的产品实施监督抽查，法律、行政法规、部门规章对产品质量监督抽查另有规定的，依照其规定。《产品质量法》明确对可能危及人体健康和人身、财产安全的产品，影响国计民生的重要工业产品以及消费者、有关组织反映有质量问题的产品进行抽查。

1. 可能危及人体健康，人身、财产安全的产品，如食品、药品、医疗器械和医用卫生材料、化妆品、压力容器、易燃易爆产品等。

2. 影响国计民生的重要工业产品，如农药、化肥、种子、计量器具、烟草以及有安全要求的建筑用钢筋、水泥等。

3. 消费者、有关社会组织反映有质量问题的产品，包括群众投诉、举报的假冒伪劣产品，掺杂掺假，以假充真，以次充好，以不合格产品冒充合格产品，造成重大质量事故的产品等。

三、产品质量监督抽查的主要内容

（一）基本原则

1. 监督抽查分为由国家市场监督管理总局组织的国家监督抽查和县级以上地方市场监督管理部门组织的地方监督抽查。

国家市场监督管理总局负责统筹管理、指导协调全国监督抽查工作，组织实施国家监督抽查，汇总、分析全国监督抽查信息。

省级市场监督管理部门负责统一管理本行政区域内地方监督抽查工作，组织实施本级监督抽查，汇总、分析本行政区域监督抽查信息。

市级、县级市场监督管理部门负责组织实施本级监督抽查，汇总、分析本行政区域监督抽查信息，配合上级市场监督管理部门在本行政区域内开展抽样工作，承担监督抽查结果处理工作。

监督抽查所需样品的抽取、购买、运输、检验、处置以及复查等工作费用，按照国家有关规定列入同级政府财政预算。

2. 生产者、销售者应当配合监督抽查，如实提供监督抽查所需材料和信息，不得以任何方式阻碍、拒绝监督抽查。

3. 除了对监督抽查发现的不合格产品的跟踪抽查和为应对突发事件开展的监督抽查外，同一市场监督管理部门不得在6个月内对同一生产者按照同一标准生产的同一商标、同一规格型号的产品（以下简称同一产品）进行两次以上监督抽查。

被抽样生产者、销售者在抽样时能够证明同一产品在6个月内经上级市场监督管理部门监督抽查的，下级市场监督管理部门不得重复抽查。

4. 监督抽查实行抽检分离制度。除现场检验外，抽样人员不得承担其抽样产品的检验工作。

5. 组织监督抽查的市场监督管理部门应当按照法律、行政法规有关规定公开监督抽查结果。未经组织监督抽查的市场监督管理部门同意，任何单位和个人不得擅自公开监督抽查结果。

（二）监督抽查的组织

1. 国家市场监督管理总局负责制定国家监督抽查年度计划，并通报省级市场监督管理部门。县级以上地方市场监督管理部门负责制定本级监督抽查年度计划，并报送上一级市场监督管理部门备案。

2. 组织监督抽查的市场监督管理部门应当根据本级监督抽查年度计划，制定监督抽查方案和监督抽查实施细则。

监督抽查方案应当包括抽查产品范围、工作分工、进度要求等内容。监督抽查实施细则应当包括抽样方法、检验项目、检验方法、判定规则等内容。

监督抽查实施细则应当在抽样前向社会公开。

3. 组织监督抽查的市场监督管理部门应当按照政府采购等有关要求，确定承担监督抽查抽样、检验工作的抽样机构、检验机构，并签订委托协议，明确权利、义务、违约责任等内容。法律、行政法规对抽样机构、检验机构的资质有规定的，应当委托具备法定资质的机构。

4. 抽样机构、检验机构应当在委托范围内开展抽样、检验工作，保证抽样、检验工作及其结果的客观、公正、真实。抽样机构、检验机构不得有下列行为：

（1）在实施抽样前以任何方式将监督抽查方案有关内容告知被抽样生产者、销售者；

（2）转包检验任务或者未经组织监督抽查的市场监督管理部门同意分包检验任务；

（3）出具虚假检验报告；在承担监督抽查相关工作期间，与被抽样生产者、销售者签订监督抽查同类产品的有偿服务协议或者接受被抽样生产者、销售者对同一产品的委托检验；利用监督抽查结果开展产品推荐、评比，出具监督抽查产品合格证书、牌匾等；

（4）利用承担监督抽查相关工作的便利，牟取非法或者不当利益；违反规定向被抽样生产者、销售者收取抽样、检验等与监督抽查有关的费用。

5. 市场监督管理部门应当妥善保存抽样文书等有关材料、证据，保存期限不得少于2年。

（三）抽样

抽样分为现场抽样和网络抽样两种情况。

1. 现场抽样。

市场监督管理部门应当自行抽样或者委托抽样机构抽样，并按照有关规定随机抽取被抽样生产者、销售者；随机选派抽样人员，抽样人员不得少于2人；样品应当由抽样人员在被抽样生产者、销售者的待销产品中随机抽取。

抽样人员应当向被抽样生产者、销售者出示组织监督抽查的市场监督管理部门出具的监督抽查通知书、身份证明以及组织监督抽查的市场监督管理部门出具的授权委托书复印件，应当告知被抽样生产者、销售者抽查产品范围、抽样方法等。

抽样时不得由被抽样生产者、销售者自行抽样。发现被抽样生产者、销售者涉嫌存在无证无照等无需检验即可判定违法的情形的，应当终止抽样，立即报告组织监督抽查的市场监督管理部门，并同时报告涉嫌违法的被抽样生产者、销售者所在地县级市场监督管理部门。

有下列情形之一的，抽样人员不得抽样：待销产品数量不符合监督抽查实施细则要求的；有充分证据表明拟抽样产品不用于销售，或者只用于出口并且出口合同对产品质量另有约定的；产品或者其包装上标注"试制""处理""样品"等字样的。

抽样的规范性操作：抽样人员应当按照监督抽查实施细则所规定的抽样方法进行抽样，应当使用规定的抽样文书记录抽样信息，对抽样场所、贮存环境、被抽样产品的标识、库存数量、抽样过程等通过拍照或者录像的方式留存证据，抽样文书应当经抽样人员和被抽样生产者、销售者签字确认。

抽样文书确需更正或者补充的，应当由被抽样生产者、销售者在更正或者补充处以签名、盖章等方式予以确认。

对于因被抽样生产者、销售者转产、停业等原因致使无法抽样的，以明显不合理的样品价格等方式阻碍、拒绝或者不配合抽样的，以及拒绝签字的，抽样人员应当在抽样文书上注明情况或如实记录，立即报告组织监督抽查的市场监督管理部门，并同时报告被抽样生产者、销售者所在地县级市场监督管理部门。

样品分为检验样品和备用样品。除不以破坏性试验方式进行检验，并且不会对样品质量造成实质性影响的外，抽样人员应当购买检验样品。购买检验样品的价格以生产、销售产品的标价为准；没有标价的，以同类产品的市场价格为准。备用样品由被抽样生产者、销售者先行无偿提供。

抽样人员应当采取有效的防拆封措施，对检验样品和备用样品分别封样，并由抽样人员和被抽样生产者、销售者签字确认。

样品应当由抽样人员携带或者寄递至检验机构进行检验。对于易碎品、危险化学品对等运输、贮存过程有特殊要求的样品，应当采取有效措施，保证样品的运输、贮存过程符合国家有关规定，不产生影响检验结论的变化。

样品需要先行存放在被抽样生产者、销售者处的，应当予以封存，并加施封存标识。被抽样生产者、销售者应当妥善保管封存的样品，不得隐匿、转移、变卖、损毁。

2. 网络抽样。

市场监督管理部门对电子商务经营者销售的本行政区域内的生产者生产的产品和本行政区域内的电子商务经营者销售的产品进行抽样时，可以以消费者的名义购买样品（包括检验样品和备用样品）。

市场监督管理部门进行网络抽样的，应当记录抽样人员以及付款账户、注册账号、收货地址、联系方式等信息。抽样人员应当通过截图、拍照或者录像的方式记录被抽样销售者信息、样品网页展示信息以及订单信息、支付记录等。

抽样人员收到样品后，应当通过拍照或者录像的方式记录拆封过程，对寄递包装、样品包装、样品标识、样品寄递情形等进行查验，并将样品携带或者寄递至检验机构进行检验。

抽样人员应当根据样品情况填写抽样文书。抽样文书经抽样人员签字并加盖抽样单位公章后，与监督抽查通知书一并寄送被抽样销售者。抽样机构执行买样任务的，还应当寄送组织监督抽查的市场监督管理部门出具的授权委托书复印件。

（四）检验

检验人员收到样品后，应当通过拍照或者录像的方式检查记录样品的外观、状态、封条有无破损以及其他可能对检验结论产生影响的情形，并核对样品与抽样文书的记录是否相符。对于抽样不规范的样品，检验人员应当拒绝接收并书面说明理由，同时向组织监督抽查的市场监督管理部门报告。对于网络抽样的检验样品和备用样品，应当分别加贴相应标识后，按照有关要求予以存放。被抽样产品实行生产许可、强制性产品认证等管理的，检验人员应当在检验前核实样品的生产者是否符合相应要求。

检验人员发现样品的生产者涉嫌存在无证无照等无需检验即可判定违法的情形的，应当终止检验，立即报告组织监督抽查的市场监督管理部门，并同时报告涉嫌违法的样品的生产者所在地县级市场监督管理部门。

检验人员应当按照监督抽查实施细则所规定的检验项目、检验方法、判定规则等进行检验。检验中发现因样品失效或者其他原因致使检验无法进行的，检验人员应当如实记录，并提供相关证明材料，报送组织监督抽查的市场监督管理部门。

检验机构出具检验报告，应当内容真实齐全、数据准确、结论明确，并按照有关规定签字、盖章。检验机构和检验人员应当对其出具的检验报告负责。应当在规定时间内将检验报告及有关材料报送组织监督抽查的市场监督管理部门。

（五）异议处理

组织监督抽查的市场监督管理部门应当及时将检验结论书面告知被抽样生产者、销售者，并同时告知其依法享有的权利。样品属于在销售者处现场抽取的，组织监督抽查的市场监督管理部门还应当同时书面告知样品标称的生产者。样品属于通过网络抽样方式购买的，还应当同时书面告知电子商务平台经营者和样品标称的生产者。

被抽样生产者、销售者有异议的，应当自收到检验结论书面告知之日起15日内向组织监督抽查的市场监督管理部门提出书面异议处理申请，并提交相关材料。主要分为以下两种情况：

一是对抽样过程、样品真实性等有异议的，市场监督管理部门应当组织异议处理，并将处理结论书面告知申请人；

二是对检验结论有异议，提出书面复检申请并阐明理由的，市场监督管理部门应当组织研究。对需要复检并具备检验条件的，应当组织复检。

（六）结果处理

组织监督抽查的市场监督管理部门应当汇总分析、依法公开监督抽查结果，并向地方人民政府、上一级市场监督管理部门和同级有关部门通报监督抽查情况。发现不合格产品为本行政区域以外的生产者生产的，应当及时通报生产者所在地同级市场监督管理部门。

对检验结论为不合格的产品，被抽样生产者、销售者应当立即停止生产、销售同一产品；负责结果处理的市场监督管理部门应当责令不合格产品的被抽样生产者、销售者自责令之日起60日内予以改正、75日内按照监督抽查实施细则组织复查。经复查不合格的，应当逐级上报至省级市场监督管理部门，由其向社会公告。

负责结果处理的市场监督管理部门应当在公告之日起60日后90日前对被抽样生产者、销售者组织复查，经复查仍不合格的，按照《产品质量法》第十七条规定，责令停业，限期整顿；整顿期满后经复查仍不合格的，吊销营业执照。

被抽样生产者、销售者无偿提供复查所需样品，且经市场监督管理部门认定复查合格前，不得恢复生产、销售同一产品。

（七）法律责任

1. 被抽样生产者、销售者有下列四种情形之一的，由县级市场监督管理部门按照有关法律、行政法规规定处理；法律、行政法规未作规定的，处3万元以下罚款；涉嫌构成犯罪，依法需要追究刑事责任的，按照有关规定移送公安机关：

（1）被抽样产品存在严重质量问题的；

（2）阻碍、拒绝或者不配合依法进行的监督抽查的；

（3）未经负责结果处理的市场监督管理部门认定复查合格而恢复生产、销售同一产品的；

（4）隐匿、转移、变卖、损毁样品的。

2. 抽样机构、检验机构及其工作人员违反《产品质量监督抽查管理暂行办法》相关规定的，由县级市场监督管理部门按照有关法律、行政法规规定处理；法律、行政法规未作规定的，处 3 万元以下罚款；涉嫌构成犯罪，依法需要追究刑事责任的，按照有关规定移送公安机关。

3. 市场监督管理部门工作人员滥用职权、玩忽职守、徇私舞弊的，对直接负责的主管人员和其他直接责任人员依法给予行政处分。

第七节　葡萄酒、果酒等发酵产品安全监督抽查

为进一步规范食品安全监督抽检工作，《国家食品安全监督抽检实施细则（2018 年版）》，对葡萄酒、果酒产品监督抽检的适用范围、产品种类、检验依据、抽样、检验要求、判定原则与结论提出了统一要求。

一、葡萄酒安全监督抽查

(一) 适用范围

本细则适用于葡萄酒食品安全监督抽检。

(二) 产品种类

按色泽分类可分为白葡萄酒、桃红葡萄酒、红葡萄酒；按含糖量分类可分为干葡萄酒、半干葡萄酒、半甜葡萄酒、甜葡萄酒；按二氧化碳含量分类可分为平静葡萄酒、起泡葡萄酒、高泡葡萄酒、低泡葡萄酒；特种葡萄酒、年份葡萄酒、品种葡萄酒、产地葡萄酒等其他葡萄酒。

(三) 检验依据

下列文件凡是注明日期的，其随后所有的修改单或修订版均不适用于本细则。凡是不注明日期的，其最新版本适用于本细则。

GB 2758—2005《发酵酒卫生标准》

GB 2758《食品安全国家标准　发酵酒及其配制酒》

GB 2760《食品安全国家标准　食品添加剂使用标准》

GB 2761《食品安全国家标准　食品中真菌毒素限量》

GB 2762《食品安全国家标准　食品中污染物限量》

GB 5009.12《食品安全国家标准　食品中铅的测定》

GB 5009.28《食品安全国家标准　食品中苯甲酸、山梨酸和糖精钠的测定》

GB 5009.34《食品安全国家标准　食品中二氧化硫的测定》

GB 5009.96《食品安全国家标准　食品中赭曲霉毒素 A 的测定》

GB 5009.97《食品安全国家标准　食品中环己基氨基磺酸钠的测定》

GB 5009.121《食品安全国家标准　食品中脱氢乙酸的测定》

GB 5009.225《食品安全国家标准　酒中乙醇浓度的测定》

GB 5009.266《食品安全国家标准　食品中甲醇的测定》

GB/T 15037《葡萄酒》

GB/T 21915《食品中纳他霉素的测定　液相色谱法》

GB 22255《食品安全国家标准　食品中三氯蔗糖（蔗糖素）的测定》

GB/T 25504《冰葡萄酒》

GB/T 27586《山葡萄酒》

QB/T 1982《山葡萄酒》

经备案现行有效的企业标准及产品明示质量要求。

相关的法律法规、部门规章和规定。

（四）抽样

1. 抽样型号或规格。

预包装食品。

2. 抽样方法及数量。

生产环节抽样时，在企业的成品库房，从同一批次样品堆的 4 个不同部位抽取相应数量的样品，抽取不少于 5 个包装单位（总量不少于 3.75 L）。

流通环节抽样时，在货架、柜台、库房或网络食品经营平台抽取同一批次待销产品，抽取样品量原则上同生产环节。

餐饮环节抽样时，抽取同一批次待销或使用的产品，应抽取完整包装产品，如需从大包装中抽取样品，应从完整大包装中抽取样品，抽取样品量原则上同生产环节。

所抽取样品分为 2 份，3/5 为检验样品，2/5 为复检备份样品（备份样品封存在承检机构）。

抽取样品量、检验及复检备份所需样品量可根据检验和复检需要适量调整。

注：在本细则的规定中，检验机构在检验过程中对检验结果进行复验所采用的样品，应是抽取的检验样品，不能采用备份样品。

3. 抽样单。

应按有关规定填写抽样单，并记录被抽检产品（如酒精度等）及生产经营企业相关信息。

4. 封样和样品运输、贮存。

抽样完成后由抽样人与被抽查企业在抽样单和封条上签字、盖章，当场封样，检验样品、备份样品分别封样。为保证样品的真实性，要有相应的防拆封措施，并保证封条在运输过程中不会破损。样品运输、贮存过程中应采取有效的防护措施，确保样品不被污染，不发生腐败变质，不影响后续检验。样品的运输、贮存，应符合产品明示要求或产品实际需要的条件要求。

在网络食品经营平台抽样时，抽样单和封条无需被抽样单位签字、盖章。

5. 检验要求。

表 9-5　葡萄酒检验项目

序号	检验项目	依据法律法规或标准	检测方法
1	酒精度	产品明示标准及质量要求	GB 5009.225
2	甲醇	产品明示标准及质量要求	GB 5009.266
3	苯甲酸及其钠盐（以苯甲酸计）	GB 2760	GB 5009.28
4	山梨酸及其钾盐（以山梨酸汁）	GB 2760	GB 5009.28
5	糖精钠（以糖精计）	GB 2760	GB 5009.28
6	甜蜜素（以环己基氨基磺酸计）	GB 2760	GB 5009.97
7	二氧化硫残留量	GB 2760	GB 5009.34
8	铅（以 Pb 计）	GB 2758 GB 2762	GB 5009.12
9	脱氢乙酸及其钠盐（以脱氢乙酸计）	GB 2760	GB 5009.121
10	纳他霉素	GB 2760	GB/T 21915
11	三氯蔗糖	GB 2760	GB 22255
12	赭曲霉毒素 A	GB 2761	GB 5009.96

6. 判定原则与结论。

原则上按照细则中检验项目依据的法律法规或标准要求判定，若被检产品明示标准和质量要求高于该要求时，应按被检产品明示标准和质量要求判定。

出具抽检检验报告，检验报告中检验结论按如下方式作出判定。

检验项目全部符合相应依据的法律法规或标准要求的，检验结论为："经抽样检验，所检项目符合××××要求。"

检验项目有不符合相应依据的法律法规或标准要求的，检验结论为："经抽样检验，××项目不符合××××要求，检验结论为不合格。"

二、果酒（发酵型）及其他发酵酒安全监督抽查

（一）适用范围

本细则适用于果酒（发酵型）及其他发酵酒食品安全监督抽检。

（二）产品种类

果酒（发酵型）及其他发酵酒是指除啤酒、黄酒、葡萄酒以外的发酵酒，如果酒（发酵型）、清酒、奶酒（发酵型）等。

（三）检验依据

下列文件凡是注明日期的，其随后所有的修改单或修订版均不适用于本细则。凡是不注明日期的，其最新版本适用于本细则。

GB 2758—2005《发酵酒卫生标准》

GB 2758《食品安全国家标准 发酵酒及其配制酒》

GB 2760《食品安全国家标准 食品添加剂使用标准》

GB 2761《食品安全国家标准 食品中真菌毒素限量》

GB 2762《食品安全国家标准 食品中污染物限量》

GB 5009.12《食品安全国家标准 食品中铅的测定》

GB 5009.28《食品安全国家标准 食品中苯甲酸、山梨酸和糖精钠的测定》

GB 5009.34《食品安全国家标准 食品中二氧化硫的测定》

GB 5009.121《食品安全国家标准 食品中脱氢乙酸的测定》

GB 5009.185《食品安全国家标准 食品中展青霉素的测定》

GB 5009.225《食品安全国家标准 酒中乙醇浓度的测定》

GB/T 21915《食品中纳他霉素的测定 液相色谱法》

GB 22255《食品安全国家标准 食品中三氯蔗糖（蔗糖素）的测定》

GB/T 23546《奶酒》

QB/T 1983《山楂酒》

QB/T 2027《猕猴桃酒》

QB/T 4262《荔枝酒》

经备案现行有效的企业标准及产品明示质量要求。

相关的法律法规、部门规章和规定。

（四）抽样

1. 抽样型号或规格。

预包装食品。

2. 抽样方法及数量。

生产环节抽样时，在企业的成品库房，从同一批次样品堆的 4 个不同部位抽取 4 个或 4 个以上的大包装，分别取出相应的小包装样品，抽取不少于 5 个包装单位（总量不少于 3 L）。

流通环节抽样时，在货架、柜台、库房或网络食品经营平台抽取同一批次待销产品，抽取样品量原则上同生产环节。

餐饮环节抽样时，抽取同一批次待销或使用的产品，应抽取完整包装产品，如需从大包装中抽取样品，应从完整大包装中抽取样品，抽取样品量原则上同生产环节。

所抽取样品分为 2 份，3/5 为检验样品，2/5 为复检备份样品（备份样品封存在承检机构）。

抽取样品量、检验及复检备份所需样品量可根据检验和复检需要适量调整。

注：在本细则的规定中，检验机构在检验过程中对检验结果进行复验所采用的样品，应是抽取的检验样品，不能采用备份样品。

3. 抽样单。

应按有关规定填写抽样单，并记录被抽检产品（如酒精度等）及生产经营企业相关信息。

4. 封样和样品运输、贮存。

抽样完成后由抽样人与被抽查企业在抽样单和封条上签字、盖章，当场封样。为保证样品的真实性，要有相应的防拆封措施，并保证封条在运输过程中不会破损。样品运输、贮存过程中应采取有效的防护措施，确保样品不被污染，不发生腐败变质，不影响后续检验。样品的运输、贮存，应符合产品明示要求或产品实际需要的条件要求。

在网络食品经营平台抽样时，抽样单和封条无需被抽样单位签字、盖章。

5. 检验要求。

表9-6　果酒（发酵型）及其他发酵酒检验项目

序号	检验项目	依据法律法规或标准	检测方法
1	酒精度	产品明示标准及质量要求	GB 5009.225
2	二氧化硫残留量	GB 2760	GB 5009.34
3	苯甲酸及其钠盐（以苯甲酸计）	GB 2760	GB 5009.28
4	山梨酸及其钾盐（以山梨酸计）	GB 2760	GB 5009.28
5	糖精钠（以糖精计）	GB 2760	GB 5009.28
6	铅（以 Pb 计）	GB 2758 GB 2762	GB 5009.12
7	展青霉素	GB 2761	GB 5009.185
8	脱氢乙酸及其钠盐（以脱氢乙酸计）	GB 2760	GB 5009.121
9	纳他霉素	GB 2760	GB/T 21915
10	三氯蔗糖	GB 2760	GB 22255

表9-7　其他发酵酒抽检项目

序号	检验项目	依据法律法规或标准	检测方法
1	酒精度	产品明示标准及质量要求	GB 5009.225
2	苯甲酸及其钠盐（以苯甲酸计）	GB 2760	GB 5009.28
3	山梨酸及其钾盐（以山梨酸计）	GB 2760	GB 5009.28
4	糖精钠（以糖精计）	GB 2760	GB 5009.28
5	铅（以 Pb 计）	GB 2758 GB 2762	GB 5009.12
6	纳他霉素	GB 2760	GB/T 21915

6. 判定原则与结论。

原则上按照细则中检验项目依据的法律法规或标准要求判定,若被检产品明示标准和质量要求高于该要求时,应按被检产品明示标准和质量要求判定。

出具抽检检验报告,检验报告中检验结论按如下方式作出判定。

检验项目全部符合相应依据的法律法规或标准要求的,检验结论为:"经抽样检验,所检项目符合××××要求。"

检验项目有不符合相应依据的法律法规或标准要求的,检验结论为:"经抽样检验,××项目不符合××××要求,检验结论为不合格。"

第八节 葡萄酒与果酒制造业污染防治技术政策

为贯彻《中华人民共和国环境保护法》《中华人民共和国清洁生产促进法》等法律法规,防治环境污染,改善环境质量,规范饮料酒制造业污染治理和管理行为,引领饮料酒制造业生产工艺和污染防治技术进步,促进饮料酒制造业的绿色低碳循环发展,特制定《饮料酒制造业污染防治技术政策》。

一、总则

1. 本技术政策所称葡萄酒与果酒制造是指以新鲜的葡萄(水果)、葡萄汁(果汁)为原料,经全部或部分发酵而成的、含有一定酒精度的发酵酒的生产过程。

2. 本技术政策为指导性文件,为饮料酒制造业环境保护相关产业政策制定、环境管理和企业污染防治工作提供技术指导。

3. 饮料酒制造业污染防治应遵循减量化、资源化、无害化的原则,采用源头控制、生产过程减排、废物资源化利用和末端治理的全过程综合污染防治技术路线,强化工艺清洁、资源循环利用。

4. 鼓励在生产过程中采用自动控制系统和生产监控系统,在各用水节点安装计量装置,加强用水量监控。

5. 积极在全行业推行清洁生产技术和工艺,满足行业清洁生产的基本要求。

二、源头及生产过程污染防控

（一）源头控制

葡萄酒与果酒制造业应注重原料生产基地建设，推行适宜的栽培方式，减少和控制农药和化肥使用量。鼓励采用滴灌等节水灌溉技术，鼓励利用本企业处理达标的废水进行灌溉。

（二）葡萄酒与果酒生产过程污染防控

1. 鼓励利用酶技术处理原料，提高酿酒原料的出汁率。
2. 鼓励含白兰地生产的企业对蒸馏残液进行回收利用，降低废水的污染负荷。
3. 应配备皮渣、废硅藻土收集系统，降低废水的污染负荷。
4. 鼓励采用离心过滤等技术对酒泥和酒脚进行处理，提高出酒率。
5. 鼓励采用错流膜过滤等新型无土过滤技术，代替硅藻土过滤技术。
6. 鼓励采用高效在线清洗 CIP 技术，并通过采取调整清洗液配方、优化清洗工艺等措施，降低取水量。
7. 鼓励采用臭氧消毒等先进高效的消毒技术，对灌装线进行杀菌消毒，降低综合能耗和水耗。
8. 原酒发酵罐宜配备自动化控制制冷系统，取消罐外喷淋降温技术。
9. 鼓励在冷处理过程中采用快速冷冻技术代替常规的冷处理，并鼓励北方地区的企业，在冬季利用自然冷资源进行批量化冷处理，降低能耗。

三、污染治理及综合利用

（一）水污染治理

1. 鼓励葡萄酒与果酒企业对洗瓶废水单独收集处理循环利用。
2. 综合废水宜采取"预处理+（厌氧）好氧"的废水处理工艺技术路线。

（二）固体废物处理处置及综合利用

1. 葡萄酒与果酒皮渣应 100%收集，并进行综合利用或无害化处理。
2. 鼓励葡萄酒与果酒企业对酒石进行回收综合利用。
3. 应对废硅藻土全部收集并妥善处置（填埋等），禁止排入下水道和环境中。
4. 鼓励对废酒瓶、废包装材料等进行收集、利用。

四、二次污染防治

1. 鼓励将废水厌氧生化处理过程中产生的沼气，经净化处理后作为燃料使用。
2. 鼓励将废水生物处理产生的剩余污泥、沼渣等进行资源化综合利用。

五、鼓励研发与推广的新技术

1. 鼓励研发葡萄酒与果酒微氧大罐贮存技术，缩短葡萄酒的陈酿时间。
2. 鼓励研发葡萄酒与果酒快速陈酿技术，缩短贮存时间，降低资源消耗水平。
3. 鼓励开发可循环利用的新型过滤材料。

第九节　HJ 452—2008《清洁生产标准　葡萄酒制造业》

为贯彻《中华人民共和国环境保护法》和《中华人民共和国清洁生产促进法》，保护环境，提高企业清洁生产水平，国家发布了 HJ 452—2008《清洁生产标准　葡萄酒制造业》，自 2009 年 3 月 1 日起实施。

一、HJ 452—2008《清洁生产标准　葡萄酒制造业》的适用范围

本标准规定了葡萄酒制造业清洁生产的一般要求。本标准将清洁生产指标分为 5 类，即生产工艺与装备要求、资源能源利用指标、污染物产生指标（末端处理前）、废物回收利用指标和环境管理要求。

本标准适用于葡萄酒制造业和葡萄原酒制造业的清洁生产审核、清洁生产潜力与机会的判断、清洁生产绩效评定和清洁生产绩效公告制度，也适用于环境影响评价、排污许可证管理等环境管理制度。

二、HJ 452—2008《清洁生产标准　葡萄酒制造业》的术语和定义

（一）清洁生产

清洁生产是指不断采取改进设计、使用清洁的能源和原料、采用先进的工艺技术与设备、改善管理、综合利用等措施，从源头削减污染，提高资源利用效率，减少或者避免生产、服务和产品使用过程中污染物的产生和排放，以减轻或者消除对

人类健康和环境的危害。

（二）污染物产生指标（末端处理前）

污染物产生指标即产污系数，指单位产品生产（或加工）过程中，产生污染物的量（末端处理前）。本标准主要是水污染物产生指标和固体废物产生指标。水污染物产生指标包括污水处理装置入口的污水量和污染物种类、单排量或浓度。固体废物产生指标包括固体废物处理装置入口的污染物种类和单排量。

（三）葡萄酒制造业

葡萄酒制造业指从葡萄原料到成品酒灌装全过程的生产企业。

（四）葡萄原酒制造业

葡萄原酒制造业指只进行葡萄酒原酒加工、不进行灌装的企业。

（五）酒石

酒石指葡萄酒酿造过程中析出的一种固体沉淀物，主要成分是酒石酸氢钾和少量的酒石酸钙。

三、HJ 452—2008《清洁生产标准 葡萄酒制造业》的规范性技术要求

（一）指标分级

本标准给出了葡萄酒制造业和葡萄原酒制造业生产过程清洁生产水平的三级技术指标：

1. 一级，国际清洁生产先进水平。

2. 二级，国内清洁生产先进水平。

3. 三级，国内清洁生产基本水平。

（二）指标要求

表9-8 葡萄酒制造业清洁生产指标要求

清洁生产指标等级	一级	二级	三级
一、生产工艺与装备要求			
1. 葡萄前处理设备	配备除梗破碎机、压榨机（白葡萄酒和桃红葡萄酒）		
2. 发酵设备	不锈钢发酵罐、橡木桶或水泥池		
3. 发酵控制设备	发酵过程由计算机控制		发酵过程由人工控制
4. 包装设备	采用洗瓶、灌装、压塞、贴标机械化灌装线		

续表

清洁生产指标等级		一级	二级	三级
5. 清洗系统		就地自动清洗系统（CIP）		人工清洗
6. 贮酒设备		葡萄酒贮存采用不锈钢罐或橡木桶等设备		
二、资源能源利用指标				
1. 原辅材料的选择		生产过程使用的加工助剂或添加剂应符合 GB 2760 标准		
2. 葡萄出汁率 (%) ≥	红葡萄酒	75	70	65
	桃红葡萄酒	73	68	63
	白葡萄酒	70	65	60
	山葡萄酒	50	45	40
3. 出酒率（%）≥	红葡萄酒	70	65	60
	桃红葡萄酒	68	63	58
	白葡萄酒	65	60	55
	山葡萄酒	45	40	35
4. 耗水量（m^3/kL）≤		2.0	4.0	6.0
5. 耗电量（kW·h/kL）≤		100.0	140.0	200.0
6. 综合能耗（折标煤）（kg/kL）≤		17.0	24.0	35.0
三、污染物产生指标（末端处理前）				
1. 废水产生量（m^3/kL）≤		1.8	3.6	5.2
2. 化学需氧量（COD_{Cr}）产生量/(kg/kL) ≤		3.5	5.5	7.0
3. 皮渣及发酵渣产生量 (t/kL) ≤	红葡萄酒、桃红葡萄酒、白葡萄酒	0.4	0.5	0.7
	山葡萄酒	1.2	1.5	1.9
四、废物回收利用指标				
1. 皮渣及发酵渣回收利用率（%）		100		
2. 冷却水循环利用率（%）≥		95.0	90.0	80.0
3. 废硅藻土处置率（%）		100%进行处理或利用，不直接排入下水道或环境中		
4. 酒石沉淀回收处置率（%）		100		≥95

续表

清洁生产指标等级	一级	二级	三级
五、环境管理要求			
1. 环境法律法规标准	符合国家和地方有关环境法律、法规，污染物排放达到国家和地方排放标准、总量控制和排污许可证管理要求		
2. 组织机构	建立健全专门环境管理机构，配备专职管理人员		
3. 环境审核	按照 GB/T 24001 建立并有效运行环境管理体系，环境管理手册、程序文件和作业文件齐备	环境管理制度健全，原始记录及统计数据齐全有效	环境管理制度、原始记录及统计数据基本齐全
4. 固体废物处理处置	固体废物应有专门的贮存场所，避免扬散、流失、渗漏；减少固体废物的产生量和危害性，充分合理利用固体废物和无害化处置固体废物		
5. 生产过程环境管理	应使用环境友好的包装材料，并符合食品卫生标准的有关要求；有原材料、包装材料的质检制度和消耗定额管理，对能耗和物耗指标有考核，有健全的岗位操作规程、事故应急预案和设备维护保养规程；对主要环节进行计量，制定定量考核制度并配备污染物检测设施；对不合格产品，返工重新处理或蒸馏，不能将其倒入下水道、受纳水体和环境中		
6. 相关方环境管理	购买有资质的原材料供应商产品，对原材料供应商的产品质量、包装和运输环节施加影响		

表 9-9 葡萄原酒制造业清洁生产指标要求

清洁生产指标等级		一级	二级	三级
一、生产工艺与装备要求				
1. 葡萄前处理设备		配备除梗破碎机、压榨机（白葡萄酒和桃红葡萄酒）		
2. 发酵设备		不锈钢发酵罐、橡木桶或水泥池		
3. 发酵控制设备		发酵过程由微机控制		发酵过程由人工控制
4. 清洗系统		自动就地清洗系统（CIP）	人工清洗	
二、资源能源利用指标				
1. 原辅材料的选择		生产过程使用的加工助剂或添加剂应符合 GB 2760 标准		
2. 葡萄出汁率（%）≥	红葡萄酒	75	70	65
	桃红葡萄酒	73	68	63
	白葡萄酒	70	65	60
	山葡萄酒	50	45	40

续表

清洁生产指标等级		一级	二级	三级
3. 耗水量（m^3/kL）≤		1.2	2.4	3.6
4. 耗电量（kW·h/kL）≤		25.0	38.0	50.0
5. 综合能耗（折标煤）（kg/kL）≤		4.0	6.0	9.0
三、污染物产生指标（末端处理前）				
1. 废水产生量（m^3/kL）≤		1.1	2.2	3.1
2. 化学需氧量（COD_{Cr}）产生量（kg/kL）≤		3.5	5.5	6.5
3. 皮渣及发酵渣产生量（t/kL）≤	红葡萄酒、桃红葡萄酒、白葡萄酒	0.4	0.5	0.7
	山葡萄酒	1.2	1.5	1.9
四、废物回收利用指标				
1. 皮渣及发酵渣回收利用率（%）		100		
2. 冷却水循环利用率（%）≥		95.0	90.0	80.0
五、环境管理要求				
1. 环境法律法规标准	符合国家和地方有关环境法律、法规，污染物排放达到国家和地方排放标准、总量控制和排污许可证管理要求			
2. 组织机构	建立健全专门环境管理机构，配备专职管理人员			
3. 环境审核	按照 GB/T24001 建立并有效运行环境管理体系，环境管理手册、程序文件和作业文件齐备	环境管理制度健全，原始记录及统计数据齐全有效		环境管理制度、原始记录及统计数据基本齐全
4. 固体废物处理处置	固体废物应有专门的贮存场所，避免扬散、流失、渗漏；减少固体废物的产生量和危害性，充分合理利用固体废物和无害化处置固体废物			
5. 生产过程环境管理	有原材料、包装材料的质检制度和消耗定额管理，对能耗和物耗指标有考核，有健全的岗位操作规程、事故应急预案和设备维护保养规程；对主要环节进行计量，制定定量考核制度并配备污染物检测设施			
6. 相关方环境管理	购买有资质的原材料供应商产品，对原材料供应商的产品质量、包装和运输环节施加影响			

（三）数据采集

1. 采样。

本标准各项指标的采样和监测按照国家标准监测方法执行。

废水污染物产生指标是指末端处理之前的指标，应分别在监测各个车间或装置后进行累计。所有指标均按采样次数的实测数据进行平均。

2. 测定方法。

表 9-10 废水污染物各项指标监测采样及分析方法

监测项目	测点位置	分析方法	监测及采样频次
化学需氧量	废水处理站入口	水质 化学需氧量的测定 重铬酸盐法（GB 11914—91）	每半月监测一次，每次监测采样按照《地表水和污水监测技术规范》（HJ/T 91）执行

注：每次监测时须同时监测废水流量。

（四）计算方法

企业的原材料、新鲜水及能源使用量、产品产量、工序能耗等均以法定月报表或者年报表为准。各项指标的计算方法如下：

1. 葡萄出汁率。

葡萄出汁率按下列公式计算：

$$R_j = \frac{W_j}{W_r} \times 100\%$$

式中，R_j 为出汁率，按百分式计算，表示为%；W_j 为年葡萄汁总量，单位为 t；W_r 为葡萄原料年总消耗量，单位为 t。

注1：白葡萄酒的出汁率在发酵前进行计算；红葡萄酒的出汁率在发酵后计算。

注2：葡萄汁总量指自流汁和压榨汁重量之和。

2. 出酒率。

出酒率按下列公式计算：

$$R_w = \frac{Y_q \times G}{W_r} \times 100\%$$

式中，R_w 为出酒率，按百分式计算，表示为%；Y_q 为年葡萄酒合格品量，单位为 kL；G 为 20℃时葡萄酒的密度，单位为 t/kL；W_r 为葡萄原料年总消耗量，单位为 t。

3. 耗水量。

耗水量按下列公式计算：

$$Q=\frac{Q_t}{Y_w}$$

式中，Q 为生产葡萄酒的耗水量，单位为 m³/kL；Q_t 为葡萄酒生产年耗新鲜水量，单位为 m³；Y_w 为葡萄酒的年产量，单位为 kL。

4. 耗电量。

耗电量按下列公式计算：

$$W=\frac{W_t}{Y_w}$$

式中，W 为生产葡萄酒的耗电量，单位为 kW·h/kL；W_t 为葡萄酒生产年耗电量，单位为 kW·h；Y_w 为葡萄酒的年产量，单位为 kL。

注1：耗电量包括基本生产用电和辅助生产用电。如各工序动力直接用电、自采水、设备大修和小修、事故检修及检修后试运行用电以及本车间照明和上项各项用电线路、变压器损失的电量。不包括礼堂、食堂、托儿所、学校、职工宿舍、基建、技措和建筑工程等用电。

注2：若使用统一电表同时供应几种产品用电，则应按受益单位产品通过测定或测算合理分摊用电量。

5. 综合能耗。

综合能耗按下列公式计算：

$$E=\frac{E_j}{Y_w}$$

式中，E 为生产葡萄酒的综合能耗（折标煤计算），单位为 kg/kL；E_j 为葡萄酒生产年综合能耗（折标煤计算），单位为 kg；Y_w 为葡萄酒的年产量，单位为 kL。

注：综合能耗是葡萄酒生产企业对年实际消耗的各种能源实物量按规定的计算方法和单位分别折算为一次能源后的总和，各种能源折算合标准煤系数参照标准 GB/T 2589 执行。

6. 废水产生量。

废水产生量按下列公式计算：

$$V_p = \frac{V_w}{Y_w}$$

式中，V_p 为生产葡萄酒的废水产生量，单位为 m^3/kL；V_w 为年废水产生量，单位为 m^3；Y_w 为葡萄酒的年产量，单位为 kL。

注：废水仅指葡萄酒生产过程中产生的废水，不包括非生产用水。

7. 化学需氧量（COD_{Cr}）产生量。

化学需氧量（COD_{Cr}）产生量按下列公式计算：

$$\rho(COD) = \frac{\sum_{i=1}^{12} \rho_i(COD)}{12}$$

$$V(COD) = \frac{\rho(COD) \times V_w}{Y_w \times 1\,000}$$

式中，ρ_i（COD）为第 i 月份的 COD 平均质量浓度，单位为 mg/L；ρ（COD）为 COD 年平均质量浓度值，单位为 mg/L；V（COD）为 COD 产生量，单位为 kg/kL；V_w 为年废水产生量，单位为 m^3；Y_w 为葡萄酒的年产量，单位为 kL。

8. 皮渣及发酵渣产生量。

皮渣及发酵渣产生量按下列公式计算：

$$C_p = \frac{P}{Y_w}$$

式中，C_p 为生产葡萄酒皮渣及发酵渣产生量，单位为 t/kL；P 为葡萄酒生产中产生的湿皮渣和发酵渣量，单位为 t；Y_w 为葡萄酒的年产量，单位为 kL；

9. 冷却水循环利用率。

冷却水循环利用率按下列公式计算：

$$R_u = \frac{R_p}{Q_f + Q_r} \times 100\%$$

式中，R_u 为冷却水循环利用率，按百分式计算，表示为%；R_p 为冷却水重复利用量，单位为 m^3；Q_f 为冷却用新水量，单位为 m^3；Q_r 为重复利用水量，单位为 m^3。

注：冷却水循环利用率是指企业年冷却水循环量与冷却水总用水量之比。

第十章　葡萄酒进出口检验与管理

涉及我国进出口食品安全的法律法规主要有：《中华人民共和国食品安全法》（以下简称《食品安全法》）及其实施条例、《中华人民共和国进出口商品检验法》及其实施条例、《中华人民共和国进出境动植物检疫法》、《中华人民共和国国境卫生检疫法》，以及《中华人民共和国进出口食品安全管理办法》、《中华人民共和国进口食品境外生产企业注册管理规定》等。

第一节　我国进出口食品安全管理体系

《中华人民共和国食品安全法》（以下简称《食品安全法》）第九十一条明确规定：国家出入境检验检疫部门对进出口食品安全实施监督管理。进出口食品安全监管是指海关为保证进出口食品安全，保障公众身体健康和生命安全，根据法律法规的规定，对进出口食品生产经营活动、进出口食品生产经营者和输华食品出口国家（地区）食品安全管理体系等实施的行政监督管理，督促检查进出口食品相关方执行食品安全法律法规的情况，并对其违法行为进行约束的过程。

《食品安全法》第六章对食品进出口作出专章规定，11项条文对进口食品的流程、检验检疫方式、应急事件处理方法、登记管理和信息管理等方面作了明确规定。

一、食品进口监管

(一) 明确了进口食品安全标准管理制度

对从境外进口的食品、食品添加剂及食品相关产品实行强制性食品安全标准，这也是国际上的通行做法，目的就是保障进口国的食品安全。

《食品安全法》规定：进口的食品、食品添加剂、食品相关产品应当符合我国食品安全国家标准。进口的食品、食品添加剂应当经出入境检验检疫机构依照进出口商品检验相关法律、行政法规的规定检验合格。进口的食品、食品添加剂应当按照国家出入境检验检疫部门的要求随附合格证明材料。

(二) 确立了进口食品安全性评估制度

对进口的尚无食品安全国家标准的食品，或者对首次进口的食品添加剂新品种、食品相关产品新品种进行安全性评估是保障进口食品安全的需要。如果进口环节上把关不严，让那些不合格的食品添加剂和食品相关产品进入我国，将会对我国的食品安全造成严重危害。

《食品安全法》明确规定：进口尚无食品安全国家标准的食品，由境外出口商、境外生产企业或者其委托的进口商向国务院卫生行政部门提交所执行的相关国家(地区)标准或者国际标准。国务院卫生行政部门对相关标准进行审查，认为符合食品安全要求的，决定暂予适用，并及时制定相应的食品安全国家标准。进口利用新的食品原料生产的食品或者进口食品添加剂新品种、食品相关产品新品种，依照《食品安全法》第三十七条规定办理。

出入境检验检疫机构按照国务院卫生行政部门的要求，对前款规定的食品、食品添加剂、食品相关产品进行检验。检验结果应当公开。

境外出口商、境外生产企业应当保证向我国出口的食品、食品添加剂、食品相关产品符合《食品安全法》规定以及我国其他有关法律、行政法规的规定和食品安全国家标准的要求，并对标签、说明书的内容负责。

进口商应当建立境外出口商、境外生产企业审核制度，重点审核前款规定的内容；审核不合格的，不得进口。

(三) 确立了食品进口风险预警制度

为了减少或避免国家和消费者受到进口食品可能存在的风险或潜在危害的影

响，或为了应对境外食品安全事件所采取的预防性的食品安全保障措施，从法律法规或标准上对食品进口预警进行规制的制度。

《食品安全法》明确规定：发现进口食品不符合我国食品安全国家标准或者有证据证明可能危害人体健康的，进口商应当立即停止进口，并依照《食品安全法》第六十三条的规定召回。

境外发生的食品安全事件可能对我国境内造成影响，或者在进口食品、食品添加剂、食品相关产品中发现严重食品安全问题的，国家出入境检验检疫部门应当及时采取风险预警或者控制措施，并向国务院食品安全监督管理、卫生行政、农业行政部门通报。接到通报的部门应当及时采取相应措施。

县级以上人民政府食品安全监督管理部门对国内市场上销售的进口食品、食品添加剂实施监督管理。发现存在严重食品安全问题的，国务院食品安全监督管理部门应当及时向国家出入境检验检疫部门通报。国家出入境检验检疫部门应当及时采取相应措施。

（四）确立了食品进口备案注册制度

为保障进口食品的安全，方便追溯进口食品的来源，建立健全了备案与注册制度。通过备案和注册制度，如果发现进口的食品出现不安全问题，国家出入境检验检疫部门可以通知有关进口商或者进口食品生产企业召回其产品；如果进口商或者进口食品生产企业拒不召回的，国家出入境检验检疫部门可以责令其召回，以确保进口食品的安全。

《食品安全法》规定：向我国境内出口食品的境外出口商或者代理商、进口食品的进口商应当向国家出入境检验检疫部门备案。向我国境内出口食品的境外食品生产企业应当经国家出入境检验检疫部门注册。已经注册的境外食品生产企业提供虚假材料，或者因其自身的原因致使进口食品发生重大食品安全事故的，国家出入境检验检疫部门应当撤销注册并公告。

国家出入境检验检疫部门应当定期公布已经备案的境外出口商、代理商、进口商和已经注册的境外食品生产企业名单。

（五）规范了进口食品的标签管理

标签和说明性文字，一方面，便于消费者选购食品；另一方面，如果食品食用后出现问题,消费者也可据此投诉,便于追查责任。因此,法律上规定了食品包装必须按照规定印有或者贴有标签并附有说明书,该规定属于强制性规定。

《食品安全法》规定:进口的预包装食品、食品添加剂应当有中文标签;依法应当有说明书的,还应当有中文说明书。标签、说明书应当符合《食品安全法》以及我国其他有关法律、行政法规的规定和食品安全国家标准的要求,并载明食品的原产地以及境内代理商的名称、地址、联系方式。预包装食品没有中文标签、中文说明书或者标签、说明书不符合本条规定的,不得进口。

(六)建立了进口食品销售记录制度

建立食品购销记录是从事食品生产经营活动的企业(或进口商)必须履行的法定义务,一方面有利于加强食品购销人员的责任心和对进口食品经营活动的监督管理;另一方面可以为处理进口食品质量查询、投诉提供依据。一旦发生进口食品事故时,及时采取处理措施,有利于分清和妥善处理进口食品购销中的事故责任。

《食品安全法》规定:进口商应当建立食品、食品添加剂进口和销售记录制度,如实记录食品、食品添加剂的名称、规格、数量、生产日期、生产或者进口批号、保质期、境外出口商和购货者名称、地址及联系方式、交货日期等内容,并保存相关凭证。记录和凭证保存期限应当符合《食品安全法》第五十条第二款的规定。

二、食品出口监管

出口食品安全直接关系到进口该食品的国家消费者的身体健康与生命安全,也影响我国食品出口企业的商业信誉和国际市场的竞争力,更关系到我国在国际上的政治形象。目前,食品安全技术壁垒正成为我国食品贸易最大、最难防范的障碍,对我国的食品出口造成了巨大的困难。加强出口食品安全检查和监督十分重要,为此,《食品安全法》第九十九条、第一百条、第一百零一条对出口食品作出如下规定。

1. 出口食品生产企业应当保证其出口食品符合进口国(地区)的标准或者合同要求。出口食品生产企业和出口食品原料种植、养殖场应当向国家出入境检验检疫部门备案。

2. 国家出入境检验检疫部门应当收集、汇总下列进出口食品安全信息,并及时通报相关部门、机构和企业：

（1）出入境检验检疫机构对进出口食品实施检验检疫发现的食品安全信息；

（2）食品行业协会和消费者协会等组织、消费者反映的进口食品安全信息；

（3）国际组织、境外政府机构发布的风险预警信息及其他食品安全信息，以及境外食品行业协会等组织、消费者反映的食品安全信息；

（4）其他食品安全信息。

国家出入境检验检疫部门应当对进出口食品的进口商、出口商和出口食品生产企业实施信用管理，建立信用记录，并依法向社会公布。对有不良记录的进口商、出口商和出口食品生产企业，应当加强对其进出口食品的检验检疫。

3. 国家出入境检验检疫部门可以对向我国境内出口食品的国家（地区）的食品安全管理体系和食品安全状况进行评估和审查，并根据评估和审查结果，确定相应检验检疫要求。

第二节　进出口食品安全管理

为了保障进出口食品安全，保护人类、动植物生命和健康，根据《中华人民共和国食品安全法》（以下简称《食品安全法》）及其实施条例、《中华人民共和国海关法》《中华人民共和国进出口商品检验法》及其实施条例、《中华人民共和国进出境动植物检疫法》及其实施条例、《中华人民共和国国境卫生检疫法》及其实施细则、《中华人民共和国农产品质量安全法》和《国务院关于加强食品等产品安全监督管理的特别规定》等法律、行政法规的规定，修正制定《中华人民共和国进出口食品安全管理办法》（以下简称《进出口食品安全管理办法》）经海关总署署务会议审议通过后于2021年3月12日公布，自2022年1月1日起实施。

一、适用范围和基本原则

1. 从事下列活动，应当遵守《进出口食品安全管理办法》：

（1）进出口食品生产经营活动；

（2）海关对进出口食品生产经营者及其进出口食品安全实施监督管理。进出口食品添加剂、食品相关产品的生产经营活动按照海关总署相关规定执行。

2. 进出口食品安全工作坚持安全第一、预防为主、风险管理、全程控制、国际共治的原则。

3. 海关总署主管全国进出口食品安全监督管理工作。各级海关负责所辖区域进出口食品安全监督管理工作。

二、食品进口

1. 进口食品应当符合中国法律法规和食品安全国家标准，中国缔结或者参加的国际条约、协定有特殊要求的，还应当符合国际条约、协定的要求。进口尚无食品安全国家标准的食品，应当符合国务院卫生行政部门公布的暂予适用的相关标准要求。利用新的食品原料生产的食品，应当依照《食品安全法》第三十七条的规定，取得国务院卫生行政部门新食品原料卫生行政许可。

2. 海关依据进出口商品检验相关法律、行政法规的规定对进口食品实施合格评定。

进口食品合格评定活动包括：向中国境内出口食品的境外国家（地区）[以下简称境外国家（地区）]食品安全管理体系评估和审查、境外生产企业注册、进出口商备案和合格保证、进境动植物检疫审批、随附合格证明检查、单证审核、现场查验、监督抽检、进口和销售记录检查以及各项的组合。

3. 海关总署可以对境外国家（地区）的食品安全管理体系和食品安全状况开展评估和审查，并根据评估和审查结果，确定相应的检验检疫要求。

4. 有下列情形之一的，海关总署可以对境外国家（地区）启动评估和审查：

（1）境外国家（地区）申请向中国首次输出某类（种）食品的；

（2）境外国家（地区）食品安全、动植物检疫法律法规、组织机构等发生重大调整的；

（3）境外国家（地区）主管部门申请对其输往中国某类（种）食品的检验检疫要求发生重大调整的；

（4）境外国家（地区）发生重大动植物疫情或者食品安全事件的；

（5）海关在输华食品中发现严重问题，认为存在动植物疫情或者食品安全隐患的；

(6) 其他需要开展评估和审查的情形。

5. 境外国家（地区）食品安全管理体系评估和审查主要包括对以下内容的评估、确认：

(1) 食品安全、动植物检疫相关法律法规；

(2) 食品安全监督管理组织机构；

(3) 动植物疫情流行情况及防控措施；

(4) 致病微生物、农兽药和污染物等管理和控制；

(5) 食品生产加工、运输仓储环节安全卫生控制；

(6) 出口食品安全监督管理；

(7) 食品安全防护、追溯和召回体系；

(8) 预警和应急机制；

(9) 技术支撑能力；

(10) 其他涉及动植物疫情、食品安全的情况。

6. 海关总署可以组织专家通过资料审查、视频检查、现场检查等形式及其组合，实施评估和审查。

海关总署组织专家对接受评估和审查的国家（地区）递交的申请资料、书面评估问卷等资料实施审查，审查内容包括资料的真实性、完整性和有效性。根据资料审查情况，海关总署可以要求相关国家（地区）的主管部门补充缺少的信息或者资料。

对已通过资料审查的国家（地区），海关总署可以组织专家对其食品安全管理体系实施视频检查或者现场检查。对发现的问题可以要求相关国家（地区）主管部门及相关企业实施整改。相关国家（地区）应当为评估和审查提供必要的协助。

7. 接受评估和审查的国家（地区）有下列情形之一，海关总署可以终止评估和审查，并通知相关国家（地区）主管部门：

(1) 收到书面评估问卷 12 个月内未反馈的；

(2) 收到海关总署补充信息和材料的通知 3 个月内未按要求提供的；

(3) 突发重大动植物疫情或者重大食品安全事件的；

(4) 未能配合中方完成视频检查或者现场检查、未能有效完成整改的；

(5) 主动申请终止评估和审查的。

前款第（1）（2）项情形，相关国家（地区）主管部门因特殊原因可以申请延期，经海关总署同意，按照海关总署重新确定的期限递交相关材料。

评估和审查完成后，海关总署向接受评估和审查的国家（地区）主管部门通报评估和审查结果。

8. 海关总署对向中国境内出口食品的境外生产企业实施注册管理，并公布获得注册的企业名单。

向中国境内出口食品的境外出口商或者代理商（以下简称境外出口商或者代理商）应当向海关总署备案。食品进口商应当向其住所地海关备案。境外出口商或者代理商、食品进口商办理备案时，应当对其提供资料的真实性、有效性负责。境外出口商或者代理商、食品进口商备案名单由海关总署公布。

境外出口商或者代理商、食品进口商备案内容发生变更的，应当在变更发生之日起60日内，向备案机关办理变更手续。海关发现境外出口商或者代理商、食品进口商备案信息错误或者备案内容未及时变更的，可以责令其在规定期限内更正。

9. 食品进口商应当建立食品进口和销售记录制度，如实记录食品名称、净含量/规格、数量、生产日期、生产或者进口批号、保质期、境外出口商和购货者名称、地址及联系方式、交货日期等内容，并保存相关凭证。记录和凭证保存期限不得少于食品保质期满后6个月；没有明确保质期的，保存期限为销售后2年以上。

食品进口商应当建立境外出口商、境外生产企业审核制度，重点审核下列内容：（1）制定和执行食品安全风险控制措施情况；（2）保证食品符合中国法律法规和食品安全国家标准的情况。

10. 海关依法对食品进口商实施审核活动的情况进行监督检查。食品进口商应当积极配合，如实提供相关情况和材料。海关可以根据风险管理需要，对进口食品实施指定口岸进口，指定监管场地检查。指定口岸、指定监管场地名单由海关总署公布。

11. 食品进口商或者其代理人进口食品时应当依法向海关如实申报。海关依法对应当实施入境检疫的进口食品实施检疫。海关依法对需要进境动植物检疫审批的进口食品实施检疫审批管理。食品进口商应当在签订贸易合同或者协议前取得进境动植物检疫许可。

海关根据监督管理需要，对进口食品实施现场查验，现场查验包括但不限于以下内容：(1) 运输工具、存放场所是否符合安全卫生要求；(2) 集装箱号、封识号、内外包装上的标识内容、货物的实际状况是否与申报信息及随附单证相符；(3) 动植物源性食品、包装物及铺垫材料是否存在《进出境动植物检疫法实施条例》第二十二条规定的情况；(4) 内外包装是否符合食品安全国家标准，是否存在污染、破损、浸湿、渗透；(5) 内外包装的标签、标识及说明书是否符合法律、行政法规、食品安全国家标准以及海关总署规定的要求；(6) 食品感官性状是否符合该食品应有性状；(7) 冷冻冷藏食品的新鲜程度、中心温度是否符合要求、是否有病变、冷冻冷藏环境温度是否符合相关标准要求、冷链控温设备设施运作是否正常、温度记录是否符合要求，必要时可以进行蒸煮试验。

12. 海关制定年度国家进口食品安全监督抽检计划和专项进口食品安全监督抽检计划，并组织实施。

13. 进口食品的包装和标签、标识应当符合中国法律法规和食品安全国家标准；依法应当有说明书的，还应当有中文说明书。

对于进口鲜冻肉类产品，内外包装上应当有牢固、清晰、易辨的中英文或者中文和出口国家（地区）文字标识，标明以下内容：产地国家（地区）、品名、生产企业注册编号、生产批号；外包装上应当以中文标明规格、产地（具体到州/省/市）、目的地、生产日期、保质期限、储存温度等内容，必须标注目的地为中华人民共和国，加施出口国家（地区）官方检验检疫标识。

对于进口水产品，内外包装上应当有牢固、清晰、易辨的中英文或者中文和出口国家（地区）文字标识，标明以下内容：商品名和学名、规格、生产日期、批号、保质期限和保存条件、生产方式（海水捕捞、淡水捕捞、养殖）、生产地区（海洋捕捞海域、淡水捕捞国家或者地区、养殖产品所在国家或者地区）、涉及的所有生产加工企业（含捕捞船、加工船、运输船、独立冷库）名称、注册编号及地址（具体到州/省/市）、必须标注目的地为中华人民共和国。

进口保健食品、特殊膳食用食品的中文标签必须印制在最小销售包装上，不得加贴。

进口食品内外包装有特殊标识规定的，按照相关规定执行。

14. 进口食品运达口岸后，应当存放在海关指定或者认可的场所；需要移动的，必须经海关允许，并按照海关要求采取必要的安全防护措施。指定或者认可的场所应当符合法律、行政法规和食品安全国家标准规定的要求。

大宗散装进口食品应当按照海关要求在卸货口岸进行检验。

进口食品经海关合格评定合格的，准予进口。进口食品经海关合格评定不合格的，由海关出具不合格证明；涉及安全、健康、环境保护项目不合格的，由海关书面通知食品进口商，责令其销毁或者退运；其他项目不合格的，经技术处理符合合格评定要求的，方准进口。相关进口食品不能在规定时间内完成技术处理或者经技术处理仍不合格的，由海关责令食品进口商销毁或者退运。

15. 境外发生食品安全事件可能导致中国境内食品安全隐患，或者海关实施进口食品监督管理过程中发现不合格进口食品，或者发现其他食品安全问题的，海关总署和经授权的直属海关可以依据风险评估结果对相关进口食品实施提高监督抽检比例等控制措施。

海关依照前款规定对进口食品采取提高监督抽检比例等控制措施后，再次发现不合格进口食品，或者有证据显示进口食品存在重大安全隐患的，海关总署和经授权的直属海关可以要求食品进口商逐批向海关提交有资质的检验机构出具的检验报告。海关应当对食品进口商提供的检验报告进行验核。

16. 有下列情形之一的，海关总署依据风险评估结果，可以对相关食品采取暂停或者禁止进口的控制措施：

（1）出口国家（地区）发生重大动植物疫情，或者食品安全体系发生重大变化，无法有效保证输华食品安全的；

（2）进口食品被检疫传染病病原体污染，或者有证据表明能够成为检疫传染病传播媒介，且无法实施有效卫生处理的；

（3）海关实施《进出口食品安全管理办法》第三十四条第二款规定控制措施的进口食品，再次发现相关安全、健康、环境保护项目不合格的；

（4）境外生产企业违反中国相关法律法规，情节严重的；

（5）其他信息显示相关食品存在重大安全隐患的。

16. 进口食品安全风险已降低到可控水平时，海关总署和经授权的直属海关可以按照以下方式解除相应控制措施：

（1）实施《进出口食品安全管理办法》第三十四条第一款控制措施的食品，在规定的时间、批次内未被发现不合格的，在风险评估基础上可以解除该控制措施。

（2）实施《进出口食品安全管理办法》第三十四条第二款控制措施的食品，出口国家（地区）已采取预防措施，经海关总署风险评估能够保障食品安全、控制动植物疫情风险，或者从实施该控制措施之日起在规定时间、批次内未发现不合格食品的，海关在风险评估基础上可以解除该控制措施。

（3）实施暂停或者禁止进口控制措施的食品，出口国家（地区）主管部门已采取风险控制措施，且经海关总署评估符合要求的，可以解除暂停或者禁止进口措施。恢复进口的食品，海关总署视评估情况可以采取《进出口食品安全管理办法》第三十四条规定的控制措施。

17. 食品进口商发现进口食品不符合法律、行政法规和食品安全国家标准，或者有证据证明可能危害人体健康，应当按照《食品安全法》第六十三条和第九十四条第三款规定，立即停止进口、销售和使用，实施召回，通知相关生产经营者和消费者，记录召回和通知情况，并将食品召回、通知和处理情况向所在地海关报告。

三、食品出口

1. 出口食品生产企业应当保证其出口食品符合进口国家（地区）的标准或者合同要求；中国缔结或者参加的国际条约、协定有特殊要求的，还应当符合国际条约、协定的要求。进口国家（地区）暂无标准，合同也未作要求，且中国缔结或者参加的国际条约、协定无相关要求的，出口食品生产企业应当保证其出口食品符合中国食品安全国家标准。

2. 海关依法对出口食品实施监督管理。出口食品监督管理措施包括：出口食品原料种植养殖场备案、出口食品生产企业备案、企业核查、单证审核、现场查验、监督抽检、口岸抽查、境外通报核查以及各项的组合。

出口食品原料种植、养殖场应当向所在地海关备案。海关总署统一公布原料种植、养殖场备案名单，备案程序和要求由海关总署制定。

3. 海关依法采取资料审查、现场检查、企业核查等方式，对备案原料种植、养殖场进行监督。

4. 出口食品生产企业应当向住所地海关备案，备案程序和要求由海关总署制定。

5. 境外国家（地区）对中国输往该国家（地区）的出口食品生产企业实施注册管理且要求海关总署推荐的，出口食品生产企业须向住所地海关提出申请，住所地海关进行初核后报海关总署。海关总署结合企业信用、监督管理以及住所地海关初核情况组织开展对外推荐注册工作，对外推荐注册程序和要求由海关总署制定。

6. 出口食品生产企业应当建立完善可追溯的食品安全卫生控制体系，保证食品安全卫生控制体系有效运行，确保出口食品生产、加工、贮存过程持续符合中国相关法律法规、出口食品生产企业安全卫生要求；进口国家（地区）相关法律法规和相关国际条约、协定有特殊要求的，还应当符合相关要求。出口食品生产企业应当建立供应商评估制度、进货查验记录制度、生产记录档案制度、出厂检验记录制度、出口食品追溯制度和不合格食品处置制度。相关记录应当真实有效，保存期限不得少于食品保质期期满后6个月；没有明确保质期的，保存期限不得少于2年。

7. 出口食品生产企业应当保证出口食品包装和运输方式符合食品安全要求。

8. 出口食品生产企业应当在运输包装上标注生产企业备案号、产品品名、生产批号和生产日期。进口国家（地区）或者合同有特殊要求的，在保证产品可追溯的前提下，经直属海关同意，出口食品生产企业可以调整前款规定的标注项目。

9. 海关应当对辖区内出口食品生产企业的食品安全卫生控制体系运行情况进行监督检查。监督检查包括日常监督检查和年度监督检查。监督检查可以采取资料审查、现场检查、企业核查等方式，并可以与出口食品境外通报核查、监督抽检、现场查验等工作结合开展。

10. 出口食品应当依法由产地海关实施检验检疫。海关总署根据便利对外贸易和出口食品检验检疫工作需要，可以指定其他地点实施检验检疫。

11. 出口食品生产企业、出口商应当按照法律、行政法规和海关总署规定，向产地或者组货地海关提出出口申报前监管申请。产地或者组货地海关受理食品出口申报前监管申请后，依法对需要实施检验检疫的出口食品实施现场检查和监督抽检。

12. 海关制定年度国家出口食品安全监督抽检计划并组织实施。

13. 出口食品经海关现场检查和监督抽检符合要求的，由海关出具证书，准予出口。进口国家（地区）对证书形式和内容要求有变化的，经海关总署同意可以对证书形式和内容进行变更。出口食品经海关现场检查和监督抽检不符合要求的，由海关书面通知出口商或者其代理人。相关出口食品可以进行技术处理的，经技术处理合格后方准出口；不能进行技术处理或者经技术处理仍不合格的，不准出口。

14. 食品出口商或者其代理人出口食品时应当依法向海关如实申报。

15. 海关对出口食品在口岸实施查验，查验不合格的，不准出口。

16. 出口食品因安全问题被国际组织、境外政府机构通报的，海关总署应当组织开展核查，并根据需要实施调整监督抽检比例、要求食品出口商逐批向海关提交有资质的检验机构出具的检验报告、撤回向境外官方主管机构的注册推荐等控制措施。

17. 出口食品存在安全问题，已经或者可能对人体健康和生命安全造成损害的，出口食品生产经营者应当立即采取相应措施，避免和减少损害发生，并向所在地海关报告。

18. 海关在实施出口食品监督管理时发现安全问题的，应当向同级政府和上一级政府食品安全主管部门通报。

四、监督管理

1. 海关总署依照《食品安全法》第一百条规定：收集、汇总进出口食品安全信息，建立进出口食品安全信息管理制度。各级海关负责本辖区内以及上级海关指定的进出口食品安全信息的收集和整理工作，并按照有关规定通报本辖区地方政府、相关部门、机构和企业。通报信息涉及其他地区的，应当同时通报相关地区海关。海关收集、汇总的进出口食品安全信息，除《食品安全法》第一百条规定内容外，还包括境外食品技术性贸易措施信息。

2. 海关应当对收集到的进出口食品安全信息开展风险研判，依据风险研判结果，确定相应的控制措施。

3. 境内外发生食品安全事件或者疫情疫病可能影响到进出口食品安全的，或者在进出口食品中发现严重食品安全问题的，直属海关应当及时上报海关总署；海关总署根据情况进行风险预警，在海关系统内发布风险警示通报，并向国务院食品安全监督管理、卫生行政、农业行政部门通报，必要时向消费者发布风险警示通告。海关总署发布风险警示通报的，应当根据风险警示通报要求对进出口食品采取《进出口食品安全管理办法》第三十四条、第三十五条、第三十六条和第五十四条规定的控制措施。

4. 海关制定年度国家进出口食品安全风险监测计划，系统和持续收集进出口食品中食源性疾病、食品污染和有害因素的监测数据及相关信息。

5. 境外发生的食品安全事件可能对中国境内造成影响，或者评估后认为存在不可控风险的，海关总署可以参照国际通行做法，直接在海关系统内发布风险预警通报或者向消费者发布风险预警通告，并采取《进出口食品安全管理办法》第三十四条、第三十五条和第三十六条规定的控制措施。

6. 海关制定并组织实施进出口食品安全突发事件应急处置预案。

7. 海关在依法履行进出口食品安全监督管理职责时，有权采取下列措施：（1）进入生产经营场所实施现场检查；（2）对生产经营的食品进行抽样检验；（3）查阅、复制有关合同、票据、账簿以及其他有关资料；（4）查封、扣押有证据证明不符合食品安全国家标准或者有证据证明存在安全隐患以及违法生产经营的食品。

8. 海关依法对进出口企业实施信用管理。

9. 海关依法对进出口食品生产经营者以及备案原料种植、养殖场开展稽查、核查。

10. 过境食品应当符合海关总署对过境货物的监管要求。过境食品过境期间，未经海关批准，不得开拆包装或者卸离运输工具，并应当在规定期限内运输出境。

11. 进出口食品生产经营者对海关的检验结果有异议的，可以按照进出口商品复验相关规定申请复验。有下列情形之一的，海关不受理复验：（1）检验结果显示微生物指标超标的；（2）复验备份样品超过保质期的；（3）其他原因导致备份样品无法实现复验目的的。

第三节　进口葡萄酒的工作流程

出入境检验检疫部门根据《中华人民共和国食品安全法》及其实施条例、《中华人民共和国进出口食品安全管理办法》等有关法律法规的要求对进口葡萄酒实施检验检疫和管理。

一、进口葡萄酒检验检疫程序

1. 进口葡萄酒到达港口以后，接收企业或个人要向出入境检验检疫部门提供入境货物报检单等材料，申报材料中须标注葡萄酒的品名、数（重）量、原产地等信息以及进口后要贴在葡萄酒瓶上的中文标签的样式。检验检疫人员应对这些材料进行比对，对标签上一些夸大或者不实的内容及时提出修改意见。同时，葡萄酒须送入进口食品备案监管库中，仓库中的温度和湿度有专门的要求，一般温度控制在25℃上下，湿度则在70%左右。

2. 检验检疫人员依据申报材料，对某批次葡萄酒进行具体详细核对检查，比如：数重量、品名、外观、产地等是否与申报材料中描述的一致，并抽取一部分作为样品进行感官、微生物、酒精、糖、总酸以及各种添加剂的含量等内容的检测，通过科学的检测得出分析报告。对于标注与实际检测含量不符的，及时修正；对于有害物质超标的，则可能作退货或者销毁处理。

3. 加大对进口商的后续监管力度，按规定要求收货人建立并完善食品进口和销售记录制度，如实记录产品信息，确保进口葡萄酒流向的有效追踪。

4. 如果葡萄酒申报材料齐全规范，检验检疫过程又能顺利进行，一瓶葡萄酒从到港到完成检验一般需要10多天时间。

二、进口葡萄酒操作流程

（一）进口葡萄酒企业主体资质

中国企业要从事进口葡萄酒业务除了一般经营性企业所必需的工商、税务等手续外，在注册的营业范围内还应包括酒类经营资格，具备进口酒类经营许可证和卫生许可证。还需要到当地商务部门领取对外贸易经营者备案登记表，经过备案登记后才具备对外贸易资格。对外贸易经营者应凭加盖备案登记印章的登记表在30日内到当地海关、检验检疫、外汇、税务等部门办理开展对外贸易业务所需要的手续。

（二）办理中文注册商标

进口葡萄酒经营企业应到当地商品检验检疫局领取表格，准备下列申报文件：

(1) 企业营业执照；

(2) 葡萄酒质量检验检疫报告；企业需将所对应的进口葡萄酒样酒由国家商检总局检验并出具检验报告；

(3) 生产厂商生产许可证原印件及译文（此证应为出产国当地的有关机构或组织出具）；

(4) 生产厂商卫生许可证原印件及译文（此证应为出产国当地的有关机构或组织出具）；

(5) 生产厂商葡萄酒生产工艺流程原印件及译文（只需要简单的葡萄酒生产工艺流程说明示意，并加盖企业印章或负责人签署）；

(6) 保留原正面标签显示的外文并在中文标签上必须有对应译文，且中文品名字体要大于外文品名字体。

（三）运输进口环节

1. 提前计划好运输方式，预定仓位，选择好运输公司。

进口葡萄酒在境内运输主要以汽运为主，跨洲运输以海运和空运为主，大批量一般价值的葡萄酒以海运为主，小批量昂贵的或高档的酒以空运为主。在进货合同确定之前，应该同时考察选择好运输方式和运输代理，尽早定仓。避免临时选择或变更影响装运，耽搁影响资金周转或货物耽搁，特别是夏季高温，货物在码头货场耽搁容易造成葡萄酒高温熟化老化。

2. 运输时货物要避免遭受高温。

葡萄酒是具有活性的酿制酒，在存放过程中，最怕高温。因此要考虑陆路运输和海运过程中避免高温影响。船运时可向船运代理要求将货物置于水线下远离热源（锅炉或发动机舱）。选择航班最好是定期直达航班，避免选择那些不定期或中途散货比较多，要在天气炎热地区停泊装卸货的船期。

3. 及时办理运输保险。

瓶装葡萄酒属于易碎品，保险很重要，特别是价值高的葡萄酒。

（四）进口葡萄酒到岸报关清关

食品饮料的进口到岸手续是先商检后海关。如商检关未过，货物不准入关，要被退回。商检要在货物监管区对所申报货物进行核对：包装是否符合标准，中文注册商标是否完备。另外，还要对货物文件进行审核，包括出口国出具的卫生免疫证、产地证、质量保证书等等。对于葡萄酒以"托"来打包包装的，如果是采用木托，还必须审核出口国出具的"熏蒸证明"。

对货物进行抽检时，一般是按货物总数的千分之一进行抽检，检验是否符合国家进口食品卫生标准，剩余的抽检样品备存。

在商检检验完毕后，同时进行海关申报纳税。程序和其他进口货物一样。

（五）其他方面

进口企业应提供进口酒类输出国（地区）产地卫生证明。进口酒类（不包括免税进口酒类）应根据我国《食品标签通用标准》和有关规定加贴中文标签。口岸进口食品卫生、质量监督检验机构对监督检验合格的加贴进口食品卫生监督检验标志，签发卫生证书（正本、副本）。监督检验不合格的不准进口。海关凭对外贸易经济主管部门签发的进口货物许可证和口岸进口食品卫生监督检验机构签发的放行通知单并征税后验放。

进口的桶装原装酒、半成品酒验收入境，再经小瓶分装、勾兑、过滤、贮存等加工工序后，使用国外品牌并在我国境内销售的，按进口酒类管理。

第四节　葡萄酒加工贸易单耗标准

一、编制《葡萄酒加工贸易单耗标准》的目的

为加强加工贸易单耗管理，规范和完善海关和外经贸管理部门对单耗审批、备案、核销，落实国务院关于加强对加工经贸管理的政策措施，打击伪报单耗的不法行为，促进加工贸易的健康发展，根据加工贸易单耗标准制定工作联络小组工作计划，制定 HDB/QB 001—2000《葡萄酒加工贸易单耗标准》。该标准由海关总署关税征管司、国家轻工业局行业管理司委托中国酿酒工业协会和天津海关负责起草制定，自 2001 年 3 月 1 日起实施。

二、制定单耗标准的原则

单耗标准的制定原则是以国家标准、行业标准或葡萄酒加工企业平均生产水平为基础，贯彻国家有关产业和外贸政策，符合我国加工贸易生产实际，有利于加工贸易企业技术进步和公平竞争，便于海关有效监管和相关单耗数据信息的使用和维护。

三、单耗标准的制定依据

《葡萄酒加工贸易单耗标准》是以葡萄酒国标 GB/T 15037—94 及国内行业加工过程中平均损耗水平为基础，兼顾加工贸易生产企业实际情况而制定的。

四、《葡萄酒加工贸易单耗标准》的主要内容

该标准规定了企业用葡萄原酒（编号 220429000、22043000）加工生产葡萄酒（编号 22042100、220429000）的加工贸易单耗标准。该标准适用于海关和外经贸管理部门对用葡萄原酒加工生产葡萄酒的加工贸易企业进行加工贸易单耗备案、审批和核销管理。

（一）有关定义

葡萄原酒是指用新鲜葡萄或葡萄汁为原料，经发酵而成的酒液。葡萄原酒属于半成品。葡萄酒是指原酒经过物理、生物稳定工艺处理后装瓶、质量符合成品葡萄酒标准（GB/T 15037—94）要求的产品。损耗率是指在正常生产条件下，单位质量的葡萄原酒与经加工制成的单位质量葡萄酒之差占葡萄原酒的百分比。

（二）葡萄原酒品质规格

葡萄原酒应符合相关标准及合同对品质的认定。主要包括感官要求、理化指标要求、卫生指标要求、葡萄酒质量要求。

1. 感官要求。

色泽：白葡萄原酒应为浅黄色，红葡萄原酒应呈宝石红色。

澄清度：澄清。

香气：具有纯正、优雅、怡悦、和谐的果香及酒香。

滋味：具有纯正、幽雅、爽怡的口味。酒体完整。

2. 理化指标要求。

酒精度（20%V/V）：10~12	还原糖（以葡萄糖计 g/L）：≤4
总酸（以酒石酸计 g/L）：6.5~7.5	挥发酸（以醋酸计 g/L）：≤0.6
总二氧化硫（mg/L）：≤150	游离二氧化硫（mg/L）：≤35
干浸出物（g/L）：≥17.0	铁（mg/L）：≤5.0

3. 卫生指标要求。

卫生指标要符合 GB 2758 发酵酒卫生指标。

4. 葡萄酒质量要求。

葡萄酒质量要求应符合 GB/T 15037—2006 标准。

（三）葡萄酒单耗标准

1. 葡萄酒单耗标准的计算公式。

葡萄原酒加工葡萄酒损耗率计算公式为：$E=(X-Y)/X\times100\%$

其中：E 为损耗率，X 为葡萄原酒的质量，Y 为加工完成后成品葡萄酒的质量。

2. 进口葡萄原酒加工葡萄酒的单耗标准。

根据国家经贸委、国家海关发布的《葡萄酒加工贸易单耗标准》，进口原酒加工成品葡萄酒的总损耗率为 7.5%~9.0%。

该单耗标准根据进口葡萄原酒加工葡萄酒的加工工艺测算，由葡萄原酒加工成品葡萄酒的工艺过程决定。

（1）勾兑：使之酒质均匀一致，损耗率为 0.12%。

（2）冷处理：通过冷冻除去酒中的酒石酸盐类，冷冻损耗为 1.5%。

（3）热处理：通过加热除去酒中对热不稳定的物质，热处理损耗率为 0.5%。

（4）澄清处理：通过添加澄清剂除去酒中不稳定的胶体、蛋白质等物质。澄清处理损耗率为 1.5%~2.0%。

（5）各工序的过滤：在整个葡萄原酒处理中需经过多次过滤，采用硅藻土过滤及膜过滤，除去酒中沉淀物及细菌。过滤总损耗率为 2.0%~3.0%。

（6）贮存及陈酿工序：使酒进行陈化、提高酒质，损耗率为 0.5%~1.0%。

（7）灌装工序：包括灌酒、压盖、贴标、装箱、运输等，灌装损耗率为 1.0%~1.5%。

（8）葡萄原酒加工成品葡萄酒的总损耗率为 7.5%~9.0%。

高档红葡萄酒还需进行小木桶贮存，木桶损耗率为3%左右。

(四) 影响损耗的因素

进口原酒清混程度：原酒浑浊度高，沉淀就多，产品处理过程中需反复多次澄清及过滤，损耗相应加大。

贮酒容器不同酒损也不同，使用大罐贮存损耗比木桶贮存损耗小。

每批次处理量不同，酒损也不同，每批处理量小损耗就大。

企业生产管理水平高低及企业设备机械化程度不同也会影响损耗。

辅料及包装物质两次，返工多，造成的损耗也会加大。

第十一章 葡萄酒产品认证管理

绿色食品是指产自优良生态环境、按照绿色食品标准生产、实行全程质量控制并获得绿色食品标志使用权的安全、优质食用农产品及相关产品。绿色食品认证依据的是绿色食品行业标准。绿色食品在生产过程中允许使用农药和化肥，但对用量和残留量的规定比较严格。有机食品是有机产品的一类，有机产品还包括棉、麻、竹、服装、化妆品、饲料（有机标准包括动物饲料）等"非食品"。目前，我国有机产品主要包括粮食、蔬菜、水果、奶制品、畜禽产品、水产品及调料等。

绿色食品、有机食品都是经质量认证的安全农产品，都比较注重生产过程的管理，但绿色食品侧重对影响产品质量因素的控制，有机食品侧重对影响环境质量因素的控制。

表 11-1 绿色食品与有机食品的区别

	绿色食品	有机食品
目标定位不同	提高生产水平，满足更高需求、增强市场竞争力	保持良好生态环境，人与自然和谐共生
质量水平不同	达到发达国家普通食品质量水平	农产品或食品的国际最高标准
运作方式不同	政府推动、市场运作；质量认证与商标转让相结合	社会化的经营性认证行为；因地制宜、市场运作
认证方法不同	依据标准，强调从土地到餐桌的全过程质量控制；检查检测并重，注重产品质量	实行检查员制度，以检查为主，检测为辅，注重生产方式

第一节　绿色食品认证

绿色食品遵循可持续发展原则，按照特定生产方式生产，经专门机构认定，许可使用绿色食品标志，具有无污染、安全、优质、营养特征。无污染是指在绿色食品生产、加工过程中，通过严密监测、控制，防范农药残留、放射性物质、重金属、有害细菌等对食品生产各个环节的污染，以确保绿色食品产品的洁净。绿色食品的优质特性不仅包括产品的外表包装水平高，而且还包括产品内在质量水准高。产品的内在质量一是内在品质优良，二是营养价值和卫生安全指标高。

一、绿色食品标志

绿色食品标志是由绿色食品发展中心在国家市场监督管理总局商标局正式注册的质量证明标志。它由三部分构成，即上方的太阳、下方的叶片和中心的蓓蕾，象征自然生态；颜色为绿色，象征着生命、农业、环保；图形为正圆形，意为保护。整个图形描绘了一幅明媚阳光照耀下的和谐生机，告诉人们绿色食品是出自纯净、良好生态环境的安全、无污染食品，能给人们带来蓬勃的生命力。绿色食品标志还提醒人们要保护环境和防止污染，通过改善人与环境的关系，创造自然界新的和谐。

图 11-1　绿色食品标志

二、绿色食品标准体系的构成内容

绿色食品标准以全程质量控制为核心，现行有效绿色食品标准 143 项（其中，准则类标准 14 项，产品标准 129 项），为指导和规范绿色食品的生产行为、质量技术检测、标志许可审查和证后监管提供了依据和准绳，为促进绿色食品事业高质量发展发挥了不可替代的作用。因此，绿色食品标准体系是绿色食品发展理念的技术载体，是绿色食品生产和管理的技术指南，是绿色食品事业高质量发展的技术保障。

1. 绿色食品产地质量标准。

制定有关标准的目的，一是强调绿色食品必须产自良好的生态环境地域，以保证绿色食品最终产品的无污染、安全性；二是促进对绿色食品产地环境的保护和改善。

绿色食品产地环境质量标准规定了产地的空气质量标准、农田灌溉水质标准、渔业水质标准、畜禽养殖用水标准和土壤环境质量标准的各项指标以及浓度限值、监测和评价方法，提出了绿色食品产地土壤肥力分级和土壤质量综合评价方法。对于一个给定的污染物在全国范围内统一了标准，必要时可增设项目，适用于绿色食品（AA级和A级）生产的农田、菜地、果园、牧场、养殖场和加工厂。

主要标准：

NY/T 391—2021《绿色食品 产地环境质量》

NY/T 1054—2021《绿色食品 产地环境调查、监测与评价规范》

2. 绿色食品生产技术标准。

绿色食品生产过程的控制是绿色食品质量控制的关键环节。绿色食品生产技术标准是绿色食品标准体系的核心，它包括绿色食品生产资料使用准则和绿色食品生产技术操作规程两部分。

绿色食品生产资料使用准则是对生产绿色食品过程中物质投入的一个原则性规定，它包括生产绿色食品的农药、肥料、食品添加剂、饲料添加剂、兽药和水产养殖药的使用准则，对允许、限制和禁止使用的生产资料及其使用方法、使用剂量、使用次数和休药期等作出了明确规定。

绿色食品生产技术操作规程是以上述准则为依据，按作物种类、畜牧种类和不同农业区域的生产特性分别制定的，用于指导绿色食品生产活动，规范绿色食品生产技术的技术规定，包括农产品种植、畜禽饲养、水产养殖和食品加工等技术操作规程。

主要标准：

NY/T 393—2020《绿色食品 农药使用准则》

NY/T 394—2021《绿色食品 肥料使用准则》

NY/T 392—2023《绿色食品 食品添加剂使用准则》

NY/T 471—2023《绿色食品 饲料及饲料添加剂使用准则》

NY/T 472—2022《绿色食品 兽药使用准则》

NY/T 473—2016《绿色食品 畜禽卫生防疫准则》

NY/T 755—2022《绿色食品 渔药使用准则》

NY/T 1055—2015《绿色食品 产品检验规则》

NY/T 896—2015《绿色食品 产品抽样准则》

3. 绿色食品产品标准。

绿色食品产品标准作为衡量绿色食品最终产品质量的指标尺度，它虽然跟普通食品的国家标准一样，规定了食品的外观品质、营养品质和卫生品质等内容，但其卫生品质要求高于国家现行标准，主要表现在对农药残留和重金属的检测项目种类多、指标严。而且，使用的主要原料必须是来自绿色食品产地的、按绿色食品生产技术操作规程生产出来的产品。绿色食品产品标准反映了绿色食品生产、管理和质量控制的先进水平，突出了绿色食品产品无污染、安全的卫生品质。

一是原料方面，绿色食品的主要原料必须是来自绿色食品产地，按绿色食品生产操作规程生产出来的产品。

二是感官方面，包括外形、色泽、气味、口感、质地等。绿色食品标准中感官要求有定性、半定量、定量指标。其要求严于同类非绿色食品。

三是理化方面，是绿色食品的内含要求，包括应有的成分指标。

四是微生物学，产品的微生物学的特性要必须保证。

主要标准：

NY/T 274—2023《绿色食品 葡萄酒》

NY/T 1508—2017《绿色食品 果酒》

NY/T 2104—2018《绿色食品 配制酒》

DB62/T 4281—2020《绿色食品 河西走廊酿酒葡萄栽培技术规程》

T/GXAS 191—2021《绿色食品 酿酒葡萄桂葡6号生产技术规程》

4. 绿色食品包装、贮藏和运输标准。

（1）绿色食品包装标准。

绿色食品包装标准规定了进行绿色食品产品包装时应遵循的原则，包装材料选用的范围、种类，包装上的标识内容等。要求产品包装从原料、产品制造、使用、回收和废弃的整个过程都应有利于食品安全和环境保护，包括包装材料的安全、牢固性，节省资源、能源，减少或避免废弃物产生，易回收循环利用，可降解等具体要求和内容。主要标准：

NY/T 658—2015《绿色食品 包装通用准则》

（2）绿色食品产品标签标准。

绿色食品产品标签标准，除了符合 GB 7718—2011《食品安全国家标准 预包装食品标签通则》的要求和规定外，还要求符合《中国绿色食品商标标志设计使用规范手册》的规定，其对绿色食品的标准图形、标准字形、图形和字体的规范组合、标准色、广告用语以及在产品包装标签上的规范应用均作了具体规定。

主要标准：

《中国绿色食品商标标志设计使用规范手册》

（3）绿色食品贮藏运输标准。

绿色食品贮藏运输标准对绿色食品储运的条件、方法、时间作出规定，以保证绿色食品在储运过程中不遭受污染、不改变品质，并有利于环保、节能。

主要标准：

NY/T 1056—2021《绿色食品 贮藏运输准则》

上述相关标准立足精品定位，瞄准国际先进水平，按照"安全与优质并重、先进性和实用性相结合"的原则，注重落实"从土地到餐桌"的全程质量控制理念，对绿色食品生产的产前、产中和产后全过程各生产环节进行规范。对绿色食品产前、产中和产后全过程质量控制技术和指标作了全面的规定，形成了一套定位准确、科学完整、结构合理、特色鲜明的标准体系。

三、绿色食品标准和标准体系的特点

（一）绿色食品标准的三个突出特点

1. 实行全过程质量控制。

要求对绿色食品生产、管理和认证进行从土地到餐桌全过程质量控制和行为规范，既要求保证产品质量和环境质量，又要求规范生产操作和管理动作。

2. 融入可持续发展的技术内容。

绿色食品标准从发展经济与保护生态环境相结合的角度规范生产者的经济行为。在保证产品产量的前提下，最大限度地通过促进生物循环、合理配置资源，减少经济行为对生态环境的不良影响和提高食品质量，维护和改善人类生存和发展环境。

3. 有利于农产品国际贸易发展。

AA 级绿色食品标准的制度完全符合国际有机农业运动联盟（IFOAM）标准框架和基本要求，并充分考虑了欧盟、美国、日本等国家有机农业及其农产品管理条例或法案要求。A 级绿色食品标准的制定也较多地采纳了联合国食品法典委员会（CAC）标准内容和欧盟标准，便于与国际相关标准接轨。

（二）绿色食品标准体系的四个鲜明特点

1. 内容系统性。

绿色食品标准体系是由产地环境质量标准、生产过程标准（包括生产资料使用准则、生产操作规程）、产品标准、包装标准等相关标准共同组成的，贯穿绿色食品生产的产前、产中、产后全过程。

2. 制定科学性。

绿色食品标准是中国绿色食品发展中心委托北京农业大学、中国农业科学院、食品检测中心等国内权威技术机构的上百位专家，经过上千次试验、检测和查阅国内外现行标准而制定的，目前有几十个绿色食品产品标准已作为农业行业标准颁发。

3. 指标严格性。

绿色食品的标准无论从产品的感观性状、理化性状、生物性状都严于或等同于现行国家标准。如大气质量采用国家一级标准，农残限量仅为有关国家和国际标准的 1/2。

4. 控制项目多样性。

绿色食品产地环境质量标准中土壤标准比国家标准增加了土壤肥力指标；产品标准增加了营养质量指标等项目。产地环境质量评价中，对水质、土壤、空气等要素分别区分了污染严控指标和一般控制指标若干项。增加控制项目的目的在于防止有害物质对产品的污染，保证绿色食品的质量安全。

四、绿色食品分级标准

（一）AA 级绿色食品

生产产地的环境质量符合 NY/T 391《绿色食品产地环境质量标准》。生产过程中不使用化学合成的农药、肥料、兽药、食品添加剂、饲料添加剂及其他有害于环境和身体健康的物质。按有机生产方式生产，产品质量符合绿色产品标准，经专门机构认定，许可使用 AA 级绿色食品标志的产品。

（二）A 级绿色食品

生产产地的环境质量符合 NY/T 391《绿色食品产地环境质量标准》。生产过程中严格按照绿色生产资料使用准则和生产操作规程要求，限量使用限定的化学合成生产资料。产品质量符合绿色食品产品标准，经专门机构认定，许可使用 A 级绿色食品标志的产品。

（三）AA 级和 A 级绿色食品之间的区别

1. 为了和国际相关食品接轨，两者在标准上保持一致。但目前 AA 级绿色食品标准已达到甚至超过国际有机农业运动联盟对有机食品基本标准的要求，AA 级绿色食品已具备了走向世界的条件，这是 AA 级与 A 级的根本区别。

2. 在 AA 级绿色食品的生产操作规程上禁止使用任何化学合成物质，在 A 级绿色食品生产中允许限量使用限定的化学合成物质。

3. A 级绿色食品产品包装以绿底印白色标志，防伪标签的底色为绿色，产品包装以绿底印白色标志；AA 级绿色食品包装以白底印绿色标准，防伪标签的底色为蓝色。

A级绿色食品标志　　AA级绿色食品标志

图 11-2　A 级、AA 级绿色食品标志

五、绿色食品认证的政策依据

《关于绿色食品包装的相关规定》、《绿色食品标志管理办法》(农业农村部令2012年第6号)、《绿色食品包装通用准则》、《国务院关于开发"绿色食品"有关问题的批复》、《关于发展无公害农产品绿色食品有机农产品的意见》、《国家发展改革委关于印发〈绿色食品认证及标志使用收费管理办法〉的通知》、《国家市场监督管理总局、农业农村部关于依法使用、保护"绿色食品"商标标志的通知以及关于印发〈农业农村部关于加快绿色食品发展的意见〉的通知》等等。

第二节 绿色食品 葡萄酒

NY/T 274—2023《绿色食品 葡萄酒》规定了绿色食品葡萄酒的术语和定义、产品分类、要求、检验规则、标签、包装、运输和贮存,适用于绿色食品葡萄酒。

1. 原料要求:原料应符合绿色食品相关标准规定;加工用水应符合 NY/T 391 的要求;食品添加剂应符合 NY/T 392 的要求。

2. 生产过程:应符合 GB 12696 的要求。

3. 感官要求、理化指标、污染物、农药残留、食品添加剂、真菌毒素限量、微生物限量、净含量应符合食品安全国家标准及相关规定。所有葡萄酒产品中均不应添加合成着色剂、甜味剂、香精、增稠剂。

表11-2 依据食品安全国家标准绿色食品葡萄酒产品申报检验必检项目

项目	指标要求
感官要求	色泽、澄清程度、起泡程度、香气、滋味、典型性 使用软木塞封口的酒允许有3个不大于1 mm的软木渣(GB 15037,允许有少量软木塞),封装超过18个月的红葡萄酒(GB 15037,装瓶超过1年的葡萄酒)允许有少量沉淀
理化指标	酒精度(20℃)≥8.5%vol(GB 15037,≥8.0%vol),总糖,干浸出物,挥发酸≤1.0 g/L(以乙酸计,GB 15037,≤1.2 g/L),柠檬酸,二氧化碳,铁,铜,甲醇,总酸
污染物农药残留食品添加剂真菌毒素限量	多菌灵≤0.5 mg/kg,甲酸灵≤0.5 mg/kg,呋喃丹不得检出(<0.002 mg/kg),氧化乐果不得检出(<0.002 mg/kg),总二氧化硫≤200 mg/L(干型葡萄酒)、≤250 mg/L(其他类型葡萄酒),山梨酸≤2 g/L,糖精钠不得检出(<0.15 mg/L),环己氨基磺酸钠(甜蜜素)不得检出(<1.0 mg/L),乙酰磺胺酸钠(安赛蜜)不得检出(<4.0 mg/L)

续表

项目	指标要求
微生物限量	菌落总数≤50 CFU/mL、大肠菌群≤3 MPN/mL
净含量	——
其他项目	铅≤0.2 mg/L（以 Pb 计），苯甲酸≤0.03 g/L，合成着色剂（新红、柠檬黄、苋菜红、胭脂红、日落黄、藓红、亮蓝、诱惑红）不得检出，肠道致病菌（沙门氏菌、金黄色葡萄球菌）为 0/25 mL

4. 检验规则：依据食品安全国家标准和绿色食品生产实际情况，申报绿色食品葡萄酒确定的项目进行检验。其他要求应符合 NY/T 1055 的要求。

5. 标签：应符合 GB 2758、GB 7718 的要求。

6. 包装：应符合 NY/T 658 的要求及相关食品卫生要求。使用的软木塞应符合 GB/T 23778 的要求。

7. 运输和贮存：按照 NY/T 1056 的规定执行。用软木塞（或替代品）封装的葡萄酒，在储运时宜"倒放"或"卧放"，运输温度宜保持在 5℃~35℃。

8. 葡萄酒储存地点应阴凉、干燥、通风良好；严防日晒、雨淋，严禁火种。成品不应与潮湿地面直接接触；不得与有毒、有害、有异味、有腐蚀性物品同储同运。储存温度宜保持在 5℃~25℃。

第三节　中国有机产品认证

有机生产是指生产、加工、销售过程符合有机产品国家标准的供人类消费、动物食用的产品。有机产品必须同时具备四个特征：第一，原料必须来自有机农业生产体系或采用有机方式采集的野生天然产品；第二，整个生产过程遵循有机产品生产、加工、包装、储藏、运输等要求；第三，生产流通过程中，具有完善的跟踪审查体系和完整的生产、销售档案记录；第四，通过独立的有机产品认证机构的认证审查。

中国有机产品认证时依据中国相关法律法规所实施的国家自愿性认证业务，认证依据为 GB/T 19630《有机产品》国家标准，包括生产、加工、标识与销售、管理体系四个部分。通过中国有机产品认证，可以提高产品质量、产品知名度、企业管理水平、改善生态环境与生活环境、有利于企业产品进入高端市场。

一、有机食品认证的主要标准

GB/T 19630—2019《有机产品生产、加工、标识与管理体系要求》

RB/T 002—2019《有机产品生产中投入品核查、监控技术规范》

RB/T 026—2019《有机产品生产中投入品使用评价技术规范》

RB/T 003—2019《有机产品生产中植保类投入品评价 第1部分：技术规范》

CAC/GL 32—1999《有机食品生产、加工、标识和销售指南》

DB23/T 1806—2016《绿色食品 有机食品 无公害农产品 统计规范》

HJ/T 80—2001《有机食品技术规范》

RB/T 167—2018《有机葡萄酒加工技术规范》

二、有机葡萄酒加工技术规范

有机葡萄酒是指以新鲜的经过有机认证的葡萄或葡萄汁为原料，经发酵酿制而成的含有一定酒精度并获得有机产品认证的葡萄酒。

1. 有机葡萄或葡萄汁配料。

（1）用于酿造有机葡萄酒的葡萄/加工有机葡萄酒的葡萄汁必须是经过认证的有机葡萄/有机葡萄汁，且在终产品中所占的比例不得少于95%。

（2）为保证原料的新鲜度，运输葡萄/葡萄汁的车辆和容器需干净、无污染；葡萄运输过程中避免挤压，并就近处理；进厂的葡萄原料须在12小时内破碎和入罐；长途运输需要帐篷或其他覆盖物，防止污染，如运输时间超过8小时，建议使用控温设备，使原料温度不超过15℃。

（3）有机葡萄/葡萄汁与常规葡萄/葡萄汁在运输过程中应有效隔离，并明确标识，防止交叉污染，避免有机产品受到污染。

（4）有机葡萄/葡萄汁入场时须做好相关记录，便于进行可追溯管理，需要记录的信息包含但不限于以下内容：采收（购）时间、基地名称、葡萄/葡萄汁品种、数量、运输车辆信息等，外购原料须保存原料的有机产品认证证书、销售证、采购票据等。

2. 食品添加剂、加工助剂及其他配料。

（1）加工过程中使用的食品添加剂及加工助剂应符合 GB/T 19630.2 要求，必要使用有机葡萄酒加工中允许使用的食品洗成加剂、加工助剂和其他配料中列出的食品添加剂和加工助剂，严格按照其中的使用条件使用。《食品安全国家标准 食品添加剂使用标准》、GB/T 19630—2019《有机产品生产、加工、标识与管理体系要求》的要求，严格按照规定的使用条件使用。使用规定以外的其他物质，要向认证机构提交评估申请，并经国家相关主管部门批准后方可使用。

（2）使用食品添加剂、加工助剂和其他配料以外的其他物质时，应符合 GB 2760 的规定，并向认证机构提交评估申请，机构根据 GB/T 19630.2 中附录 C 评估，并经国家相关主管部门批准后方可使用。

3. 发酵过程中使用的酵母、酶制剂不得来源于基因工程。

4. 加工用水：加工用水水质必须符合 GB 5749 的相关要求。

5. 环境保护：有机葡萄酒加工废弃物排放必须符合国家或地方标准。鼓励加工企业对生产、加工环节产生的废水、废渣等处理后进行回收利用。

6. 卫生要求：设备、工具应使用符合 GB/T 19630.2 要求的清洁剂和消毒剂清洁消毒，空间杀菌不应使用硫黄熏蒸。

三、有机葡萄酒加工质量管理

1. 总体要求。

（1）企业应建立相应的质量管理机构，并配备充足的具有质量管理和质量检验资质的人员及相应的检测设备，须保证人员资质及设备运转的有效性，进行全面质量管理。

（2）企业应制定完备的质量管理标准，标准应涵盖如下内容：人员要求、生产环境要求、物料采购、设备使用及维护保养、生产过程控制、产品质量控制等方面内容，经质量管理机构确认后实施。

2. 加工过程质量管理。

（1）加工企业宜建立并实施危害分析及关键控制点（HACCP）体系。

（2）加工过程所采取的加工工艺建议参见有机葡萄酒生产加工环节加工工艺及

限制条件,并在其限制条件下实施。

表11-3 有机葡萄酒生产加工工艺及处理方法(部分节选自RB/T 167—2018)

工艺及处理方法	定义	目的	规定
压榨	压榨葡萄或葡萄皮渣,以分离出液体部分	a) 将葡萄浆汁分离出来,以便制成葡萄汁,或在没有葡萄固体物质的情况下酿酒(即酿造白葡萄酒); b) 带皮发酵后从皮渣里分离压榨酒	a) 如果是鲜葡萄,应在采摘之后的最短时间内压榨;如果是破碎的葡萄,应在破碎后的最短时间内进行压榨 b) 压榨应缓慢持续地进行,不应压破或压碎葡萄固体部分
原酒贮存及陈酿: a) 添酒或取酒; b) 倒酒; c) 充惰性气体; d) 陈酿		原酒在贮存过程中保持质量稳定,提高葡萄酒稳定性	a) 贮存、陈酿容器可使用:不锈钢罐、水泥池、玻璃容器、橡木桶 b) 倒酒时建议对管道等充惰性气体保护
过滤	葡萄酒在发酵结束后至灌装之前通过适当的过滤装置进行过滤	a) 分阶段进行取得澄清葡萄酒; b) 通过去除微生物取得葡萄酒的生物稳定	
灌装	将处理好的酒液装瓶或装入销售容器并进行封口的操作过程	为了使葡萄酒分装成销售的小包装并使成品酒达到市场和相关法规品质的要求	

(3) 加工过程中需采取措施严格控制二氧化硫添加量及残留量,红葡萄酒加工过程中允许最大使用量为 100 mg/L;白葡萄酒及桃红葡萄酒中允许最大使用量为 150 mg/L。可采取措施包括加强整个加工环节卫生管理以降低杂菌污染、降低半成品及成品加工过程中氧气接触的概率,半成品在陈酿、加工、灌装环节推荐使用氮气、二氧化碳等惰性气体进行保护。

(4) 必须严格区分有机半成品及常规半成品,防止有机和常规半成品混杂在一起。

(5) 有机葡萄酒加工配备专用设备为宜,如不得不与常规加工共用设备,则必须遵循清洗、有机加工、常规加工、清洗的先后顺序。在常规加工结束后必须进行彻底清洗,并不得有清洗剂残留。

（6）有机葡萄酒在进行不同批次葡萄酒调配时，不得添加常规葡萄酒。

（7）加工企业应制定生产操作规程，准确记录有机原料及投入品的种类、数量、来源，应对加工关键参数如发酵温度、时间、理化检验结果及感官品评等建立记录并归档，并规定记录留存时间，负责人须定期对记录进行审核并存档。

（8）在有机葡萄酒的酿造过程中，可能会对有机葡萄酒的固有品质产生不良影响或严重改变葡萄酒成分组成的工艺和技术应被禁止，不予采用。被禁止使用的酿造工艺、加工过程或处理方法包括：① 通过冷却进行局部浓缩；② 通过物理方法去除二氧化硫；③ 通过电渗析的方法来确保葡萄酒中酒石酸的稳定；④ 对葡萄酒进行局部脱醇处理；⑤ 采用阳离子交换剂的处理方法来确保葡萄酒中酒石酸的稳定。

3. 产成品质量管理。

（1）应按照国家、行业或企业产品质量标准的要求，制定产成品检验项目、检验标准、抽样及检验方法。

（2）与产品有机完整性有关的指标及投入品残留量须符合 RB/T 167—2018《有机葡萄酒加工技术规范》要求，其他指标应符合 GB/T 15037 及 GB 2758 的要求。

（3）应制定规范化的成品留样保存计划，每批成品按规定留样。

四、有机葡萄酒的包装与标识

1. 包装。

有机葡萄酒的包装应简单、实用，避免过度包装。应以玻璃容器为主，严禁使用塑料瓶或其他以聚乙烯或聚吡咯烷酮等为材质制定的包装材料。

2. 标识。

有机葡萄酒的标识除满足 GB 7718—2011《食品安全国家标准 预包装食品标签通则》和 GB/T 15037—2006《葡萄酒》中关于标识的要求外，还必须满足 GB/T 19630—2019《有机产品生产、加工、标识与管理体系要求》的要求。在获证产品或者产品的最小销售包装上，加施中国有机产品认证标志、有机码和认证机构名称。

五、鉴别有机产品的方法

（一）看认证标志

有机产品包装上都有有机产品认证标志，包括认证机构名称或标识、有机码。

为了保证有机产品的可追溯性，认监委要求认证机构向获得有机产品认证的企业发放认证标志或允许有机生产企业在产品标签上印制有机产品认证标志前，必须按照统一编码要求赋予每枚认证标志一个唯一编码（有机一品一码）。有机码由17位数字组成，其中认证机构代码3位、认证标志发放年份2位、认证标志发放随机码12位，认证标志编码前应注明"有机码"字样。

（二）查网站或公众号

登录国家认证认可监督管理委员会"中国食品农产品认证信息系统"（www.food.cnca.cn）或认监委公众号查看核实生产加工企业的有机产品名称、认证证书编号、获证企业等相关信息。

（三）看产品包装

有机产品的包装通常使用由木、竹、植物茎叶、纸等制成的可生物降解和可回收利用的包装材料。

第四节　地理标志产品认证

为统筹推进知识产权强国建设，全面提升知识产权创造、运用、保护、管理和服务水平，充分发挥知识产权制度在社会主义现代化建设中的重要作用，中共中央、国务院印发了《知识产权强国建设纲要（2021—2035年)》，明确提出：推动地理标志与特色产业发展、生态文明建设、历史文化传承以及乡村振兴有机融合，提升地理标志品牌影响力和产品附加值。实施地理标志农产品保护工程。

一、相关政策法规

《关于发布〈地理标志专用标志使用管理办法（试行)〉的公告》（第354号）
《中华人民共和国商标法》（2019年修正）
《中华人民共和国标准化法》

《中华人民共和国产品质量法》

《地理标志产品保护规定》

《国家知识产权局关于修改〈国外地理标志产品保护办法〉的公告》(第338号)

《集体商标、证明商标注册和管理办法》

《地理标志产品保护工作细则》

《国家知识产权局 国家市场监督管理总局关于进一步加强地理标志保护的指导意见》(国知发保字〔2021〕11号)

二、加强地理标志保护的总体要求

地理标志是重要的知识产权类型,是促进区域特色经济发展的有效载体,是推进乡村振兴的有力支撑,是推动外贸外交的重要领域,是保护和传承优秀传统文化的鲜活载体,也是企业参与市场竞争的重要资源。

(一)重要意义

1.有助于促进农业高质高效,推进农业供给侧结构性改革。增加地理标志优质产品有效供给,积极发展特色产业,发挥好农业适度规模经营的引领作用,满足多元需求,推动消费升级,促进农产品向高水平供需平衡跃升,提高农业供给体系质量和效率。

2.有助于促进乡村宜居宜业,充分激发乡村发展活力。用好地理标志蕴含的深厚历史人文底蕴,推动特色产业发展与生态旅游建设、历史文化传承等有机融合,充分发挥农业产业供给、生态屏障、文化传承等功能,不断优化农村生产生活生态空间,全面推进乡村产业、人才、文化、生态、组织振兴。

3.有助于促进农民富裕富足,巩固拓展脱贫攻坚成果。以地理标志为纽带建立更加稳定的利益联结,凝聚特定区域各方力量促进产业规模化、集约化和品牌化发展,吸纳更多农村人口就业,促进农村产业兴旺,持续增强脱贫地区造血功能,长久实现农民富裕富足。

(二)指导思想

坚持以习近平新时代中国特色社会主义思想为指导,深入贯彻落实习近平总书记有关地理标志工作的指示要求和全面落实党中央、国务院强化知识产权保护的决策部署（即《关于强化知识产权保护的意见》），深化地理标志管理改革，强化地理标志保护，提升地理标志领域治理能力，有力支撑经济高质量发展，推动构建以国内大循环为主体、国内国际双循环相互促进的新发展格局。

（三）基本原则

坚持高水平保护。完善地理标志法律制度体系，提高地理标志保护法治化水平，严格地理标志审查认定，严厉打击地理标志侵权假冒行为，统筹推进地理标志保护国际合作，提升地理标志保护水平。

坚持高标准管理。加强地理标志保护顶层设计，强化规划引领，深化管理体制机制改革，建立健全特色质量保证体系、技术标准体系与检验检测体系。

坚持高质量发展。坚守中国特色，突出"原汁原味"，扩大地理标志专用标志使用覆盖面，提升地理标志产品市场竞争力，更好满足人民日益增长的美好生活需要。

（四）地理标志保护方式

目前，我国地理标志保护包括产品保护和商标注册两种方式。

1. 在产品保护方面，主要依据《关于国务院机构改革涉及行政法规规定的行政机关职责调整问题的决定》和《地理标志产品保护规定》，由产品所在地县级以上人民政府指定的申请机构或认定的协会和企业提出，经省级知识产权管理部门初审和国家知识产权局审查批准予以保护。

2. 在商标注册方面，主要依据《中华人民共和国商标法》及其实施条例和《集体商标、证明商标注册和管理办法》，由管辖该地理标志所示地区的人民政府或行业主管部门批准的具体资格的团体、协会或其他组织提出，经国家知识产权局审查核准予以注册集体商标或证明商标。

三、地理标志产品标准通用要求

地理标志产品是指产自特定地域，所具有的质量、声誉或其他特性本质上取决于其产地的自然因素和人文因素，经审核批准以地理名称进行命名的产品。地理标志产品包括：（1）来自本地区的种植、养殖产品；（2）原材料全部来自本地区或部分来自其他地区，并在本地区按照特定工艺生产和加工的产品。

根据《地理标志产品保护工作细则》，以下产品可以经申请批准为地理标志保护产品：（1）在特定地域种植、养殖的产品，决定该产品特殊品质、特色和声誉的主要是当地的自然因素；（2）在产品产地采用特定工艺生产加工，原材料全部来自产品产地，当地的自然环境和生产该产品所采用的特定工艺中的人文因素决定了该产品的特殊品质、特色质量和声誉；（3）在产品产地采用特定工艺生产加工，原材料部分来自其他地区，该产品产地的自然环境和生产该产品所采用的特定工艺中的人文因素决定了该产品的特殊品质、特色质量和声誉。

1. 制定地理标志产品标准的基本原则。

应是国家质量监督检验检疫行政主管部门根据《地理标志产品保护规定》批准的地理标志产品。

产品的品质、特色和声誉应能体现产地的自然属性和人文因素，并具有稳定的质量，历史悠久，风味独特，享有盛名。

地理标志产品标准除应符合 GB/T 1.2 的规定外，还应规定地理标志产品保护范围、自然环境、特定的品种、特定的种（养）植技术、特殊的加工工艺、产品技术指标等与地理标志产品独特品质有关的内容。

2. 通用要求。

（1）标准名称：地理标志产品标准名称应由产地名称和反映真实属性的通用产品名称构成，并冠以地理标志产品前缀。

（2）地理标志产品保护范围：应符合国家质量监督检验检疫行政主管部门批准的保护区域，并附相应地域图。

（3）自然环境：应规定适宜产出具有特定品质产品的保护区域的自然环境，如独特的地理环境、气候、土壤、水质等。

（4）原料：应规定适制地理标志产品的动植物品种。应规定与产品独特品质有关的特殊原料的来源，必要时应规定原料的产地、感官特性、理化指标和安全卫生指标。

（5）种植（养殖）技术：应规定与产品独特品质有关的种植（养殖）技术要求，如选种、栽培、田间管理、施肥与农药、采摘、原材料处理和贮存等。

（6）工艺：应规定产品独特的加工工艺，必要时应规定关键工艺和关键设备。应规定生产过程的安全、卫生和环保要求，并应符合国家相关法律、法规的规定。

(7)产品质量:应规定产品的感官特性、理化指标、安全卫生指标、试验方法及有关限制性条款。可规定产品的特异性指标。

(8)标签:地理标志产品标签的内容除应符合国家有关规定外,还应标注如地理标志产品名称、原料名称和产地,以及其他需要特殊标注的内容。

(9)标志:为加强我国地理标志保护,统一和规范地理标志专用标志使用,依据《中华人民共和国民法典》、《中华人民共和国商标法》及其实施条例、《中华人民共和国产品质量法》、《中华人民共和国标准化法》、《地理标志产品保护规定》、《集体商标、证明商标注册和管理办法》、《国外地理标志产品保护办法》,国家知识产权局2020年4月3日制定发布了《地理标志专用标志使用管理办法(试行)》。

图11-3 中华人民共和国地理标志

地理标志专用标志的使用要求如下:(1)地理标志保护产品和作为集体商标、证明商标注册的地理标志使用地理标志专用标志的,应在地理标志专用标志的指定位置标注统一社会信用代码;国外地理标志保护产品使用地理标志专用标志的,应在地理标志专用标志的指定位置标注经销商统一社会信用代码。(2)地理标志保护产品使用地理标志专用标志的,应同时使用地理标志专用标志和地理标志名称,并在产品标签或包装物上标注所执行的地理标志标准代号或批准公告号。(3)作为集体商标、证明商标注册的地理标志使用地理标志专用标志的,应同时使用地理标志专用标志和该集体商标或证明商标,并加注商标注册号。(4)地理标志专用标志合法使用人未按相应标准、管理规范或相关使用管理规则组织生产的,或者在2年内未在地理标志保护产品上使用专用标志的,知识产权管理部门停止其地理标志专用标志使用资格。

(5) 对于未经公告擅自使用或伪造地理标志专用标志的；或者使用与地理标志专用标志相近、易产生误解的名称或标识及可能误导消费者的文字或图案标志，使消费者将该产品误认为地理标志的行为，知识产权管理部门及相关执法部门依照法律法规和相关规定进行调查处理。(6) 地理标志专用标志合法使用人可在国家知识产权局官方网站下载基本图案矢量图。地理标志专用标志矢量图可按比例缩放，标注应清晰可识，不得更改专用标志的图案形状、构成、文字字体、图文比例、色值等。

地理标志专用标志合法使用人可采用的地理标志专用标志标示方法有：(1) 采取直接贴附、刻印、烙印或者编织等方式将地理标志专用标志附着在产品本身、产品包装、容器、标签等上；(2) 使用在产品附加标牌、产品说明书、介绍手册等上；(3) 使用在广播、电视、公开发行的出版物等媒体上，包括以广告牌、邮寄广告或者其他广告方式为地理标志进行的广告宣传；(4) 使用在展览会、博览会上，包括在展览会、博览会上提供的使用地理标志专用标志的印刷品及其他资料；(5) 将地理标志专用标志使用于电子商务网站、微信、微信公众号、微博、二维码、手机应用程序等互联网载体上；(6) 其他合乎法律法规规定的标示方法。

四、地理标志产品保护的申请与审批程序

2005 年 7 月 1 日起实施的《地理标志产品保护规定》对地理标志产品保护的申请与审批程序作了详细具体的规定。

(一) 申请与受理

地理标志产品保护申请，由当地县级以上人民政府指定的地理标志产品保护申请机构或人民政府认定的协会和企业（以下简称申请人）提出，并征求相关部门意见。申请保护的产品在县域范围内的，由县级人民政府提出产地范围的建议；跨县域范围的，由地市级人民政府提出产地范围的建议；跨地市范围的，由省级人民政府提出产地范围的建议。

申请人应提交以下资料。

(1) 有关地方政府关于划定地理标志产品产地范围的建议。

(2) 有关地方政府成立申请机构或认定协会、企业作为申请人的文件。

(3) 地理标志产品的证明材料，包括：地理标志产品保护申请书；产品名称、类别、产地范围及地理特征的说明；产品的理化、感官等质量特色及其与产地的自然因素和人文因素之间关系的说明；产品生产技术规范（包括产品加工工艺、安全卫生要求、加工设备的技术要求等）；产品的知名度，产品生产、销售情况及历史渊源的说明。

（4）拟申请的地理标志产品的技术标准。

出口企业的地理标志产品的保护申请向本辖区内出入境检验检疫部门提出；按地域提出的地理标志产品的保护申请和其他地理标志产品的保护申请向当地（县级或县级以上）质量技术监督部门提出。

省级质量技术监督局和直属出入境检验检疫局，按照分工，分别负责对拟申报的地理标志产品的保护申请提出初审意见，并将相关文件、资料上报国家质检总局。

（二）审核与批准

国家质检总局对收到的申请进行形式审查。审查合格的，由国家质检总局在国家质检总局公报、政府网站等媒体上向社会发布受理公告；审查不合格的，应书面告知申请人。有关单位和个人对申请有异议的，可在公告后的2个月内向国家质检总局提出。

国家质检总局按照地理标志产品的特点设立相应的专家审查委员会，负责地理标志产品保护申请的技术审查工作。国家质检总局组织专家审查委员会对没有异议或者有异议但被驳回的申请进行技术审查，审查合格的，由国家质检总局发布批准该产品获得地理标志产品保护的公告。

注：以上所称地理标志产品，是指产自特定地域，所具有的质量、声誉或其他特性本质上取决于该产地的自然因素和人文因素，经审核批准以地理名称进行命名的产品。

地理标志产品包括：（1）来自本地区的种植、养殖产品；（2）原材料全部来自本地区或部分来自其他地区，并在本地区按照特定工艺生产和加工的产品。

五、严厉打击地理标志侵权假冒行为

加强执法检查和日常监管，严格依据《中华人民共和国产品质量法》等有关伪造产地的处罚规定和《中华人民共和国商标法》《中华人民共和国反不正当竞争法》相关规定，打击伪造或者擅自使用地理标志的生产、销售等违法行为，规范在营销宣传和产品外包装中使用地理标志的行为。加强对相同或近似产品上使用意译、音译、字译或标注"种类""品种""风格""仿制"等地理标志"搭便车"行为的规制和打击。严格监督和查处地理标志专用标志使用人未按管理规范或相关使用管理规则组织生产的违规违法行为。加强地理标志领域的行政执法与刑事司法衔接，全方位提高地理标志执法保护水平。

第五节 地理标志产品葡萄酒

将地理标志作为知识产权的一个重要类别加以保护，最早可以追溯到1883年《保护工业产权巴黎公约》。目前，国际上对地理标志保护基本上有四种模式：一是以商标的方式给予保护，以德国、英国、美国为代表；二是通过反不正当竞争法的模式给予法律保护，以瑞典为代表；三是通过专门的地理标志立法进行保护，以法国为代表；四是混合立法保护，即当事人既可以选择以商标保护地理标志，也可以选择地理标志的专门保护，以西班牙为代表。

一、欧盟新的地理标志规定

在原产地方面，新的欧盟葡萄酒法将有地理标志及没有地理标志的葡萄酒区分开来。

（一）无地理标志的葡萄酒

在此类别的葡萄酒（截至2009年，佐餐酒）中，只允许在标签上注明原产国家（奥地利或欧盟其他会员国的葡萄酒）。

根据新的欧盟法，此类别的葡萄酒也可注明葡萄品种及年份（虽然不包括注明原产地的葡萄品种，如白比诺、黑比诺或蓝弗朗克）。在奥地利，只有在葡萄酒也符合每公顷最高产量9 000 kg（相等于每公顷67.5百升）的情况下，才能注明年份及葡萄品种。

（二）有地理标志的葡萄酒

表 11-4　有地理标志的葡萄酒

受保护地理标志的葡萄酒	受保护原产地的葡萄酒
（德国 g.g.A.：英国 PGI＝受保护地理标志；法国 IGP＝受保护地理标志；意大利 IGP＝受保护地理标志）。	 （德国 g.U.：英国 PDO＝受保护原产地、法国 AOP＝受保护原产地、意大利受保护原产地）。受保护原产地和受保护地理标志系统经由成员国建立和确认，然后提交布鲁塞尔。因此，这些标签也得到欧盟法律担保。

二、与贸易有关的知识产权协议

1. 本协议的地理标志，系指下列标志：其标示出某商品来源于某成员地域内，或来源于该地域中的某地区或某地方，该商品的特定质量、信誉或其他特征，主要与该地理来源相关联。

2. 在地理标志方面，成员应提供法律措施以使利害关系人阻止下列行为。

（1）不论以任何方式，在商品的称谓或表达上，明示或暗示有关商品来源于并非其真正来源地，并足以使公众对该商品来源误认的。

（2）不论以任何使用方式，如依照巴黎公约 1967 年文本第 10 条之第 2 款，则将构成不正当竞争的。

（3）如果某商标中包含或组合有商品的地理标志，而该商品并非来源于该标志所标示的地域，于是在该商标中使用该标志来标示商品，在该成员地域内即具有误导公众不去认明真正来源地的性质，则如果立法允许，该成员应依职权驳回或撤销该商标的注册，或者依一方利害关系人的请求驳回或撤销该商标的注册。

（4）如果某地理标志虽然逐字真实指明商品之来源地域、地区或地方，但是仍误导公众以为该商品来源于另一地域，则亦应适用本条以上三款。

三、我国现行有效的葡萄酒地理标志产品标准

表 11-5 我国现行有效的葡萄酒地理标志产品标准

标准编号	标准名称	发布部门
DB45/T 2208—2020	地理标志产品 都安野生山葡萄酒	广西壮族自治区市场监督管理局
DB54/T 0118—2017	地理标志产品 盐井葡萄酒（干型）	西藏自治区质量技术监督局
DB62/T 2294—2012	地理标志产品 河西走廊葡萄酒	甘肃省质量技术监督局
DB65/T 3780—2015	地理标志产品 吐鲁番葡萄酒	新疆维吾尔自治区质量技术监督局
DB65/T 3859—2016	地理标志产品 和硕葡萄酒	新疆维吾尔自治区质量技术监督局
GB/T 18966—2008	地理标志产品 烟台葡萄酒	国家质量监督检验检疫总局
GB/T 19049—2008	地理标志产品 昌黎葡萄酒	国家质量监督检验检疫总局
GB/T 19265—2008	地理标志产品 沙城葡萄酒	国家质量监督检验检疫总局
GB/T 19504—2008	地理标志产品 贺兰山东麓葡萄酒	国家质量监督检验检疫总局
GB/T 20820—2007	地理标志产品 通化山葡萄酒	国家质量监督检验检疫总局

四、贺兰山东麓葡萄酒地理标志产品的质量技术要求

葡萄酒是宁夏九大重点高质量发展产业之一，在农产品对外贸易中占有重要地位。目前宁夏贺兰山东麓酿酒葡萄种植面积达 52.5 万亩，占全国的近 1/3。且葡萄酒出口态势良好，据银川海关统计，2020 年，宁夏葡萄酒出口值达 265 万元，同比增长 46.4%，主要出口国家和地区为美国、欧盟、澳大利亚、日本等，实现了疫情不利环境下的逆势增长。

根据 GB/T 19504—2008《地理标志产品 贺兰山东麓葡萄酒》和国家市场监督管理总局关于批准对贺兰山东麓葡萄酒实施地理标志产品保护的公告（总局 2011 年第 14 号公告），进一步明确相关产品的质量技术要求。

（一）品种

红色品种：赤霞珠、梅鹿辄、蛇龙珠。

白色品种：霞多丽、雷司令、贵人香。

（二）立地条件

选择石灰质砂性土壤、砾石土壤，砂壤土、壤土亦可。土壤盐碱总含量≤0.4%，

pH 值≤8.5。土层厚≥50 cm，地下水位低于 1.5 m，坡降≤5‰。

（三）栽培管理

苗木：要求无性繁殖苗木无检疫性病虫害。

栽培：株距 50 cm，行距 300 cm，6 600~7 000 株/hm²。1 年生苗在 4 月下旬至 5 月上旬定植，营养袋苗在 5 月下旬至 6 月上旬定植，定植后及时浇水，并覆盖农用薄膜以保证成活率。

整形修剪：采取扇形、龙干形整形方式。

施肥：在建园时每公顷施用有机肥 90 t，作物秸秆 15 t。以后每年秋天施用有机肥 60 t/hm²。

灌水：按需灌水，每年灌 5~7 次水。沙质土每次灌水 40 m³/667m²（亩），壤质土每次灌水 50 m³/667m²（亩），越冬水灌水 60~80 m³/667m²（亩）。在采收前 20 天内禁止灌水。

环境、安全要求：农药、化肥等的使用必须符合国家相关规定，不得污染环境。

（四）葡萄产量及成熟度控制

每公顷葡萄产量≤15 000 kg。当白葡萄果实糖分含量达到 180 g/L，红葡萄果实糖分含量达到 190 g/L，并已表现出该品种特有品质、风味特征时即可采收。

（五）采收

在晴天早晨露水干后进行采收；采收后 24 小时内必须运达葡萄酒厂进行加工处理。

（六）生产工艺基本流程

干白葡萄酒：原料→分选→除梗破碎→压榨→澄清→低温酒精发酵→陈酿→稳定→灌装。

干红葡萄酒：原料→分选→除梗破碎→酒精发酵→苹果酸-乳酸发酵→澄清→陈酿→稳定→灌装。

（七）工艺要求

酒精发酵方式：(1) 红葡萄酒酒精发酵方式只允许使用传统浸提发酵法，即在葡萄破碎或除梗破碎后，为了更快地达到浸提的目的，可以使用上下循环，冲洗皮渣的帽盖；使用自动浸提罐，在皮渣上进行再循环的装置等各种机械手段。

(2)白葡萄酒发酵使用低温发酵,即葡萄汁经过澄清处理后,在14℃~18℃下进行发酵。

苹果酸-乳酸发酵:红葡萄酒必须完成苹果酸-乳酸发酵。

陈酿条件及时间:可经过罐陈酿、橡木桶陈酿和瓶内陈酿,要求陈酿环境温度低于18℃;白葡萄酒陈酿期,不低于6个月,红葡萄酒陈酿期不低于18个月。

(八)质量特色

1. 感官特色。

色泽:白葡萄酒呈近似无色、微黄带绿、浅禾秆黄、禾秆黄、金黄色泽。红葡萄酒呈深紫色、深红、深宝石红。

香气:香气浓郁、纯正,具有品种典型特点。

滋味:白葡萄酒口感圆润、协调;红葡萄酒醇厚、有较强的结构感、平衡协调。

2. 理化指标。

表11-6 理化指标

项目		要求
挥发酸(以乙酸计),g/L		≤1.0
干浸出物 g/L	白葡萄酒	≥18.0
	红葡萄酒	≥20.0
酒精度(20℃)%(V/V)	白葡萄酒	≥11.0
	红葡萄酒	≥12.0

3. 安全要求。

产品安全指标必须达到国家对同类产品的相关规定。

第十二章 葡萄酒质量控制与安全管理体系

《中华人民共和国产品质量法》第十四条规定，国家根据国际通用的质量管理标准，推行企业质量体系认证制度。国家参照国际先进的产品标准和技术要求，推行产品质量认证制度。

企业根据自愿原则可以向国务院市场监督管理部门认可的或者国务院市场监督管理部门授权的部门认可的认证机构申请企业质量体系认证、产品质量认证。经认证合格的，由认证机构颁发企业质量体系认证证书、产品质量认证证书，准许企业在产品或者其包装上使用产品质量认证标志。

一、认证概述

《中华人民共和国认证认可条例》明确了认证的概念，认证是指由认证机构证明产品、服务、管理体系符合相关技术规范、相关技术规范的强制性要求或者标准的合格评定活动。

为了规范认证认可活动，提高产品、服务的质量和管理水平，促进经济和社会的发展，国家实行统一的认证认可监督管理制度。

1. 国家对认证认可工作实行在国务院认证认可监督管理部门统一管理、监督和综合协调下，各有关方面共同实施的工作机制。

2. 认证认可活动应当遵循客观独立、公开公正、诚实信用的原则。

3. 国家鼓励平等互利地开展认证认可国际互认活动。认证认可国际互认活动不得危害国家安全和社会公共利益。

4. 从事认证认可活动的机构及其人员,对其所知悉的国家秘密和商业秘密有保密义务。

二、葡萄酒企业的认证项目

1. 质量管理体系认证方面主要有 ISO 9000 质量管理体系认证、环境管理体系认证、职业健康安全管理体系认证、食品安全管理体系认证、危害分析与关键控制点(HACCP)体系认证、食品工业企业诚信管理体系认证等。

2. 产品质量认证方面主要有绿色食品认证、有机食品认证、地理标志产品认证、中国葡萄酒 A 级产品认定细则等。

质量管理体系认证与产品质量认证同属质量认证的范围,具有相同的认证特点:两种认证类型都有具体的认证对象;都是以特定的标准作为认证基础;都是由第三方所从事的活动,但又存在明显的区别。

表 12-1 质量管理体系认证与产品质量认证的对比分析

类型	质量管理体系认证	产品质量认证
认证对象不同	企业的质量保证体系	批量生产的定型产品
证明方式不同	质量体系认证证书和证明企业质量体系符合某一质量保证标准	产品质量认证证书及产品认证标志,证书和标志证明产品质量符合产品标准
证明使用要求不同	不能在产品上使用	产品质量认证证书不能用于产品,标志可用于获准认证的产品或其包装上

三、开展葡萄酒认证活动的政策依据

(一)法律法规

《中华人民共和国食品安全法》

《中华人民共和国产品质量法》

《中华人民共和国计量法》

《中华人民共和国消费者权益保护法》

《中华人民共和国标准化法》

《中华人民共和国进出口商品检验法》

《中华人民共和国认证认可条例》（2020年修订版）

《中华人民共和国食品安全法实施条例》

《中华人民共和国计量法实施细则》

《中华人民共和国进出口商品检验法实施条例》

《中华人民共和国标准化法实施条例》

（二）部门规章

《认证机构管理办法》（2020年修订版）

《食品检验机构资质认定管理办法》

《进出口商品检验鉴定机构管理办法》

《认证证书和认证标志管理办法》

《有机产品认证管理办法》

《认证及认证培训、咨询人员管理办法》

《产品质量监督抽查管理暂行办法》

（三）行政规范性文件

《市场监管总局关于在全国自由贸易试验区进一步推进认证机构资质审批"证照分离"改革的公告》（2020年第7号）

《国家认监委 国家知识产权局关于联合发布〈知识产权认证管理办法〉的公告》（2018年第5号公告）

《国家认监委关于明确计量认证/审查认可工作有关规定的通知》（国认实函〔2002〕78号）

《食品生产企业危害分析与关键控制点（HACCP）管理体系认证管理规定》

第一节 ISO 9001 质量管理体系认证

ISO 9000 族标准是世界上许多经济发达国家质量管理实践经验的科学总结，为组织提供了具有科学性的质量管理和质量保证的方法和手段。ISO 9000 系列标准自 1987 年发布以来，经历了 1994 版、2000 版、2008 版修改，直至现在的 ISO 9001：2015 版系列标准。

根据质量管理体系认证活动及相应的行政监督检查工作实践，结合 2015 年换版的质量管理体系国际标准（ISO 9001）的新变化，国家认监委对《质量管理体系认证规则》（国家认监委 2014 年第 5 号公告）进行了修订，2016 年 8 月 5 日，重新发布了《质量管理体系认证规则》（国家认监委 2016 年第 20 号公告），自 2016 年 10 月 1 日起正式实施。

ISO 9001 标准要求组织建立、实施和维护质量管理体系，通过目标管理，倡导强调需求、增值、流程绩效和有效性及持续改进的过程方法。采用质量管理体系应该是组织的一项战略决策，能够帮助其提高内部管理水平和整体绩效，并证实组织具有提供既满足顾客要求又满足适用法规要求的产品和服务的能力，为推动组织可持续发展奠定良好基础。

通过 ISO 9001 质量管理体系认证，在证明组织内部运行有效的质量管理体系的同时，还可获得如下益处：(1) 稳定提供满足顾客要求以及适用的法律法规要求的产品和服务的能力；(2) 促成增强顾客满意的机会；(3) 应对与其环境和目标相关的风险和机遇；(4) 证实符合规定的质量管理体系要求的能力。

质量管理体系认证的主要标准系列：

GB/T 19001—2016《质量管理体系要求》

GB/T 19000—2016《质量管理体系基础和术语》

GB/T 19023—2003《质量管理体系文件指南》

GB/T 19029—2009《质量管理体系咨询师的选择及其服务使用的指南》

GB/T 27053—2008《合格评定产品认证中利用组织质量管理体系的指南》

GB/T 19002—2018《质量管理体系 GB/T 19001—2016 应用指南》

RB/T 180—2017《基于过程的质量管理体系审核指南》

T/NDAS 39—2021《质量管理体系成熟度评价准则及指南》

CNAS-CC131—2017《质量管理体系审核及认证的能力要求》

CNAS-SC132—2018《质量管理体系认证升级版认证机构认可方案》

HB 9101—2007《质量管理体系评审》

GB/T 27021.3—2021《合格评定管理体系审核认证机构要求 第 3 部分：质量管理体系审核与认证能力要求》

第二节 ISO 45001 职业健康安全管理体系认证

2020年3月国家市场监督管理总局和国家标委发布了国家标准《职业健康安全管理体系要求及使用指南》（GB/T 45001—2020），是我国职业健康安全管理体系领域最新的国家标准，该标准等同采用 ISO 45001:2018《职业健康安全管理体系要求及使用指南》，是对 GB/T 28001—2011/OHSAS 18001:2007《职业健康安全管理体系要求》和 GB/T 28002—2011/OHSAS 18002:2008《职业健康安全管理体系实施指南》的修订，现已代替 GB/T 28001 和 GB/T 28002。

《职业健康安全管理体系要求及使用指南》（GB/T 45001—2020）的实施，是通过采用先进的、系统化的科学管理技术和方法，提高广大组织的职业健康安全管理水平，以预防和尽可能减少职业健康安全伤害和健康损害。在引导和促进组织更有效地提高职业健康安全意识、构建职业健康安全文化、提升职业健康安全管理水平、保障广大职工的身心健康和生命安全、有效降低财产损失、改善职业健康安全状况等方面将发挥重要的推动作用，具有重要的经济意义和社会意义。

职业健康安全管理体系的目的和预期结果是防止对工作人员造成与工作相关的伤害和健康损害，并提供健康安全的工作场所。因此，对组织而言，采取有效的预防和保护措施以消除危险源和最大限度地降低职业健康安全风险至关重要。职业健康安全管理体系的作用就是为组织管理职业健康安全风险和机遇提供一个框架。

GB/T 45001—2020（ISO 45001:2018）标准为各类组织提供了结构化的运行机制，并建立在行之有效的管理原则——"策划—实施—检查—改进"（PDCA）的基础上。《标准》要求组织确定和评价职业健康安全风险、职业健康安全机遇以及其他风险和机遇，制定职业健康安全目标并建立所需的过程，以实现与组织职业健康安全管理方针相一致的结果。《标准》的有效实施将有助于组织提升其职业健康安全绩效、满足法律法规和其他要求。

通过 ISO 45001 职业健康安全管理体系认证，在证明组织内部运行了有效的职业健康安全管理体系的同时，还可以帮助组织：（1）改善安全生产管理，消除或降低职业健康安全风险，推动职业健康安全持续改进；（2）有系统地贯彻执行职业健康安全法规和制度,从而提高组织职业健康安全管理水平和职业健康安全绩效;(3)有助于消除贸易壁垒,对企业产生直接和间接的经济效益;(4)在社会上树立企业良好的品质和形象。

职业健康安全管理体系认证的主要标准系列:

GB/T 45001—2020《职业健康安全管理体系要求及使用指南》

GB/T 27021.10—2021《合格评定管理体系审核认证机构要求 第10部分:职业健康安全管理体系审核与认证能力要求》

CNAS-TRC-009—2013《职业健康安全管理体系认证机构系统安全工程技术能力管理指南》

CNAS-EC-015—2011《关于质量、环境、职业健康安全管理体系审核范围的确定》

CNAS-SC125—2020《职业健康安全管理体系认证机构认可方案》

CNAS-CC125—2018《职业健康安全管理体系审核及认证的能力要求》

第三节　ISO 14001 环境管理体系认证

因污染、资源的低效使用、废物管理不当、气候变化、生态系统退化、生物多样性的减少等给环境造成的压力越来越大,社会对可持续发展、透明度以及问责制的期望值不断地发生着变化。这使得各组织力图通过实施环境管理体系,采用一种系统的方法来进行环境管理,以期为"环境支柱"的可持续性作出贡献,ISO 14001 标准就是在这种背景下产生的。

ISO 14001 标准的特性使之适用于任何类型与规模的组织,并适用于各种地理、文化和社会环境,是一个真正的通用标准,在全球范围内被广泛应用。该标准提供了一个框架,引导组织按照 PDCA(策划、实施、检查、改进)的模式建立环境管理的自我约束机制,从最高领导到每个职工都以主动、自觉的态度处理好自身发展与环境保护的关系,响应变化的环境条件,不断改善环境绩效,进行有效的污染预防,最终实现组织的良性发展。

通过 ISO 14001 环境管理体系认证,在证明组织内部运行了有效的环境管理体系的同时，还可以帮助组织：(1) 预防或减少不利环境影响以保护环境；(2) 减轻环境状况可能对组织造成的不利影响；(3) 帮助组织履行合规义务；(4) 提升环境绩效；(5) 运用生命周期的观点来控制或影响组织的设计、制造、交付、消费以及产品废弃和服务的方式，以防止环境影响被无意地转移到生命周期的其他阶段；(6) 实施环境友好且可巩固组织市场地位的备选方案，以获得财务与运营收益；(7) 与有关相关方交流环境信息。

环境管理体系认证的主要标准：

GB/T 24004—2017《环境管理体系通用实施指南》

GB/T 24001—2016《环境管理体系要求及使用指南》

CNAS-TRC-013-2017 GB/T 24001—2016/ISO 14001:2015《环境管理体系要求及使用指南》标准的主要变化及对相关要点的理解

CNAS-EC-042—2014《关于环境管理体系认证与环境保护法律法规要求符合性关系的说明》

CNAS-TRC-011—2016《环境管理体系技术领域专业特点分析指南》

CNAS-CC121—2017《环境管理体系审核及认证的能力要求》

GB/T 27021.2—2021《合格评定管理体系审核认证机构要求 第 2 部分：环境管理体系审核与认证能力要求》

第四节 ISO 22000 食品安全管理体系认证

食品安全管理体系简称 ISO 22000:2005。为进一步完善食品安全管理体系认证制度，规范食品安全管理体系认证活动，保证认证活动的一致性和有效性，根据《中华人民共和国食品安全法》《中华人民共和国认证认可条例》等规定，认监委对《食品安全管理体系认证实施规则》（认监委 2010 年第 5 号公告）进行了修订，2021 年 1 月 8 日重新发布了《食品安全管理体系认证实施规则》（认监委 2021 年第 2 号公告），自发布之日起施行。自公告发布之日起至 2021 年 7 月 1 日期间为过渡期。对 2021 年 7 月 1 日后申请食品安全管理体系认证的，认证机构应按照《食品安全管理体系认证实施规则》（认监委 2021 年第 2 号公告）要求实施认证。

ISO 22000 食品安全管理体系认证特指以 GB/T 22000—2006《食品安全管理体系食品链中各类组织的要求》为认证依据的认证制度。CNCA-N-007—2021《食品安全管理体系认证实施规则》规定了从事食品安全管理体系认证的认证机构实施食品安全管理体系认证的程序与管理的基本要求。食品安全管理体系认证采用"A+B"的形式进行。

1. A 为基本认证依据，即 GB/T 22000—2006《食品安全管理体系食品链中各类组织的要求》、SN/T 1443.1—2004《食品安全管理体系要求》、SN/T 1443.2—2004《食品安全管理体系审核指南》等。

2. B 为针对具体产品类别的专项技术要求，比如 GB/T 27305—2008《食品安全管理体系 果汁和蔬菜汁类生产企业要求》、T/CCAA 25—2016《食品安全管理体系 葡萄酒及果酒生产企业要求》等共 29 项专项技术规范。没有经过国家认监委备案的专项技术规范，不可以开展食品安全管理体系认证。

3. 食品安全管理体系认证的主要标准。

GB/T 22000—2006《食品安全管理体系食品链中各类组织的要求》

GB/T 22004—2007《食品安全管理体系 GB/T 22000—2006 的应用指南》

CNAS-EC-061—2021《关于〈食品安全管理体系认证实施规则〉换版的认可转换说明》

CNAS-SC180—2021《食品安全管理体系认证机构认可方案》

CNAS-EC-035：2013《基于 PAC-TECH-003 对食品安全管理体系认证机构的认可说明》

SN/T 1443.1—2004《食品安全管理体系要求》

SN/T 1443.2—2004《食品安全管理体系审核指南》

T/CCAA 25—2016《食品安全管理体系葡萄酒及果酒生产企业要求》

GB/T 22003—2017《合格评定食品安全管理体系审核与认证机构要求》

CNAS-CC18—2014《食品安全管理体系认证机构要求》

T/CCAA 0021-2014《食品安全管理体系运输和贮藏企业要求》

第五节 危害分析与关键控制点（HACCP）体系认证

危害分析与关键控制点（HACCP）是控制食品安全的经济有效的管理体系。HACCP 是对食品加工、运输以至销售整个过程中的各种危害进行分析和控制，从而保证食品达到安全水平。它是一个系统的、连续性的食品卫生预防和控制方法。

一、危害分析与关键控制点（HACCP）体系的发展历程

我国的危害分析与关键控制点（HACCP）认证开始于 2002 年 3 月 20 日，国家认监委发布了《食品生产企业危害分析与关键控制点（HACCP）管理体系认证管理规定》（第 3 号公告），进一步规范了食品生产企业实施 HACCP 体系的认证监督管理工作。2002 年 4 月 19 日，原国家质检总局发布了《出口食品生产企业卫生注册登记管理规定》（第 20 号令），自 2002 年 5 月 20 日起施行。要求生产水产品、肉及肉制品、速冻蔬菜、果蔬汁、含肉及水产品的速冻食品、罐头产品的生产出口企业必须建立 HACCP 体系，这是我国首次强制性要求食品生产企业实施 HACCP 体系，标志着我国应用 HACCP 进入新的发展阶段。

为进一步完善危害分析与关键控制点（HACCP）体系认证制度，规范 HACCP 体系认证工作，根据《中华人民共和国食品安全法》《中华人民共和国认证认可条例》等有关规定，国家认监委制定了《危害分析与关键控制点（HACCP）体系认证实施规则》（认监委 2011 年第 35 号公告），自 2012 年 5 月 1 日起实施。《危害分析与关键控制点（HACCP）体系认证实施规则》确定了认证依据和模式。

1. 认证依据：GB/T 27341—2009《危害分析与关键控制点（HACCP）体系 食品生产企业通用要求》和 GB 14881—1013《食品安全国家标准 食品生产通用卫生规范》。

2. 认证模式：初次认证+跟踪监督+产品安全性验证（适用时）。

根据《危害分析与关键控制点（HACCP）体系认证实施规则》的要求，HACCP 认证还要考虑我国和进口国（地区）适用法律、法规及标准的符合性，以及出口食

品生产企业安全卫生要求的符合性（适用时）。各出入境检验检疫局对确认符合HACCP认证要求的企业可在备案时采信认证机构的认证结果，简化备案程序，减少对企业现场检查和监管频次。

为进一步优化我国食品农产品认证制度体系和推动危害分析与关键控制点（HACCP）体系认证的实施，根据《食品安全法》《认证认可条例》等规定，认监委组织将乳制品生产企业 HACCP 体系认证与食品企业 HACCP 体系认证两项认证制度整合成 HACCP 体系认证一项认证制度，将《乳制品生产企业 HACCP 体系认证实施规则（试行）》（认监委 2009 年第 16 号公告）、《食品企业 HACCP 体系认证实施规则》（认监委 2011 年第 35 号公告）、《国家认监委关于完善"危害分析与关键控制点体系"（HACCP）认证有关要求的公告》（认监委 2015 年第 25 号公告）和《国家认监委关于更新〈危害分析与关键控制点（HACCP 体系）认证依据〉的公告》（认监委 2018 年第 17 号公告）进行了整合修订。2021 年 7 月 29 日，认监委发布了《危害分析与关键控制点（HACCP）体系认证实施规则》（认监委 2021 年第 12 号公告），自发布之日起施行。自公告发布之日起至 2022 年 12 月 31 日期间为过渡期。2023 年 1 月 1 日起，对新申请 HACCP 体系认证的企业，认证机构应按照新版《HACCP 体系认证实施规则》要求实施 HACCP 体系认证。

二、危害分析与关键控制点（HACCP）体系的基本原理

以 HACCP 为基础的食品安全体系，是以 HACCP 的七个原理为基础的。

1. 原理 1：危害分析（Hazard Analysis，HA）。

危害分析与预防控制措施是 HACCP 原理的基础，也是建立 HACCP 计划的第一步。企业应根据所掌握的食品中存在的危害以及控制方法，结合工艺特点，进行详细分析。

2. 原理 2：确定关键控制点（Critical Control Point，CCP）。

关键控制点（CCP）是能进行有效控制危害的加工点、步骤或程序，通过有效的控制——防止发生、消除危害，使危害降低到可接受水平。CCP 或 HACCP 是由产品/加工过程的特异性决定的。如果出现工厂位置、配合、加工过程、仪器设备、配料供方、卫生控制和其他支持性计划以及用户的改变，CCP 都可能改变。

3. 原理3：确定与各 CCP 相关的关键限值（CL）。

关键限值是非常重要的，而且应该合理、适宜、可操作性强、符合实际和实用。如果关键限值过严，即使没有影响到食品安全危害，就会要求去采取纠偏措施，会给生产带来麻烦；如果过松，又会造成不安全的产品流入用户手中。

4. 原理4：确立 CCP 的监控程序。

应用监控结果来调整和保持生产出于受控企业应制定监控程序并执行，以确定产品的性质或加工过程是否符合关键限值。

5. 原理5：确立经监控认为关键控制点有失控时，应采取纠正措施。

当监控表明，偏离关键限值或不符合关键限值时采取的程序或行动。如有可能，纠正措施一般应是在 HACCP 计划中提前决定。纠正措施一般包括两步：第一步是纠正或消除发生偏离 CL 的原因，重新加工控制；第二步是确定在偏离期间生产的产品，并决定如何处理。采取纠正措施包括产品的处理情况时应加以记录。

6. 原理6：验证程序。

用来确定 HACCP 体系是否按照 HACCP 的计划运转，或者计划是否需要修改，以及再次被确认生效使用的方法、程序、检测及审核手段。

7. 原理7：纪录保持程序。

企业在实行 HACCP 体系的全过程中，须有大量的技术文件和日常监测记录，这些记录应是全面的。记录应包括：体系文件，HACCP 体系的记录，HACCP 小组的活动记录，HACCP 前提条件的执行、监控、检查和纠正记录。

三、危害分析与关键控制点（HACCP）体系认证的基本内容

为规范食品及食品相关行业危害分析与关键控制点（HACCP）体系认证（以下简称 HACCP 认证活动），根据《中华人民共和国食品安全法》《中华人民共和国认证认可条例》等有关规定，制定 CNCA-N-001：2021《危害分析与关键控制点（HACCP）体系认证实施规则》，规定了开展 HACCP 认证的认证机构实施 HACCP 认证活动的基本要求。

1. 认证依据为危害分析与关键控制点（HACCP）体系认证要求（V1.0）。

注：适用时，为满足进口国（地区）的需求，认证机构可将国际食品法典委员

会（Codex Alimentarius Commission，CAC）制定的《食品卫生通则》作为补充的认证依据。

2. 认证程序。

认证申请→认证受理→签订认证合同→审核策划→审核实施→认证决定→监督活动→再认证→认证范围的变更→不通知审核→认证要求变更。

3. 认证证书及认证标志。

初次认证的认证证书有效期为三年。再认证证书的终止日期不得超过上一认证周期认证证书的终止日期再加三年。

认证机构和获证组织可在认证证书、印刷品、网站和其他宣传资料中使用HACCP认证标志（如图12-1所示）。使用HACCP认证标志可以等比例放大或缩小，但不应变形、变色。如其他文字或图像均为黑白，允许使用黑白标识。

获证组织不得在产品、产品标签及产品内、外包装上使用HACCP认证标志。

图 12-1　HACCP 认证标志

四、危害分析与关键控制点（HACCP）体系认证的主要标准

GB/T 27341—2009《危害分析与关键控制点（HACCP）体系 食品生产企业通用要求》

GB/T 19538—2004《危害分析与关键控制点（HACCP）体系及其应用指南》

SN/T 1252—2003《危害分析及关键控制点（HACCP）体系及其应用指南》

CNCA-N-001:2021《危害分析与关键控制点（HACCP）体系认证实施规则》

第六节 食品工业企业诚信管理体系（CMS）认证

实现整个食品行业的可持续发展，唯有自律管理、遵规守法、诚信经营。建设企业诚信体系是保证食品安全的长效机制和治本之策。企业诚信体系的建立既可以指导和帮助企业实现守法经营的意愿，又可以增强消费者的消费信心，同时也会为带动整个食品行业的良性发展奠定基础。

《中华人民共和国食品安全法》（以下简称《食品安全法》）及其实施条例中规定：食品工业企业诚信体系建设和食品工业企业应遵循诚信原则。2009年12月12日，由国家食品药品监督管理局与工业和信息化部、国家发展和改革委员会、监察部、农业农村部、商务部、卫生部、中国人民银行、国家市场监督管理总局联合制定的《食品工业企业诚信体系建设工作指导意见》颁布实施。中华人民共和国工业和信息化部2010年组织制定了《食品工业企业诚信管理体系（CMS）建立及实施通用要求》，要求加强食品企业诚信体系建设。

一、食品工业企业诚信管理体系（CMS）的适用范围

所有的食品加工制造企业，只要有建立CMS体系的意愿，均可以参照QB/T 4111—2010《食品工业企业诚信管理体系（CMS）建立及实施通用要求》进行建立和执行，但要求以下食品加工企业要率先建立CMS体系：婴幼儿乳品企业（工信部要求2012年全部建立）、乳制品加工企业、罐头生产企业、调味品生产企业、饮料生产企业、肉类生产企业。

二、《食品工业企业诚信体系建设工作指导意见》（以下简称《指导意见》）

该《指导意见》提出，将用三年左右时间，初步建立起比较完善的食品工业企业诚信管理体系。《指导意见》的宗旨，是为贯彻实施《食品安全法》及实施条例，落实《国务院关于印发轻工业调整和振兴规划的通知》和《国务院办公厅关于印发食品安全整顿工作方案的通知》要求，加快推进食品工业企业诚信体系建设，保障食品质量安全，促进食品行业健康发展。

该《指导意见》的主要内容分为重要意义，指导思想、主要目标和基本原则，主要任务，保障措施四个部分。

1. 指导思想：全面贯彻落实科学发展观，以保障食品质量安全和促进行业健康发展为目标，加强企业质量安全诚信为核心，守法遵章为准绳，社会道德为基础，企业自律为重点，通过政府指导和推动，行业协会加强自律，企业履行主体责任，社会各界参与并监督，逐步建立起企业责任为基础、社会监督为约束、诚信效果可评价、诚信奖惩有制度的食品工业企业诚信体系。

2. 主要目标：用三年左右的时间，初步建立起比较完善的食品工业企业诚信管理体系、诚信信息征集和披露体系、诚信评价体系和政府部门协同推动、行业协会组织实施、食品企业积极参与、诚信责任有效落实的食品工业企业诚信体系运行机制。

3. 基本原则：一是坚持制度与教育宣传相结合；二是坚持企业责任与行业自律相结合；三是坚持政府推动与社会监督相结合；四是坚持失信惩戒与诚信褒奖相结合。

4. 主要任务：一是推进企业诚信文化建设；二是加快建立企业诚信管理体系；三是加快诚信信息征集和披露体系建设；四是诚信评价体系；五是推动诚信服务机构发展；六是开展诚信试点工作。

5. 保障措施：

（1）加强组织领导。建立统一、高效的部门协调工作机制。工业和信息化部会同其他9部委指导食品工业企业诚信体系建设工作，依法实施诚信信息征集和使用共享，加强食品安全监督管理。监察机关对政府部门推动食品工业企业诚信体系建设工作实施行政监督。行业协会组织开展诚信培训，指导企业建立诚信制度、实施国家标准，组织企业参加诚信评价活动，加强行业质量诚信宣传。

（2）严格依法行政。构建食品工业企业诚信法律体系，加快制定相关规章、标准。各地食品安全监管部门要依据企业守法和诚信情况，实施企业分类监管，依法调整执法检查和监管重点。对严重违反食品安全管理法律法规、制假售假等严重失信的企业，要列入"黑名单"实行重点监管，要依法采取限期召回产品及其他行政处罚措施，并向社会公布；行业协会要利用诚信提示、警示等方式实行诚信惩戒。

（3）发挥信息平台作用。各地政府主管部门要充分利用现有诚信信息管理网络，保障信息资源共享，实现诚信信息建设平台网络化、诚信信息内容系统化、诚信信息使用社会化。

（4）加大政策扶持力度。各地政府主管部门要加强社会信用管理体系建设，积极支持企业诚信体系必备的基础设施建设，鼓励社会资源向诚信企业倾斜。

（5）加强诚信队伍建设。积极开展食品安全和诚信管理知识培训，鼓励食品工业企业培养食品安全和诚信管理人才，加快建设具有良好职业操守、具备较强理论和实践能力的专业食品安全和诚信管理队伍，为食品工业企业诚信体系建设提供人才保障。

（6）加大宣传力度。加强对企业诚信体系建设工作的宣传，发挥社会监督的作用。推广诚信体系建设试点中好的做法，宣传和表彰诚实守信企业，营造"以讲诚信为荣，不讲诚信为耻"的社会舆论氛围。

2010年11月12日，工业和信息化部办公厅出台了《食品工业企业诚信体系建设工作实施方案（2010—2012年）》（以下简称《方案》），该《方案》为确保3年工作目标、完成主要8项任务作出了具体的工作安排，根据工作安排进程，在食品工业企业诚信体系建设、诚信评价体系建立、诚信宣传和诚信文化建设等方面取得了显著效果，为进一步开展CMS评价工作奠定了良好的基础。

三、食品工业企业如何申请诚信管理体系（CMS）评价

为贯彻实施《食品安全法》及其实施条例，落实国务院10部门联合发布的《食品工业企业诚信体系建设工作指导意见》和《食品工业企业诚信体系建设工作实施方案（2010—2012年）》要求，加快推进食品工业企业诚信体系建设，规范食品工业企业诚信管理体系评价活动，提高食品工业企业产品质量和管理水平，工业和信息化部于2011年9月13日发布了《食品工业企业诚信管理体系评价工作规则（试行）》（以下简称《规则》），该《规则》为企业如何建立CMS、申请评价、机构如何有序开展评价等作出明确规定，成为CMS评价重要依据。

（一）可以申请CMS评价的食品企业

依据《规则》要求，可以申请评价的企业指《国民经济行业分类与代码（GB/T 4754—2002）》中代码为13、14、15、16四个行业中所包含的农副食品加工

业、食品制造业、饮料制造业和烟草制造业，共 4 大类 22 中类 53 小类。

（二）建立和评价 CMS 的依据

《规则》中的诚信管理体系是指工业和信息化部发布的《食品工业企业诚信管理体系（CMS）建立及实施通用要求》（QB/T4111—2010）中所指的诚信管理体系，即企业需依据该标准的要求建立健全 CMS，并达到符合性。

《规则》中的评价，是指评价机构依据工业和信息化部发布的《食品工业企业诚信管理体系（CMS）建立及实施通用要求》（QB/T4111—2010），证明食品工业企业建立、实施、持续改进的诚信管理体系符合标准要求的活动。

四、申请评价的企业应具备的条件

（1）取得国家相关部门或有关机构注册登记的法人资格。

（2）生产、加工的产品或提供的服务符合中华人民共和国相关法律、法规、安全卫生标准和有关规范的要求。

（3）已经按照评价依据要求，建立文件化诚信管理体系，且至少连续运行 3 个月。

（4）具备相关法律法规规定的其他条件。

五、申请评价的企业应提交的文件和资料

（1）食品工业企业诚信管理体系评价申请书。

（2）营业执照副本或有关法律法规规定的行政许可文件证明文件。

（3）生产许可证。

（4）组织机构代码证。

（5）出口企业备案证明。

（6）诚信管理体系相关文件。

（7）生产、加工或服务过程中遵守（适用）的相关法律、法规、标准和规范清单；符合卫生安全要求的相关证据和自我声明。

（8）生产、加工或服务工艺流程图、操作性前提方案、加工生产线、生产及加工设备和检验设备清单等。

(9)提供最新的企业资信报告、审计意见、财务报表。

(10)提供近2年没有发生重大质量、安全、环境事故的声明。

(11)承诺遵守法律法规、评价机构要求、提供材料真实性的自我声明。

(12)提供企业内部体系评价报告(内部核查报告、合规性评价报告、企业内部诚信管理体系评价报告、征信评价报告)。

(13)企业已通过的其他体系认证(如有,提供复印件)。

(14)其他需要的文件。

六、企业申请诚信评价的具体流程

申请诚信评价的具体流程见图12-2。

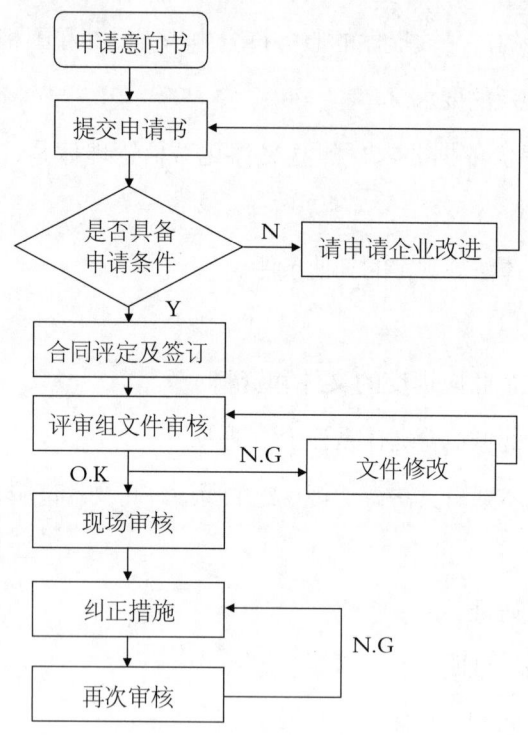

图12-2 申请诚信评价流程图

第七节 社会责任管理体系

一、标准编号及标准名称

GB/T 39604—2020《社会责任管理体系 要求及使用指南》，本指南将采用"积极预防"的核心思想，将影响管理（风险管理）作为核心技术主线，鼓励和指导组织通过管理体系，采取有效的预防和保护措施以消除不良影响因素和最大限度地降低不良社会影响，以及在可行时采取有效措施主动促进有益的社会影响，提高其社会责任绩效。

采用社会责任管理体系的益处在于：

1. 使组织能够全面、系统和有效地管理其决策和活动的社会影响，最大限度地促进有益影响，防止和尽可能减少不良影响，以持续改进其社会责任绩效。

2. 使组织能够以社会责任为抓手，从顶层治理（价值观、使命、精神和发展战略等）视野出发，统领、规范、协调和融合组织内其他相关管理体系（如质量管理体系、环境管理体系、职业健康安全管理体系、食品安全管理体系、反腐败管理体系、合规管理体系、知识产权管理体系、信息安全管理体系等），有效实现组织管理体系的一体化。

二、标准的实施意义

1. 本标准采用了基于"策划—实施—检查—改进（PDCA）"概念的社会责任管理体系方法，将为组织社会责任实践提供科学化和系统化的管理工具，极大地促进组织社会责任管理水平和绩效的全面提高。

2. 本标准基于管理体系融合的思想，不仅能使组织将其社会责任管理体系与组织内现有其他管理体系（如质量、环境、职业健康安全等管理体系）建立起紧密而有效的联系，确保组织将社会责任（涉及组织治理、人权、劳工实践、环境、消费者问题、公平运行实践、社区参与和发展等多方面，几乎涵盖组织管理的各方面和各项管理职能）融入相关管理体系之中，相关社会责任议题在相应的管理体系中得到负责任的处理，而且还能使组织以社会责任为抓手，将组织内现有各类管理体系一体化，实现各类管理体系有机衔接并协调、有效运行，为解决多年来困扰广大组织的重大难题（无法真实、有效地实现组织内现有各类管理体系的一体化）提供可行且有效的解决方案。

3. 本标准以持续、系统地改进社会责任管理，为满足广大组织开展社会责任管理体系认证提供了重要的认证标准，不仅规定了建立和保持社会责任管理体系的各项要求，还为如何实施本标准提供了进一步的详尽指南。

4. 本标准有助于进一步完善我国社会责任国家标准体系。由于 GB/T 36000—2015《社会责任指南》（修改采用 ISO 26000：2010）是社会责任与可持续性领域最基础、最通用的国家标准，在具体应用时尚需一系列配套的国家标准。本标准作为配套国家标准，将与 GB/T 36000 等基础通用标准一起共同构成我国完善的社会责任国家标准体系。

三、社会责任衔接和融合各类管理体系

管理体系及其融合和一体化技术的发展是社会责任管理体系成功建立和有效实施的重要技术基础。基于管理体系融合和一体化的思想，从顶层治理视野出发，将其他相关管理体系视为社会责任管理体系内的一个系统化"过程"，以应对相关社会责任主体或其议题方面的社会影响（包括风险和机遇）。

1. 通过质量管理体系，应对质量风险和机遇，一方面避免或尽可能降低质量不合格风险，以保障和维护消费者（包括客户）在产品和服务质量方面的权益；另一方面，通过持续改进，促进顾客满意度水平不断提高，以便为消费者和社会提供更卓越的产品和服务质量，满足其需求。

2. 通过环境管理体系，应对环境风险和机遇，一方面避免或尽可能降低环境污染风险，保护生态环境和维护社会公共环境利益；另一方面，积极主动地开展资源可持续利用、减少温室气体排放等来减缓并适应气候变化、保护生物多样性、保护生态系统等，促进环境的改善和良好发展。

3. 通过职业健康安全管理体系，应对职业健康安全风险和机遇，避免或尽可能降低职业健康安全风险，以保护员工及其他利益相关方的职业健康安全，保障和维护其健康安全权益，促进社会生产和服务的安全文明以及员工的健康安全和幸福

指数。

4. 通过食品安全管理体系，应对食品质量安全风险和机遇，避免或尽可能降低食品质量安全风险，以保障和维护消费者在食品质量安全方面的权益，促进消费者的健康安全和幸福。

5. 通过反腐败管理体系，应对反腐败风险和机遇，避免或尽可能降低腐败风险，以保障和维护组织及利益相关方的权益，维护公平公正的市场经济秩序，促进社会公平正义和法治建设。

6. 通过合规管理体系，应对合规风险和机遇，避免或尽可能降低不合规风险，以保障组织履行合规义务，包括遵守适用法律法规、相关标准、合同和有效治理原则或道德准则。

7. 通过知识产权管理体系，应对知识产权风险和机遇，避免或尽可能降低知识产权侵权风险，以保障和维护知识产权所有者的权益，促进知识产权保护事业以及技术创新和发展。

8. 通过信息安全管理体系，应对信息安全风险和机遇，避免或尽可能降低信息安全风险，以确保组织履行有关保护消费者、客户、合作伙伴等相关隐私信息的义务，促进公用网络的信息安全（如防范病毒扩散等）。

第十三章 葡萄酒包装与储运管理

食品包装是食品商品的组成部分。作为食品工业过程中的主要工程之一，它既能保护食品，使食品在离开工厂到消费者手中的流通过程中，防止生物的、化学的、物理的外来因素的损害，从而保持食品本身稳定质量的功能，方便食品的食用，又能表现出食品外观，吸引消费的形象，具有物质成本以外的价值。

与包装有关的法律法规，主要包括《中华人民共和国食品安全法》（以下简称《食品安全法》）、《中华人民共和国产品质量法》（以下简称《产品质量法》）、《中华人民共和国环境保护法》、《中华人民共和国固体废物污染环境防治法》、《中华人民共和国进出口商品检验法》（以下简称《进出口商品检验法》）、《中华人民共和国进出口商品检验法实施条例》（以下简称《进出口商品检验法实施条例》）、《定量包装商品生产企业计量保证能力评价规定》、《进出口食品包装容器、包装材料实施检验监管工作管理要求》等，对规范商品包装的生产、流通、销售和保护消费者的利益起着重要的法律依据作用。

与包装有关的标准主要有以下这些：

GB/T 17306—2008《包装 消费者的需求》

GB 23350—2009《限制商品过度包装要求 食品和化妆品》

GB/T 191—2008《包装储运图示标志》

BB/T 0018—2021《包装容器 葡萄酒瓶》

GB/T 12123—2008《包装设计通用要求》

GB/T 23778—2009《酒类及其他食品包装用软木塞》

NY/T 658—2015《绿色食品 包装通用准则》

GB/T 40001—2021《食品包装评价技术通则》

GB/T 23509—2009《食品包装容器及材料 分类》

GB/T 23508—2009《食品包装容器及材料 术语》

GB/T 39947—2021《食品包装选择及设计》

JJF 1244—2010《食品和化妆品包装计量检验规则》

GB/T 31268—2014《限制商品过度包装 通则》

GB 23350—2021《限制商品过度包装要求 食品和化妆品》

第一节 包装基础知识

一、包装的基本概念

我国国家标准 GB/T 4122.1—2008《包装术语第1部分：基础》中对包装的定义是：包装是为在流通过程中保护产品，方便储运，促进销售，按照一定技术方法而采用的容器、材料及辅助物等的总体名称；也指为了达到上述目的而采用容器、材料和辅助物的过程中施加一定技术方法等的操作活动。包装有着识别、便利、美化、增值和促销等功能。在社会再生产过程中，包装处于生产过程的末尾和物流过程的开头，既是生产的终点，又是物流的始点。

物流包装是在物流过程中为了保护产品，方便储运，促进销售，按一定技术方法采用容器、材料及辅助物等将物品进行盛装、保护、标识、标志的工作的总称。可以说包装对物流有着决定性的作用。

二、包装的分类

（一）按包装的功能分类

按包装的功能对包装进行分类，可以把包装分为运输包装和销售包装。运输包装主要是满足商品在流通中被装卸、搬运、长途运输和配送的需要，要求要保证抗震、保护商品移动过程中的安全。运输包装的主要作用是有保护功能、定量功能、便利功能和效率功能。销售包装主要是满足消费者使用的需要和满足商家促销的需要。销售包装有时又称为商业包装、零售包装或消费者包装，它是以促进销售为主要目的的包装。这种包装的特点是外形美观，有必要的装潢，包装单位适于顾客的购买量及商店陈设的要求。在流通过程中，商品越接近顾客，越要求包装有促进销售的效果，同时根据销售的需要，包装要作为商品的一部分或为了购买者（消费者）方便携带。

（二）按照包装层次的分类

按照包装层次进行分类，包装一般可分为个体包装、内包装和外包装 3 种。个体包装和内包装称之为销售包装，主要作用是为了方便销售；外包装一般是为了物流需要而制作的，因此又叫运输包装。

（三）按照制作包装的材料分类

按照制作包装的材料分类，可以把包装分为以下几种：纸质包装、木质包装、金属包装、塑料包装、玻璃包装、陶瓷包装、纤维制品包装、天然材料包装、复合材料包装。

（四）按包装的技术分类

按包装的技术分类，包装可分为防潮包装、防水包装、防霉包装、防火包装、防爆包装、防盗包装、防伪包装、防燃包装、防锈包装、防虫包装、防腐包装、防震包装、防辐射包装、危险品包装、保鲜包装、速冻包装、儿童安全包装、透气包装、阻气包装、真空包装、充气包装、灭菌包装、压缩包装等。

葡萄酒的包装是指为在葡萄酒生产、流通过程中保护红酒，方便储运，促进红酒销售，按一定的技术方法所用的葡萄酒容器、材料和葡萄酒辅助物等的总体名称；也是指为达到上述目的在采用容器、材料和辅助物的过程中施加一定技术方法等的操作活动。葡萄酒包装过程主要包括：瓶子→选瓶→加工→处理→检验→洗瓶→检验→干燥→灌装（预处理后的葡萄酒→杀菌）→压塞（软木塞）→检验→加瓶帽（PVC 热缩胶帽）→检验→贴酒标→打印→检验→计数→装木盒→检验→封盒→检验

三、包装的功能

（一）保护功能

保证产品安全，维持产品的原状和性质，保持产品数量。

（二）定量功能

按照需要的合理计量单位定量，形成基本单件或与目的相适应的单件。

（三）标识功能

让产品的基本情况一目了然，容易识别。

（四）文化载体功能

一种商品代表了生产单位的一种文化，也代表一定消费群体的文化追求和趋势。包装直接展示了企业创造的商品形象。

（五）便利功能

包装带来使用方便、处理方便、生产方便和物流方便。

（六）效率功能

包装便于作业，提高了流通效率，最终起到增加收入、降低成本的效果。

四、与包装有关的法律法规

目前，我国没有关于包装的专门法律，但是与货物销售、运输、仓储有关的法律、行政法规、部门规章、国际公约中都包含了包装的规定，如《中华人民共和国合同法》《中华人民共和国海商法》《中华人民共和国食品卫生法》《中华人民共和国交通部水路货物运输规则》以及《联合国国际货物销售合同公约》《国际海运危险货物规则》等。除此之外，包装法律规范还包含各种包装标准。

中国包装协会制定了包装标准体系，主要包括四大类。第一类主要是包装相关标准，包括集装箱、托盘、运输、储存条件的有关标准。第二类主要是综合基础包装标准，包括标准化工作导则、包装标志、包装术语、包装尺寸、运输包装件基本试验方法、包装技术与方法、包装管理等方面的标准。第三类主要是包装专业基础标准，包括包装材料、包装容器和包装机械标准。第四类主要是产品包装标准，涉及建材、机械、轻工、电子、仪器仪表、电工、食品、农畜水产、化工、医疗器械、中药材、西药、邮政和军工14大类，每一大类产品中又有许多种类的具体标准。

五、货物包装法律要求

（一）普通货物包装法律要求

普通货物是指除危险货物、鲜活易腐货物以外的一切货物。与危险货物相比，普通货物的危险性大大小于危险货物，因而对包装的要求相对较低。物流企业在对普通货物进行包装时，有国家强制性的包装标准时，应当按照有关标准要求进行包装；在没有强制性规定时，应从适于仓储、运输和搬运及商品适销性的角度考虑，按照对普通货物包装的原则，妥善地进行包装。

(二) 运输包装的基本要求

运输包装是为了尽可能降低运输流通过程对产品造成损坏，保障产品的安全，方便储运装卸，加速交接点验，以运输储运为主要目的的包装。其主要作用在于保护商品，防止在储运过程中发生货损货差，并最大限度地避免运输途中各种外界条件对商品可能产生的影响，方便检验、计数和分拨。

运输包装必须具有足够的强度、刚度与稳定性。运输包装还应具有防水、防潮、防虫、防腐、防盗等防护能力。包装材料选用符合经济、安全的要求。包装重量、尺寸、标志、形式等应符合国际与国家标准，便于搬运与装卸；能减轻工人劳动强度、使操作安全便利。符合环保要求。

运输包装器具设计应遵循的基本原则：标准化、系列化原则；集装化、大型化原则；多元化、专业化原则；科学化原则；生态化原则等。

(三) 销售包装的基本要求

销售包装又称内包装，它是直接接触商品并随商品进入零售网点并和消费者直接见面的包装。这类包装除必须具有保护商品的功能外，更应具有促销的功能。因此，对销售包装的造型结构、装潢画面和文字说明等方面，都有较高的要求。销售包装通常情况下由商品的生产者提供，但是，如果物流合同规定由物流企业为商品提供销售包装，则物流企业需要承担商品的销售包装义务。因此，物流企业在进行销售包装时需要按照销售包装的基本要求进行操作。

首先，在销售包装上，一般会附有装潢图画和文字说明，选择合适的装潢和说明将会促进商品的销售。因此，销售包装要注意包装图案设计。图案是包装设计的三大要素之一，它包括商标图案、产品形象、使用场合、产地景色、象征性标志等内容。其次，在销售包装上应该附有一定的文字说明，表明商品的品牌、名称、产地、数量、成分、用途、使用说明等。在制作文字说明时一定要注意各国的管理规定。最后，条形码一定要规范。商品包装上的条形码是指按一定编码规则排列的条形符号，它由表示有一定意义的字母、数字及符号组成，通过光电扫描阅读设备，它可以作为计算机输入数据的特殊代码语言。目前,世界上许多国家的商品都使用条形码,各国的超级市场都使用条形码进行结算。如果没有条形码,即使是名优商品也不能进入超级市场。有些国家还规定,如果商品包装上没有条形码,则不予进口。

六、关于食品包装的相关规定

(一)《食品安全法》中有关食品包装的规定

《食品安全法》明确规定:用于食品的包装材料、容器、洗涤剂、消毒剂和用于食品生产经营的工具、设备(以下称食品相关产品)的生产经营,应当遵守本法。

食品生产经营应当符合食品安全国家标准,并具有与生产经营的食品品种、数量相适应的食品原料处理和食品加工、包装、贮存等场所,保持该场所环境整洁,并与有毒、有害场所以及其他污染源保持规定的距离;直接入口的食品应当使用无毒、清洁的包装材料、餐具、饮具和容器。

禁止生产经营被包装材料、容器、运输工具等污染的食品、食品添加剂以及无标签的预包装食品、食品添加剂。

生产食品相关产品应当符合法律、法规和食品安全国家标准。对直接接触食品的包装材料等具有较高风险的食品相关产品,按照国家有关工业产品生产许可证管理的规定实施生产许可。质量监督部门应当加强对食品相关产品生产活动的监督管理。

食品生产企业应当就生产工序、设备、贮存、包装等生产关键环节控制制定并实施控制要求,保证所生产的食品符合食品安全标准:

预包装食品的包装上应当有标签。标签应当标明下列事项:(1)名称、规格、净含量、生产日期;(2)成分或者配料表;(3)生产者的名称、地址、联系方式;(4)保质期;(5)产品标准代号;(6)贮存条件;(7)所使用的食品添加剂在国家标准中的通用名称;(8)生产许可证编号;(9)法律、法规或者食品安全标准规定应当标明的其他事项。专供婴幼儿和其他特定人群的主辅食品,其标签还应当标明主要营养成分及其含量。食品安全国家标准对标签标注事项另有规定的,从其规定。

进口的预包装食品、食品添加剂应当有中文标签;依法应当有说明书的,还应当有中文说明书。标签、说明书应当符合本法以及我国其他有关法律、行政法规的规定和食品安全国家标准的要求，并载明食品的原产地以及境内代理商的名称、地址、联系方式。预包装食品没有中文标签、中文说明书或者标签、说明书不符合本条规定的，不得进口。

违反本法规定，生产经营被包装材料、容器、运输工具等污染的食品、食品添加剂，生产经营无标签的预包装食品、食品添加剂或者标签、说明书不符合本法规定的食品、食品添加剂，由县级以上人民政府食品药品监督管理部门没收违法所得和违法生产经营的食品、食品添加剂，并可以没收用于违法生产经营的工具、设备、原料等物品。违法生产经营的食品、食品添加剂货值金额不足 1 万元的，并处 5 千元以上 5 万元以下罚款；货值金额 1 万元以上的，并处货值金额 5 倍以上 10 倍以下罚款；情节严重的，责令停产停业，直至吊销许可证。

（二）《产品质量法》中有关食品包装的规定

为了加强对产品质量的监督管理，提高产品质量水平，明确产品质量责任，保护消费者的合法权益，维护社会经济秩序，制定本法，在中华人民共和国境内从事产品生产、销售活动，必须遵守本法，自 1993 年 9 月 1 日起施行。2000 年 7 月 8 日第九届全国人民代表大会常务委员会第十六次会议《关于修改〈中华人民共和国产品质量法〉的决定》中明确规定：国家参照国际先进的产品标准和技术要求，推行产品质量认证制度。企业根据自愿原则可以向国务院产品质量监督部门认可的或者国务院产品质量监督部门授权部门认可的认证机构申请产品质量认证。经认证合格的，由认证机构颁发产品质量认证证书，准许企业在产品或者其包装上使用产品质量认证标志。

生产者应当对其生产的产品质量负责。产品质量应当符合在产品或者其包装上注明采用的产品标准，符合以产品说明、实物样品等方式表明的质量状况。

产品或者其包装上的标识必须真实，并符合下列要求：(1) 有产品质量检验合格证明；(2) 有中文标明的产品名称、生产厂厂名和厂址；(3) 根据产品的特点和使用要求，需要标明产品规格、等级、所含主要成分的名称和含量的，用中文相应予以标明；需要事先让消费者知晓的，应当在外包装上标明，或者预先向消费者提供有关资料；(4) 限期使用的产品，应当在显著位置清晰地标明生产日期和安全使用期或者失效日期；(5) 使用不当，容易造成产品本身损坏或者可能危及人身、财产安全的产品，应当有警示标志或者中文警示说明。裸装的食品和其他根据产品的特点难以附加标识的裸装产品，可以不附加产品标识。

易碎、易燃、易爆、有毒、有腐蚀性、有放射性等危险物品以及储运中不能倒置和其他有特殊要求的产品，其包装质量必须符合相应要求，依照国家有关规定作出警示标志或者中文警示说明，标明储运注意事项。

生产者不得生产国家明令淘汰的产品。生产者不得伪造产地，不得伪造或者冒用他人的厂名、厂址。生产者不得伪造或者冒用认证标志等质量标志。生产者生产产品，不得掺杂、掺假，不得以假充真、以次充好，不得以不合格产品冒充合格产品。

售出的产品有下列情形之一的，销售者应当负责修理、更换、退货；给购买产品的消费者造成损失的，销售者应当赔偿损失。(1) 不具备产品应当具备的使用性能而事先未作说明的；(2) 不符合在产品或者其包装上注明采用的产品标准的；(3) 不符合以产品说明、实物样品等方式表明的质量状况的。

(三)《进出口商品检验法》中有关包装容器的规定

自1989年8月1日起施行。为出口危险货物生产包装容器的企业，必须申请商检机构进行包装容器的性能鉴定；生产出口危险货物的企业，必须申请商检机构进行包装容器的使用鉴定。对装运出口易腐烂变质食品的船舱和集装箱，承运人或者装箱单位必须在装货前申请检验。

(四)《进出口商品检验法实施条例》中有关进出口商品包装的规定

本条例于1992年10月23日颁布。商检机构对进出口商品实施检验的内容包括：商品的质量、规格、数量、重量、包装以及是否符合安全、卫生要求。

第二节　货物运输包装通用技术要求

包装设计的相关法规涉及保护消费者安全；防止过分包装，保障消费者利益；合理利用资源，保护环境，防止污染等方面。

GB/T 9174—2008《一般货物运输包装通用技术条件》规定了对一般货物运输包装的总要求、类型、技术要求和鉴定检查的性能试验。本标准适用于铁路、公路、水运、航空所承运的一般货物运输包装，不包括危险货物、鲜活易腐货物的运输包装。

一、一般货物运输包装的总则

1. 运输包装是以运输储存为主要目的的包装,应具有保障货物运输安全、便于装卸储运、加速交接点验等功能。

2. 运输包装应符合科学、牢固、经济、美观的要求。

3. 运输包装应确保在正常的流通过程中,能抗御环境条件的影响而不发生破损、损坏等现象,保证安全、完整、迅速地将货物运至目的地。

4. 货物运输包装材料、辅助材料和容器,均应符合国内有关国家标准和行业标准的相关规定。无标准的材料和容器应经试验验证,其性能可以满足流通环境条件的要求。

5. 运输包装应完整、成型。内装货物应均布装载、压缩体积、排摆整齐、衬垫适宜、内货固定、重心位置尽量居中靠下。

6. 根据货物的特性及搬运、装卸、运输、仓储等流通环境条件,应选用带有防护装置的包装。如防震、防盗、防雨、防潮、防锈、防霉、防尘等防护包装。

7. 运输包装盛装货物后,其封口应严密面对体轻、件小,易丢失的货物应选用胶带封合、钉合或全黏合加胶带封口加固。根据货物的品名、体积、特性、质量、长度和运输仓储方式的要求,选用钢带、塑料捆扎带等,进行二道、三道、十字、双十字、井字、双井字等型式的翻扎加固。搁扎带应搭接牢固、松紧适度、平整不扭,不少于两道。

8. 各类直方体的运输包装底面积尺寸,应符合 GB/T 4892 的规定。

9. 各类圆柱体运输包装应符合 GB/T 13201 的规定。

10. 各类袋运输包装符合 B/T 13757 的规定。

11. 运输包装尺寸界和重量限界应符合 GB/T 16471 的规定。

12. 货物运输包装标应根据内装货物性质和对货物储运的特殊要求,按 GB/T 191 的图形,文字在明显的部位标打,标志正确、清晰、齐全、牢固。内货与标志一致。标志一般应印或标打,也允许拴挂或粘贴,标志在整个流通过程中应不褪色不脱落。旧标志应抹除。

13. 质量在 140 kg 以下的包装件应便于人力作业;质量在 140~1 500 kg 的箱装货物应便于叉车作业,应在包装上标出货物重心位置,质量在 1 500 kg 以上的箱装货物，应便于吊车作业，应标出货物重心位置和起吊位置。

14. 根据不同运输方式，还应符合相应运输方式的有关规定。

二、一般货物运输包装的类型

货物运输包装有不同的类型，按运输部门承运货物的运输包装，可以分为八类，即箱类、桶类、袋类、裹包类、夹板轴盘类、筐篓类、坛类、局部包装及捆绑类。按制作运输包装容器材料的不同，各类运输包装，又可分为数种。

（一）箱类

箱类包装为直六面体，具有一定刚性，通常为长方体。根据其制作材料，又可分为木箱、花格木箱、瓦楞纸箱、钙塑箱、胶合板箱、竹胶板箱、纤维板箱、刨花板箱、铁箱、菱镁混凝土箱等种。

（二）桶类

桶类包装通常为圆桶、方桶、琵琶桶。根据其制作材料又可分为铁桶、木桶、铝桶、硬纸板桶、胶合板桶、纤维板桶、塑料桶等种。

（三）袋类

袋类包装为一端开口的可折叠的挠性包装容器。根据其制作材料又可分为麻袋、多层纸袋、布袋、塑料编织袋、复合袋等种。

（四）裹包类

裹包类包装是将货物用一层或多层挠性材料包覆，并用各种捆扎带扎紧固定，加固成直六面体，通常为长方体、扁方体。根据裹包材料又可分为布包、麻包、席包、塑料编织布包、纸包等种。

（五）夹板、轴盘类

按货物形状、性质通常为长方形夹板和圆形轴盘。按其制作材料又可分为密木夹板、花框木夹板和木轴盘、铁木轴盘等种。

（六）筐、篓类

筐、篓类包装为长方体、扁方体或圆柱体。根据其编结材料又可分为竹筐（篓）、柳条筐（篓）、槐条筐（篓）、荆条筐（篓）、藤条筐（篓）、钢丝筐（篓）等种。

(七) 坛类

坛类包装是口小肚大的包装容器，通常为小螺口、有耳无耳（提手、扳手）、大口、无螺口形。根据其制作材料又可分为陶土坛、瓷土坛等种。

(八) 局部包装及捆绑类

局部包装及捆绑类是根据每件货物的性质、形状、质量、体积或在其个别特殊部位需要防护，可施以缠、捆、绑等局部包装。

三、运输包装常见标注类型

1. 根据 GB/T 191—2008《包装储运图示标志》，运输包装标注主要有以下四类。

标志由图形符号、名称及外框线组成，标志外框为长方形，其中图形符号外框为正方形，尺寸一般分为四种。如果包装尺寸过大或过小，可等比例放大或缩小。

表 13-1 包装储运图示标志

标志名称	标志	含义	标志名称	标志	含义
易碎物品	易碎物品	表明运输包装件内装有易碎物品，搬运时应小心轻放	怕晒	怕晒	表明该运输包装件不能直接照晒
向上	向上	表明该运输包装件在运输时应竖直向上	堆码层数极限	堆码层数极限	表明可堆码和同运输包装件的最大层数
怕雨	怕雨	表明该运输包装件怕雨淋			

表 13-2 图形符号及标志外框尺寸

单位：mm

序号	图形符号	外框尺寸
1	50×50	50×70
2	100×100	100×140
3	150×150	150×210
4	200×200	200×280

2. 标志颜色。

标志颜色一般为黑色。

如果包装的颜色使得标志显得不清晰，则应在印刷面上用适当的对比色，如黑色标志最好以白色作为标志的底色。必要时，标志也可使用其他颜色，除非另有规定。一般应避免采用红色、橙色或黄色，以避免同危险品标志相混淆。

3. 标志的应用方法。

（1）标志的使用：可采用直接印刷、粘贴、拴挂、钉附及喷涂等方法。印制标志时，外框线及标志名称都要印上，出口货物可省略中文标志名称和外框线；喷涂时，外框线及标志名称可以省略。

（2）标志的数目和位置：一个包装件上使用相同标志的数目，应根据包装件的尺寸和形状确定。

标志应标注在显著位置上，下列标志的使用应按如下规定：

① 标志"易碎物品"应标在包装件所有的端面和侧面的左上角处；

② 标志"向上"应标在与标志"易碎物品"相同的位置。当两者同时使用时，标志"向上"应更接近包装箱角。

4. 葡萄酒的包装警示信息。

大部分葡萄酒装瓶前会有一道澄清或者过滤的工序，以去除杂质。现在很多澄清剂都以鸡蛋、鱼类、牛奶和坚果制品作为原料，如果使用者有过敏症，一定要先检查包装上是否有警示说明，现在很多国家都将此作为法律规定。

四、食品包装原辅材料与生产加工控制要求

CCAA 0022—2014《食品安全管理体系 食品包装容器及材料生产企业要求》规定了食品包装容器及材料生产企业建立和实施食品以 HACCP 原理为基础的食品安全管理体系的专项技术要求，包括人力资源、前提方案、关键过程控制、检验和产品追溯与撤回；明确了原辅材料及生产加工控制要求。

（一）原辅材料

1. 应明确原辅料验收标准，按验收标准实施验收，并保存记录。塑料和纸制品不得使用回收再生原料。

2. 生产食品包装容器、材料的原辅料应符合国家法律法规、标准要求。食品包装容器、材料用加工助剂应符合 GB 9685 及相关法规要求。

3. 应对原辅材料供应商进行评价，选择合格供应商。应索取原辅材料供应商检验合格证明或报告，并保存供应商的合格证明。

4. 原料采购控制：纸、塑料、玻璃、陶瓷、搪瓷、金属、橡胶、化学纤维、木、竹、布、麻质等其他材质包装容器及材料所用原料相应标准安全性指标要求。

（二）生产加工控制

1. 生产人员应严格执行工艺管理制度、操作规程、作业指导书等工艺文件。

2. 生产过程中涂覆材料的使用应符合国家有关法律法规及标准要求。

3. 加工助剂使用应符合 GB 9685 标准的规定。

4. 生产过程危害控制要点：

（1）纸包装容器及材料生产过程应对增白剂、助剂、涂覆材料的使用进行控制；

（2）塑料包装容器及材料生产过程应对加工助剂使用进行控制；

（3）橡胶包装容器及材料生产过程应对加工助剂使用进行控制；

（4）玻璃包装容器及材料生产过程应对澄清剂、着色剂等的使用和重金属析出进行控制；

（5）陶瓷、搪瓷包装容器及材料生产过程应对产品表面釉彩中重金属残留进行控制；

（6）金属包装容器及材料生产过程应对重金属残留、内涂层材料进行控制；

（7）竹、木、布、麻等材质的包装容器及材料生产过程应对产品霉变进行控制；

（8）化学纤维包装容器及材料生产过程应对加工助剂使用进行控制。

5. 对于非金属产品包装容器及材料，为防止生产加工过程中混入金属碎片，产品在包装后宜进行金属探测。

五、葡萄酒的封装材料

葡萄酒的封装材料包括瓶、盖、塞、帽、卡网带、丝、商标、箱、纸等。盛装葡萄酒的瓶子有玻璃瓶（规格为 150 mL、750 mL、720 mL、640 mL、375 mL、250 mL、187 mL 等）、塑料瓶（规格为 1 250 mL、500 mL、187 mL）、复合膜袋

（规格为 23 000 mL、10 000 mL、5 000 mL 等）、水晶瓶（规格为 70 mL、720 mL、750 mL 等）；瓶盖有皇冠盖、扭断盖、螺旋盖；瓶塞有软木塞、塑料塞、蘑菇塞；瓶帽有酒精帽（经酒精浸泡）、热缩帽、金属帽；卡网专门用来固定起泡葡萄酒瓶塞；葡萄酒商标应根据瓶子的外形与大小设计，葡萄酒用纸箱应根据瓶子的大小、容量进行设计。为保护商品，便于运输和装卸，一般每箱毛重控制在 20 kg 为宜。

第三节　限制产品过度包装技术规范

为追求高额利润，一般的葡萄酒企业会设计和使用层数过多、空隙率过大、成本过高的包装。但过度包装会导致其超出包装本身的基本功能，将包装成本附加到消费者身上，既造成资源浪费和环境污染，又损害了消费者的合法权益。为加快推进绿色低碳发展，助力实现碳达峰碳中和目标，国家市场监督管理总局、国家标准化管理委员会联合修订发布了 GB 23350—2021《限制商品过度包装　食品和化妆品》，还有《中华人民共和国固体废物污染环境防治法》《国务院办公厅关于治理商品过度包装工作的通知》（2009 年）等法规规定，进一步强化从源头治理商品过度包装。各类企业要严格执行商品包装国家标准和法规，做到生产企业不生产过度包装商品，流通企业不采购、不销售过度包装商品，市场监督管理部门要将商品包装有关国家标准执行情况纳入日常监督检查内容。

GB 23350-2021《限制商品过度包装要求　食品和化妆品》规定了限制食品和化妆品过度包装的要求，检测和判定规则。适用于食品和化妆品销售包装，不适用于赠品或非卖品。自 2023 年 9 月 1 日实施。

一、食品包装的基本概念

1. 食品包装是指为保持食品品质、风味特点和使用价值，对其进行包裹（封装）或装入（灌入）的容器及材料。

2. 初始包装是指直接与产品接触的包装。

3. 预包装是指可向消费者直接提供的，经预先定量包裹（封装）或装入（灌入）容器中的包装形式。

4. 过度包装是指超出正常的包装功能需求，其包装空隙率、包装层数、包装成本超过要求的包装。

注：消费者可以通过"一看、二问、三算"的方式，简单快速判断商品是否属于过度包装。一是看商品的外包装是否为豪华包装，包装材料是否属于昂贵的材质。二是在不能拆开包装的情况下，要问包装有几层，层数是否符合要求。三是测量或估算外包装的体积，并与允许的最大外包装体积进行对比，看是否超标。

5. 销售包装是指以销售为主要目的，与内装物一起到达消费者手中的包装。

6. 包装层数是指完全包裹内装物的可物理拆分的包装的层数。

7. 包装空隙率是指包装内去除内装物占有的必要空间容积与包装总容积的比率。

注：内装物是指包装间内所装的食品或化妆品。完全包裹是指使包装物不致散出的包装方式。

8. 商品必要空间系数是指用于保护食品或化妆品所需空间量度的校正因子。用 k 表示。

注：商品必要空间系数的设定主要是考虑到产品特性，包括产品形状、液态和固态等形态，包装技术的实现包括充气以及包装所实现的安全性、保护性、便利性等功能等。按照《食品生产许可分类目录》分为除食品添加剂以外的 31 类以及综合食品，并分类设定了商品必要空间系数。比如酒类产品 k 值取 13.0；免除标识保质期，年最小销售单元数量少于 1 万件，且包装上印有"限量"字样及生产数量的产品 k 值取 30.0。

9. 包装废弃物是指失去或完成保持内装物原有价值和使用价值的功能，成为固体废弃物丢弃的包装容器及材料。

二、食品包装的相关要求

（一）基本要求

（1）包装设计应科学、合理，在满足正常的包装功能需求的前提下，包装材料、结构和成本应与内装物的质量和规格相适应，有效利用资源，减少包装材料的用量。

（2）应根据食品和化妆品的特征和品质，选择适宜的包装材料。包装宜采用单一材质，或采用便于材质分离的包装材料。鼓励使用可循环再生、回收利用的包材料。

（3）应合理简化包装结构及功能，不宜采用繁琐的形式或复杂的结构，尽量避免包装层数过多、空隙过大、成本过高的包装。

（4）应考虑包装全生命周期成本，采取有效措施，控制包装直接成本，考虑包装回收利用和废弃处理时对环境的影响及产生的相关成本。

（5）对于包装功能完成后还可作为其他功能使用的包装，应充分考虑其经济性与实用性，避免为了追求其他功能而增加包装成本。

（二）限量要求

1. 包装空隙率。

表 13-3 包装空隙率

单件净含量（Q）/mL 或 g	≤1	1<Q≤5	5<Q≤15	15<Q≤30	30<Q≤50	>50
空隙率/%	≤85	≤70	≤60	≤50	≤40	≤30

包装空隙率计算方法：

$$X=\frac{V_n-\sum(KV_0)}{V_n}\times100\%$$

式中，X 为包装空隙率；V_n 为商品销售包装体积，单位为立方毫米（mm^3）；V_0 为内装物体积，单位为立方毫米（mm^3）；K 为商品必要空间系数，依产品而定。

包装空隙率在重复性条件下获得的两次独立测定结果的绝对差值不应超过算术平均值的 10%。

2. 包装层数。

粮食及其加工品不应超过三层，其他商品不应超过四层。

包装层数的计算方法：直接接触内装物的包装为第一层，以此类推，最外层包装为第 N 层，N 即为包装的层数。直接接触内装物的属于产品固有属性的材料层（如棕叶、竹筒、天然或胶原蛋白肠衣、空心胶囊等）以及紧贴销售包装外且厚度低于 0.03 mm 的薄膜不计算在内。同一包装中若含有包装层数不同的商品，仅计算对包装层数有限量要求的商品的包装层数。对包装层数有限量要求的商品分别计算其包装层数，并根据销售包装层数限量要求判定该商品是否符合要求。

3. 包装成本。

生产组织应采取措施,控制除直接与内装物接触的包装之外的成本不超过产品销售价格的20%。

包装成本计算方法:

$$Y = \frac{C}{P} \times 100\%$$

式中,Y 为包装成本与产品销售价格比率;C 为第二层到第 N 层所有包装物成本的总和,单位为元;P 为商品制造商与销售商签订的合同销售价格或该商品的市场正常的销售价格,单位为元。

(三)判定规则

明确商品包装中如包装空隙率、包装层数、包装成本有一项不符合要求,则判该商品的包装为过度包装。

三、包装体积的计算(以酒类商品为例)

酒的必要空间系数是13,一瓶500 mL的白酒允许的包装空隙率不超过30%,由此可以计算出这瓶白酒外包装的最大允许体积为9 285.7 cm³。假设这瓶酒外包装的长宽高分别为20 cm、15 cm、30 cm,则实际外包装体积为9 000 cm³,小于最大允许值,符合标准要求。

第四节 葡萄酒酒瓶的技术规范

酒瓶是酒类包装中最主要的装置,酒瓶颜色应根据酒的品种有所选择,白葡萄酒使用浅绿色和深绿色;红葡萄酒则要求用深绿色和棕色。瓶形要求美观大方并便于刷洗。盛葡萄酒的瓶子都是以容量计,根据欧盟有关规定,葡萄酒瓶容量必须为750 mL的倍数或相关数,因此,经常选择750 mL的玻璃瓶来灌装葡萄酒。

玻璃作为葡萄酒瓶的使用材料时,要求玻璃中不含有酸溶出物。检查方法是将2%酒石酸水溶液装入经洗净的待检瓶中,水液加热至沸腾,冷凉放置数日,如水发生浑浊,这样的瓶子就不能使用。瓶子壁厚要求均匀,耐温耐压性能良好,瓶口尺寸应符合标准。木塞包装对瓶口内径应有所规定，使用铝防盗盖对瓶口螺丝尺寸有所规定，具体要求执行部颁高级酒箍的标准。

BB/T 0018—2000 《包装容器 葡萄酒瓶》，自 2000 年 6 月 1 日起实施。本标准规定了葡萄酒瓶的产品分类、技术要求、试验方法、检验规则及包装标志、运输、贮存。本标准适用于盛装普通葡萄酒的玻璃瓶，不包括特殊、耐压葡萄酒瓶。

一、葡萄酒酒瓶的分类

按瓶型分为长颈瓶（莱茵瓶）、波尔多瓶、莎达妮瓶、至尊瓶等。

按颜色分为翠绿色、黄绿色、枯叶色、无色、琥珀色等。

按容量分为 750 mL、375 mL 等。

常见瓶型及各部位名称为：

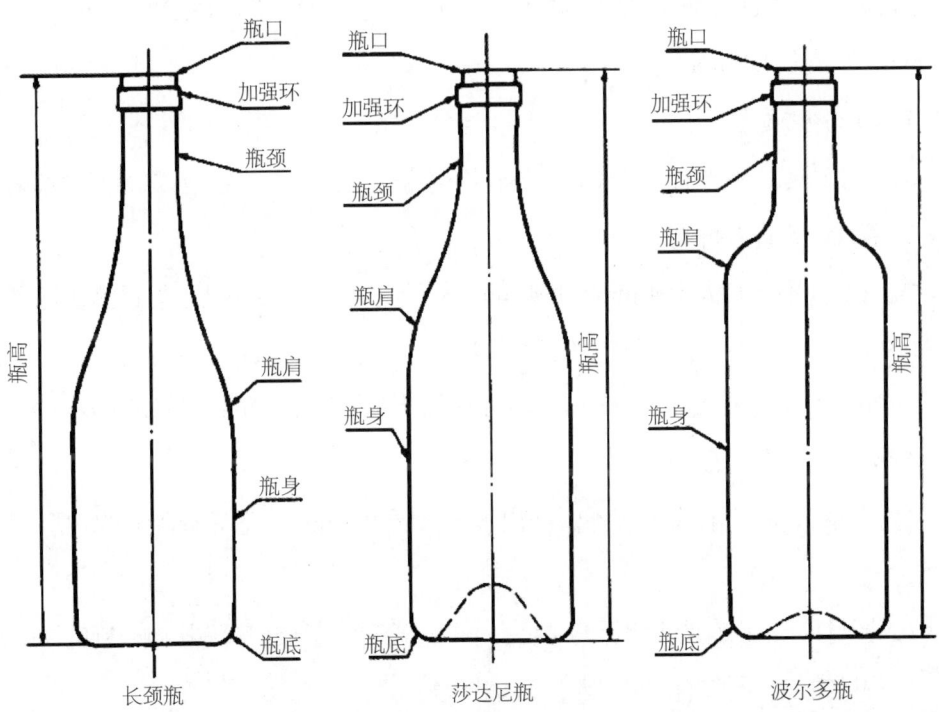

图 13-1 常见瓶型及各部位名称

二、葡萄酒酒瓶的相关要求

（一）理化性能

表 13-4　理化性能

项目名称	单位	指标
抗热震性	℃	温差≥40
内表面耐水侵蚀性	级	HC3
内应力	级	真实应力≤4

（二）规格尺寸

以容量 750 mL 的波尔多瓶为例，满口容量为 770±10 mL，瓶高 289±1.8 mL，瓶外直径 76.5±1.6 mL，瓶口直径 18.5±0.5 mL（距瓶口封合面 3 mm 以下，直径大于 17 mm），瓶口外径≤28 mm，垂直轴偏差≤3.2 mm，瓶身厚度≥1.4 mm［同一瓶壁厚薄差＜（2:1）］，瓶底厚度≥2.8 mm［同一瓶底厚薄差＜（2:1）］，瓶口倾斜≤0.7 mm，圆度≤2.0 mm。

（三）外观质量

1. 瓶口缺陷，不许有口部尖刺，不许有封合面上致使内容物泄露的口部缺陷。

2. 裂纹，不许有折光。

3. 气泡，不许有大于 4 mm，1~4 mm 不多于 2 个，1 mm 以下能目测在每平方厘米不多于 5 个，不许有破气泡和表面起泡。

4. 结石，不许有大于 1.5 mm，1.5 mm 以下能目测且周围无裂纹不多于 2 个，在封锁环上不许有结石。

5. 模缝线，不许有尖锐刺手，凸出量不大于 0.5 mm，不许有明显的初型模模缝线。

6. 光洁性，不许有严重明显的皱纹、条纹、冷斑、墨点和严重影响外观的缺陷。

7. 内壁缺陷，不许有内壁粘料、玻璃搭丝。

8. 瓶底支承面上应有点状或条状滚花。

盛装葡萄酒等直接进入人体的物料的各种包装玻璃容器或微晶玻璃容器，样品按 GB/T 4548—1995《玻璃容器内表面耐水侵蚀性能测试方法及分级》和 GB/T

4548.2—2003《玻璃制品 玻璃容器内表面耐水侵蚀性能用火焰光谱法测定和分级》的要求清洗，内装4%（体积分数）乙酸，一般玻璃容器在22℃±2℃浸泡24 h，其溶出铅、镉、砷、锑应符合以下要求。

表13-5 包装玻璃容器溶出铅、镉、砷、锑应符合的要求

包装玻璃容器类型	单位	允许限量标准			
		铅	镉	砷	锑
小容器（容积小于600 mL）	mg/L	1.5	0.5	0.2	1.2
大容器（容积介于600~3 000 mL）	mg/L	0.75	0.25	0.2	0.7

三、葡萄酒酒瓶的试验方法

理化性能，包括抗热震性、内表面耐水侵蚀性、内应力。

规格尺寸，包括容量、瓶身外径、圆度、垂直轴偏差、瓶高、瓶壁、瓶底厚度、同一瓶壁厚薄差、同一瓶底厚薄差、瓶口、瓶颈、瓶口倾斜、外观质量。

四、包装、标志、运输、贮存

1. 包装，提倡采用托盘包装，也可以用纸箱包装，以减少因包装运输不当对葡萄酒瓶质量的影响，包装材料应使产品保持清洁，并不易破碎。

2. 标志，每个产品应在瓶底以上20 mm范围内标明生产企业标记。

每件包装应有合格证或合格标签，注明生产企业名称、厂址、产品名称、规格、数量、生产日期、检验包装人员姓名（代号）以及"易碎""小心轻放"等字样。

3. 运输，运输中必须防止剧烈震荡，装卸时轻拿轻放。

4. 贮存，宜室内贮存，堆放在露天的产品，应避免雨水进入瓶内，防止水迹发生。

五、玻璃酒瓶产品质量国家监督抽查实施细则

（一）抽样方法

以随机抽样的方式在被抽样生产者、销售者的待销产品中抽取。随机数一般可使用随机数表等方法产生。

表 13-6　抽取样品数量

序号	产品种类	抽样数量/个	检验样品数量/个	备用样品数量/个
3	葡萄酒瓶	48	32	16

(二) 检验依据

表 13-7　葡萄酒瓶的检验项目与方法

序号	检验项目	检验方法	序号	检验项目	检验方法
1	抗热震性	GB/T 4547—2007	4	铅（Pb）迁移量	GB 31604.34—2016
2	内表面耐水侵蚀性	GB/T 4548—1995	5	镉（Cd）迁移量	GB 31604.24—2016
3	内应力	GB/T 4545—2007	6	垂直轴偏差	GB/T 8452—2008

执行企业标准、团体标准、地方标准的产品，检验项目参照上述内容执行。

(三) 判定原则

1. 依据标准。

GB 4806.5—2016《食品安全国家标准 玻璃制品》

BB/T 0018—2000《包装容器 葡萄酒瓶》

GB/T 4545—2007《玻璃瓶罐内应力试验方法》

GB/T 4547—2007《玻璃容器 抗热震性和热震耐久性试验方法》

GB/T 4548—1995《玻璃容器内表面耐水性侵蚀性能测试方法及分级》

GB 31604.24—2016《食品安全国家标准 镉迁移量的测定》

GB 31604.34—2016《食品安全国家标准 铅的测定和迁移量的测定》

GB/T 8452—2008《玻璃瓶罐垂直轴偏差试验方法》

现行有效的企业标准、团体标准、地方标准及产品明示质量要求。

2. 判定原则。

经检验，检验项目全部合格，判定为被抽查产品合格；检验项目中任一项或一项以上不合格，判定为被抽查产品不合格。

若被检产品明示的质量要求高于本细则中检验项目依据的标准要求时，应按被检产品明示的质量要求判定。

若被检产品明示的质量要求低于本细则中检验项目依据的强制性标准要求时，

应按照强制性标准要求判定。

若被检产品明示的质量要求低于或包含本细则中检验项目依据的推荐性标准要求时，应以被检产品明示的质量要求判定。

若被检产品明示的质量要求缺少本细则中检验项目依据的强制性标准要求时，应按照强制性标准要求判定。

若被检产品明示的质量要求缺少本细则中检验项目依据的推荐性标准要求时，该项目不参与判定。

第五节　葡萄酒软木塞质量标准

选择木塞一定要注意木塞的质量，观察柔韧度、密度、空隙率、有无孔洞、有无裂缝、外观等。在国外，优质葡萄酒仍强调使用木塞封口。木塞直接与酒液接触，木塞质量的好坏对酒的质量也有很大影响，木塞要求表面光滑无疤节和裂缝，弹性好，大小与瓶口吻合。木塞还要求有很高的摩擦因数，既可柔软滑动，又可防滑，也易被起塞，具有良好的密封作用，否则会造成酒的渗漏。但为了防漏，一般还要在塞上进行堵漏处理，可用特殊胶水封堵，然后打光，也可衬一层玻璃纸。木塞使用前要进行处理，用温水洗净后再用1.5%的亚硫酸水浸洗，效果更好，同时可起到灭菌作用。

GB/T 23778—2009《酒类及其他食品包装用软木塞》，自2009年12月1日起实施。本标准规定了酒类及其他食品包装用软木塞的术语和定义、产品分类、要求、试验方法、检验规则、标志、包装、运输及贮存。本标准适用于酒类、饮料及其他食品包装容器使用的软木塞。

一、术语和定义

1. 软木是指栓皮栎生长过程中，在树皮中形成的由一层层细胞组成的木栓层，当达到一定的年限和厚度时剥离下来的栓皮栎树皮。

2. 软木塞是指用整备的块状软木加工或软木颗粒聚合而成的用来封堵瓶子或其他容器的塞子。

3. 天然塞是指用一块或两块以上软木加工成的塞子。

4. 填充塞是指在外观质量较差的天然塞表面均匀地涂上一层用软木粉末与黏结剂制作的混合物,将表面的缺陷与孔洞进行填充和掩盖的塞子。

5. 贴片塞是指用聚合塞做塞体,在塞体的两端或一端粘贴一片或两片天然软木圆片的塞子,通常表示为贴片 0+1 软木塞、贴片 0+2 软木塞、贴片 1+1 软木塞、贴片 2+2 软木塞。

6. 聚合塞是指用软木颗粒或黏结剂混合,在一定的温度和压力下,压挤而成板、棒或单体压铸后,经加工而成的塞子。

7. 加顶塞是指用天然软木或聚合软木做塞体,用木材、塑料、金属、玻璃、陶瓷等做顶制成的塞子。

8. 皮孔是指在软木塞中出现的沟槽或孔洞。

二、产品分类

按材料或加工工艺不同,软木塞可分为:天然塞(含填充塞)、贴片塞、聚合塞和加顶塞。

三、要求

(一)原材料要求

1. 软木塞所用的主要原材料(软木)应满足用其生产的软木塞达到本标准所规定的技术要求。

2. 生产软木塞时,应使用符合国家食品级要求的黏结剂、油墨、润滑剂(硅、蜡)等。

(二)感官要求

1. 色泽。

同一批软木塞表面色泽应基本一致、柔和、无水渍痕迹。

2. 气味。

软木塞不应有霉味或其他异味。

3. 外观质量。

表面光洁，断面平整，天然塞表面允许有皮孔。

印制或火烫图案应清晰、对称、完整。

注：天然塞外观分级按照供需双方合同约定执行。

（三）尺寸要求

表 13-8　尺寸要求

分类	直径允许偏差/mm	长度允许偏差/mm	不圆度允许偏差/mm
天然塞	±0.5	±1.0	≤0.5
其他塞 a	±0.4	±0.5	≤0.4
贴片塞的贴片厚度/mm	≥3.5		

注：加顶塞直径、不圆度以柱体为准；起泡酒用贴片塞的贴片单片厚度≥6.0 mm。

（四）物理特性

表 13-9　物理特性

项目	指标		
	天然塞	聚合塞	贴片塞
含水量 a/%	4.0~8.0		
拔塞力/N	150~450		
回弹率/%	90		
密度/(kg·m^{-3})	100~200	260~320	250~330
掉渣率/(mg·只$^{-1}$)	3.0	1.0	2.0
密封性能	在 0.15 MPa 气压条件下，保持 30 min，不渗漏	在 0.20 MPa 气压条件下，保持 3 h，不渗漏	在 0.20 MPa 气压条件下，保持 3 h，不渗漏
聚合体结构稳定性 b	软木塞在沸水中浸泡 90 min，无软木颗粒从聚合体上分离		

注：a 加顶塞只检查含水率；b 只适用于聚合塞。

（五）氧化剂残留量

氧化剂残留量不大于 0.2 mg/只。

（六）微生物指标

表 13-10　微生物指标

项目	指标
菌落总数/（CFU/只）	≤5
酵母/（CFU/只）	≤3
霉菌/（CFU/只）	≤5

四、试验方法

1. 实验用水应达到实验室用二级水要求。

2. 感官检验。

（1）色泽和外观，应在光线充足的地方目测软木塞的色泽和外观质量。

（2）气味，取 10 个软木塞分别置于 10 个盛有 100 mL 蒸馏水的密闭容器中，浸泡 24 小时后经鼻嗅，记录软木塞有无发霉等异味。

表 13-11　加州软木塞质量委员会（Cork Quality Council，简称 CQC）软木塞视觉等级标准

级别	图示	基本要求或分级标准
A 级		软木塞具有最高品质的视觉外观：极好的表面、没有明显的视觉缺陷和极少的小缺陷。没有超过 2 mm 的孔洞；软木塞两端没有超过软木塞长度 11% 的原始裂纹；没有超过软木塞长度 18% 的裂纹；所有裂纹必须紧密且打不开；没有水平裂纹；没有虫洞、硬疤、鼓包、绿皮；一些小的、浅的皮孔是可以接受的。
B 级		软木塞具有良好的视觉外观：没有严重的视觉缺陷，没有深度或实质性的表面视觉缺陷。没有超过 5 mm 的孔洞；软木塞两端没有超过软木塞长度 18% 的原始裂纹；没有超过软木塞长度 25% 的裂纹；所有裂纹必须紧密且打不开；当软木塞两端弯曲时，皮孔和水平裂纹不能打开；软木塞没有绿皮、棱角或变形；软木塞中部有些小的缺口或虫洞是可以接受的；软木塞两端的皮孔不能是宽的或深的。
C 级		软木塞具有自然属性、一个或多个主要的视觉缺陷，不美观但具有功能性。没有超过软木塞长度 55% 的裂纹、凹槽、硬疤或鼓包；当软木塞两端弯曲时，皮孔和水平裂纹可能会打开；除非深度或宽度严重，具有软木塞长度 55% 的绿皮是可以接受的；大缺口是可以接受的；超过软木塞长度 55% 的没有虫洞；孔隙度很大，但不是连续的。

资料来源：https://www.corkqc.com/pages/cqc-visual-grading-standards

3. 规格尺寸。

主要涉及直径、长度、不圆度、含水率、拔塞力、回弹率、密度、掉渣量、密封性能、聚合体结构稳定性、氧化剂残留量、菌落总数、霉菌和酵母菌等项目。

五、标志、包装、运输和贮存

(一) 产品标志

外包装上应清晰标注以下内容：产品名称、规格型号、产品类别、质量等级、数量、生产日期、产品标准号、厂名厂址、联系电话、原料的原产国以及防雨、防潮等标志（文字或图案）。

(二) 包装

1. 外包装。

软木塞的外包装可采用符合本品要求的并符合相应标准的瓦楞纸箱或编织袋。

2. 内包装。

软木塞的内包装应采用符合食品要求的聚乙烯塑料袋。软木塞装入后，聚乙烯塑料袋需抽真空，并注入二氧化碳或氮气后密封。

(三) 运输

产品的装卸应轻拿轻放，运输中应避免挤压、碰撞、暴晒、雨淋或腐蚀。

(四) 贮存

产品应存于干燥通风的库房内，避免与有毒、有异味或腐蚀性物质同室存放，底层应有隔地垫板，贮存期不超过 6 个月，产品宜在温度 15℃~20℃，湿度 40%~70% 环境下贮存。

第六节　葡萄酒储运管理技术规范

关于葡萄酒原酒流通、运输、贮存等技术要求，主要涉及 GB 15037—2006《葡萄酒》、SB/T 10711—2012《葡萄酒原酒流通技术规范》、SB/T 10712—2012《葡萄酒运输、贮存技术规范》等标准。

一、葡萄酒原酒流通过程中的技术要求

(一) 一般要求

1. 在运输与贮存过程中，应尽量避免葡萄酒原酒与空气的接触，且任何操作过程均应在较适宜的温度下进行，并防止葡萄酒原酒的氧化等改变酒体品质现象的产生。

2. 应具有设计良好和严格的运输程序和贮存设备的清洗程序，建立有效的检查和取样制度，保持贮存设备、阀门和管道的清洁，避免化学、物理或生物性的二次污染。

3. 对贮存容器、管道以及所有设备的附件，包括与葡萄酒原酒接触的泵，在清洗和灭菌后，应达到如下要求：所有的部件应洁净和没有任何导致酒体气味改变的物质；没有溶剂残留；没有清洁剂或消毒剂的痕迹残留。

(二) 产品质量要求

产品质量要求 GB 15037—2006《葡萄酒》或以交易双方签订的贸易合同中的质量技术要求为准，分析方法可参考 GB/T 15038《葡萄酒、果酒通用试验方法》。

(三) 产品追溯要求

1. 葡萄酒原酒供应商，应具有相关资质，进口葡萄酒原酒具有国家出入境检验检疫部门核发的卫生证书。

2. 葡萄酒原酒供应商，应建立销售过程信息管理台账，保证销售过程信息的真实性、完整性和可追溯性，并完整保存至少两年。

3. 葡萄酒原酒采购商，应建立采购过程信息管理台账，保证采购过程信息的真实性、完整性和可追溯性，并完整保存至少两年。

4. 葡萄酒原酒流通过程中，应建立相应的追溯手段（如附带葡萄酒原酒流通的附件单、RFID、EPC 编码等），便于产品的溯源。

5. 出入库应有记录，产品仓库应有存量的记录。出入库记录包括名称、批号、出库时间、地点、对象、数量、产品检验报告等，以便于产品的溯源管理。

(四) 运输

1. 葡萄酒原酒的运输设备装置主要包括不锈钢罐、皮囊及其辅助设备。设备或配件的材质应符合现行有关接触食品材料的标准要求。

2. 罐内的配件宜少，且便于清洗和消毒，在运输过程中，罐的关闭和封闭装置

不得漏气和漏液。

3. 皮囊应使用惰性材料制造，允许和葡萄酒原酒接触并具有良好的密闭性，避免氧气和其他污染物的进入导致氧化或污染酒体，20 t 以上的皮囊宜为一次性使用。

4. 用于葡萄酒原酒大包装运输使用的罐和皮囊及其他容器，宜仅用于葡萄汁、葡萄酒或葡萄蒸馏酒，如果之前运输含有较香蒸馏酒或其他香味食品货物，应对其进行认真清洗。

5. 运输时应保持清洁、避免强烈震荡、日晒、防止冰冻。运输温度宜保持在 5℃~35℃。

（五）检验

1. 装货前取样。

供应方宜最少从每个要装运的容器里取出 4 个 0.5 L~1 L 的样品，样品应在严格的卫生条件下从罐的中心取出，样品应妥善盖好，且密封，并贴有明显的标签。

2. 装货时取样。

应从每个装好的葡萄酒原酒容器中立即取出少量 3 个 0.5 L~1 L 的样品，样品应在严格的卫生条件下从罐中心取出，样品应妥善盖好，且密封，并贴有明显的标签。

3. 到达后取样。

在卸货之前，要对每个罐取样，取样要卫生且具有代表性，具体检验指标及要求，按照交易双方要求进行。

（六）装卸

1. 装运前，应检查所有设备的包装罐、皮囊、泵、辅助管路、软管、配件等，确保达到装运的卫生要求。为减少氧化的危害，应用原酒将罐底部的出口阀门处充满。

2. 装好后，要给予适当的时间沉静葡萄酒，排出气体，并使液位达到入孔并记录葡萄酒原酒温度。该信息应记录在随附的温度报告单上。

3. 卸载前，宜对罐封的完整性及相关文件进行查验，检查顶隙的容量以及惰性气体的压力及葡萄酒原酒的状况、质量等。

（七）贮存

葡萄酒原酒应贮存在干燥、通风、阴凉和清洁的库房中，具备防虫、防鼠措施,库内温度宜保持 5℃~35℃,不得与有毒、有害、有异味、有腐蚀性物品和污染物混贮。

(八)从业人员

1. 营销人员。

(1)应具备酒类知识,熟悉国家有关规定和标准。

(2)直接接触酒类商品的人员应定期进行健康检查,取得健康证。

(3)主要人员每人每年应接受食品安全法律法规、专业知识和行业道德等方面的培训。

(4)营销人员应诚实守信,销售产品时,应主动出示经营该产品所需的证件。

2. 采购人员。

(1)应具备酒类知识,熟悉国家有关规定和标准。

(2)直接接触酒类商品的人员应定期进行健康检查,取得健康证。

(3)主要人员每人每年应接受食品安全法律法规、专业知识和行业道德等方面的培训。

(4)应从有资质的供应商处采购葡萄酒原酒;采购时,应从供应商处索要相关资质证明文件。

二、葡萄酒运输、贮存技术要求

SB/T 10712—2012《葡萄酒运输、贮存技术规范》为国内贸易行业标准。本标准按照 GB/T 1.1—2009 给出的规则起草,规定了葡萄酒产品的运输、贮存的要求。适用于葡萄酒的运输和贮存。由中华人民共和国商务部提出并归口。自 2012 年 11 月 1 日起实施。

(一)产品质量技术要求

产品质量技术要求包括 GB 15037—2006《葡萄酒》中的感官要求和理化要求、葡萄酒安全指标要求按照相关标准执行。

(二)产品追溯要求

葡萄酒供应商,应具有相关资质,进口葡萄酒具有国家出入境检验检疫部门核发的卫生证书。

葡萄酒供应商，应建立销售过程信息管理台账，保证销售过程信息的真实性、完整性和可追溯性，并完整保存至少两年。

葡萄酒采购商，应建立采购过程信息管理台账，保证采购过程信息的真实性、完整性和可追溯性，并完整保存至少两年。

葡萄酒流通过程中，应建立相应的追溯手段（如附带葡萄酒流通随附单、RFID、EPC 编码等），便于产品的追溯。

出入库要有记录，产品的仓储应有存量记录。出入库记录内容包括名称、批号、出库时间、地点、对象、数量、产品检验报告等，以便于产品的溯源管理。

（三）标识

瓶装酒需装入玻璃瓶或者其他材料瓶中，要求瓶底端正、整齐，瓶外洁亮。瓶口封闭严密，不得有漏气、漏酒现象。酒瓶外部要贴有整齐清晰的标签，按照 GB 7718 和 GB 10344 的要求进行标注。

（四）包装

包装材料应符合食品卫生要求。起泡葡萄酒的包装材料应符合相应耐压要求。外包装应使用合格的包装材料，并符合相应的标准。包装箱上应注有生产日期（或批号）、制造者（经销者）的名称和地址、净含量、产地，并有小心轻放、防冻、防潮、防火、防热等字样及标志。

（五）运输

葡萄酒在陆路运输或海运过程中应采取避免高温和冰冻的影响措施，保障葡萄酒品质。

运输时应保持清洁、避免强烈震荡、日晒、雨淋、防止冰冻，装卸时应轻拿轻放。

运输温度宜保持在 5℃~35℃。

（六）贮存

葡萄酒应根据产品类型独立分类存放，产品应摆放整齐，标志明显。

葡萄酒应贮存在干燥、通风、阴凉和清洁的库房中，避光保存。配备相应的"防鼠""防虫"设施，葡萄酒应"倒放"或"卧放"，严防日晒、雨淋、严禁火种，防止冰冻。

库内温度宜保持在 5℃~35℃，温度宜恒定。

库房宜保持湿度在 60%~70%。

葡萄酒不得与有毒、有害、有异味、有腐蚀性物品或污染物混贮混运。

第七节　绿色包装

一、绿色包装的重大意义

随着经济的发展，人民生活水平的不断提高，对于葡萄酒产品包装的要求也同步上升。随着环保责任意识的发展，破解过度包装和包装废弃物污染问题，纸瓶包装葡萄酒的出现，柔性塑料、折盒与瓦楞纸箱的需求加大，葡萄酒的包装正朝着绿色环保的方向发展。

1. 绿色包装能落实供给侧结构性改革，推动制造业技术水平和产品质量提升。绿色产品评价标准是基于生命周期理念，针对产品质量、生态环境、健康安全等多方面提出综合性指标要求，为企业的生产过程与技术要求设定标杆，有利于改变粗放式的生产模式，提高资本、劳动等要素的配置效率，淘汰落后产能，推进供给侧结构性改革，促进传统产业转型升级。

2. 绿色包装可满足消费升级需求，为人民健康生活提供保障。绿色产品的核心理念是提升产品质量，在社会经济发展的背景下，满足日益增长的社会生产和人民生活的需求。通过建立绿色产品体系，推动高端绿色产品的供给，适应和满足日渐兴起的绿色消费趋势，促进供需有效对接，提升消费者"获得感"。

3. 绿色包装应顺应国际绿色潮流，引导我国产业对标国际。在绿色产品评价标准的制定中，在具备指标检测方法和实验室检测能力的基础上，鼓励选用国际或国外相关标准中的先进指标要求，主动迎接全球市场发展趋势，将有效提升我国制造业和产品的国际市场竞争力。

二、绿色产品评价通则

统一的绿色产品评价方法和评价指标体系，是制定各领域、各行业、各类别绿色产品评价标准的方法基础。国务院办公厅印发《关于建立统一的绿色产品标准、认证、标识体系的意见》，对绿色产品标准、认证、标识整合工作作出部署，提出了一类产品、一个标准、一个清单、一次认证、一个标识的绿色产品体系整合目标，统一构建以绿色产品评价标准子体系为牵引、以绿色产品的产业支撑标准子体系为辅助的绿色产品标准体系。为了加快建立和完善绿色产品标准体系，国家标准委于2017年5月12日发布了《绿色产品评价通则》（GB/T 33761—2017），自发布之日起施行。

（一）界定了绿色产品的定义和内涵

绿色产品是指在生命周期过程中，符合环境保护要求，对生态环境和人体健康无害或危害小、资源能源消耗少、品质高的产品。其内涵主要体现在：满足用户使用要求和消费升级需求，这是基本前提；节约资源和能源；保护生态环境，对环境无影响或影响极小；保护消费者身体健康，要求产品无毒无害或低毒低害。

（二）明确了遵循生命周期理念和绿色高端引领原则

《绿色产品评价通则》明确要求在制定具体绿色产品评价标准时，应从原材料获取、制造、使用、废弃等生命周期阶段出发，重点分析产品在不同阶段的资源能源消耗、生态环境影响及人体健康安全影响因素。标准还明确了绿色产品评价标准的行业领跑地位，要求符合绿色产品评价指标的产品比例原则上不超过可比产品的5%，切实发挥标准的绿色高端引领作用。

（三）建立了绿色产品评价指标体系框架和方法

《绿色产品评价通则》建立了以产品生命周期理念为基础的综合评价指标体系，替代原有环保、节能、节水、循环、低碳、再生、有机等独立评价指标。指标体系包括基本要求和评价指标要求两部分。基本要求主要涉及应满足的节能环保法律法规、工艺技术、管理体系及相关产品标准等方面的要求；评价指标主要包括资源、能源、环境和品质等四类一级指标，在一级指标下设置可量化、可检测、可验证的二级指标。绿色产品要同时满足基本要求和评价指标要求。

（四）制定了其他具体绿色产品评价标准

依据GB/T 33761—2017《绿色产品评价通则》，制定了GB/T 35613—2017《绿色产品评价 纸和纸制品》、GB/T 37866—2019《绿色产品评价 塑料制品》、T/SDAQI 029—2021《绿色产品评价规范 食品接触用玻璃制品》、GB/T 37866—2019《绿色产品评价 塑料制品》、GB/T 39084—2020《绿色产品评价 快递封装用品》等绿色产品评价国家标准。

三、绿色包装评价方法与准则

自 2015 年起，围绕绿色产品、节能低碳，出台了一系列政策，如《中国制造 2025》《生态文明体制改革总体方案》《贯彻实施质量发展纲要 2015 年行动计划》《2015 年循环经济推进计划》《关于加强节能标准化工作的意见》，这些政策明确提出：支持企业实施绿色战略、绿色标准、绿色管理和绿色生产，建立统一的绿色产品体系，开展绿色评价，引导绿色生产和绿色消费，实施节能标准化示范工程。2019 年 5 月 10 日国家发布了《绿色包装评价方法与准则》（GB/T 37422—2019），自发布之日起施行。本标准的实施是贯彻落实《生态文明体制改革总体方案》《中国制造 2025》等国家标准化战略的具体措施，是加快实施"创新驱动发展战略"的重要举措，是将创新技术及时转化为国家标准或者国际标准并指导生产的典范。

1. 本标准针对绿色包装产品低碳、节能、环保、安全的要求，结合 GB/T 33761《绿色产品评价通则》中"绿色产品"的定义，提出了"绿色包装"的内涵，即"在包装产品全生命周期中，在满足包装功能要求的前提下，对人体健康和生态环境危害小、资源能源消耗少的包装"。围绕"绿色包装"定义，在标准编制过程中融入了"全生命周期"理念、在评价指标上涵盖了"资源+能源+环境+产品"四大属性，在框架上规定了绿色包装评价准则、评价方法、评价报告内容和格式。

2. 评价准则：从资源属性、能源属性、环境属性和产品属性四个方面规定了绿色包装等级评定的关键技术要求，给出了基准分值的设置原则：重复使用、实际回收利用率、降解性能等重点指标赋予较高分值。

3. 评价方法：分为评价流程、评价分值的计算和核查方法三部分。给出了评价指标体系中各级指标的分值计算方式及其权重值，以及综合得分计算公式和绿色包装等级的分数段划分。规定了评价工作的具体开展方式，同时对评价准则中要求的支撑文件提出明确要求。

4. 评价报告内容及格式：对评价报告内容作出了基本要求，并在附录 C 中提供了参考示例，用以指导具体行业具体产品的评价报告编制。

第十四章　葡萄酒质量安全与常见违法行为

第一节　葡萄酒安全危害与评价

葡萄酒是由葡萄汁（浆）经发酵酿制而成的饮料酒，含有对人体有益的多种无机和有机营养成分，如有机酸、氨基酸、维生素、多酚和矿质元素（包括微量元素）等，具有一定的保健作用。影响葡萄酒质量安全的因素贯穿种植、酿造、贮藏、灌装的整个过程。

一、葡萄酒微生物代谢产生不良物质

在葡萄酒的酿造过程中，酵母或乳酸菌会产生一些不良产物，如甲醇、杂醇油、氨基甲酸乙酯、生物胺等。除酵母和乳酸菌外，葡萄酒中还存在一些其他微生物产生的不良物质，如赭曲霉素 A 等。这些不良代谢物的存在影响了葡萄酒的质量安全，危害人类健康。

（一）甲醇

甲醇不是发酵的直接产物，是在酿酒过程中，由果胶质（主要集中在果皮上）水解而生成，即由果胶质中所含半乳糖醛酸的甲氧基（$-OCH_3$）分解而生成。

甲醇在人体内不易排出，即使少量也能引起人慢性中毒；食用 4 mL~10 mL 可引起人恶性中毒，损害神经系统；食用 10 mL 以上可致失明；30 mL 可致死亡。国标规定，葡萄酒中甲醇最高允许含量不超过 300 mg/L。

（二）杂醇油

杂醇油又称高级醇，作为葡萄酒发酵的副产物，主要包括丙醇、丁醇、异丁醇、戊醇、异戊醇等。其含量高低是评价酒质的重要指标之一。其能与有机酸结合成酯，使酒具有独特的香味。高级醇是葡萄酒二类香气的重要构成成分，含量适中（一般为 250 mg/L~350 mg/L），有助于提高感官特性。高级醇的浓度过高时（>550 mg），对人体有毒害作用，能使神经系统充血，能引起缺氧、头痛等症状（或常称为"上头"），其毒性随分子质量增大而加剧。

（三）氨基甲酸乙酯

氨基甲酸乙酯，又称尿烷，葡萄酒中的 EC 主要是由尿素和乙醇反应形成的；其次，由氨甲酰磷酸和瓜氨酸分别与乙醇反应形成 EC。其广泛存在于发酵食品以及黄酒、葡萄酒、日本清酒、水果白兰地等酒精饮料中，是一种潜在的致癌物，可导致肺癌、淋巴癌、肝癌和皮肤癌等。

表 14-1 不同国家对酒精饮料中氨基甲酸乙酯的限量

单位：$\mu g/L$

国家	葡萄酒	加强葡萄酒	蒸馏酒	日本清酒	水果白兰地
加拿大	30	100	150	200	400
美国	15	60	nr	nr	nr
法国	nr	nr	150	nr	1 000
德国	nr	nr	nr	nr	800
瑞士	nr	nr	nr	nr	1 000
捷克共和国	30	100	150	200	400

注：nr 表示没有特殊规定。

（四）生物胺

生物胺是一类含氮的脂肪族或杂环类低分子量有机化合物，通常分为单胺和多胺两大类。葡萄酒中最常见的生物胺有腐胺、组胺、酪胺和尸胺，其他生物胺（如苯乙胺、亚精胺、精胺和色胺）含量甚少。当乳酸菌对氨基酸进行脱羧反应，就会产生生物胺。

组胺对人体健康的影响最大，其次是酪胺。除了组胺、酪胺本身的作用外，其他生物胺的存在会增强组胺和酪胺的不良作用。由于生物胺具有毒性作用，过多摄入可引起某些病人血压升高及偏头疼，甚至出现腹部痉挛、呕吐和腹泻等症状。

（五）赭曲霉素 A

赭曲霉素 A，是一种由赭曲霉、炭黑曲霉等霉菌的次级代谢产物，多存在于在食品（主要是谷类、咖啡和葡萄等及其相关产品）。赭曲霉素 A 具有毒性，对人体的肾脏、神经系统和免疫系统有损害，且它的化学性质比较稳定，不易分解，对人类和动物具有潜在威胁。

表 14-2　国家或组织对葡萄酒相关饮料中赭曲霉素 A 的限量

国家或组织	类型	最大限量/($\mu g \cdot L^{-1}$)
欧盟	葡萄酒以及其他葡萄发酵饮料	2.0
	葡萄汁以及葡萄为原料的饮料	2.0
OIV	葡萄酒	2.0
保加利亚	啤酒	0.2
	葡萄汁	3.0
意大利	啤酒	0.2

赭曲霉素 A 是一种来源于生产原料的生物毒素，其产生主要与作物的生长环境相关，主要包括土壤中的微生物，尤以疣孢青霉、赭曲霉、炭黑曲霉三种微生物中赭曲霉素 A 产生量较为显著，还与当地的温度、湿度以及作物病虫害感染情况等相关。

二、葡萄酒产品理化指标不达标

1. 酒精度又叫酒度，指在 20℃时，100 mL 酒中含有乙醇（酒精）的毫升数，即体积（容量）的百分数。酒精度是酒类产品的一个重要理化指标，含量不达标主要影响产品的品质。国家标准规定酒精度允许误差为±1.0 度。如果酒类中酒精度未达到产品标签明示要求，可能是个别企业生产工艺控制不严格或生产工艺水平较低，无法准确控制酒精度；也可能是生产企业检验器具未检定或检验过程不规范，造成检验结果有偏差；还可能是包装不严密造成酒精挥发。

2. 二氧化硫是食品加工中常用的漂白剂和防腐剂，具有漂白、防腐和抗氧化作用。少量二氧化硫进入人体不会对身体健康造成危害，但过量食用会引起如恶心、呕吐等胃肠道反应。

3. 干浸出物是葡萄酒在一定物理条件下非挥发性物质的总和（糖除外），包括游离酸及盐类、单宁、果胶、低糖、矿物质等，它不仅影响葡萄酒口感，也是体现葡萄酒品质的关键指标。干浸出物不合格说明葡萄酒中含葡萄的天然成分较少，葡萄酒原汁含量不足，可能掺水较多，从而影响葡萄酒品质。GB 2762—2012《食品安全国家标准食品中污染物限量》、GB 15037—2006《葡萄酒》规定，干红葡萄酒的干浸出物不得低于 18.0 g/L。

干浸出物是体现酒质的重要标志之一，这一指标过低表明葡萄酒的原汁含量不足或原汁质量不佳，其含量不足会导致葡萄酒质量不合格。干浸出物不合格的原因有很多，其中可能涉及葡萄成熟度问题、葡萄酒的酿造过程或可能有掺假嫌疑，这些因素都会成为葡萄酒干浸出物被检不合格的原因，从而影响葡萄酒的质量。

4. 山梨酸及其钾盐抗菌性强，防腐效果好，是目前应用非常广泛且较为常见的食品防腐剂。在葡萄酒的加工过程中，添加山梨酸有助于保证设备、容器的清洁卫生，同时对生产加工过程中的微生物有抑菌杀菌作用。在规定的范围内使用山梨酸被认为是安全的，但若长期摄入会抑制骨骼生长，危害肾脏、肝脏的健康。

5. 苯甲酸及其钠盐是食品工业中常用的一种防腐剂，对霉菌、酵母和细菌有较好的抑制作用。长期食用苯甲酸及其钠盐超标的食品，可能导致肝脏积累性中毒，危害肝脏健康。

6. 葡萄酒中铜、铁超标会影响酒的稳定性，促进葡萄酒的氧化，使之产生沉淀，进而降低产品品质。过量的铜、铁摄入会对人的心脏、神经造成损害，甚至引发铜中毒。葡萄酒中铜铁超标，可能是由葡萄酒种植、酿造、生产过程中带入，与金属容器工具接触，或者是葡萄喷洒农药过多，导致葡萄酒铜铁含量超标。GB15037—2006 规定，铜含量不超过每升 1.0 mg，铁含量不超过每升 8.0 mg。

三、感官品质不合格

感官是保障葡萄酒质量的指标之一，通过外观、色、香、味典型性来表现。主要表现为：有异香、异味、酒体寡淡，不具备葡萄酒的典型性；或者具有浓烈的挥发酸气味，不具备干红酒的典型风格，因而被认定为感官不合格。

四、葡萄酒标签标注不符合国家标准规定

真实、准确的中文标签标注的信息是消费者了解产品的第一手资料，在整个葡萄酒进口环节中，标签管理应该是最易执行的环节。标签不合格的原因可能是进口企业内部沟通不畅，设计人员并不了解标准要求，也有可能是进口商缺乏了解相关法律的专业人员，另外也不排除不法进口商意图打擦边球，通过模糊标注蒙混、误导消费者。标签标注不符合国家标准规定主要表现在以下两个方面。

1. 产品标签不符合标准要求。葡萄酒标签中使用的拼音大于相应规范汉字；联系方式、食品生产许可证编号字符高度未按标准要求标注；标签中"含有极其丰富的花青素"，未标示所强调成分的添加量；净含量字符高度未按标准要求标注；产品标准标示错误。不符合食品安全国家标准规定。

2. 标签标注不完整、不规范标签。有的没有标注标准代号，有的没有原汁含量、酒精度和糖，有的无配料，还有的生产只标注出月和日没有年代等；另有部分标签虽无缺、漏现象，但标注不规范，没有产品名称，英文大于汉字，主标无汉字等现象非常普遍，应当引起高度重视。

五、超范围使用食品添加剂

葡萄酒属于发酵酒，国家强制性标准 GB 2760—1996《食品添加剂使用卫生标准》中明确规定，发酵酒中不得添加甜味剂（糖精钠、甜蜜素），不得添加合成色素（苋菜红）。葡萄酒中添加甜味剂，会影响酒的真实属性，降低葡萄酒的品质。抽查中有个别产品检出甜味剂糖精钠、甜蜜素和合成色素苋菜红。

1. 糖精钠是普遍使用的人工合成甜味剂，在人体内不被吸收，不产生热量，大部分经肾排出而不损害肾功能。如果长期摄入糖精钠超标的食品，可能会影响肠胃消化酶的正常分泌，降低小肠的吸收能力，使食欲减退。

2. 甜蜜素（以环己基氨基磺酸计）。

甜蜜素，化学名称为环己基氨基磺酸钠，是食品生产中常用的甜味剂之一，其甜度是蔗糖的 40~50 倍。长期摄入甜蜜素超标的食品，可能对人体的肝脏和神经系统造成一定危害。GB 2760—2014《食品安全国家标准 食品添加剂使用标准》中规定，葡萄酒中不得使用甜蜜素；脱壳熟制坚果与籽类中甜蜜素（以环己基氨基磺酸计）的最大使用量为 1.2 g/kg。葡萄酒中检出甜蜜素（以环己基氨基磺酸计）的原因，可能是葡萄酒生产企业违规添加以改善产品口感，也可能是在生产过程中与配制酒交叉污染，还可能是生产企业对原辅料把控不严。

3. 三氯蔗糖又名蔗糖素、蔗糖精，是食品生产中常用的甜味剂。GB 2760—2014《食品安全国家标准 食品添加剂使用标准》中规定，葡萄酒中不得使用三氯蔗糖。葡萄酒中检出三氯蔗糖的原因，可能是生产企业为改善产品感官而违规添加，也可能是葡萄酒与其他发酵酒或配制酒在生产过程中交叉污染等导致。

六、警示语标注

警示语是酒类产品需标注的文字信息，用于安全提示，在运输、存放和饮用时需予以注意。

第二节　葡萄酒生产企业常见的违法行为

我国葡萄酒产业发展时间较短，行业自律意识比较薄弱，标准制（修）订等工作也相对滞后，葡萄酒产品分级制度尚未完全推广，造成个别企业的生产经营和管理缺乏规范。部分酒庄酒、冰酒等名不副实，消费市场存在质量良莠不齐和以次充好、假冒伪劣等现象，个别企业甚至存在滥用食品添加剂等违法行为，给人民群众身体健康和生命安全带来危害。

1. 葡萄酒产品不符合保障人体健康和人身、财产安全的国家标准、行业标准、地方标准的。

2. 葡萄酒掺杂掺假，以假充真、以次充好、以旧充新、以不合格产品冒充合格产品的。

3. 未依法取得许可或者假冒许可证编号的。

4. 使用假冒伪劣原材料进行生产的。

5. 违反 GB 2760—2014《食品安全国家标准食品添加剂使用标准》相关规定，使用国家禁止使用的原料生产食品添加剂的。

6. 葡萄酒中有违反国家标准超范围、超限量使用的添加剂的。优质葡萄酒具有自然的酒香和芬芳的果香味，劣质葡萄酒主要用酒精、人工合成色素、甜味剂、增稠剂、香精等食品添加剂勾兑而成，消费者单纯看颜色、试口感、闻味道、看挂杯度、比价格，很难辨别其真伪。

7. 篡改生产日期、安全使用期、有效期、失效日期或者保质期的。

8. 伪造葡萄酒产地、伪造或者冒用厂名、厂址的，比如进口葡萄酒贴名牌、傍大牌，甚至已从原料、生产、包装到销售，形成完整的产业链，严重扰乱正常的市场秩序。这种行业乱象会对整个葡萄酒产业带来冲击，并导致进口葡萄酒市场鱼龙混杂、假货横行，让正规进口葡萄酒品牌形象受损。同时，低价倾销的不正规进口葡萄酒会直接影响到品牌葡萄酒的销量，让整个行业陷入诚信危机。

9. 假冒认证标志、采用国际标准产品标志、名优标志、防伪标志、地理标志产品专用标志、商品条码等标志标识，或者假冒合格证书、检验报告、质量保证书等质量证明文件的。

10. 葡萄酒质量不符合标识、标签标示所表明的质量状况的，重点是理化指标不合格。

11. 盗版复制或者假冒注册商标、专利的。

12. 属于法律、法规规定的其他假冒伪劣产品。

第十五章　葡萄酒酒庄酒生产标准与法规

葡萄酒酒庄酒（以下简称酒庄酒）证明商标是中国酒业协会在酒类行业中推出的第一个产品证明标识，是由协会在原国家市场监督管理总局注册的用于证明酒庄酒的标识。这标志着中国的酒庄酒将在《中华人民共和国商标法》等法律法规的保护下，走上一条依法规范、协调有序的可持续发展之路。

酒庄酒证明商标的实施其意义深远。

1. 从行业角度分析，葡萄酒酒庄酒证明商标的推出，是集行业力量来建立中国酒庄及酒庄酒的规范，由所有参与酒庄共同推广、维护、监督，并通过商标法和备案的葡萄酒酒庄酒管理规则来规范酒庄酒生产，逐步建立我国酒庄酒产品质量体系，实现我国酒庄酒整体品牌形象的提升，从而提高我国葡萄酒在国内外市场中的竞争力。

2. 从企业角度看，企业通过使用酒庄酒标识，将该标识的内在价值与企业的品牌文化有机结合，建立独特的酒庄酒品牌；同时，酒庄酒标识也体现了使用企业对酒庄酒品质的一种承诺和凝聚在产品中的企业的信誉度。通过严格自律、企业间监督，资源、经验共享等措施，也会使得自身品牌进一步提升。

3. 从消费者的角度看，酒庄酒标识是一种品质的象征，它表示相关产品不仅有着优质的质量，还有着良好的售后服务体系。消费者是"酒庄酒标识"品牌战略的最终受益者，也是监督者。消费者是酒庄酒标识能否成功的关键环节，所以中国酒业协会以第三方公正的立场，对酒庄酒标识产品的消费者负有不可推卸的连带责任，以确保消费者的合法权益。

第一节　酒庄酒标识与申请使用条件

为了维护中国葡萄酒酒庄酒在国内外市场的信誉，保护消费者及生产企业的合法权益，营造良好的市场环境，根据《中华人民共和国商标法》及其实施条例和国家市场监督管理总局《集体商标、证明商标注册和管理办法》，制定《葡萄酒酒庄酒证明商标（第5504363号）使用管理规则》。

葡萄酒酒庄酒证明商标（第5504363号）是经中华人民共和国国家市场监督管理总局注册的证明商标，是用于证明酒庄酒的标志。中国酒业协会是其注册人，享有标志的商标专有权。

一、酒庄酒标识

酒庄酒标识由三部分构成（见图15-1）：（1）上面图标为统一的酒庄酒证明商标图案；（2）"酒庄酒标识"字样；（3）产品备案号（防伪查询码），共15位，前4位数为使用酒庄代码；中间4位数为制作酒庄酒证明商标标识标牌的年份；后7位数是标识标牌的序号。

图 15-1　酒庄酒标识

用于产品上的酒庄酒证明商标标识标牌外形为半径1 cm的圆形；粘贴于塑胶帽与瓶颈部接口处。外包装物上标识图案的印刷，由葡萄酒酒庄酒证明商标（第5504363号）管理办公室（以下简称酒庄酒证明商标管理办公室）统一提供图案光盘，酒庄自行印制，其规格尺寸可根据包装物尺寸按比例缩放，并上报印刷外包装物的规格、数量。印有酒庄酒证明商标图案的外包装物只限于包装贴有酒庄酒证明商标标识标牌的葡萄酒。外包装物印刷时用文字标明："仅限于包装酒庄酒标识产品"。字体大小与外包装标志图案中文字相同。

二、酒庄酒申请使用条件

根据《葡萄酒酒庄酒证明商标（第5504363号）管理规则》，凡是在中华人民共和国境内依法登记，取得全国工业产品生产许可证（QS），具有独立承担民事责任，从事酒庄酒生产经营活动的酒庄均可向中国酒业协会申请在产品上使用酒庄酒标识。

提出申请的酒庄必须具备以下条件：(1) 有归属于酒庄并且能够百分之百完全控制的葡萄园；(2) 葡萄种植、酿酒到灌装的全过程都是在酒庄完成；(3) 葡萄定植后第三年方可出产，并实行限产，亩产在1 000 kg以下；(4) 酒庄酒的产量应与酒庄种植葡萄面积及单产相对应，酒庄酒年生产能力应不低于75 kL；(5) 有常年在20℃以下的地下室或有温湿度相对稳定的储酒车间；(6) 拥有橡木桶的数量要与所生产的产品类型及数量相对应；(7) 从事酿酒技术人员均需取得酿造技术相关专业毕业证书或酿酒师国家职业资格证书；(8) 葡萄园与发酵车间之间的距离合理，且能保证采收后当天入罐；(9) 酒庄酒的标签标注内容应与瓶内容物相符。

使用酒庄酒标识的产品应具备以下条件：(1) 葡萄种植、酿酒到灌装的全过程都是在酒庄完成；(2) 酿造过程应符合《酒庄酒生产规范》；(3) 产品质量应符合GB15037《葡萄酒》国家标准；(4) 经感官鉴评专家组品评鉴定，感官质量需符合GB15037《葡萄酒》国家标准附录A"葡萄酒感官分级评价描述"的优良品以上级别。

第二节　酒庄酒申请使用程序

申请使用葡萄酒酒庄酒证明商标（第5504363号）的酒庄，须向中国酒业协会提出申请，并填报葡萄酒酒庄酒证明商标（第5504363号）使用申请表，同时提交加盖企业公章的下列文件资料：

(1) 企业法人营业执照复印件一份；

(2) 全国工业产品生产许可证复印件一份；

(3) 商标注册证书复印件一份；

(4) 申请使用葡萄酒酒庄酒证明商标（第5504363号）产品的正标与背标各一

份（可不盖章）；

（5）申请使用葡萄酒酒庄酒证明商标（第 5504363 号）的产品质量检验报告一份（距申请日半年内有效）；

（6）与申请使用葡萄酒酒庄酒证明商标（第 5504363 号）产品相关的主要国内外获奖证书、科技成果证书、专利证书复印件一份；

（7）与本规则第七条、第八条规定的相应证明材料。

酒庄酒证明商标管理办公室将根据《葡萄酒酒庄酒证明商标（第 5504363 号）管理规则》规定，对申请酒庄提交的文件进行形式审查，凡符合条件者予以受理，之后进行实地考核、感官鉴评及为期一个月的公示，完成各项评审工作，并将结果书面通知申请酒庄。凡被批准使用酒庄酒标识的酒庄，均由中国酒业协会颁发葡萄酒酒庄酒证明商标（第 5504363 号）使用证，与酒庄签订酒庄酒证明商标使用协议书，发放酒庄酒标识，并在新闻媒介上发布公告。

葡萄酒酒庄酒证明商标（第 5504363 号）使用协议书有效期为三年，到期继续使用者，须在届满前三个月内向中国酒业协会提出续签申请，逾期不申请者，届满后不得使用葡萄酒酒庄酒证明商标。

第三节　酒庄酒证明商标（第 5504363 号）现场审核指南

《现场审核指南》是按照《葡萄酒酒庄酒证明商标（第 5504363 号）使用管理规则》(以下简称《管理规则》)，《〈葡萄酒酒庄酒证明商标（第 5504363 号）使用〉管理规则实施细则》(以下简称《实施细则》)和《葡萄酒酒庄酒证明商标（第 5504363 号）管理委员会工作条例》(以下简称《工作条例》)制定的。

本指南适用于中国酒业协会对通过形式审查的酒庄进行的现场审核环节，规定了在现场审核环节考核人员应遵循的程序和方法。通过形式审查的酒庄按照葡萄酒酒庄酒证明商标（第 5504363 号）管理办公室（以下简称办公室）的通知，应按照本指南的要求，提供实地考核所需的文件、人员及物资支持。

办公室组织葡萄酒酒庄酒证明商标（第 5504363 号）(以下简称证明商标)管理委员会成员（不少于 7 人）对申请人进行现场审核。

一、审核启动

1. 专家组组长主持召开现场审核启动会议。

2. 申请酒庄负责人介绍酒庄基本情况,并指派审核联系人,提供审核所需的物资支持。

3. 专家组组长介绍审核流程及标准,完成审核人员分组,宣布审核纪律,正式启动现场审核。

二、审核标准

1. 有归属于酒庄并且能够百分之百完全控制的葡萄园。

2. 葡萄定植后第三年方可出产,并实行限产,亩产在 1 000 kg 以下。

3. 酒庄酒的产量应与酒庄种植葡萄面积及单产相对应。

4. 酒庄酒的标签标注内容应与酒瓶内容物相符。

5. 有常年在 20℃以下的地下室或有温湿度相对稳定的储酒车间。

6. 拥有橡木桶的数量要与所生产产品类型及数量相对应。

7. 葡萄种植、酿酒到灌装的全过程都是在酒庄完成。

三、审核方法

(一)企业资质审核

1. 营业执照。

营业执照与申请人是否一致,发证机关、发证时间、证照编号是否与申请书提供的一致。

2. 全国工业产品生产许可证。

生产许可证与申请人是否一致,以及发证机关、发证时间、证照编号是否与申请书提供的一致。

3. 商标注册证。

商标权利人与申请人是否一致,以及注册号、商标使用期限是否与申请书提供的一致。

4. 专业人员。

查看与葡萄及葡萄酒相关专业大专以上科技人员和酿酒师数量。

（二）葡萄与葡萄基地审核

1. 葡萄园基本情况。

自建葡萄园是指申请人为葡萄园土地租赁合同乙方，并由其全权负责葡萄园的管理；审核时主要看土地租赁合同（土地使用证）乙方名称是否与申请人一致，以及合同期限是否不少于20年。

合作葡萄园是指申请人与葡萄园土地租赁合同乙方达成合作协议，并由其全权负责葡萄园的管理；审核时主要看租赁合同乙方是否与申请人签署有关葡萄园合作建设和经营的法律文件（合同或协议），以及合同期限是否不少于20年。

根据以上内容，审核葡萄园实际面积、方位和栽培品种与面积是否与申请书中提供的土地租赁合同与品种栽培面积分布图一致。

2. 葡萄种植详细情况。

审核葡萄种植实际情况是否与申请书中提供的葡萄种植详细情况一致，尤其关注定植时间、种植密度。最终以现场实地审核结果为准；其中用于申请贴标产品的葡萄定植时间必须不少于3年，否则即为不合格。

3. 贴标产品所用葡萄浆果质量。

审核指标为产量，每亩产量在1 000 kg以下；记录糖度，主要与后期成品酒的酒精度相对照，看是否加外源糖，如加外源糖，则判断不合格。

4. 申请贴标产品的产量。

申请贴标产品产量应与酒庄种植葡萄面积及单产相对应，并与实际生产记录相符合。

5. 申请贴标产品标签。

如申请贴标产品标签上标注年份、品种、产地和陈酿方式等信息，则需要核实是否符合葡萄酒国家标准相关规定以及橡木桶陈酿量是否与橡木桶容积相对应等内容。

6. 判定类别。

判定类别分为三类，即基本项：不符合即驳回；改项：给予整改机会，待整改完成并经验收后，认为合格；提高项：鼓励企业采纳。

四、采样封存

审核结束,应根据申请贴标产品的情况,采样封存,以备产品鉴评程序的开展。

五、审核期限

自发出现场审核通知书后 3~6 个月内,启动审核;现场审核 2~3 天;现场审核结束 15 日后,出具现场审核结论。

六、审核结论

1. 现场审核结束时,将与酒庄举行座谈会,通报审查情况及初步意见;同时,由专家对申请酒庄的建设和发展提出建议。

2. 经现场审核,符合《管理规则》和《实施细则》要求的,发出现场审核意见书和产品品鉴送样通知书。

3. 经现场审核,不符合《管理规则》和《实施细则》要求的,发出现场审核意见书,驳回申请;申请人按照现场审核意见书的要求进行整改后,可再次提出证明商标使用申请;申请人也可以采取行政程序。

第四节 酒庄酒生产规程

《酒庄酒生产规程》阐述了酒庄酒的生产过程要求,严格遵守本规程下生产的和由葡萄酒酒庄酒证明商标(第 5504363 号)管理办公室组织感官鉴评专家对产品进行感官鉴评及检验部门鉴定认可的葡萄酒,可以作为申请使用葡萄酒酒庄酒证明商标(第 5504363 号)的产品。

一、基本要求

1. 葡萄种植、酿酒到灌装的全过程都是在酒庄完成。

2. 有归属于酒庄并且能够百分之百完全控制的葡萄园,葡萄定植后第三年方可出产。

3. 酒庄酒的产量应与酒庄种植葡萄面积及单产相对应。

4. 厂区环境、厂房和设施、卫生设施与控制、设备和工器具、卫生管理、人员管理与培训等参照 GB/T 23543—2009《葡萄酒企业良好生产规范》执行。

二、物料控制与管理

（一）物料采购和安全控制总体原则

1. 与葡萄酒生产相关的原辅料、加工助剂、添加剂、包装材料和容器等均应符合现行的国家有关法规或标准的规定，国家和行业标准未涵盖到的，生产企业应建立企业内控标准。

2. 生产企业应具备相关的原辅料检验设施和检验方法，保证原辅料的质量和安全。

3. 应建立物料供货商评价及追踪管理制度，并制定原料及包装材料的检验标准和检验方法，并确保实施。

4. 检验合格的物料，应以"先进先用"为原则，如经长期贮存，使用前应重新检验。

5. 应建立文件化的物料接收程序和不合格处理程序。

（二）葡萄原料控制与管理（参照 GB/T 23543—2009《葡萄酒企业良好生产规范》）

葡萄原料初级生产对葡萄酒的产品质量和安全性产生至关重要，葡萄种植应按照良好农业规范（GAP）等要求进行生产。

1. 葡萄种植。

葡萄栽培应在无污染的环境中进行，根据生态环境及品种特性，选择种植适栽品种。

葡萄种植过程中，根据土壤肥力的分析确定需要的施肥量，并以有机肥为主，化肥为辅。

葡萄病虫害防治应贯彻以综合防治为主的原则，采收前 1 个月不得使用杀虫剂，采摘前 20 天不得使用杀菌剂。葡萄农药使用应符合 GB 4285《农药安全使用标准》的规定。

葡萄栽培中禁止使用催熟剂和着色剂，采收前 1 个月不能灌水。

（1）葡萄产量：每公顷产量不超过 15 000 kg，同时控制单株产量低于 3.5 kg。

（2）葡萄原料采收期的确定：在葡萄完全成熟前的一月里定期检测浆果的理化指标（前半月每周一次、后半月每三天一次），检测项目为浆果的总糖、总酸、pH 值、可溶性固形物、比重等，并计算糖酸比。参考往年的数据和采收期确定本年适宜采收期。

（3）葡萄采摘：葡萄采摘时按照葡萄品种、质量等级分装，盛装原料的容器清洁、专用，禁止使用装过农药等其他可能对葡萄原料造成污染的容器，禁止装箱过满以防码放时压破葡萄。周转箱每次使用后应冲洗干净。应有文件记录葡萄原料品种、产地、重量和基本质量指标信息。

2. 葡萄运输与贮藏。

葡萄园与发酵车间之间的距离合理，且能保证采收后 24 小时内入罐。

葡萄运输过程中注意不要挤压、污染，基地原料就近处理，进厂的原料，必须在 24 小时内破碎入罐完毕。

3. 加工助剂及添加剂。

加工助剂及添加剂贮存时，应采取有效防止污损的措施，并应严格按照其性能特点，防止出现质量下降现象或产生质量事故。

葡萄酒生产过程使用加工助剂和添加剂应符合 GB2760 及相关规定。

三、生产管理和操作控制

（一）总体要求

1. 各个工序制定严格的生产工艺制度和卫生管理制度，专人负责落实卫生区域。

2. 在实际生产操作中使用的一切生产设备及生产工具（发酵容器、贮酒容器、中转容器、葡萄汁/酒接触的仪器设备、管道、胶管、接头、阀门）等采取有效的防污染措施。

3. 清洗和消毒的基本步骤：

（1）预清洗使用清洁的、最好是软化的可饮用水；

（2）清洗使用在清洁水中含有清洗剂的液体；

(3) 冲洗使用清洁的可饮用水；

(4) 消毒使用蒸汽（出口温度达到 82℃，最少保持 20 min）、热的饮用水（持续温度 82℃，最少保持 30 min）或许可的化学消毒剂；

(5) 使用化学消毒剂后的冲洗，用清洁的可饮用水；

(6) 控净最后的冲洗水样品应该明显清澈和无味，使用消毒剂清洗的经监测不含残留。清洗后容器应该彻底控净清洗水。

(二) 葡萄处理

对葡萄的处理主要包括分选、除梗破碎、浸提、压榨等操作。

(1) 卫生：葡萄处理过程中接触的仪器设备应清洁卫生，使用前后应进行清洗干净。

(2) 分选：根据葡萄品种和成熟程度对葡萄穗进行分级，需要果穗整齐、成熟、着色率完好的葡萄，去除生青葡萄及受损或腐烂的葡萄。

(3) 破碎：葡萄采收后在最短的时间进行除梗破碎处理，根据工艺需要选择合适均匀的破碎度，破碎过程中防止破碎果籽和果梗（破碎槽填装量不能超过 2/3，以避免葡萄因挤压而破碎过度）。在酿造白葡萄酒时，防止葡萄汁与葡萄的固体部分接触时间过长（浸提果皮的情况除外）。果浆入罐的同时添加果胶酶，添加量和溶解方法按产品说明执行。

(4) 酿造白葡萄酒时，压榨过程中应采取措施防止葡萄汁/酒氧化、污染，应缓慢持续进行，不应压破或压碎葡萄固体部分。

(5) 应制定葡萄处理操作规程，实际操作应进行记录，包括葡萄原料入罐时间、品种、量和采取的工艺措施、使用的添加剂/加工助剂、加入量等，生产负责人或工艺管理人员应定期对记录进行检查，应有书面规定记录的留存时间。

(三) 葡萄汁处理

对葡萄汁的处理主要包括二氧化硫处理、澄清、增糖、酸度调整等操作。

(1) 在破碎和压榨处理后对葡萄汁进行二氧化硫处理，以防止有害微生物污染或者有利于工艺操作。所使用的硫化物应符合相关规定，并均匀分布在发酵容器中。

(2) 澄清过程中使用的澄清剂应符合国家有关标准。操作中参照供应厂家的要求进行，使用之前需做用量试验。

（3）葡萄汁或葡萄酒原则上不能外加糖源来增糖，特殊酒种的增糖可通过以下方法实现：果实采收后自然风干、设备浓缩或其他物理方法，必须保持果汁的清洁卫生。通过上述方法增加的总酒度不能大于5%vol。

（4）葡萄汁或葡萄酒酸度的调整。降酸过程中可使用物理法降酸（低温、与低酸度葡萄汁混合）、微生物法降酸（苹果酸—乳酸发酵、酵母发酵），不提倡化学法降酸。增酸只能通过添加高酸葡萄汁或酒石酸。使用的添加剂应符合相关标准。

（5）应制定葡萄汁处理操作规程，实际操作应进行记录，包括工艺措施、使用的添加剂/加工助剂、加入量、加入时间等，生产负责人或工艺管理人员应定期对记录进行检查，应有书面规定记录的留存时间。

（四）酒精发酵过程控制

酒精发酵过程控制主要包括酒精发酵、苹果酸—乳酸发酵、发酵中止等操作。

（1）对发酵车间、发酵过程中使用的仪器设备、容器进行消毒处理，确保发酵车间清洁卫生，防止杂菌生长。

（2）可选择天然酵母、人工酵母发酵。菌种管理应制定严格的操作制度，菌种保存、扩大培养应按照规定严格执行。

（3）发酵容器有温度控制装置，发酵温度应控制在适当范围，应每天测量发酵温度和比重，保证发酵质量。酒精发酵过程中可以为促进发酵或防止发酵意外中止，可以添加酵母促进剂、酵母菌皮，并适当采取通风等措施。添加的酵母促进剂应符合相关标准规定。

（4）红葡萄酒的浸渍发酵过程中，酿造者要对每罐酒进行适时品尝，以确定循环（使酒通过皮渣进行循环）的频率、开放或密闭的方式、浸提温度等。

（5）苹果酸—乳酸发酵可以通过调节发酵条件自然触发，或添加乳酸菌，或接种正在进行苹果酸—乳酸发酵的葡萄酒启动。

（6）通过加热方法使发酵中止时不应引起葡萄醪液外观、颜色、香气与滋味的变化，过滤、离心等处理过程中使用的仪器应消毒处理，防止杂菌污染。

（7）特殊酒种需通过添加酒精中断发酵时，酒精必须是葡萄蒸馏酒精。

（8）应制定葡萄酒发酵操作规程，实际操作应进行记录，包括菌种（酵母菌、乳酸菌）使用、工艺措施、使用的添加剂/加工助剂、加入量、加入时间等，生产负责人或工艺管理人员应定期对记录进行检查，应有书面规定记录的留存时间。

（五）原酒贮存和陈酿

原酒的贮存和陈酿主要包括添酒、取酒、倒酒、陈酿等操作。

（1）用于原酒贮存和陈酿的不锈钢罐、橡木桶等容器应清洁卫生，使用前进行消毒杀菌处理。

（2）具备常年在20℃以下的地下室或有温湿度相对稳定的储酒车间（建议木桶车间的温度保持在15℃~17℃，湿度保持在70%~80%），有通风处理设施，保持木桶车间内空气清洁、无异味。

（3）应避免原酒在贮存容器中氧化，或与空气接触导致微生物繁殖，进行添酒工艺时添加的原酒应与容器中酒质相同。倒酒应在隔绝空气的条件下进行，中转设备和容器应清洁卫生，防止氧化和杂菌污染。

（4）在木桶车间不应使用含氯化学品（如漂白粉、氯酸盐类杀菌剂等物质），以防止对空气的污染。尽可能不要让木桶空置，如果不能及时进酒，要注意定期熏硫。

（5）原酒贮存和陈酿过程应制定操作规程，操作应进行记录，其中原酒记录应详细，可追溯。生产年份、产地和品种葡萄酒时，应确保相关信息记录齐全、准确。生产负责人或工艺管理人员应定期对记录进行检查，应有书面规定记录的留存时间。

（六）葡萄酒后处理

可根据本酒庄工艺特点选择净化处理、冷稳定处理、非生物稳定性处理、生物稳定性处理、调配等方案。

（1）葡萄酒澄清、过滤过程中使用的仪器设备应清洁卫生，使用前进行消毒处理。过滤设备必须用热水或蒸汽进行消毒。

（2）葡萄酒进行冷冻、非生物稳定性处理过程中使用的助剂和酒中的最大残留量应符合相关规定。

（3）净化处理：通过添加能沉淀悬浮微粒的物质，使酒得到澄清。可选用国家有关标准允许使用的净化剂，并做好小试后确定使用量，参照供应企业提供的使用方法操作。

（4）热处理：进行热处理，如巴斯德杀菌处理时，升温和所用技术不应引起葡萄酒外观、颜色、香气和口感的变化。

(5) 冷稳定处理：用机械冷冻（冷冻温度一般在冰点上 0.5℃~1℃，做试验确定）或自然冷冻进行处理，可添加或不添加酒石酸氢钾晶体。接着用物理方法（上清液分离或过滤）把沉淀物或胶体物质分离出来。

(6) 应制定葡萄酒后处理操作规程，实际操作应进行记录，包括添酒、倒酒记录、非生物稳定性、生物稳定性处理等，生产负责人或工艺管理人员应定期对记录进行检查，应有书面规定记录的留存时间。

（七）葡萄酒过滤和灌装

葡萄酒过滤和灌装参照 GB/T 23543-2009《葡萄酒企业良好生产规范》。

（八）葡萄酒瓶储

1. 瓶储酒环境温度应保持在 12℃~17℃，湿度应保持在 70%±5%，避免光照。

2. 根据品尝结果确定瓶储时间。

（九）成品贮存和运输

(1) 成品（预包装产品）贮存环境：温度 5℃~25℃，湿度 65%±5%。应避免日光直射、雨淋、冷冻和撞击。室内空气流通，清洁整齐。进货的容器、车辆应检查，以免造成原辅料或厂区污染。

(2) 参照 GB/T 23543—2009《葡萄酒企业良好生产规范》。

四、质量管理

参照 GB/T 23543—2009《葡萄酒企业良好生产规范》。

第五节 酒庄酒标识的使用和保护

一、使用葡萄酒酒庄酒证明商标（第 5504363 号）的权利

《葡萄酒酒庄酒证明商标（第 5504363 号）使用管理规则》规定：凡使用葡萄酒酒庄酒证明商标（第 5504363 号）的产品在销售活动中，有权使用葡萄酒酒庄酒证明商标（第 5504363 号）进行宣传并受到有关法律保护。凡取得葡萄酒酒庄酒证明商标（第 5504363 号）使用证的酒庄，有权获得全部葡萄酒酒庄酒证明商标（第 5504363 号）产品的总体质量和销售等信息。可在申报产品及其包装上使用葡萄酒

酒庄酒证明商标（第 5504363 号）图案。

二、使用葡萄酒酒庄酒证明商标（第 5504363 号）的义务

《葡萄酒酒庄酒证明商标（第 5504363 号）使用管理规则》规定：凡使用葡萄酒酒庄酒证明商标（第 5504363 号）的产品，其商标和产品必须与申报批准的商标和产品一致，保证使用葡萄酒酒庄酒证明商标（第 5504363 号）产品的质量稳定，并维护其市场声誉。酒庄如变更使用葡萄酒酒庄酒证明商标（第 5504363 号）产品的商标，应向中国酒业协会递交本规则第九条第 4、5 点规定的文件资料及国家知识产权局商标局的相关变更证明文件复印件一份。

凡产品上使用葡萄酒酒庄酒证明商标（第 5504363 号）的酒庄，应接受中国酒业协会组织或委托的不定期抽查；抽检内容包括产品质量、企业质保体系、售后服务体系等。

凡产品上使用葡萄酒酒庄酒证明商标（第 5504363 号）的酒庄，应保证做到以下几点。

1. 按有关国家标准和《酒庄酒生产规范》的规定，组织葡萄酒酒庄酒证明商标（第 5504363 号）产品的生产和检验。

2. 须建立葡萄酒酒庄酒证明商标（第 5504363 号）产品的葡萄破碎量、产品产量、销售量、库存量和葡萄种植面积、质量等数据档案，并在每年年初将上一年的上述数据报葡萄酒酒庄酒证明商标（第 5504363 号）管理办公室。

3. 生产的葡萄酒酒庄酒证明商标（第 5504363 号）产品数量不得超过核定量。

4. 根据已签订的葡萄酒酒庄酒证明商标（第 5504363 号）使用协议书的规定，按要求使用葡萄酒酒庄酒证明商标（第 5504363 号）。

5. 积极配合中国酒业协会做好葡萄酒酒庄酒证明商标（第 5504363 号）产品的宣传工作，扩大知名度。

产品上使用葡萄酒酒庄酒证明商标（第 5504363 号）的酒庄应设专人负责葡萄酒酒庄酒证明商标（第 5504363 号）的保管、使用工作，专职人员应报中国酒业协会备案。专职人员受中国酒业协会委托，负责监督本酒庄葡萄酒酒庄酒证明商标（第 5504363 号）的使用情况，确保葡萄酒酒庄酒证明商标（第 5504363 号）不失

控、不挪用、不流失。

产品上使用葡萄酒酒庄酒证明商标（第5504363号）的酒庄，不得私自制作葡萄酒酒庄酒证明商标（第5504363号），也不得对外转让、出售、馈赠葡萄酒酒庄酒证明商标（第5504363号），不得许可他人使用葡萄酒酒庄酒证明商标（第5504363号）。

在任何情况下，使用葡萄酒酒庄酒证明商标（第5504363号）并不改变酒庄原有对消费者所承担的责任和法律保证。

葡萄酒酒庄酒证明商标（第5504363号）产品在生产和销售过程中，如发生重大事故，须立即报告中国酒业协会，并立即采取有效措施予以补救。

三、使用葡萄酒酒庄酒证明商标（第5504363号）的保护

葡萄酒酒庄酒证明商标（第5504363号）受有关法律保护，如有假冒等侵权行为发生，中国酒业协会将组织调查、取证和起诉工作。

对未经中国酒业协会许可，擅自在产品及其包装、宣传中使用葡萄酒酒庄酒证明商标（第5504363号）相同或近似的商标的，中国酒业协会将依照《中华人民共和国商标法》及有关法规和规章的规定，提请工商行政管理部门依法查处或向人民法院起诉，对情节严重、构成犯罪的，报请司法机关依法追究侵权者的刑事责任。

凡使用葡萄酒酒庄酒证明商标（第5504363号）的酒庄如有下列情况之一的，中国酒业协会有权注销其对酒庄酒证明商标的使用权，收回其葡萄酒酒庄酒证明商标（第5504363号）使用证和已领取的标识，强制其将贴标产品下架，并在全国范围内通报，必要时将请工商行政管理机关调查处理，或寻求司法途径解决。

1. 违反本管理规则及相关文件或作出对葡萄酒酒庄酒证明商标（第5504363号）产生恶劣影响的事件。

2. 营业执照、全国工业产品生产许可证（QS）等未通过年检的或被吊销的。

第十六章　实训内容

第一节　法规、标准的相同和不同之处

一、实训目的

理解标准和法规的内容，学会分析和掌握标准、法规的相同和不同之处。

二、实训原理

（一）法规与标准的相同之处

1. 一般性法规和标准都是现代社会和经济活动必不可少的统一规定，同等情况下应同样对待。

2. 公开性，在制定和实施过程中公开透明。

3. 明确性和严肃性，法规和标准都由权威机关按照法定的职权和程序制定、修改或废止，用严谨的文字进行表述。

4. 权威性，法规和标准都在调控社会方面发挥主导作用，享有威望。

5. 约束性和强制性，要求社会各组织和个人作为行为的准则。

6. 稳定性，法规和标准都具有稳定性和连续性，不允许擅自改变和轻易修改。

（二）法规和标准的不同之处

1. 法规在一切领域处于至高无上的地位，具有基础性和本源性的特点。标准必须有"法律依据"，必须严格遵守有关法律、法规，在内容上绝不能与法律、法规相抵触和冲突。

2. 法律、法规涉及国家生活和社会生活的方方面面，调整一切政治、经济、社会、民事、刑事等法律关系，而标准主要涉及技术层面。

3. 法规一般较为宏观，原则也较强，标准则较为微观和具体。

4. 法规较为稳定，标准则经常随着科学技术和生产力的发展而补充修改。

5. 标准比较注意民主性，强调多方参与、协商一致，尽可能照顾多方利益。

6. 标准的强制力也源自法规的赋予，标准分为强制性和推荐性两种，对推荐性标准企业有选择执行或不执行的权利。

7. 标准和法规都是规范性的文件，但标准在形式上有文字的，也有实物的。

三、实训方法

上网收集资料或到企业调研。

四、实训要求

围绕葡萄与葡萄酒某一方面的问题举例说明，自拟题目；提交一份分析总结报告；学生分组讨论；老师提出修改意见；小结。

第二节 法规、标准与葡萄酒安全体系

一、实训目的

了解并掌握标准、法规与食品安全体系的关系。

二、实训原理

标准、法规与市场经济；葡萄酒标准、法规与食品安全体系。

三、实训方法

上网收集资料或到企业调研。

四、实训要求

围绕葡萄与葡萄酒某一方面的问题举例说明,自拟题目;提交一份分析总结报告;学生分组讨论;老师提出修改意见;小结。

第三节 制定部门规章

一、实训目的

掌握并熟悉掌握企业部门的规章制度。

二、实训原理

1. 制定程序:立项—起草—审查—决定—公布—备案。

2. 《规章制定程序条例》(国务院令第322号,2002)。

3. 部门规章一般由管理部门下属的业务主管司(局)在其职责范围内提出立项;起草工作以国务院食品管理部门的职能司为主、法制与监督司或政策法规司积极参与配合。起草时可以请食品专家、法律专家参与论证。

送法规与监督司或政策法规司审核。食品部门规章草案审核后,提交部、局务会议讨论,决定通过。食品部门规章由部门领导签署命令予以公布。

三、实训方法

上网收集资料或到企业调研。

四、实训要求

根据葡萄酒企业的实际情况,制定一份部门规章;内容自拟;老师修改;讨论小结。

第四节 葡萄酒安全法律法规与质量标准

一、实训目的

学会查找并熟悉葡萄酒法律法规和有关质量标准。

二、实训原理

世界各国葡萄酒法律法规，葡萄酒有关质量标准。

三、实训资料

上网或到图书馆查阅资料，或到企业调查。

四、实训要求

题目自拟，撰写一篇小论文，小结。

第五节　葡萄酒违法案例分析

一、实训目的

学会查找我国葡萄酒生产方面的法律法规，并熟悉运用相关法律法规进行案例剖析。

二、实训原理

葡萄酒生产与加工方面的法律法规。

三、实训资料

案例1：国内七家葡萄酒厂违反国家质量标准造假内幕。

2007年2月3日晚，央视《每周质量报告》曝光了国内七家葡萄酒厂（山东省烟台水城酒业有限公司以及河南省民权县6家企业）违反国家质量标准，用水、酒精、糖精、香精等添加剂勾兑所谓的100%原汁葡萄酒的造假内幕。

烟台市质监部门在节目播出1小时后，连夜启动食品质量安全处理紧急预案，蓬莱方面立即行动，对烟台水城酒业公司的几吨原材料进行了封存和抽检。2月4日凌晨，烟台质监部门又下发了对全市所有葡萄酒企业进行全面检查的通知。2月5日下午，烟台市76家企业的所有葡萄酒产品均已进行抽样，国家葡萄酒检测中心开始进行检验。

案例2：销售过期葡萄酒违反《消费者权益保护法》赔偿案。

上海市民李某于2004年3月2日在食品店购买两瓶葡萄酒，每瓶30元，回家后发现葡萄酒已过保质期，于是到食品店要求按照《消费者权益保护法》的规定双倍赔偿。商家照做了，即除退了李某60元之外，另外又赔偿了李某60元。事后，李某发现该葡萄酒并未撤下货柜，于是又购买了同种葡萄酒10瓶，价款共计300元。随即向食品店索赔，要求双倍赔偿。食品店认为李某此种做法不是消费，而是为了获取加倍的赔偿，因此不能按照《消费者权益保护法》的规定退一赔一。李某诉至法院要求食品店退还货款并且增加赔偿损失，增加赔偿的数额为购买食品价款数额，同时提出了其他的赔偿要求，即交通费、法律咨询费、误工费等损失。

案例3：中粮诉烟台葡萄酒公司商标侵权，索赔50万。

据原告中粮集团诉称，2012年10月，中粮集团在北京市昌平区某烟酒销售处购买了由被告盛龙华夏生产的"金版橡木桶陈酿蛇龙珠干红葡萄酒"产品一瓶。该产品包装上标明"长城之星"字样，并将"长城"二字突出使用。原告认为，该行为严重侵犯了原告的注册商标专用权。故诉至法院，请求法院判令山东省烟台盛龙华夏长城葡萄酒有限公司立即停止侵权行为、赔偿原告经济损失及诉讼合理支出50万元。

四、实训要求

针对上述案例，查找我国相关的法律法规，分组讨论并进行总结：

1. 上述企业存在哪些违法行为？应该承担哪些责任？
2. 有关部门进行查处的法律法规依据是什么？
3. 对上述行为进行点评，谈谈自己的看法。

第六节　了解葡萄酒商标

一、实训目的

了解并掌握商标的性质和用途。

二、实训原理

商品的用途是体现商品使用价值的重要标志,以商品用途作为分类标志,不仅适合于对商品大类的划分,也适合于对商品类别品种的进一步详细划分。以商品的用途作为分类标志,便于分析和比较同一用途商品的质量和性能,从而有利于生产部门改进和提高商品质量,开发商品新品种,生产适销对路的商品,便于流通部门经营管理和消费者按需对口选择。

商标权是一种与人身有关的财产权。作为一种财产权,商标权可以通过使用、许可、转让等形式为其所有人带来一定的经济利益。

三、实训资料

网上查找葡萄酒商标,并对其进行信息汇总和分析。

四、实训要求

查找我国相关的法律法规,分组进行讨论,并进行总结。

1. 按照商标分类,你所搜集到的商标属于哪一种商标?
2. 谈谈你对商标的认识和看法。

第七节 为葡萄酒企业编制企业产品标准

一、实训目的

理解企业产品标准的作用、意义和重要性,掌握编制企业产品标准的方法和策略;掌握企业产品标准编写的基本原则、要求和工作流程,根据有关资料编制企业产品标准。

二、实训原理

1. 产品标准的编写格式和内容表达必须严格按照 GB/T 1.1—2000《标准化工作导则 第 1 部分 标准的结构和编写规则》和 GB/T 1.2—2002《标准化工作导则 第 2 部分 标准中规范性技术要素内容的确定方法》进行规范,使制定的产品标准既具有先进性，也具有可操作性。

2. 使用企业标准编写模板软件 TSD2.0SP1 进行编制，可以省去人为的操作失误和免去不必要的编辑性错误，并可获得从封面到前言到标准条文的编制，以及从字体大小到图表符号等符合 GB/T 1.1—2000 规定的要求更加显效。

3. 企业产品标准的编制要素。

$$\text{标准要素}\begin{cases}\text{资料性要素}\begin{cases}\text{概述要素（封面、目次、前言、引言）}\\\text{补充要素（资料性附录、参考文献、索引）}\end{cases}\\\text{规范性要素}\begin{cases}\text{一般要素（标准名称、范围、规范性引用文件）}\\\text{技术要素（术语和定义、符号和缩略语、要求……规范性附录）}\end{cases}\end{cases}$$

4. 宁夏回族自治区食品安全企业标准备案办法。

5. 宁夏回族自治区企业产品标准备案管理办法。

三、实训资料

葡萄酒企业某产品因目前尚无相应的国家标准、行业标准或地方标准，为确保产品质量，维护消费者和生产企业的合法权益，根据《中华人民共和国食品安全法》和《中华人民共和国标准化法》的规定，需要制定一个企业产品标准，作为组织生产和经贸活动中的依据。

四、实训要求

根据提供的资料，上网或到图书馆查阅资料，编制产品的企业标准。

第八节　查找国内外有关葡萄酒的技术规范和政策法规

一、实训目的

学会并掌握查找国内外有关葡萄酒的技术规范和政策法规的部分内容。

二、实训原理

《最新国内外食品管理制度规范与政策法规实用手册》刊登国内外有关食品的

技术规范和政策法规，是一本很好的国内外法规检索工具。

专业网站，如：中国酒业协会（http：//www.cada.cc）、中外葡萄与葡萄酒（http：//www.vw1976.cn）、中国葡萄酒网（http：//www.poouoo.com/）、中国葡萄酒资讯网（http：//www.wines-info.com/）、中国酒业新闻网（http：//www.cnwinenews.com/）、国家葡萄酒及白酒、露酒产品质量监督检验中心（http：//www.pt9.cn/）、食品伙伴网（http：//www.foodmate.net/）、食品药品化妆品法规网（http：//law.pharmnet.com.cn/）以及提供数据查询的专业平台，均可查询获取国内外有关技术的规范和政策法规。

三、实训要求

围绕葡萄与葡萄酒的某一个方面，自选题目，撰写一篇1 500字左右的论文或总结报告。

第九节　食品安全方针与目标的制定

一、实训目的

通过学习编制企业食品安全方针与目标的制定，掌握编写食品安全方针与目标的基本原则与要求。

二、实训原理

食品安全方针与目标范例。

（一）食品安全方针

全员品管　安全优质　持续改进　客户放心

（二）食品安全目标及分解

1. 食品安全目标。

（1）产品一次校验合格率98%以上。

（2）出厂产品检验合格率100%。

（3）顾客满意率达到90%以上，由销售部提供。

以上三项指标由品控部汇总,作为管理评审的输入信息。

2. 食品安全目标的分解。

(1) 供应部:物资供应及时率99%以上,采购产品批量合格率99%以上,每季度统计一次。

(2) 销售部:顾客意见处理率100%,顾客满意率90分以上,每年统计一次。

(3) 办公室:人员培训完成率100%,每年培训一次。

(4) 生产车间:产品生产合格率95%以上,交验合格率98%以上,每季度统计一次。

(5) 品管部:工序、产品检验及时率100%,准确率99%以上,每季度统计一次。

(6) 仓储部:成品库存质量/卫生合格率100%,每季度统计一次。

(7) 动力车间:生产时设备正常运转率98%以上。

三、实训要求

为某葡萄酒企业制定安全方针与目标;老师修改;小结。

第十节　葡萄酒质量与安全体系认证

一、实训目的

到企业调研,了解企业实施质量与安全体系认证的情况。

二、实训原理

葡萄酒质量与安全体系认证的有关法律法规、标准。

三、实训要求

自选题目,撰写一份调研分析报告,老师提出修改意见。

参考文献

[1] 杨和财,王华.葡萄酒果酒法规与市场监管[M].咸阳:西北农林科技大学,2013.

[2] 彭珊珊,朱定和.食品标准与法规[M].北京:中国轻工业出版社,2011.

[3] 杜宗绪.食品标准与法规[M].北京:中国质检出版社、中国标准出版社,2012.

[4] 王晓英,邵威平.食品法律法规与标准[M].河南:郑州大学出版社,2017.

[5] 张水华,余以刚.食品标准与法规[M].北京:中国轻工业出版社,2010.

[6] 吴澎,赵丽芹,张淼.食品法律法规与标准(第二版)[M].北京:化学工业出版社,2015.

[7] 王世平.食品标准与法规(第二版)[M].北京:科学出版社,2017.

[8] 钱志伟.食品标准与法规(第二版)[M].北京:中国农业出版社,2011.

[9] 郭松泉,郭其昌,等.国际葡萄与葡萄酒组织酿酒标准汇编[M].天津:天津大学出版社,2007.

[10] 张建新,陈宗道.食品标准与法规[M].北京:中国轻工业出版社,2005.

[11] 吴晓彤,王尔茂.食品法律法规与标准[M].北京:科学出版社,2010.

[12] 欧阳喜辉.食品质量安全认证指南[M].北京:中国轻工业出版社,2003.

[13] 张建新.食品质量安全技术标准法规应用指南[M].北京:科学技术文献出版社,2004.

[14] 吕蓉.广告法规管理[M].上海:复旦大学出版社,2003.

[15] 王允高.经济法(第3版)[M].北京:北京理工大学出版社,2019.

[16] 进口实务操作指南:步骤·实例·经验技巧[M].北京:中国海关出版社,2008.

[17] 倪楠,舒洪水,苟震.食品安全研究[M].北京:中国政法大学出版社,2016.

[18] 高春艳,谷晓婷,李璇.经济法案例教程[M].云南:云南大学出版社,2021.

[19] 朱长根,张靖,谢代国.新编经济法教程[M].北京:北京理工大学出版社,2020.

[20] 刘中勇,相大鹏,蔡纯.国内外进出口食品安全管理[M].北京:中国质检出版社、中国标准出版社,2016.